物 联 网 概 论

（第 3 版）

主编　田景熙

参编　李海燕　陆　霞　田维涿

U0380429

东南大学出版社
SOUTHEAST UNIVERSITY PRESS
·南京·

内 容 提 要

本书作为物联网的综合性教材,依据教育部《高等学校物联网工程专业实践教学体系与规范(试行)》编写,分为导论篇、技术篇、系统篇和实践应用篇 4 部分共 21 章。全书以物联网总体架构为主线,将所涉及的理论与技术清晰地归入对应层次,较全面地介绍了物联网的基本概念、系统架构、关键技术、标识与编码体系,以及在农业、食品安全、智能家居、社会治安、节能环保、旅游观光、生产监控、感知城市、智能交通、物联网商务、智慧医疗护理和可穿戴设备等众多生产、生活与新兴领域中应用,结合相关技术进行论述,既开拓了读者视野,又对物联网在现代社会中不同行业与领域的多种新型应用进行介绍。

本书依据工信部《物联网"十四五"发展规划》对"关键技术""重点应用"和"公共服务体系"等要求,结合业界标准发展,广泛采集各国各行业最新的应用撰写为参考案例,介绍物联网与行业领域的深度融合和在消费领域的应用创新。

本书兼顾理论与实际,既介绍了物联网的基础知识及国内外物联网技术发展的最新成果,又列举了大量的应用案例。各章均配有学习目标和思考题,既方便教师教学,又能启发学习者运用基本知识和相关技术解决各类实际问题。

本书可作为高等院校物联网专业和信息、通信、计算机、工程、管理及经济等专业的教材,也可供职业院校及培训机构使用。对各类企事业单位、政府机构等从事物联网开发、应用研究与管理的人员也有参考价值。

图书在版编目(CIP)数据

物联网概论/田景熙主编.—3 版.—南京:东南大学出版社,2021.8

ISBN 978 - 7 - 5641 - 9620 - 2

Ⅰ.①物…　Ⅱ.①田…　Ⅲ.①物联网—概论—高等学校—教材　Ⅳ.①TP393.4　②TP18

中国版本图书馆 CIP 数据核字(2021)第 156931 号

东南大学出版社出版发行

(南京四牌楼 2 号　邮编 210096)

出版人:江建中

江苏省新华书店经销　丹阳兴华印务有限公司印刷

开本:787mm×1092mm　1/16　印张:21　字数:526 千字

2021 年 8 月第 3 版　2021 年 8 月第 6 次印刷

ISBN 978-7-5641-9620-2

印数:13 001—15 000 册　定价:49.00 元

(凡因印装质量问题,可直接向营销部调换。电话:025 - 83791830)

第3版前言

《物联网"十四五"发展规划》指出,在"十三五"时期,我国物联网发展取得了显著成效,与发达国家保持同步,成为全球物联网发展最为活跃的地区之一。"十四五"时期,我国经济发展将进入新常态,物联网将进入"跨界融合、集成创新和规模化发展"的新阶段,与我国新型工业化、城镇化、信息化、农业现代化建设深度交汇,面临广阔的发展前景。第5代移动通信技术(5G)、窄带物联网(NB-IoT)、工业机器人等新技术的发展,为万物感知、自动识别、自动作业提供了强大的基础设施支撑能力。万物互联的泛在接入、高效传输、海量异构信息处理和设备智能控制,以及由此引发的安全问题等,都对物联网技术和应用提出了更高要求。

物联网万亿级的垂直行业市场正在不断兴起,制造业成为物联网的重要应用领域,相关国家纷纷提出发展"工业互联网"和"工业4.0"。我国提出建设制造强国、网络强国,推进供给侧结构性改革,以信息物理系统(CPS)为代表的物联网智能信息技术将在制造业智能化、网络化、服务化等转型升级方面发挥重要作用。车联网、健康、家居、智能硬件、可穿戴设备等消费市场需求更加活跃,驱动物联网和其他前沿技术不断融合,人工智能、虚拟现实、自动驾驶、智能机器人等技术不断取得新突破。智慧城市建设成为全球热点,物联网是智慧城市架构中的基本要素和模块单元,已成为实现智慧城市"自动感知、快速反应、科学决策"的关键基础设施和重要支撑。

科技发展,教育先行。麦肯锡咨询公司认为,物联网将在信息采集分析、自动化与控制两大领域中,从精确跟踪、环境动态感知、传感驱动型决策控制、流程精优、优化资源消耗与复杂自治系统等6大方面发挥革命性的作用。这使得对物联网领域知识点作综合性、交叉性、均衡性和全面性的阐述成为一大教学难点。同时,《国务院关于积极推进"互联网+"行动的指导意见》和《关于深化制造业与互联网融合发展的指导意见》,代表了国民经济与社会的迅速发展对这一领域教育的指向性要求,随着"十四五"期间物联网在基础设施、应用服务、技术创新等领域的发展,还会不断有新知识、新理论、新体系和新架构产生。

为此,本书沿用第2版的"导论篇""技术篇"和"实践应用篇"3部分架构,在介绍物联网基础知识、关键技术、标准与规范、重点产业和公共服务等领域应用的基础上,强化对基础理论知识和业界标准的介绍,增加了"系统篇",重点介绍"物联网标识及编码体系"和"物联网应用参考体系架构"2章,从概念模型、逻辑模型、物理模型三个层面进一步剖析物联网参考体系架构,并对复杂系统标识体系的逻辑架构、功能需求和最新标准等进行描述,以适应物联网从局部技术导入到系统化设计与构建的发展需求。

本书由田景熙任主编并编写了第1章、第2章、部分第4章内容、部分第5章内容、第6章、第7章、第10章、第11章、第16章、第17章及第18章;李海燕编写了第3章及部分第5

章内容;陆霞编写了第12章、第14章及部分第4章内容;田维添编写了第8章、第9章、第13章、第15章、第19章、第20章及第21章。为方便教师使用课件授课,作者精心制作了本书配套使用的多媒体教学幻灯片PPT,授课教师可登录东南大学出版社网站(http://www.seupress.com)免费下载。

本书用于教学时,建议本科院校选用全书内容,高职院校可选用"导论篇"、"技术篇"和"实践应用篇"中的主要章节。

本书编写过程中得到了南京师范大学泰州学院信科院周延怀院长及多位教师的大力支持,在此表示感谢! 同时,本书多处引用了互联网上最新的文字与图片材料,在此谨向原作者和登载机构表示感谢,对不能一一注明引用来源的表示歉意,并声明该部分著作权属于原创作者,同时对他们在网上共享和提供内容表示感谢。

因作者水平有限且编写时间仓促,难免会出现一些错误和不足,敬请读者批评指正!
联系方式:37491018@qq.com

编者
2021 年 3 月 16 日

目　　录

四、实践应用篇

一、导论篇

1   物联网概述

[**学习目标**]
(1) 掌握物联网的定义与基本内涵。
(2) 了解物联网的功能、特点与效益。
(3) 了解物联网与传感网、泛在网、M2M 等概念的关系。
(4) 了解物联网技术及标准体系内容。
(5) 熟悉物联网的应用领域、效益与存在问题。

1.1   物联网概念的形成

物联网是一个近年形成并迅速发展的概念,其萌芽可追溯到已故的施乐公司首席科学家 Mark Weiser,这位全球知名的计算机学者于 1991 年在权威杂志《科学美国》上发表了"The Computer of the 21st Century"一文,对计算机的未来发展进行了大胆的预测。他认为计算机将最终"消失",演变为在人们没有意识到其存在时,它们就已融入人们生活中的境地——"这些最具深奥含义的技术将隐形消失,变成'宁静技术'(Calm Technology),潜移默化地无缝融合到人们的生活中,直到无法分辨为止"。他认为计算机只有发展到这一阶段时才能成为功能至善的工具,即人们不再要为使用计算机而去学习软件、硬件、网络等专业知识,而只要想到用时就能直接使用;如同钢笔一样,人们只需拔开笔套就能书写,而无需为了书写而去了解笔的具体结构与原理等。

Weiser 的观点极具革命性,它昭示了人类对信息技术发展的总体需求:一是计算机将发展到与普通事物无法分辨为止。具体说,从形态上计算机将向"普物化"发展;从功能上,计算机将发展到"泛在计算"的境地。二是计算机将全面联网,网络将无所不在地融入人们生活中。无论身处何时何地,无论在动态还是静止中,人们已不再意识到网络的存在,却能随时随地通过任何智能设备上网享受各项服务,即网络将变为"泛在网"。

1.2   物联网的定义及其相关概念

1.2.1   物联网概念的提出

"物联网"(Internet of Things,IoT)概念的正式提出是 2005 年 11 月 17 日,在突尼斯举

行的信息社会峰会(WSIS)上,国际电信联盟发布了《ITU 互联网报告 2005:物联网》,指出:无所不在的"物联网"通信时代即将来临,世界上所有的物体(从轮胎到牙刷,从房屋到公路设施等)都可以通过互联网进行数据交换。无线射频识别技术(RFID)、传感器技术、纳米技术、智能嵌入技术等将得到更加广泛的应用。

2013 年,欧盟通过了"地平线 2020"科研计划,将物联网的研发重点集中在传感器、架构、标识、安全和隐私等方面。2013 年 4 月,德国正式提出了建设"工业 4.0"的战略目标。而思科、AT&T、GE、IBM 和 Intel 等也于同年成立了工业互联网联盟(Industrial Internet Consortium,IIC),以促进大数据和物联网的产业应用。IIC 计划提出一系列物联网互操作标准,使设备、传感器和网络终端在确保安全的前提下可辨识、可互联、可互操作,未来工业互联网产品和系统可广泛应用于智慧应用的各个领域。日本、韩国等也提出类似规划。物联网的研发与应用已成全球发展的趋势,因此,物联网被称为下一个万亿级的产业,其市场前景将远远超过计算机、互联网与移动通信等。

1.2.2　物联网的定义

物联网的定义有多种,且随着近年各种感知技术、自动识别技术、宽带无线网技术、人工智能技术、机器人技术以及云计算、大数据与移动通信等关联领域的发展,物联网的内涵也在不断地完善与演进,此处列举几则代表性定义。

定义 1:由具有标识、虚拟个体的物体或对象所组成的网络,这些标识和个体运行在智能空间,使用智慧的接口与用户、社会和环境的上下文进行连接和通信。

——2008 年 5 月,欧洲智能系统集成技术平台(Eposs)

定义 2:The Internet of Things refers to a network of objects, such as household appliances(物联网即"像家用电器一样的物体的互联网络")。

——英文百科 Wikipedia

定义 3:物联网是未来互联网的整合部分,它是以标准、互通的通信协议为基础,具有自我配置能力的全球性动态网络设施。在这个网络中,所有实质和虚拟的物品都有特定的编码和物理特性,通过智能界面无缝连接,实现信息共享。

——2009 年 9 月,欧盟第七框架 RFID 和互联网项目组报告

定义 4:物联网是通过信息传感设备,按照约定的协议,把任何物品与互联网连接起来,进行信息交换和通信,以实现智能化识别、定位、跟踪、监控和管理的一种网络。它是在互联网基础上延伸和扩展的网络。

——2010 年 3 月,我国政府工作报告所附注释中物联网的定义

定义 5:物联网是一个将物体、人、系统和信息资源与智能服务相互连接的基础设施,可以利用它来处理物理世界和虚拟世界的信息并做出反应。

——2014 年,ISO/IEC JTCI SWG5 物联网特别工作组

定义 6:物联网是通过感知设备,按照约定协议,连接物、人、系统和信息资源,实现对物理和虚拟世界的信息进行处理,并作出反应的智能服务系统。(注:物即物理实体)

——GB/T 33745—2017《物联网术语》

这些机构从不同角度、不同维度给出了定义。业内普遍认为:物联网是通过射频识别技术、红外感应器、全球定位系统、激光扫描器等信息传感设备,按约定协议,将任何物品通过有

线或无线方式与互联网连接,进行通信和信息交换,以实现智能化识别、定位、跟踪、监控和管理的一种网络。

1.2.3 物联网的特点

1) 物联网的技术特点

"The Internet of Things,IoT"可理解为"物物相连的互联网",但互联网(Internet)是计算机网络,故物联网有以下特点:

(1) 以互联网为基础　物联网是在计算机互联网基础上构建起的物品间的连接,故它可视为是计算机的延伸和扩展而成的网络。

(2) 自动识别与通信　彼此间组网互联的物件,必须具备可标识性、自动识别性与物件间通信(Machine to Machine,M2M)的功能。

(3) 多源数据支持　用户端已扩展到众多物品之间,通过数据交换和通信来实现各项具体业务,故物联网常以大数据为计算与处理环境,以云计算为后端平台。

(4) 智能化　物联网具有自动化、互操作性与智能控制性等特点。

(5) 系统化　任何规模的物联网应用,都是一个集成了感知、计算、执行与反馈等的智能系统。

这些特点使物联网在不同场合产生不同的表述,如物件间通信、无线传感网(Wireless Sensor Networks)、普适计算(Pervasive Computing)、泛在计算(Ubiquitous Computing)、环境感知智能(Ambient Intelligence)等,各自从不同侧面反映物联网的某项特征。

2) 物联网的应用特点

物联网的应用以社会需求为驱动,以一定的技术与产业发展等为条件,其特点如下:

(1) 感知识别普适化　社会信息化产生了无所不在的感知、识别和执行的需要以及将物理世界和信息世界融合的需求。

(2) 异构设备互联化　各种异构设备利用通信模块和协议自组成网,异构网络通过网关互通互联。

(3) 联网终端规模化　物联网是在社会信息化发展到一定水平的基础上产生的,此时,大量不同物品均已具有通信和前端计算与处理功能,成为网络终端,5～10年内联网终端规模有望突破百亿数量级。

(4) 管理调控智能化　物联网中,物物互联并非仅仅是彼此识别、组网、执行特定任务而已,它的价值很大部分体现在高效可靠的大规模数据组织、智能运筹、机器学习、数据挖掘、专家系统等决策手段的实现上,并将其广泛应用于各行各业。

(5) 应用服务集成化　以工业生产为例,物联网技术覆盖了原材料引进、生产调度、节能减排、仓储物流到产品销售、售后服务等各个环节。

(6) 经济发展跨越化　物联网技术有望成为国民经济发展从劳动密集型向知识密集型,从资源浪费型向环境友好型转变过程中的重要动力。

3) 物联网的其他特点

从传感信息角度来看,物联网具备以下特点:

(1) 多信息源　物联网由大量的传感器组成,每个传感器都是一个信息源。

(2) 多种信息格式　传感器有不同的类别,不同的传感器所捕获、传递的信息内容和格式会存在差异。

（3）信息内容实时变化　传感器按一定的频率周期性地采集环境信息，每一次新的采集就会得到新的数据。

从对传感信息的组织管理角度来看，物联网具备以下特点：

（1）信息量大　物联网中每个传感器定时采集信息，不断地积累，形成海量信息。

（2）信息的完整性　不同应用会使用传感器采集到的部分信息，存储的时候必须保证信息的完整性，以适应不同的应用需求。

（3）信息的易用性　信息量规模的扩大导致信息的维护、查找、使用的困难也迅速增加，为在海量的信息中方便找出需求的信息，要求信息具有易用性。

从这些角度出发，就要求物联网前端具有对海量的传感信息进行抽取、鉴别与过滤功能，对后台则应具备分析、比对、判别、多形态呈现、警示与控制执行等智慧型功能。

1.2.4　物联网的相关概念

1）物联网与传感网

物联网的实现必须有传感网的支持。传感网又称传感器网络，在物联网领域，传感网中很大一部分是指无线传感器网络（Wireless Sensor Network，WSN）。

进入本世纪以来，微电子、计算机和无线通信等技术的进步，推进了低功耗多功能传感器的快速发展，使其能在微小体积内集成信息采集、数据处理和无线通信等多种功能。传感网由部署在一定范围内的大量的传感器节点组成，通过无线与有线通信方式形成的一个自组织的网络系统，彼此协同地进行感知、数据采集和处理网络覆盖区域中感知对象的信息，并将结果发给观察者（或控制器）。传感器、感知对象和观察者（或控制器）构成了传感网的三要素。

如果说互联网构成了逻辑上的信息世界，改变了人与人之间的沟通方式，那么，传感网就将逻辑上的信息世界与客观上的物质世界融合在一起，改变人类与自然界的交互方式；而物联网的一部分就是互联网与传感网集成的产物。

另一方面，物联网中大量的传感器必须采用标识技术来彼此标志与区分，具体如一维与二维条形码、RFID标识等。

2）物联网与泛在网

（1）泛在网的概念　Weiser预测未来计算机发展时，强调了"无所不在的计算"（Ubiquitous Computing）的概念，指出计算机或终端设备最终将在任何地点均能联网计算，实现任何地方都可连接的信息社会。Ubiquitous一词源于拉丁文，意指"无所不在"，即"泛在"之意，故Ubiquitous Computing、Ubiquitous Network就可称为"泛在计算""泛在网"，相关的技术即Ubiquitous Technology也因此称为"泛在科技"或"U化科技"。

图1-1从联网对象的多样性与协作性角度，描述了泛在网发展的三个历程。图中左下角为传统的计算机网络，联网对象仅为服务器、台式机和笔记本电脑。第二阶段仍以PSP即"计算机-服务器-计算机"为架构，但主网上的连接终端设备朝小型化发展，并扩展到上网本（Netbook）、移动电话、个人数字助理（PDA）等。同时，大量传感器、无线电子标签和其他智能设备也连接上网，使入网物体呈现高度的多样化。第三阶段代表所有物品均可入网互联、协同运行，实现泛在计算的境地。

可见，泛在网是从网络范畴与计算角度对物联网的另一种描述；"物联网"则从联网对象角

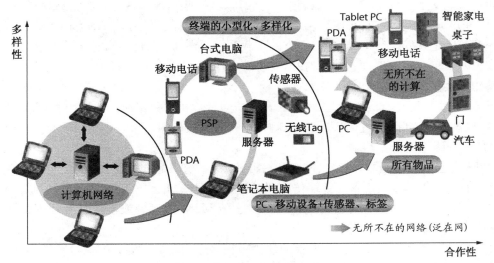

图 1-1　泛在计算示意图

度进行描述,两者实为一体两面。"泛在"强调的是物联网存在的普遍性、功能的广泛性和计算的深入性。因此,许多国家的"泛在化"战略、U 化战略等,内容中很大一部分就是其物联网的国家发展战略。

(2)泛在网的全球发展　世界各国对信息化的发展战略均有不同的背景与侧重点,故对泛在网、泛在计算等的称呼与表述各有不同,主要分为欧洲、亚洲与美洲三大类。

① 泛在网在欧洲称为环境感知智能(Ambient Intelligence),由于欧洲国家众多,信息化水平不一,故发展重点在强调联网对象的整合与资源网的汇聚上。技术重点包括微计算、联网物体的用户界面及泛在通信等三个主导领域的创新。

② 在亚洲,日本、韩国、新加坡和台湾地区等都将建设泛在网(Ubiquitous Network)基础设施,开发各领域的泛在应用,建立各地实验基地和扶持重点技术研发等列为 21 世纪国家或地区信息化发展战略,要将泛在技术广泛地用于产业竞争力提升、建立智能社会、改善民生、扩大就业等领域。

③ 在北美,IBM 提出普适计算(Pervasive Computing)概念,其目标是"建立一个充满计算和通信能力的环境,同时使这个环境与人类逐渐地融合在一起,人们可以'随时随地'和'透明'地通过日常生活中的物体和环境中的某一联网的动态设备而不仅仅是计算机进行交流和协作"。这其中的关键是"随时随地",指人们可以在工作、生活的现场就能获得服务,而不需离开现场去坐在计算机面前,即服务像空气一样无所不在;"透明"指获得这种服务时不需要花费很多注意力,即这种服务的获取方式是十分自然的甚至是用户注意不到的,即所谓蕴涵式的交互(Implicit Interaction)。

可见,尽管各国对有关物联网、泛在网、普适计算等概念的描述不尽相同,但殊途同归,都从不同方面阐述了物联网的相关特征。

3)物联网与 M2M

M2M 狭义上是指机器设备之间通过相互通信与控制达到彼此间的最佳适配与协同运行,或者当某一设备出现异常时,其他相关设备将自动采取防护措施,以使损失降至最低;广义上则是指物件之间的彼此互联与互操作。

如在智能交通系统中,装有车载感测系统的车辆彼此间能通过 M2M 监测到对方的行车轨迹、瞬时方向和速度等,动态测算出双方的安全距离,一旦感测到对方的方向、轨迹和速度三者之一偏离既定的安全行车模型时,双方的车载系统都会通过 M2M 自动减速制动,同时发出警讯以提醒本车及对方驾驶者,同时找出安全的自动避让对策,以防任何一方司机因临时慌乱而误操作导致事故发生。

M2M 是物联网特有的性能之一,由于计算机对计算机的数据通信发展历程对 M2M 有良好借鉴,机器设备实际是通过嵌入式微电脑来进行数据通信的,有线、无线、移动等多种技术支撑了 M2M 网络中的数据传输。

M2M 由前端的传感器及设备、网络和后端的 IT 系统三部分构成。

(1)前端的传感器及设备 前端传感器及设备实现感知能力。它通过内置传感器获得数据,并通过 M2M 使设备或模块进行数据传输,这种 M2M 使设备或模块具有数据汇聚能力,能对多个传感器提供联网服务。

(2)网络 网络提供设备间互联互通能力。很多应用场合中的数据流量特征是固定时间间隔的短暂突发性流量,需要网络能够提供有效和经济的连接。要求是能利用固定、移动和短距离低功耗无线技术融合的应用,提供日趋泛在化的覆盖能力和可靠的服务质量。

(3)后端系统 后端系统提供智能化支持。它可以是相关应用或管理系统,具有较高的安全性要求,可以实时收集、分析传感器数据,根据各种模型对机器设备的作业、状态和环境等进行动态比对与研判,发现异常时能及时报警,进行前端设备故障排障,或对其他相关设备发出指令,要求其作出响应等。

显然,M2M 是从联网对象的功能与运行控制的角度对物联网的一种描述。

4)物联网与微机电系统

微机电系统(Micro Electromechanical Systems,MEMS)是一种智能微型化系统,其系统或元件为毫米至微米量级大小,将光学、机械、电子、生物、通信等功能整合为一体,可用于感测环境、处理信息、探测对象等。如采用 MEMS 的胃肠道内窥检查系统,就是将照相机、光源、信号转换器和发射装置等集成在一个如感冒胶囊形状与大小的胶囊中,病人吞服后能对胃肠道内部进行检查,可连续拍摄下数万至数十万帧照片并将信号发送给接收端,供医生详细观察,病人毫无痛苦。

1.3 物联网涉及的关键技术

1.3.1 物联网发展的关键技术

为了创造人、事、时、地、物都能相互联系与沟通的物联网环境,以下几项技术将起关键作用,其发展与成熟程度也将左右物联网的发展。

1)射频识别技术

射频识别(Radio-frequency Identification,RFID)技术是利用射频信号及其空间耦合和传输特性进行的非接触式双向通信,实现对静止或移动物体的自动识别并进行数据交换的一种识别技术。RFID 系统的数据存储在射频标签(RFID Tag)中,其能量供应及与识读器之间的数据交换不是通过电流而是通过磁场或电磁场进行的。射频识别系统包括射频标签和识读器两部分。射频标签粘贴或安装在产品或物体上,识读器读取存储于标签中的数据。

2)无线传感网

无线传感网(Wireless Sensor Network,WSN)是一种可监测周围环境变化的技术,它通过传感器和无线网络的结合,自动感知、采集和处理其覆盖区域中被感知对象的各种变化的数据,让远端的观察者通过这些数据判断对象的运行状况或相关环境的变化等,以决定是否采取相应行动,或由系统按相关模型的设定自动进行调整或响应等。无线传感网有极其广阔的应用空间,如环境监测、水资源管理、生产安全监控、桥梁倾斜监控、家中或企业内的安全性监控及员工管理等。在物联网中通过与不同类型的传感器搭配,可拓展出各种不同类型的应用。

3)嵌入式技术

嵌入式技术(Embedded Intelligence)是一种将硬件和软件结合、组成嵌入式系统的技术。嵌入式系统是将微处理器嵌入到受控器件内部,为实现特定应用的专用计算机系统。嵌入式系统只针对一些特殊的任务,设计人员能对它进行优化、减小尺寸、降低成本、大量生产。其核心是由一个或几个预先编程好的、用来执行少数几项任务的微处理器或者微控制器组成。与通用计算机上能运行的用户可选择的软件不同,嵌入式系统中的软件通常是不变的,故经常称为"韧件"。

4)纳米与微机电技术

为让所有对象都具备联网及数据处理能力,运算芯片的微型化和精准度的重要性与日俱增。在微型化上,利用纳米技术开发出更细微的机器组件,或创造出新的结构与材料,以应对各种恶劣的应用环境;在精准度方面,近年微机电技术已有突破性进展,在接收自然界的声、光、震动、温度等模拟信号后转换为数字信号,再传递给控制器响应的一连串处理的精准度提升了许多。由于纳米及微机电技术(Nanotechnology and Micro Electromechanical Systems)应用的范围遍及信息、医疗、生物、化学、环境、能源、机械等各领域,能发挥出电气、电磁、光学、强度、耐热性等全新物质特性,也将成为物联网发展的关键技术之一。

5)分布式信息管理技术

在物物相连的环境中,每个传感节点都是数据源和处理点,都有数据库存取、识别、处理、通信和响应等作业,需要用分布式信息管理技术来操纵这些节点。在这种环境下,往往采用分布式数据库系统来管理这些数据节点,使之在网络中连接在一起,每个节点可视为一个独立的微数据系统,它们都拥有各自的数据表、处理机、终端以及各自的局部数据管理系统,形成逻辑上属于同一系统,但物理上彼此分开的架构。

分布式信息管理技术主要解决以下问题:

(1)组织上分散而数据需要相互联系的问题。比如智能交通系统,各路段分别位于不同城市及城市中的各个区段,尽管在交通流量监测时各节点需要处理各路段的数据,但更需要彼此之间进行交换和处理,动态预测各地的路况并发出拥堵预警信息,为每辆车提供实时优化的行车路线等。显然,这种需求下的各节点的运算量、后台数据中心的运算量都是极其庞大的。

(2)如果一个机构单元需要增加新的相对自主的传感单元来扩充功能,则可在对当前系统影响最小的情况下进行扩充。

(3)均衡负载。数据传感和处理会使局部数据达到峰值,应使传感处理节点、副节点与数据汇聚节点之间的存储与处理能力达到均衡,并使相互间干扰降到最低。负载在各处理点之间均衡分担,以避免临界瓶颈。

(4)当现有系统中存在多个数据库系统,且全局应用的必要性增加时,就可由这些数据库自下而上地结合成分布式信息管理系统。

（5）不仅支持传统意义的分布式计算，还要支持移动计算到普适计算，保证系统具备高可靠性与可用性。

分布式信息管理技术应能满足物联网的智能空间的有效运用（effective use of smart spaces）、不可见性（invisibility）、本地化可伸缩性（localized scalability）和屏蔽非均衡条件（masking uneven conditioning）。

1.3.2　物联网发展的技术需求

1）物联网的技术需求与发展方向

物联网作为一种战略性新兴产业，涉及一批关键性技术的研发与应用，各国和地区都有相关的计划。如美国有"智慧地球"的概念框架，日本与韩国等有"U-Japan""U-Korea"等，而欧洲发布的《2020 年的物联网》，是目前涵盖周期最长的发展规划。该报告将物联网的发展按每5 年一个阶段分为 4 个阶段。2010 年前将 RFID 广泛应用于物流、零售和制药等领域，2011—2015 年实现物体互联，2016—2020 年物体进入半智能化，2020 年后物体进入全智能化。

每个阶段的社会愿景、人类、政策及管理、标准、技术愿景、使用、设备或装置、能源功耗等发展规划、需求及研究方向等如表 1-1 与表 1-2 所示。

表 1-1　欧洲物联网在研重点及发展趋势

规划内容	2010 年左右	2011—2015 年	2016—2020 年	2020 年以后
社会愿景	·全社会接受 RFID	·RFID 应用普及	·对象相互关联	·个性化对象
人类	·生活应用（食品安全、防伪、卫生保健） ·消费关系（保密性） ·改变工作方法	·改变商业模式（工艺、模式、方法） ·智能应用 ·泛在识卡器 ·数据存取权 ·新型零售及后勤服务	·综合应用 ·智能传输 ·能源保护	·周边环境高度智能 ·虚拟世界与物理世界融合 ·实物世界搜索（google of things） ·虚拟世界
政策及管理	·事实管理 ·保密立法 ·全社会接受 RFID ·定位文化范围 ·出台下一代互联网管理办法	·欧盟管理 ·频谱管理 ·可接受的能耗方针	·鉴定、信用及确认 ·安全、社会稳定	·鉴定、信用及确认 ·安全、社会稳定
标准	·RFID 安全和隐私 ·无线频率使用	·部分详细标准	·交互标准	·行为规范标准
技术愿景	·连接对象	·网络目标	·半智能化（对象可执行指令）	·全智能化
使用	·RFID 在后勤保障、零售、配药等领域的实施	·互动性增长	·分布式代码执行 ·全球化应用	·统一标准的人、物及服务网络产业整合

规划内容	2010 年左右	2011—2015 年	2016—2020 年	2020 年以后
设备	· 小型、低成本传感器及有源系统	· 增加存储及感知容量	· 超高度	· 更低廉的材料 · 新的物理效应
能源	· 低能耗芯片 · 减少能源总耗	· 提高能量管理 · 更好的电池	· 可再生能源 · 多能量来源	· 能源获取元素

表 1-2　物联网的新需求及强化研究方向

内容	2010 年左右	2011—2015 年	2016—2020 年	2020 年以后
社会愿景	· RFID 使用范围的拓展	· 对象的集成	· 物联网	· 完全开放的物联网
人类	· 社会接受 RFID	· 辅助生活 · 生物测定标识 · 产业化生态系统	· 智能生活 · 实时健康管理 · 安全的生活	· 人、物体、计算机的统一 · 自动保健措施
政策及管理	· 全球导航 · 相关政策	· 全球管理 · 统一的开放互联	· 鉴定、信用及确认	· 物联网的范围
标准	· 网络安全 · Ad-hoc 传感器网络	· 协同协议和频率 · 能源和故障协议	· 智能设备间的协作	· 公共安全
技术愿景	· 低能耗、低成本	· 无所不在的标签、传感网络的集成	· 标签及对象可执行命令	· 所有对象智能化
使用	· 互通性架构（协议和频率）	· 分布控制与数据库 · 网络融合 · 严酷环境耐候性	· 全球应用 · 自适应系统 · 分布式存储	· 异构系统互联
设备	· 智能多频带天线 · 小型与便宜的标签 · 高频标签 · 微型嵌入式阅读器	· 标签、阅读器及高频范围的拓展 · 传输速率 · 芯片级天线 · 与其他材料集成提高速度	· 执行标签 · 智能标签 · 自制标签 · 合作标签 · 新材料	· 可分解的设备 · 纳米级功能处理器件
能源	· 低功率芯片组 · 超薄电阻 · 电源优化系统（能源管理）	· 电源优化系统（能源管理） · 改善能源管理 · 提高电池性能 · 能量捕获（储能、光伏） · 印刷电池	· 超低功率芯片组 · 可再生能源 · 多种能量来源 · 能量捕获（生物、化学、电磁感应）	· 恶劣环境下发电 · 能量循环利用 · 能量获取 · 生物降解电池 · 无线电力传输

2）物联网的技术特性

物联网是一个多种技术集成、向社会各行业迅速融合与渗透的新领域。一些技术即使被使用，但因市场复杂性和社会认知度，许多技术的应用可能已不是其最初的预想，这对于表 1-1、表 1-2 预测的一些内容也是一样。要满足物联网应用需求，物联网本身的技术需要具备如下一些共同特征：

（1）易用性　物联网的各种技术与系统要易于使用、易于构建、易于维护、易于组配与调整等,即越是高科技,越应傻瓜化。具体表现如下:

① 即插即用:即插即用代表着接口技术的主要进展,它要求能轻松添加新组件到物联网系统,以满足用户对各类应用的不同需求。

② 自动服务配置:通过捕获、通信和处理"物"的数据来提供物联网服务。这些数据基于运营商发布或是用户自己订阅。自动服务可依赖于自动数据融合和数据挖掘技术。一些"物"可配备执行器影响周围环境与应用。

（2）移动互联　移动互联是物联网实现"物—物""物—人""人—物—人"等多种互联模式的技术条件,主要有以下要点:

① 传感技术为核心:目前,在各类移动互联设备中,设计师越来越注重传感技术,以实现移动互联网向智能化、高端化和复杂化发展。利用传感技术能实现网络由固定模式向移动模式转变,方便广大用户。将传感技术应用到移动互联网中,推动其朝物联网发展。

② 有效实现人与人的连接:物联网的应用,本质上要实现人与人的多样化与多场景连接。为此,移动互联在应用中要注重与各类移动终端或用户的连接。

③ 平台竞争及孤岛问题:随着智能手机在全社会的普及,大量移动互联平台面向公众用户开展竞争。各类平台间的竞争转向了信息内容和众多应用开发方面的竞争,造成了 APP 混战的局面,形成众多数据与应用孤岛。

（3）数据资源管理

① 大数据应用:物联网中越来越多的数据被创建出来。物联网相关用户希望利用大量传感器和其他数据发生器得到数据资源,供后台系统有效地抽取、挖掘、分析、预测和呈现各种应用。

② 决策建模和信息处理:数据挖掘过程包括数据预处理、数据挖掘以及知识的评估和呈现。

③ 协同数据处理的通用格式:需要通用数据格式和应用编程接口(API)把物联网收集到的数据融入已有数据里作为一个整体,以便于数据交换,并根据需要结合使用。重点应放在语义互操作性上,由于句法的互操作性,可以通过简单的翻译实现。

（4）云服务架构　物联网用户皆希望能灵活地部署和使用物联网,主要表现在三个方面:第一,任何地方都能够连接到物联网系统;第二,只为使用的服务支付费用;第三,能快速配置和中止系统。

（5）安全　物联网用户皆希望物联网系统不会被未经授权的实体用于恶意目的。由于采用物联网构建的系统将实现各种目标,需要不同的安全级别,用户都希望他们的个人和商业信息能够保密。

（6）基础设施　物联网的运行需要基础设施的支持,比如各种有线、无线网络,封闭的网络或互联的网络等。

（7）服务感知　物联网提供的服务一般不需人工干预,然而这并不意味着物联网的使用者不需要知道那些存在于使用者周围的服务。当物联网提供服务时,能够通过一定的方法使用户知道服务的存在,当然,这些方法必须符合相关法规。

（8）标准融合　物联网覆盖的技术领域非常广泛,涉及总体标准、感知技术、通信网络技术、应用技术等各个方面。物联网标准组织从不同角度对物联网进行研究,如有的从 M2M 的角度研究,有的从泛在网的角度研究;有的关注互联网技术,有的专注传感网的技术,有的关注移动网络技术,有的则从总体架构等方面进行研究。在标准方面,与物联网相关的标准化组织较多,物联网技术标准体系如图 1-2 所示。目前介入物联网领域的主要国际标准化组织有 ISO、IEC、ITU-T、ETSI、3GPP、3GPP2 等。

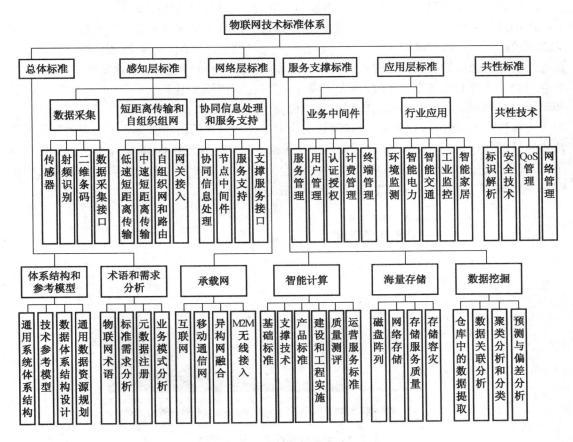

图 1-2　物联网技术标准体系

　　(9) 辅助功能和使用环境　物联网用户希望系统能满足个人的可访问性以及相关的应用需求,能保证不同用户在不同环境下的访问性和可使用性。然而,不仅需求是多样化的,技术也是多样化的,且它们将随时间环境的变化而变化;同时,一些需求可能会和另一些需求冲突,所以只有能不断适应用户需求的方法、技术和资源才能提供最佳的服务。

1.4　物联网的效益与面临的问题

　　物联网被公认为是继续互联网之后的又一次重大的产业革命,其发展将推动人类进入智能化时代。人与人、人与物、物与物之间在任何时间、任何地点互联,实现智能互动,将对人类生产、生活、健康、安全、教育与娱乐等带来不可估量的现实意义与经济效益。同时,物联网的发展也带来一系列的相关问题。

1.4.1 物联网的效益

物联网应用涉及的软件、硬件与综合性技术遍及智能交通、环境保护、城市安全、精致农业、生产监控、医疗护理、远程教育等许多领域,衍生出大规模的高科技市场。

据美国研究机构 Forrester 预测,物联网撬动的产值将比互联网大 30 倍,形成下一个万亿元级别的产业;此外,物联网带来的社会效益更是无可估量。对此,美国、欧盟、日本、韩国及中国等纷纷提出相关的发展规划并投入大量资源。近几年,物联网已进入快速发展期,尽管整个产业仍处于孕育和准备发力阶段,离大规模应用普及尚有时日,但未来不论在技术、芯片、产品和解决方案等领域都有相当多的应用与发展机会。

埃森哲 2015 年的研究显示,物联网将成为中国经济增长的新动力。基于当前政策和投资趋势的最低估计,到 2030 年,物联网能给中国带来 5 000 亿美元的 GDP 累计增长。分析也显示,通过采取进一步措施,提高物联网的技术能力以及增加投资,到 2030 年,物联网对中国 GDP 的影响累计增长额可达 1.8 万亿美元,如图 1-3 所示。

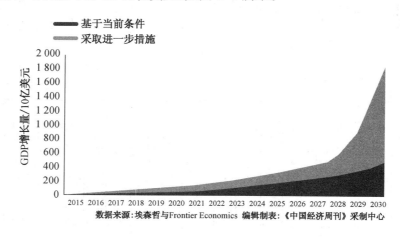

图 1-3 物联网对我国 GDP 的影响

图 1-4 为物联网对我国各行业累计 GDP 的影响,埃森哲研究报告显示,物联网在我国推动的产业增长位居前列的产业为制造业、公共服务、资源产业等。为了解物联网在中国各产业的具体经济潜力,埃森哲联合 Frontier Economics 就物联网对中国 12 个产业的累计 GDP 影响进行了预估。图 1-4 显示,未来 15 年,仅在制造业,物联网就可创造 1 960 亿美元的累计 GDP。如通过定向投资和其他类似支持,各行业还将产生巨大的附加值,以制造业为例,物联网创造的经济价值将从 1 960 亿美元跃升至 7 360 亿美元,增加 276%;对于资源产业,物联网创造的经济价值也将从 480 亿美元增至 1 890 亿美元,比当前高出近 3 倍。分析显示,制造业在物联网经济效益中所占比重最大,其次为政府公共服务支出和资源产业。到 2030 年,该三大领域将占物联网所创造累计 GDP 总额的 60% 以上。

以制造业为例,"中国制造 2025"行动计划重点旨在实现制造业的数字化、网络化和智能化突破。物联网可推动制造企业实现三大核心使命:

(1)优化生产流程 制造商能采用无缝连接,在产品的整个生命周期进行控制。物联网技术还可以帮助制造商进行预测性数据分析,以确定可能的设备或零部件故障,从而制定预防

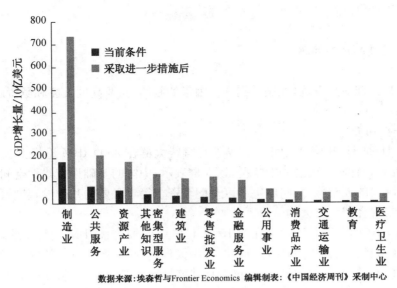

数据来源：埃森哲与Frontier Economics 编辑制表：《中国经济周刊》采制中心

图 1-4 物联网对我国各行业累计 GDP 的影响

型维护计划，实现平稳运营。

（2）提高效率，改善客户体验 生产过程中，企业可利用物联网技术改善工人健康条件，提高安全性。例如，中国的一些工厂为工人配备了"智能腕带"，当工人进入危险区域时，智能腕带便会自动发出警报。同时，物联网还能帮助企业收集产品的售后信息，以改善客户体验。

（3）提供新的收入来源 在数字化的"客户到制造商"商业模式下，消费者将得益于更加灵活和个性化的产品设计，制造商则得到更多利润。

在资源产业与公用事业领域，物联网技术可大幅提高资源效率和能源效率。长期以来，我国经济增长高度依赖于石油、电力和水等大量资源消耗。中国经济占全球经济的份额为12％，但消耗了全球21％的能源、45％的钢铁、54％的水泥。中国的单位 GDP 能耗比世界平均水平高出近一倍。在我国 GDP 中，环境成本占比高达12.3％。显然，要实现可持续发展，提高资源效率和能源效率势在必行。

图 1-4 显示，在当前条件下，到 2030 年，在资源产业和公用事业领域，物联网技术将创造 640 亿美元的累计 GDP。如采取进一步措施，该数字有望增至 2 480 亿美元。这两种情境下，大部分增益主要缘于全要素生产率的提高。应用物联网技术可创造以下诸多效益：

（1）优化能源消耗 由于能够捕捉有关设备或外部环境条件变化的精确实时数据，资源产业和公用事业生产者可实现运营流程的能源消耗最小化。例如，石油可在要求的最低温度条件下，通过管道输送。

（2）提高运营安全性 物联网技术可提高工作区的安全性，从而确保平稳运行。例如，在遭遇任何潜在危险时（如燃气泄漏或潜在爆炸），工人的可穿戴设备可自动报警。

（3）进行预测型分析 通过在机器、管道等实体资产上安装传感器，企业能构建主动维护能力，以缩短机器宕机时间，防止设备或环境被破坏（如有毒气体泄漏）。

（4）降低成本并满足消费者需求 通过追踪消费者的实时需求变化，资源产业和公用事业企业能提高生产管理水平，降低材料和库存成本。

1.4.2 物联网发展面临的问题

物联网作为一个新兴产业，发展受到许多因素的制约，需要高度关注和亟待解决的有以下8个方面问题：

1）国家安全问题

2009年2月24日，IBM大中华区首席执行官钱大群在2009 IBM论坛上公布了名为"智慧地球"最新策略。针对中国经济的状况，钱大群表示，中国的基础设施建设空间广阔，而且中国政府正在以巨大的控制能力、实施决心以及配套资金等对必要的基础设施进行大规模建设，"智慧地球"战略将会产生更大的价值。

对此，原中国工信部部长李毅中在2010年4月表示，要警惕IBM的智慧地球陷阱。他认为，通过传感网和互联网的应用，"智慧地球"可极大提高效率，产生更大的效益，但美国试图利用其信息网络技术，控制各国的经济，我国发展战略性新兴产业时，必须提高警惕，不能受制于人。因此，我国要大力发展5G、物联网等新兴产业。但对于外国这些新的理念和新的战略，既要有所启迪，也要有所警惕。在IBM的宣传中，"智慧地球"所包括的领域极为广泛，有电网、铁路、桥梁、隧道、公路、建筑、供水系统、大坝、油气管道等。这些领域涉及了民生基建和国家战略，甚至是军事领域的信息。专家认为，如果这些信息被国外IT巨头获取或被他国操纵，其后果是不可想象的。

同时，我国物联网研究与国际同步，我国的物联网研发和应用也有一定的基础，在国际水平线上，我国并不落后。因此，在建设和实施物联网系统中，如何保证企业、政府和国家信息安全，是第一位的战略性问题。

2）个人隐私问题

在物联网中，人们自身及其使用的各类物品都可能随身携带各类标识性电子标签，因而很容易在其未知的情况下被定位和跟踪，这势必会使个人行踪及相关隐私受到侵犯。因此，如何确保标签物的拥有者个人隐私不受侵犯就成为物联网推广中的关键问题之一。这不仅是技术问题，还涉及法律、道德与政治等问题。

3）物联网商业模式问题

物联网既涉及一批高科技产品的销售，更涉及这些产品所提供的服务项目与内容，而这些服务又往往通过电信或移动通信运营商的平台进行。因此，一条完整的产业链将涉及新产品研发、新服务创意、包装营销、上线运行、维护管理、收益分配等。如何建立一条满足各方利益、共赢发展的价值链，是确保这一产业蓬勃发展的前提。同时，物联网的产业化必然需要芯片制造厂商、传感设备生产厂、系统解决方案厂商、移动运营商等上下游厂商的通力配合，而在各方利益机制及商业模式尚未成型的背景下，必然影响到物联网的普及。

4）物联网相关政策法规

物联网的普及不仅需要各种技术，更牵涉到各个行业，各个产业乃至各家企业间的通力协作与力量的整合。这就需要国家在相关产业政策的立法上要走在前面，要制定出适合这个行业发展的政策法规，保证行业的正常发展。

5）技术标准的统一与协调

互联网的蓬勃发展，归功于其标准化问题解决得非常好，如全球传输与地址协议TCP/

IP、路由器协议、终端的构架与操作系统等。物联网领域,传感、识别、通信、应用等各层面都会有大量的新技术出现,需要尽快统一各项技术标准。如目前 Ipv4 协议已不能满足互联网的需求,Ipv6 的开发已成为行业发展的必然,但这又涉及大批的路由器将被更换;此外,物联网中大量无线设备的使用,又将带来频道拥堵问题,相关管理办法与标准也需制定。

6)管理平台的开发

物联网时代,联网对象数量将数百倍地超过互联网,联网后的信息传输与处理量更是数以万倍地超过互联网,相应的管理平台是不可或缺的。因此,建立庞大的、综合性业务管理平台,提供从标识层、通信层、业务层、行业层到地域层等各方面的信息管理,是确保物联网正常运行的基础。

7)行业内的安全体系

除国家安全外,基于 RFID 传感技术的各类应用也涉及行业安全问题。如植入 RFID 芯片的物体,其中的数据有可能被任何识读器感知识读,这对物主的管理虽然方便,但也可能被其他人进行识读。对于涉及商业活动中的许多对象,如何防止其传输、应用中各种有价值的信息被竞争对手获取和利用,这就涉及行业安全体系的建立问题。

8)应用的开发

物联网可创造出许多前所未有的应用,并正在人们的生产与生活中普及。一些相关应用已经出现产品,但还仅停留在概念阶段,进行实际应用的产品较少,一些应用仍处于运营商的体验厅的概念性产品阶段,相关的创新应用明显不足。物联网如同互联网一样,许多应用的开发需要进行大量的投入、尝试、调查、实证与评估。这些应用开发不能仅依靠运营商,也不能仅依靠物联网企业,还需要与大量的传统产业、传统应用、日常生活等结合,才能研发出既有实际意义,又有经济效益的应用来。

思考题

(1)简述物联网的定义,其与泛在网的关系?

(2)如何理解物联网的内涵与技术特征?

(3)简述物联网技术标准体系的总体架构。

(4)谈谈物联网发展中面临的诸问题。

2 物联网系统架构

[学习目标]
〔学习目标〕
(1) 掌握物联网四层架构体系。
(2) 掌握物联网标准体系架构。
(3) 了解物联网技术体系架构。
(4) 了解物联网测试体系架构。
(5) 了解物联网系统架构应具备的功能。

2.1 物联网系统架构

2.1.1 物联网系统架构概念

物联网是多技术、多功能构成的系统。了解物联网应从其总体架构入手,自顶向下分析其各部分的构成、实现功能、技术与资源要求,以及各子系统、功能部件与组件之间的基本作用与相互关系等。

分析物联网系统架构的作用在于:
(1) 为各类物联网系统的开发提供规范的顶层设计构架。
(2) 为运用物联网技术改造传统系统提供统一的技术规范。
(3) 为不同的应用系统融合搭建桥梁。
(4) 使物联网系统的设计和应用更高效与规范。
(5) 可与其他系统和应用领域共享系统数据。
(6) 可实现异构系统间的数据交换与互操作等。

总之,物联网系统架构是物联网应用的基础,了解物联网系统架构才能建立总体知识体系,理解其应用、技术与规范要求等。

2.1.2 物联网系统架构规范

系统架构对系统分析与设计具有指导作用,故系统架构的统一性和规范性具有重要意义。为此,各国专业组织和国际标准化机构从各自职能出发,制定了不同功能与作用的系统架构规范。代表性的机构有国际标准化组织(ISO)、国际电工委员会(IEC)、国际电子与电气工程师协会(IEEE)、国际电信联盟(ITU)、欧洲电信标准化协会(ETSI)、全球第一标准机构(GS1)等;各国也结合重点应用,推出了具体领域的系统架构规范。我国也积极参与相关国际标准的制定工作,并将我国相关物联网系统架构标准推荐为国际标准。

这些标准规范均从不同技术与不同领域为物联网系统架构提供指导,供人们在设计具体应用系统时参考采用。

2.2　物联网四层架构体系

图 2-1 所示的四层物联网架构是一种最常见的模型,它源于传统的互联网体系。该架构是将物联网理解为以互联网为骨干网,在其基础上叠加由各类传感器组成的感知网络而成。图 2-1 表示物联网逻辑上由感知层、接入层、中间件层和应用层自下而上整合而成,各层功能如下:

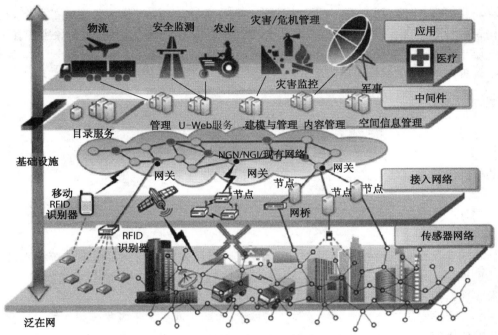

图 2-1　物联网四层架构示意图

1) 感知层

感知层位于架构底层,由遍布各种建筑、楼宇、街道、公路桥梁、车辆、地表、管网和各类应用系统中的各类传感器、二维条形码、RFID 标签和 RFID 识读器、摄像头、GPS、M2M 设备及各种嵌入式终端等组成的传感器网络。

感知层的主要功能是实现对物体的感知、识别、监测或采集数据(包括各类物理量、标识、声频、视频等),以及反应与控制等。感知层是物联网的基础,也是物联网系统与传统信息系统最大的区别所在。感知层的发展,主要以更高的性能、更低的功耗、更小的体积、更低的成本提供更具灵敏性、可靠性和更全面的对象感知能力。感知层的出现,改变了传统信息系统内部运算处理能力高强但对外界感知能力低下的状况。这一改变,将给信息系统带来质的飞跃。

感知层由具有感知、识别、控制和执行等能力的多种设备组成,一般包括数据采集、数据短距离传输与数据编码等部分。而短距离传输技术包括 RFID、蓝牙、ZigBee、NFC、UWB 等这类传输距离从数米至 100 m,速率为中低速无线短距离传输技术等。

2）接入层

接入网络是各类有线与无线节点、固定与移动网关组成的通信网与互联网的融合体,可通过互联网、广电网、通信网等接入。但与互联网不同的是:感知层采集的数据由此接入,实现 M2M 应用的大规模数据传输,这要解决物联模式对接入容量与服务质量的要求。因此,作为基础设施,接入网与骨干网的融合需要进一步与感知层,支撑层与应用层的结合,并适应下一代网络(NGN/NGI)的发展。

接入层要求将感知层获取的数据透明、可靠、安全地传送至上层,以解决感知数据在一定距离、特别是远程传输问题。

3）中间件层

中间件层的功能是屏蔽异构性,实现互操作、数据预处理,实现多系统和多技术之间的资源共享,组成资源丰富、功能强大的服务系统。此层可向应用层提供多种形式的服务,在基本平台构筑各种应用,提供不同领域的服务,如事务处理监控、分布数据访问、对象事务管理等。

此层承担一些事务处理工作,由目录服务、管理 U-Web 服务、建模与管理层、内容管理、空间信息管理等组成,实现对应用层的支持。该层的发展是物联网管理中心、资源中心、云计算平台、专家系统等对海量信息的分析处理。

4）应用层

应用层将物联网技术与各行业应用相结合,实现多种智能化应用,如物流、安全监测、农业、灾害监测、危机管理、军事、医疗护理等领域。物联网通过应用层支持跨行业、跨领域、跨系统间的信息协同、共享、交互等功能,最终实现与各行业技术的深度融合。

2.3 物联网技术体系架构

物联网涉及感知、控制、通信、微电子、计算机、软件、嵌入式与微机电系统等技术,以实现图 2-1 的四层架构功能。这些技术体系化地反映到物联网的系统架构中,形成如图 2-2 所示的技术体系架构。

图 2-2 将技术体系分为支撑技术与公共技术,表明这两类技术纵贯各层架构,横向融合到各层功能板块中。图 2-2 可视为对图 2-1 的技术解构描述,并在逻辑上将图 2-1 的"接入层"与"中间件层"合并为"网络层"。

图 2-2 具体说明如下。

1）支撑技术

物联网支撑技术包括嵌入式系统、微机电系统(Micro Electro Mechanical Systems,MEMS)、软件与算法、电源和储能、新材料应用。

(1)嵌入式系统 可满足物联网对设备功能、可靠性、成本、体积、功耗等的综合要求,可按不同应用定制嵌入式计算机技术,是实现物体智能化的基础。

(2)微机电系统 可实现对传感器、执行器、处理器、通信模块、电源系统等的集成,是支撑传感器节点微型化、可执行化的技术。

(3)软件和算法 是实现物联网功能,决定物联网行为的主要技术,重点包括各种物联网计算系统的感知信息处理、交互与优化软件和算法、计算系统体系结构与软件平台研发等。

(4)电源和储能 是物联网关键支撑技术之一,包括电池技术、能量储存、能量捕获、恶劣情况下的发电、能量循环、新能源等技术。

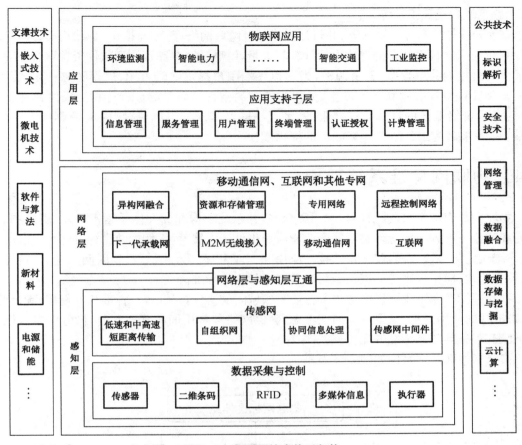

图 2-2　物联网技术体系架构

（5）新材料　主要是指应用于传感器的敏感元件实现的技术。传感器敏感材料包括湿敏材料、气敏材料、热敏材料、压敏材料、光敏材料等。新敏感材料的应用可以使传感器的灵敏度、尺寸、精度、稳定性等特性获得改善。

2）公共技术

公共技术包括架构技术、标识和解析、安全和隐私保护、网络管理技术、数据融合技术、数据存储与挖掘技术、云计算等。

（1）标识和解析技术　是对物联网中任何物理实体、通信实体和应用实体赋予的或其本身固有的一个或一组属性，并能正确标识和解析的技术。物联网标识和解析技术涉及不同的标识体系、不同体系的互操作、全球解析或区域解析、标识管理等。

（2）安全保护技术　包括安全和隐私保护技术、网络安全与数据安全技术、智能物件的广泛部署对社会生活带来的潜在安全威胁防护、个人信息保护、安全管理机制和各类保证措施等。

（3）网络管理技术　重点包括管理需求、管理模型、管理功能、管理协议等。为实现对物联网各类智能物件的管理，涉及网络功能和适用性分析，应用适合的管理协议。

（4）数据融合　物联网要对传感数据作动态汇聚、分解、合并处理，需要对数据提供存储、查询、分析、挖掘、理解以及基于感知数据决策和行为的融合服务。

（5）数据存储与挖掘　分别解决从感知设备中采集数据的存储，并从大量数据中通过算法分析并找出隐藏于其中的信息与知识的过程，具体涉及统计、在线分析、海量检索、机器学习、专家系统和模式识别等。

（6）云计算 是分布式计算、并行计算、效用计算、网络存储、虚拟化、负载均衡、高可用性等计算机和网络技术融合的产物。云计算将大量计算资源、存储资源和软件资源融合在一起，形成巨大规模的共享虚拟 IT 资源池，为远程终端用户提供随时可用、规模随意变化、能力无限的多种计算服务。物联网所产生、分析和管理的数据是海量的。云计算能提供弹性化、无限可扩展、价格低廉的计算与存储服务，满足物联网需求。可以说，物联网是业务需求的构建端，云计算则是业务需求计算能力的提供端。

2.4 物联网标准系统架构

物联网是交叉学科，涉及的技术门类众多，其系统架构和标准体系紧密关联，引领物联网研究和产业发展方向。全球物联网产业和应用仍处于发展阶段，例如缺少标准体系，在产品设计、系统构建与集成方面，就会制约技术应用和产业发展。为此，要对物联网的定义、特点、范围、技术架构、应用规则等关键领域与对象制定相应的标准。

物联网标准体系既要横向考虑各行业和领域间的协作，保证各自标准相互衔接，满足跨行业、跨地区的应用需求，又要从纵向上考虑，确保网络架构层面的互连互通，做好信息获取、传输、处理、服务等环节标准的配套。

物联网标准系统架构如图 2-3 所示。

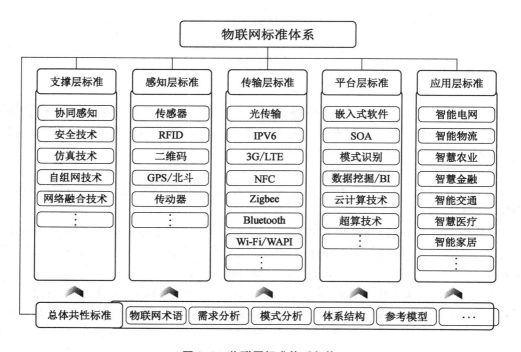

图 2-3 物联网标准体系架构

物联网标准体系架构的特点是综合性与专业性结合，具体如下：

（1）总体共性标准 此类标准主要有：术语、需求、模式、体系结构、参考模型等综合性标准，涉及物联网顶层设计领域，是物联网标准化能有序、持续开展的保证。

（2）感知层标准　主要涉及传感器、RFID、二维码、GPS/北斗、传动器等标准。

（3）传输层标准　主要有光传输、IPV6、NFC、Zigbee、蓝牙、Wi-Fi/WAPI等标准。

（4）平台层标准　主要包含嵌入式软件、SOA、模式识别、数据挖掘/BI、云计算技术、超级计算技术等标准。

（5）应用层标准　智能电网、智能物流、智慧金融、智慧医疗、智能家居等标准。

（6）支撑层标准　协同感知、安全技术、仿真技术、自组网技术、网络融合技术等，此为纵向标准，涉及（2）～（5）层。

2.5　物联网测试体系架构

物联网系统涉及大量硬件、软件、组件、模块、子系统乃至系统总成，其设计、研发、构建、实施与运行等均需要达到相应的标准，如系统工程规范、软件工程规范、系统集成规范、管理信息系统规范等。实际应用中，所建的任何物联网系统是否达到对应标准要求，则需要进行一系列的单项、多项与综合性测试与检测。这些测试也是建立在大量产业实践、应用改进、技术更新与用户需求基础之上，它们反过来又会对物联网从顶层开始，经各级子系统到最终功能单元等，提出具体的技术改进、性能提升与功能扩展的依据。

物联网测试体系架构如图2-4所示。

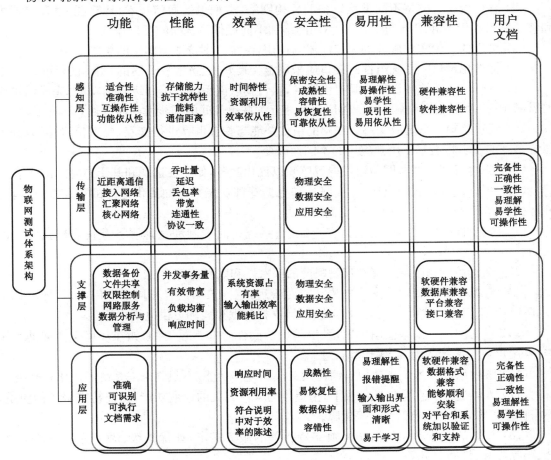

图 2-4　物联网测试体系架构

图 2-4 除提供系统级的物联网测试架构外,还有一系列有关功能、性能、效率、安全性、可靠性、易用性、兼容性等方面的测试要求及对应的测试技术规范。对于各类物联网应用系统用户,只有当这些要求均满足且经过相应的测试验收后才会接收。

2.6 物联网系统架构应具备的功能

物联网是个仍在快速发展的领域,上述诸系统架构与技术、产业、社会与生活等领域的发展相关,更与用户的具体需求相关。这些功能和性能要求是多元化与系统化的,需要结合具体应用系统的规模、复杂性、功能等综合考虑。一般的功能要求如下:

(1)自治功能 构成物联网的各类通信设备能够实现网络的自动配置、自我修复、自我优化和自我保护功能。

(2)自动适配 物联网系统应支持构成单元间的自动适配,使物联网系统可对组件(如设备和网络)的增加与删除自适应。

(3)可扩展性 支持不同规模、不同复杂度、不同工作负载的大量应用,同时也能支持包含大量设备、应用、用户、巨大数据流等系统。

(4)可发现性 物联网的用户、服务、设备和来自设备的数据等可根据不同准则(如地理位置信息、设备类型等)被发现。

(5)异构设备 支持不同类型设备的异构网络,类型包括通信技术、计算能力、存储能力和移动服务提供者和用户,也支持在不同网络和不同操作系统间的互操作性。

(6)可用性 为实现服务的无缝注册与调用,系统应支持即插即用的功能。

(7)标准化接口 系统组件的接口应采用定义良好的、可解释说明的、明确的标准。

(8)及时性 系统按设定时间提供服务,执行物联网系统内不同级别的功能,完成请求者的需求响应,使用通信和服务功能时应保持相互关联事件间的同步性与时效性。

(9)位置感知 系统应支持物联网的组件并能与物理世界进行交互,要有位置感知功能,位置精度的要求将会基于用户应用的不同而改变。

(10)内容感知 物联网须通过内容感知以优化服务,如路径选择和基于内容路由通信。

(11)可靠性 物联网应在通信、服务和数据管理功能等方面提供适当的可靠性,应有对外部扰动、错误检测和修复而进行变化的能力。

(12)安全性 物联网应该支持安全通信、系统访问控制和管理服务及提供数据安全的功能。

(13)保密性 物联网应能实现物联网的保密性和隐私性等功能。

(14)电源和能源管理 支持电源和能源管理,不同策略适合不同的应用,包含低功耗组件、限制通信范围、限制本地处理和存储容量、支持睡眠模式和可供电模式等。

(15)可访问性 某些应用领域,系统的可访问性是非常重要的,如在环境生活辅助系统中,有用户参与系统的配置、操作和管理。

(16)继承组件 系统支持原有组件的集成和迁移功能,不限制未来系统的优化和升级。

(17)人体连接 在合法性前提下,为提供与人体有关的通信功能,保证特殊服务的质量,还需提供可靠、安全及隐私保护等保障。

(18)相关的服务需求 物联网须支持相关的服务需求,如优先级、语义等服务、服务组合、跟踪服务、订阅服务等。

思考题

（1）简述物联网四层架构体系。

（2）试述技术体系架构。

（3）试述物联网标准体系架构。

（4）试述物联网测试体系架构。

（5）简述物联网的系统架构需求。

二、技术篇

3 传感器及智能设备

[学习目标]
(1) 掌握传感器的概念与分类。
(2) 掌握传感器的组成与常用传感器。
(3) 掌握无线传感器节点的结构与功能模块。
(4) 了解各种传感器的功能与特点。
(5) 了解智能传感器与 M2M 智能传感器的功能与特征。

3.1 传感器及智能设备概述

传感网通过众多的传感器节点互联组成,各类传感器就是传感器节点的组成部分,构成感知层的核心。

3.1.1 传感器的定义

传感器是一种能探测、感受外界特定信号、物理条件或化学组成与变化并能通过节点将所探知信息传递出去的器件。传感器的典型定义有以下几种:

(1) 国家标准 GB/T 7665—2005《传感器通用术语》 传感器(Transducer/Sensor)是能感受被测量并按一定规律转换成可用信号输出的器材或装置,通常由敏感元件和转换元件组成。

(2) IEC 定义 传感器是测量系统中的一种前置部件,它将输入变量转换成可供测量的信号。

英语 transducer 有"换能器""转换器"之意,说明传感器的作用是将一种能量转换成另一种形式的能量,据此,传感器亦称换能器,故新韦氏大词典定义传感器为:"从一个系统接收功率,通常以另一种形式将功率送到第二个系统中的器件。"

总之,传感器是一种具有探测功能,能将被探测到的物理、化学、生理量等按一定规律变换成电信号或其他所需形式的信息并发送出去,以满足后续的信息处理、存储、显示、记录和控制等要求的装置。众多功能各异的传感器是传感网的基础,是物联网的末端器件,也是被感测信号输入系统的首道关口。

物联网采用的传感器要求具备微型化、数字化、智能化、多功能化、系统化和网络化等特点。

3.1.2 传感器的分类

传感器可按工作原理、输出量类型、被测量性质、传感原理与效应、变换中是否需要外加辅助能量、传感技术的发展阶段等分类。

1）根据传感器转换原理分类

根据传感器转换原理可分为物理传感器和化学（包括生物化学）传感器两大类。

（1）物理传感器　应用的是物理效应，诸如压电效应，磁致伸缩现象，离化、极化、热电、光电、磁电等效应，被测信号量的微小变化都将转换成电信号。多数传感器是以物理原理为基础运作的。

（2）化学传感器　包括那些以化学吸附、电化学反应等现象为因果关系的传感器，被测信号量的微小变化也将转换成电信号。化学传感器技术问题较多，如可靠性、规模生产的可能性、价格等，解决了这类难题，化学传感器的应用将会有巨大增长。

2）根据被测量性质分类

根据被测量性质可分为力学量、光学量、磁学量、几何学量、运动学量、流速与流量、液面、热学量、化学量、生物量传感器等。这种分类有利于选择与应用传感器。

3）根据感知元件分类

根据感知元件可分为热敏元件、光敏元件、气敏元件、力敏元件、磁敏元件、湿敏元件、声敏元件、放射线敏感元件、色敏元件、味敏元件传感器等。

4）根据用途分类

根据用途可分为压敏和力敏传感器、位置传感器、液面传感器、能耗传感器、速度传感器、加速度传感器、辐射传感器、热敏传感器等。

例如，车用传感器是汽车电子设备的重要组成部分，是汽车计算机系统的输入装置，它把汽车运行中的各种工况信息，如车速、各种介质的温度、发动机运转工况等，转换成电信号输给计算机，以便使发动机处于最佳工作状态，包括决定喷油的空气流量传感器；控制点火的曲轴位置传感器；测量车速的加速度传感器；检测发动机运转的温度传感器，等等。

5）根据工作原理分类

根据工作原理可分为振动传感器、湿敏传感器、磁敏传感器、气敏传感器、光敏传感器、真空度传感器、生物传感器等。这种分类有利于研究、设计传感器，对其工作原理进行阐述。

例如，光敏传感器的核心元件是用半导体材料制作的光敏电阻，工作原理基于光电效应，即在光照下，光敏电阻的阻值会变化，这种现象就称为光导效应。光敏电阻两端的电极间加上电压后，其间会有电流通过，当感受光线照射时，光敏电阻的阻值就会变小，通过的电流强度就会随着光照强度的增加而变大，借助这一转换就能实现光电信号传感。

6）根据输出信号分类

根据输出信号可将传感器分为以下 4 类：

（1）模拟传感器　将被测量的非电学量转换成模拟电信号。

（2）数字传感器　将被测量的非电学量转换成数字输出信号（包括直接和间接转换）。

（3）膺数字传感器　将被测量的信号量转换成频率信号或短周期信号的输出（包括直接或间接转换）。

（4）开关传感器　当一个被测量的信号达到某个特定的阈值时，传感器相应地输出一个设定的低电平或高电平信号。

7）根据所用材料分类

在外界因素的作用下，所有材料都会作出相应的、具有特征性的反应。它们中的那些对外界作用最敏感的材料，即那些具有功能特性的材料，被用来制作传感器的敏感元件。从这一观点出发，可将传感器分成下列几类：

（1）按照所用材料类别　分为金属传感器、聚合物传感器、陶瓷传感器、混合物传感器。

（2）按材料的物理性质　分为导体传感器、绝缘体传感器、半导体传感器、磁性材料传感器、陶瓷传感器、石英传感器、光导纤维传感器、有机材料传感器、高分子材料传感器等。

（3）按材料的晶体结构　分为单晶传感器、多晶传感器、非晶材料传感器。

8）根据制造工艺与结构分类

根据制造工艺与结构，可以将传感器区分为集成传感器、薄膜传感器、厚膜传感器、陶瓷传感器等。

9）根据应用场合分类

例如工业用、农用、军用、医用、科研用、环保用和家电用传感器等。若按具体应用场合，还可分为车用、船用、飞机用、防灾用传感器等。

3.1.3　传感器的组成

传感器一般由敏感元件、转换元件、基本转换电路和辅助电源等组成，如图 3-1 所示。

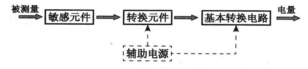

图 3-1　传感器的组成示意图

（1）敏感元件（Sensing Element）　直接感受被测量并输出与被测量成确定关系的某一物理量的元件，是传感器的核心。

（2）转换元件（Transduction Element）　敏感元件的输出就是它的输入，把输入转换成电路参量。

（3）基本转换电路　上述电路参量接入基本转换电路（简称转换电路），便可转换成电量输出。

3.1.4　传感器节点

传感器节点是无线传感器网的基本功能单元。节点间可采用自组织方式组网，通过无线或有线通信进行数据转发。节点都具有数据采集与数据融合转发的双重功能。节点对自身采集的信息和其他节点转发过来的数据做初步处理和融合之后，以相邻节点接力传送的方式传送到基站，再通过基站以互联网、卫星等方式传送给最终用户。

无线传感器节点的结构如图 3-2 所示，其基本组成有以下 6 个单元/模块：

（1）传感模块　由传感器和 ADC 转换模块组成，用于感知、获取外界信息，并将其转换为

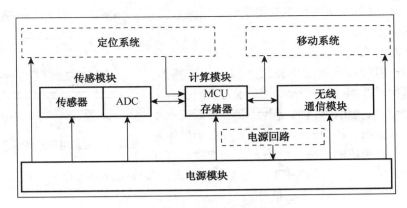

图 3-2　无线传感器节点的结构

数字信号。

（2）计算模块　由微控制单元(单片机 MCU)、存储器及嵌入式操作系统等构成,负责协调节点各部分的工作,如对感知单元获取的信息进行必要的处理、保存,控制感知单元和电源的工作模式等。

（3）无线通信模块　由无线收发器组成,负责与其他传感器或者收发器通信。

（4）电源模块　为节点工作提供必要的能源。

（5）定位系统　用于观察者对传感器的位置进行实时跟踪。

（6）移动系统　用于在系统运行时,移动传感器节点。

3.1.5　常用传感器

按传感器的主要工作原理,可将传感器分为电阻、电容、电感、电压、霍尔、光电、光栅、热电偶等。以下介绍几种主要的传感器:

1）电阻传感器

金属皆有电阻,其值随材料种类与形态而异。同种材料,形状越细或越薄,则电阻越大。当施加外力时,金属若变细变长,则阻值增加;若变粗变短,则阻值减小。如在发生应变的物体上装有金属电阻,当物体伸缩时,金属体也按某一比例发生伸缩,因而电阻值产生相应的变化。此即金属电阻的应变效应,由此可制造出种种传感器。

电阻式传感器主要有电阻应变式、压阻式、热电阻、热敏、气敏、湿敏等。它结构简单、性能稳定、成本低廉,故在许多行业得到了广泛应用。

（1）电阻式应变式传感器　传感器中的电阻应变片具有金属应变效应。电阻应变片主要有金属和半导体两类。金属应变片的结构形式有金属丝式、箔式、薄膜式之分。半导体应变片具有灵敏度高(通常是丝式、箔式的几十倍)、横向效应小等优点。

图 3-3 是一种电阻应变片传感器的结构示意图,它由基体材料、金属电阻应变丝或应变箔、绝缘保护层和引线等部分组成。当传感器受外力作用导致金属丝受外力作用时,金属丝的长度和截面积都会发生变化,压力传感器电阻值即随之发生改变,如金属丝受外力作用伸长时,截面积减少,电阻值增大。当金属丝受外力作用而压缩时,长度减小而截面增加,电阻值则会减小。只要测出加在电阻上的变化(通常是测量电阻两端的电压),即可获得应变金属丝的

应变情况。于是，电阻式应变片主要用于测量机械形变，如测量拉力的大小等。

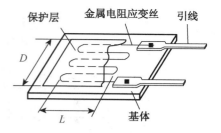

图 3-3　金属电阻式传感器结构与原理

（2）压阻式传感器　压阻式传感器是指利用单晶硅半导体材料的压阻效应和集成电路技术制成的传感器。单晶硅半导体材料在某一轴向施加一定压力而产生应力时，其电阻率会发生变化，通过测量电路就可得到正比于力变化的电信号输出。压阻式传感器是通过在半导体基片上经扩散电阻而制成的一种纯电阻元件。基片可直接作为测量传感元件，扩散电阻在基片内接成电桥形式。基片受外力作用而产生形变时，电桥就会产生相应的不平衡，从而输出电信号。

压阻式传感器可用于压力、拉力、压力差和可以转变为力的变化的其他物理量（如液位、加速度、重量、应变、流量、真空度）的测量和控制。

（3）热敏电阻及热敏电阻传感器　热敏电阻器主要是利用电阻值随温度变化而变化这一特性来测量温度及与温度有关的参数。热敏电阻器的典型特点是对温度敏感，不同的温度下表现出不同的电阻值。在温度检测精度要求比较高的场合，这种传感器比较适用。目前较为广泛的热电阻材料为铂、铜、镍等，它们具有电阻温度系数大、灵敏度高、反应速度快、线性好、体积小、结构简单、性能稳定、使用温度范围宽、加工容易等特点，利用上述原理与材料特性制成的传感器就是热敏电阻传感器，主要用于测量－200～＋500 ℃范围内的温度。

（4）光敏电阻传感器　光敏电阻是采用半导体材料制作，利用光电效应工作的光电元件。它在光线的作用下阻值变小，这种现象称为光导效应，因此，光敏电阻又称光导管。

光敏电阻材料主要是金属硫化物、硒化物和碲化物等半导体。通常采用涂敷、喷涂、烧结等方法在绝缘衬底上制作很薄的光敏电阻体及梳状欧姆电极，接出引线，封装在具有透光镜的密封壳体内。黑暗中，材料电阻值很高，光照时，只要光子能量大于半导体材料的价带宽度，则价带中的电子吸收一个光子的能量后可跃迁到导带，并在价带中产生一个带正电荷的空穴，这种由光照产生的电子-空穴对增加了半导体材料中载流子的数目，其电阻率变小，电阻阻值下降。光照越强，阻值越低。入射光消失后，由光子激发产生的电子-空穴对将逐渐复合，光敏电阻值也就恢复。光敏电阻的原理结构如图 3-4 所示。

光敏电阻传感器就是利用光敏电阻元件将光信号转换为电信号的传感器，具有非接触、响应快、性能可靠等特点，在自动控制和非电量电子技术中有广泛的应用。

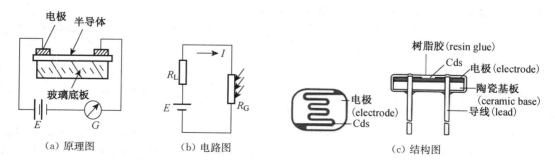

图 3-4　光敏电阻原理及电路图、结构图

2）电容传感器

电容传感器是一种将其他被测量（如尺寸、压力等）的变换以电容的变化体现出来的仪器。

其结构主要由上下两电极、绝缘体、衬底构成,在压力作用下,薄膜产生一定的形变,上下极间距离发生变化,导致电容变化,产生信号输出。电容传感器具有结构简单、灵敏度高、动态响应特性好、适应性强、抗过载能力大及价格低廉等优点。因此,可用来测量压力、位移、振动、液位等参数。但电容并不随极间距离的变化而线性变化,还需测量电路对输出电容进行一定的非线性补偿。

(1)变间隙式电容传感器 图3-5为变间隙式电容传感器的原理示意图,图中上部为顶电极,下部为底电极。当电容因被测参数的改变而引起变形或移动时,两极板间的距离就发生变化,从而改变了两极板之间的电容。

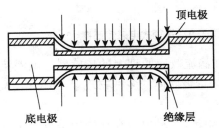
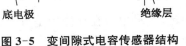

图3-5 变间隙式电容传感器结构

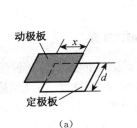
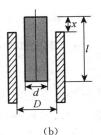

图3-6 变面积电容式传感器结构

(2)变面积式电容传感器 图3-6为变面积式电容传感器结构示意图。其中(a)为定极板与动极板示意;(b)为与被测对象相连的活动极板;(c)为定极板与动极板间因旋转而产生相对面积改变,从而改变两极板间的电容量。

从能量转换的角度而言,电容变换器为无源变换器,需要将所测的力学量转换成电压或电流后进行放大和处理。

3)电感传感器

电感传感器是利用电磁感应将被测物理量(如位移、压力、流量、振动等)转换成引起线圈的自感系数和互感系数的变化,再由电路转换为电压或电流的变化量输出,实现非电量到电量的转换。根据转换原理,电感传感器可分为自感式和互感式两大类。

(1)自感式电感传感器 自感式电感传感器分为可变磁阻式和涡流式两种。可变磁阻式又可分为变间隙式、变面积式和螺管式3种类型。

① 变间隙式电感传感器:变间隙式电感传感器的结构如图3-7所示。传感器由线圈、铁心和衔铁组成。工作时,衔铁与被测物体连接,被测物体的位移将引起空气隙的长度发生变化。由于气隙磁阻的变化,导致了线圈电感量的变化。

② 变面积式电感传感器:由变间隙式电感传感器可知,间隙长度不变,铁芯与衔铁之间相对而言覆盖面积随

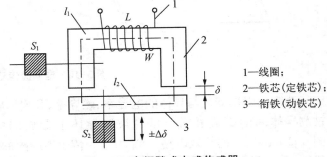

1—线圈;
2—铁芯(定铁芯);
3—衔铁(动铁芯)

图3-7 变间隙式电感传感器

被测量的量变化而改变,从而导致线圈的电感量发生变化,这种形式称之 为变面积式电感传感器,其结构如图3-8所示。

③ 螺管式电感传感器:图3-9为螺管式电感传感器的结构图。螺管式电感传感器的衔铁随被测对象移动,线圈磁力线路径上的磁阻发生变化,则线圈电感量也因此而变。线圈电感量的大小与衔铁插入线圈的深度有关。

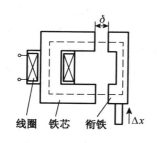

图3-8　变面积式电感传感器

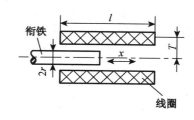

图3-9　螺管式电感传感器

（2）电涡流式传感器　　电涡流式传感器是一种建立在涡流效应原理上的传感器。电涡流式传感器能静态和动态地非接触、高线性度、高灵敏度地测量金属体的多种物理量,如位移、振动、厚度、转速、应力、材料损伤等参数。

当通过金属体的磁通变化时,就会在导体中产生感生电流,这种电流在导体中是自行闭合的,这就是所谓电涡流。电涡流的产生必然要消耗一部分能量,从而使产生磁场的线圈阻抗发生变化,此物理现象称为涡流效应。电涡流式传感器是利用涡流效应,将非电量转换为阻抗的变化而进行测量。

如图3-10(a)所示,一个线圈置于金属导体附近,当线圈中通过交变电流 I_1 时,线圈周围就产生一个交变磁场 H_1。置于这一磁场中的金属导体就产生涡流 I_2,电涡流也将产生一个磁场 H_2,H_2 与 H_1 方向相反,因而抵消部分原磁场,使通电线圈的有效阻抗发生变化。

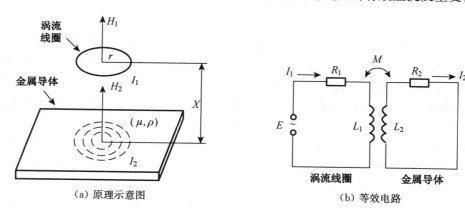

（a）原理示意图　　　　　　　　　　　（b）等效电路

图3-10　电涡流传感器

线圈的阻抗变化与导体的电导率、磁导率、几何形状、线圈参数、激励电流频率以及线圈到被测导体间的距离相关。可将被测导体上形成的电涡流等效成一个短路环,就可得到图3-10(b)所示的等效电路。R_1、L_1 为传感器线圈的电阻和电感,短路环可认为是一匝短路线圈,其电阻为 R_2、电感为 L_2。线圈与导体间存在一个互感 M,它随线圈与导体间距离的减小而增大。

电涡流式传感器有结构简单、频率响应宽、灵敏度高、测量范围大、抗干扰能力强、非接触式测量等优点,故应用广泛。

4）磁敏传感器

磁敏传感器是利用半导体材料中的自由电子或空穴随磁场变化改变其运动方向这一特性而制成的传感器件，它能将磁场、电流、应力应变、温度、光线等外界因素引起敏感元件的磁性能变化转换成电信号。磁敏传感器一般被用来检测磁场的存在、变化、方向以及磁场强弱以及可引起磁场变化的物理量。磁敏传感器的品种很多，霍尔元件及霍尔传感器的生产量是最大的，其他还有磁敏二极管、三极管、半导体型磁敏电阻器件以及 AMR、GMR 磁敏传感器、GMI（巨磁阻抗）传感器等。

（1）霍尔传感器　霍尔传感器的核心是霍尔元件，其工作原理是霍尔效应，即当电流垂直于外磁场方向通过导体时，在垂直于磁场和电流方向的导体的两个端面之间出现电势差，该电势差称为霍尔电压。霍尔传感器还用于测转速、流量、流速及利用它制成高斯计、电流计、功率计等仪器。

霍尔效应原理、霍尔元件将被测磁场变化产生电信号示意图如图 3-11 所示，霍尔传感器在两种转速测量仪中的应用结构如图 3-12 所示。

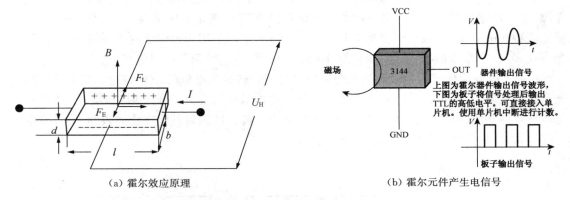

（a）霍尔效应原理　　　　　　　　（b）霍尔元件产生电信号

图 3-11　霍尔传感器原理及输出信号

（2）磁敏二极管、三极管　磁敏二极管的工作原理如图 3-13（a）所示，当磁敏二极管未受外磁场作用时，外加正偏压就有大量空穴从 P 区通过 I 区进入 N 区，只有少量的电子和空穴在 I 区复合掉，同时也有大量电子注入 P 区，形成电流。

当磁敏二极管受外磁场 H^+（正向磁场）作用时，则电子和空穴受洛仑兹力的作用向 r 区偏转，由于 r 区的电子和空穴复合速度比光滑面 I 区快，因此，形成的电流因复合速度而减小，如图 3-13（b）所示。

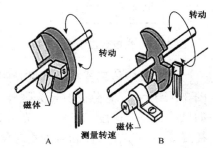

图 3-12　霍尔转速测量仪示意图

当磁敏二极管受外磁场 H^-（负向磁场）作用时，则电子和空穴受洛仑兹力的作用而向 I 区偏转，由于电子和空穴复合率明显变小，形成的电流变大，如图 3-13（c）所示。

利用磁敏二极管在磁场强度的变化下其电流改变，可实现磁电转换，由此构成传感器。

磁敏三极管的工作原理与二极管相同。如图 3-13（d）所示：当无外磁场作用时，由于 i 区较长，在横向电场作用下，发射极电流大部分形成基极电流，小部分形成集成电极电流。在正向或反向磁场作用下，会引起集电极电流的减少或增加。因此，就可用磁场方向控制集电极电

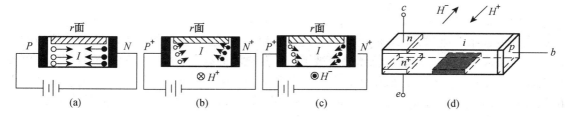

图 3-13　磁敏二极管原理及磁敏三极管原理示意图

流的增加或减少,实现用磁场强弱控制集电极电流的变化,由此就可制成传感器。

5) 光电传感器

光电传感器是把被测量的变化用光信号的变化来表示,再把光信号(红外、可见及紫外光辐射)转变成为电信号的器件。它可用于检测直接引起光量变化的非电量,如光强、光照度、辐射测温、气体成分分析等;也可用来检测能转换成光量变化的其他非电量,如零件直径、表面粗糙度、应变、位移、振动、速度、加速度以及物体的形状、工作状态的识别等。光电传感器一般由光源、光学通路和光电元件三部分组成。光电传感器有槽型光电传感器、对射型光电传感器、反光板型光电开关、扩散反射型光电开关等。光电传感器采用光电测量的方法灵活多样,可测参数众多,具有非接触、高精度、高可靠性和反应快等特点,得到了广泛应用。

(1) 光电效应传感器　是利用光电效应将光通量转换为电量的一种装置。光电效应是指光照射到金属上,引起物质的电性质发生变化。光电效应分为光电子发射(如图 3-14 所示)、光电导效应和阻挡层光电效应,又称光生伏特效应。前一种现象发生在物体表面,称外光电效应;后两种现象发生在物体内部,称内光电效应。

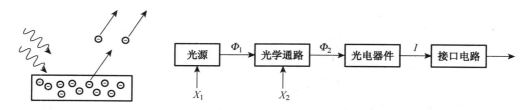

图 3-14　光电效应示意　　　　图 3-15　光电效应传感器的工作原理

光电效应传感器在受可见光照射后即产生光电效应,将光信号转换成电信号输出,原理如图 3-15 所示。它除能测量光强外,还能利用光线的透射、遮挡、反射、干涉等测量多种物理量,如尺寸、位移、速度、温度等。光电效应传感器测量时不与被测对象直接接触,光束质量为零,在测量中不存在摩擦和对被测对象施加压力的问题,因此在许多应用场合,光电效应传感器比其他传感器有明显的优越性。

光电传感器有光电管、光电倍增管、光敏电阻、光电二极管和光电三极管、光电池、半导体色敏传感器、光电闸流晶体管、热释电传感器、光电耦合器件等光电元件。

(2) 光栅式传感器　是指采用光栅叠栅条纹原理测量位移的传感器。光栅是在一块长条形的光学玻璃上密集等间距平行的刻线,刻线密度为 10~100 条/mm。由光栅形成的叠栅条纹具有光学放大作用和误差平均效应,因而能提高测量精度。光栅式传感器由标尺光栅、指示光栅、光路系统和测量系统等组成。标尺光栅相对于指示光栅移动时,便形成大致按正弦规律分布的明暗相间的叠栅条纹。这些条纹以光栅的相对运动速度移动,直接照到光电元件(如发光二极管)上,在其输出端得到一串电脉冲,经放大、整形、辨向和计数产生数字信号输出,直接显示被测的位移量。传感器的光路形式有两种:一种是透射式光栅,它的栅线刻在透明材料(如工业用白玻璃、光学玻璃等)上,其原理如图3-16所示;另一种是反射式光栅,它的栅线刻在具有强反射的金属(不锈钢)或玻璃镀金属膜(铝膜)上。光栅式传感器可测量静态、动态的直线位移和整圆角位移,在机械振动测量、变形测量等领域也有应用。使物体转动的力矩为转动力矩,简称转矩,有静态和动态转矩之分。转矩是旋转机械的重要工作参数,其测量通常是将转矩转化为转角进行测量。光栅式转矩传感器由两对相同的光栅、光源和接收光线并转换成电量的光电元件构成。如图3-17所示。两对光栅片分别套在转轴两端,当一对光栅的两片相对运动则光电元件输出一个交流信号。转轴没有应变时,两对光栅的波动有一相位差;当转轴产生应变时,两对光栅产生一个增大的波形相位差,其差值与转轴应变扭矩角成正比,由此可求出转矩。

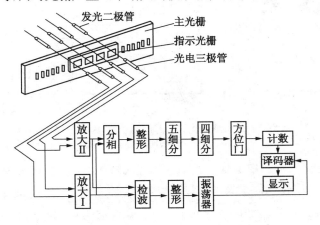

图3-16 光栅式传感器结构示意图

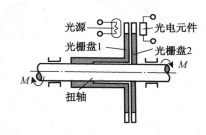

图3-17 光栅式转矩传感器

6)压电式传感器

压电式传感器是一种自发电式和机电转换式传感器,其敏感元件由压电材料制成。压电材料即呈现压电效应的敏感功能材料,如压电单晶体(石英、酒石酸钾钠等)、多晶压电材料(钛酸钡、锆钛酸铅、铌镁酸铅等,又称为压电陶瓷)以及聚偏二氟乙烯(PVDF)等新型高分子材料。压电材料具有压电效应特性,即当沿一定方向对其加力而使其变形时,压电材料在一定表面上将产生电荷,当外力去掉后,又重新回到不带电状态,如图3-18所示。其逆效应为:当在其极化方向上施加电场,材料就在一定方向上产生机械变形或应力,当外电场撤去时,这些变形或应力也随之消失,故称之为逆压电效应或电致伸缩效应。

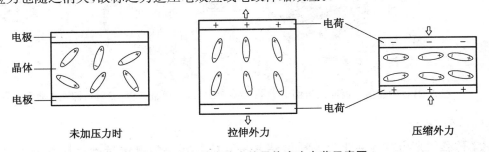

图3-18 压电效应外力使晶体产生电荷示意图

压电式传感器用于测量力和能变换为力的非电物理量,优点是频带宽、灵敏度高、信噪比高、结构简单、工作可靠和重量轻等；缺点是某些压电材料需要防潮措施，而且输出的直流响应差，需要采用高输入阻抗电路或电荷放大器来克服这一缺陷。

压电敏感元件的受力变形有厚度变形型、长度变形型、体积变形型、厚度切变型、平面切变型等 5 种基本形式，如图 3-19 所示。

压电式测力传感器利用压电敏感元件(简称压电元件)直接实现力—电转换，在拉、压场合，通常较多采用双片或多片石英晶体作为压电元件。其刚度大，测量范围宽，线性及稳定性高，动态特性好。压电式测力传感器的结构类型很多，但基本原理与结构大同小异，主要有压电元件、电极、引线、绝缘材料、上盖和底座等组成，如图 3-20 所示。

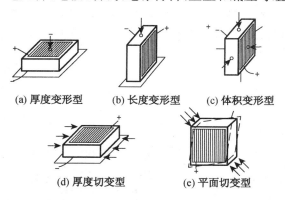

(a) 厚度变形型　　(b) 长度变形型　　(c) 体积变形型

(d) 厚度切变型　　(e) 平面切变型

图 3-19　压电敏感元件受力变形基本形式

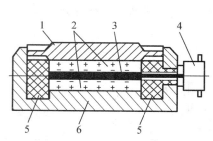

注：1—传力上盖；2—压电片；3—电极；
4—电极引出插头；5—绝缘材料；6—底座

图 3-20　单向动态压电式测力传感器结构示意图

7）微波传感器

微波传感器主要由微波振荡器和天线组成。微波振荡器产生微波。构成微波振荡器的器件有速调管、磁控管及某些固体元件。微波振荡器产生的信号用波导管传输，用天线发射。当发出的微波遇到被测物体时将被吸收或反射，使功率发生变化，再用接收天线接收被测物反射回的微波，并将其转换成电信号，通过测量电路处理，实现微波检测。为使发射的微波具有一致的方向性，天线往往具有特殊的构造和形状。图 3-21 为微波传感器实物，图 3-22 为工作原理示意图。

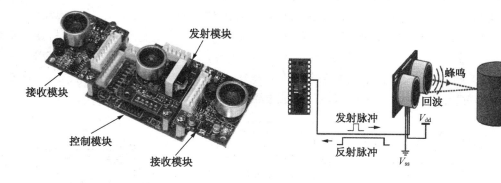

图 3-21　微波传感器实物示例　　　　图 3-22　微波产生、发射与探测接收示意图

8）化学传感器

化学传感器是指对各种化学物质敏感并将其浓度转换为电信号进行检测的传感器，如 CO、CO_2、O_2、H_2S 传感器，pH 值传感器，酒精浓度传感器等。对比人的感官，化学传感器大体对应于人的嗅觉和味觉器官。但它还能感受人不能感受的某些物质，如 H_2、CO 等。

化学传感器分为气体传感器、离子传感器和生物传感器等。气体传感器的传感元件多为氧化物半导体,有时在其中加入微量贵金属作增敏剂,增加对气体的活化作用,如图 3-23 所示。对于电子给予性的还原性气体如 H_2、CO、烃等,用 N 型半导体;对接受电子性的氧化性气体如 O_2,用 P 型半导体。将半导体以膜状固定于绝缘基片或多孔烧结体上做成传感元件。

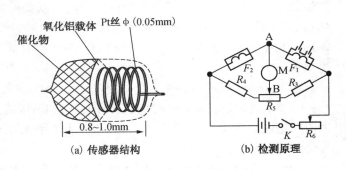

(a) 传感器结构　　(b) 检测原理

图 3-23　化学传感器结构及检测原理

气体传感器又分为半导体气体传感器、固体电解质气体传感器、接触燃烧式气体传感器、晶体振荡式气体传感器和电化学式气体传感器。

化学传感器常用于生产流程分析和环境污染监测。化学传感器在矿产资源的探测、气象观测和遥测、工业自动化、医学上远距离诊断和实时监测、农业上生鲜保存和鱼群探测、防盗、安全报警和节能等各方面都有重要的应用。

9) 生物传感器

生物传感器是一种对生物物质敏感并将其浓度转换为电信号进行检测的仪器,是由生物敏感材料作识别元件(包括酶、抗体、抗原、微生物、细胞、组织、核酸等生物活性物质)、适当的理化换能器(如氧电极、光敏管、场效应管、压电晶体等)及信号放大装置构成的分析工具或系统,如图 3-24 所示。

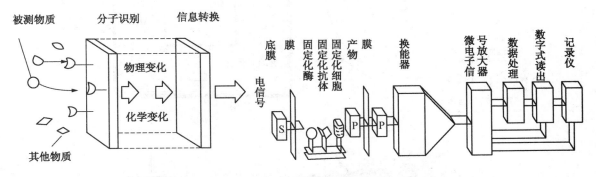

图 3-24　生物传感器功能与结构示意

生物传感器实现三个功能:

(1) 感受　提取出动植物供感知检测的生物材料,包括生物组织、微生物、细胞器、酶、抗体、抗原、核酸、DNA 等。

(2) 观察　将生物材料感受到的持续、特定的信息转换为可供处理的信号。

(3) 反应　将信号通过光学、压电、电化学、温度、电磁等方式呈现出来。

生物传感器最重要的功用是对生物体物质进行检测识别,采用分子识别中功能物质通过识别过程可与被测目标结合成复合物(如抗体和抗原的结合、酶与基质的结合等)原理。故设计生物传感器时,选择适合于测定对象的识别功能物质是最重要的。然后是考虑到所产生的复合物的特性,根据分子识别功能物质制备的敏感元件所引起的化学变化或物理变化,选择合适的换能器,这是研制生物传感器的第二个重要环节。生物化学反应过程产生的信息是多元化的,微电子学和现代传感技术的成果已为检测这些信息提供了丰富的手段。

10) MEMS 陀螺仪传感器

陀螺仪的原理就是,一个旋转物体的旋转轴所指的方向在不受外力影响时是不会改变的。人们根据这个道理,用它来保持方向。然后用多种方法读取轴所指示的方向,并自动将数据信号传给控制系统。

传统的陀螺仪体积庞大、昂贵,且不可靠。在许多智能终端中,几乎所有的 MEMS(微电子机械系统)陀螺仪中都没有机械旋转器件,它主要利用振动来诱导和探测科里奥利力,利用科氏加速度对振动质量块的作用来检测惯性转动。如物体在平面上无径向运动,科氏力不会产生。故在 MEMS 陀螺仪中,用质量块来回做径向运动或振荡,并响应相同平面上的其他振荡动作而旋转,与此对应的科氏力就不停地在横向来回变化,由此在驱动模块和检测模块之间转移能量。图 3-25(a)为质量块,由驱动块和检测块构成。质量块安装在手机等智能装置中,随使用者运动产生的振动,导致驱动块做振荡运动,产生相应的动量加速度并影响到相应的电性能(如电容),如图 3-25(b)所示。

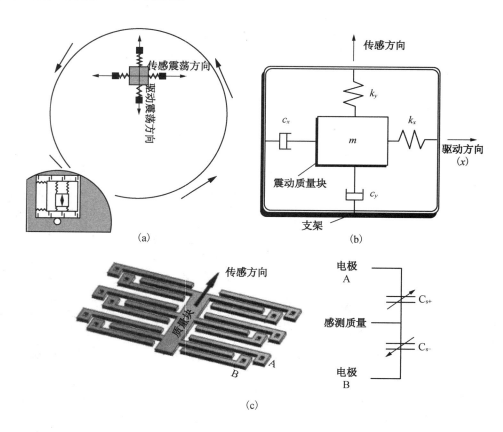

图 3-25 **Mass 陀螺仪结构与工作原理示意图**

MEMS 技术具有成批生产、体积小、价格低、精度高等优点。

3.2 智能传感器

3.2.1 智能传感器概述

依据 GB/T 33905.3—2017《智能传感器 P3 术语》的定义,智能传感器(Intelligent Sensor 或 Smart Sensor)是指具有与外部系统双向通信手段,用于发送、测量状态信息,接收和处理外部命令的传感器。智能传感器具有综合采集、处理与交换信息的能力,是传感器与微处理机集成化的产物。智能传感器通常具有很高的线性度和低的温度漂移,降低了系统的复杂性,简化了系统结构,提高了可靠性。

传统传感器系统与智能传感器系统的总体差别如图 3-26 所示。传统传感器系统中,各类传感器将采集的原始数据直接发送至主机处理,再将根据处理结果生成的执行指令返回给执行部件。在智能传感器系统中,传感器与微控单元(MCU)集成一体,传感器采集的数据可经微控单元在前端直接处理并向执行器发出响应指令,发往主机的多为传感器数据分析结果,从而减轻了主机与各节点的通信量与运算负担,降低了响应时延,主机从事高阶运算分析和决策等工作。

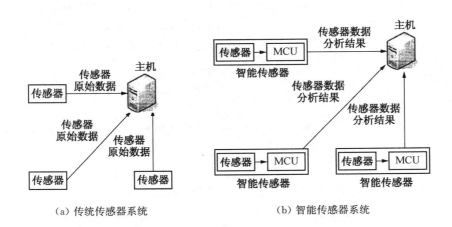

（a）传统传感器系统　　　　　　　（b）智能传感器系统

图 3-26　传统传感器与智能传感器系统架构比较

智能传感器的发展是在长期以来的测试技术研究和实际经验的基础上,大量采用微机电技术,模拟人的感官和大脑的协调动作,在成为相对独立的智能单元的基础上,减轻对硬件性能苛刻的要求,靠软件和柔性技术的帮助提高传感器的性能。

与传统传感器相比,智能传感器具有以下几个优点:

（1）通过软件可实现高精度的信息采集与前端处理,且成本低。

（2）具有一定的编程自动化能力。

（3）多功能化。

（4）具有一定的自诊断与自维护能力。

3.2.2   智能传感器的功能和技术优势

1）智能传感器的主要功能

（1）信息存储和传输   随着智能集散控制系统（Smart Distributed System）的发展，对智能单元均要求其具备通信功能，用通信网络以数字形式进行双向通信，这成为智能传感器的关键标志之一。智能传感器通过测试数据传输或接收指令来实现各项功能，如增益的设置、补偿参数的设置、内检参数设置、测试数据输出等。

（2）自补偿和计算功能   传感器的温度漂移和输出的非线性补偿一直是该领域的技术难点，至今未根本解决。智能传感器的自补偿和计算功能为其温度漂移和非线性补偿开辟了新途径，从而放宽了传感器加工精密度要求，只要能保证其重复性与再现性好，利用微处理器对测试信号通过软件计算，采用多次拟合和差值计算方法对漂移和非线性进行补偿，就能获得较精确的测量结果。

（3）自检、自校、自诊断功能   普通传感器要定期检验和标定，以保证其使用时的准确度，这一般要求将其拆卸送检和校正，对于在线测量传感器的异常往往不能及时诊断。智能传感器首先具有自诊断功能，在电源接通时能自检，诊断测试组件有无故障；其次根据使用时间可以在线进行校正，微处理器利用存在 EPROM 内的计量特性数据进行对比校正。

（4）复合敏感功能   现实场景中主要有声、光、电、热、力、化学信号等。敏感元件测量一般通过直接和间接法测量感知。而智能传感器具有复合功能，能够同时测量多种物理量和化学量，给出能够较全面反映对象的信息。如美国加州大学研制的复合液体传感器，可同时测量介质的温度、流速、压力和密度；复合力学传感器，可同时测量物体某一点的三维振动加速度（加速度传感器）、速度（速度传感器）、位移（位移传感器），等等。

（5）智能传感器的集成化   由于大规模集成电路可使传感器与相关电路都集成在同一芯片上，形成集成智能传感器。

近年来，MEMS 技术迅速发展，不仅集成了大规模集成电路，还增加了微执行器部件，使其功能与性能更提升了一步。

2）智能传感器的优点

（1）较高信噪比   传感器的弱信号先经集成电路信号放大后再远距离传送，可改进信噪比。

（2）改善性能   由于传感器与电路集成于同一芯片上，对于传感器的零点漂移、温度漂移和零位等可通过自校单元定期自动校准，又可以采用适当的反馈方式改善传感器的频响。

（3）信号规一化   传感器的模拟信号通过程控放大器进行规一化，又通过模数转换变成数字信号，微处理器将数字传输的几种形式进行数字规一化，如串行、并行、频率、相位和脉冲等。

3.2.3   常用智能传感器

1）智能压力传感器

智能压力传感器的实例图及微处理器功能模块结构如图 3-27 所示。

由图中可看出，这是一种以压力测量为主，能同时动态监控传感系统自身运行环境温度，能对其漂移进行补偿，并在此基础上进行运算、电压调节、数字转换及传输等。

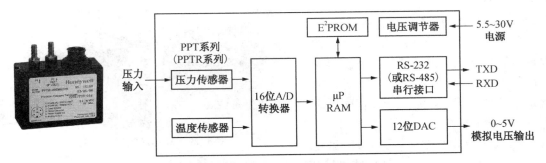

图 3-27　智能压力传感器及微处理器功能模块

2）智能温湿度传感器

微型智能温湿度传感器的外观与功能模块结构示意图如图 3-28 示意。

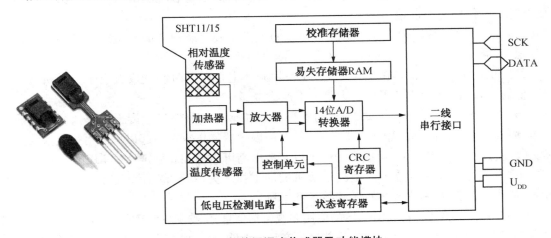

图 3-28　智能温湿度传感器及功能模块

由外观可看出,此类传感器体积微小如火柴头,具有复合传感功能、微控单元、温度加热调整器、校准存储模块、通信接口等。同时,传感器的单元化设计,使其能方便地整合到其他系统甚至组件中。

3.3　微机电系统传感器

3.3.1　微机电系统传感器概述

各类智能传感器均离不开微机电系统(Micro Electromechanical System,MEMS)与技术。MEMS 是指集微型传感器、执行器以及信号处理和控制电路、接口电路、通信和电源于一体的微型机电系统。而传感 MEMS 技术则是指用微电子微机械加工出来的、通过敏感元件(如电容、压电、压阻、热电耦、谐振、隧道电流等)来感受转换电信号的器件和系统。

MEMS 不仅能采集、处理与发送信息或指令,还能按照所获取的信息自主地或根据外部的指令采取行动。它用微电子技术和微加工技术(包括硅体微加工、硅表面微加工、X 射线深度光刻、微电铸和微塑铸等加工工艺和晶片键合等技术）相结合的制造工艺，制造出各种性能优异、价格低廉、微型化的集传感器、执行器、驱动器和微系统等于一体的智能微传感器。图 3-29 所示的就是在摄像机、照相机、手机、智能手环等设备中普遍使用的 MEMS 陀螺仪。

图 3-29　MEMS 陀螺仪示例

　　MEMS 十分有效地将微处理、微传感与微机械技术结合，赋予了传统机械新特性。MEMS 技术的基本特点有以下几个方面：

　　（1）微型化　MEMS 器件体积小、精度高、重量轻、耗能低、惯性小、响应时间短。其体积可达亚微米以下，尺寸精度达纳米级，重量可至纳克。

　　（2）以硅为主要材料，机械电气性能优良　硅材料的强度、硬度和杨氏模量与铁相当，密度类似铝，热传导率接近钼和钨。

　　（3）能耗低，灵敏度和工作效率高　很多的微机械装置所消耗的能量远小于传统机械的十分之一，但却能以十倍以上的速度来完成同样的工作。

　　（4）可批量生产　用硅微加工工艺，在一片硅片上可以同时制造成百上千个微机械部件或完整的 MEMS，批量生产可以大大降低生产成本。

　　（5）集成化　可以把不同功能、不同敏感对象和感测方向的多个传感器或执行器集成于一体，形成微传感器阵列或微执行器阵列，甚至可以把器件集成在一起以形成更为复杂的微系统。微传感器、执行器和 IC 集成在一起可以制造出高可靠性和高稳定性的 MEMS。

　　（6）学科上的交叉综合　以微电子及机械加工技术为依托，范围涉及微电子学、机械学、力学、自动控制学、材料学等多种工程技术和学科。

　　（7）应用上的高度广泛　MEMS 的应用领域包括信息、生物、医疗、环保、电子、机械、航空、航天、军事等。它不仅可形成新的产业，还能通过产品的性能提高、成本降低，有力地改造传统产业。

　　由于 MEMS 以半导体硅材料为主体，微机械加工技术的迅速发展导致了微执行器的诞生，硅材有优异的电学、机械和光学性质，使得制作硅微机械部件成为可能。

3.3.2　MEMS 智能传感器的分类与应用

　　微机电系统从信息获取（传感器）到信息处理（信息处理电路）和信息执行（执行器）等功能都集成（单片或多片 MEMS）一体。一般来说，采用微机械加工技术制作的 MEMS 器件大致可以分为力学换能器、热学换能器、光学换能器、电磁学换能器、化学与生物传感器及微流体器件等几类，分别介绍如下：

　　1）力学换能器
　　力学换能器分为力学传感器、力学执行器和机械电路元件 3 种。
　　（1）力学传感器　微机械力学传感器检测的量主要有以下几种：
　　① 速度：微机械加速度计可用于汽车的安全气囊和导航、计步器、机器检测、尖端武器的姿态控制等许多领域，是较为成熟的 MEMS 器件。采用的检测原理有压阻式、压电式、电容式、谐振式、隧道式和热敏式等。载体的旋转角速度（陀螺）与宏观陀螺不同。微机械陀螺不采用高速旋转的转子，而用振动式的原理，即利用了载体旋转时由于科里奥利力的存在而在振动

的结构中引起振动模式变化或在其他方向上引起振动的现象。另外也有用两个相差180°的振动加速度计进行检测的方案,可以同时实现角速率和加速度的检测。

② 压力:是出现和应用最早的一类MEMS器件,已有大量成熟产品问世,仅以汽车为例,MEMS压力传感器目前已大量用于气囊压力、燃油压力、发动机机油压力,进气管道压力及轮胎压力等测量上。这种传感器多用单晶硅材料,采用MEMS技术在材料中间制成一块力敏膜片,再在膜片上以扩散杂质法形成四只应变电阻,通过电桥方式将应变电阻连接成电路,来获得高灵敏度。检测形式有压阻式、压电式、电容式和谐振式等。

③ 应变:主要用于传统应变计难以起作用的场合,如植入人体肌肉组织的微应变计。

④ 声音:微拾音器实际上是一种高灵敏度压力传感器,具有能批量生产和性价比高的特点,所以对于助听器及侦察应用有很大的吸引力。

⑤ 触觉:触觉传感器可以用于机器人手指对其握持物体的感应,有利于精密组装,通常以阵列的形式得到应用。

(2) 力学执行器　根据实际采用的原理,力学执行器可分为静电式、热学式和压电式等几种。

① 静电式:这种执行器利用带异性电荷的载体之间的静电引力来产生力和实现位移。采用这种方法制作的产品具有结构简单、功耗低、工艺简单的特点,所以在MEMS执行器中应用广泛。具体的形式有悬臂梁式、扭转式、梳状电极式静电执行器,静电式发动机以及静电式微夹钳等。

② 热学式:这种执行器主要有两种,一种是由两种热膨胀系数不同的材料黏合在一起,受热时该结构发生弯曲,或者利用材料受热时体积膨胀的特性来制作;另一种是采用形状记忆材料来制作。

③ 压电式:压电式执行器是利用逆压电效应,其特点是能够产生较大的应力,有很大的带宽,工作电压较静电式执行器而言要小得多。其典型的应用是隧道式扫描电镜中的在流尖端阵列,在压电的驱动下可以实现协同的扫描动作。

(3) 机械电路元件　机械电路元件包括采用微机械加工的方法制作的谐振器、通用继电器和射频开关等。

2) 光学换能器

光学换能器可分为传感器和执行器两类。其中传感器的种类很多主要是采用微机械加工技术制作的半导体光学传感器和传感器阵列(如CCD器件)。具体采用的效应有光电效应、光伏效应、光导效应和热电效应等。较早出现的光学执行器是微型发光器及其阵列(包括LED、激光LED、等离子光源、荧光光源)和液晶显示阵列。近年来又出现了几种新型微光学执行器,如光斩波器、光纤转换开关和数字微镜器件(Digital Mirror Device,DMD)等。DMD实际上就是一个复杂的MEMS,每一个像素由一个微型铝镜的偏转角决定,整个阵列的图像信息由一个CMOS存储阵列存储,其帧速率比一般的电视要高出几个数量级。

综合微电子、微机械、光电子技术等基础技术的新型光器件,将各种MEMS结构件与微光学器件、光波导器件、半导体激光器件、光电检测器件等完整地集成在一起,形成一种全新的功能系统,称为微光机电系统(MOEMS)。图3-30为MEMS光扫描仪原理图及采用其为核心元件的指纹识别器结构示意。

3) 热学换能器

热学换能器也分为传感器和执行器。其中传感器主要有热电阻、热电偶原理和PN结效

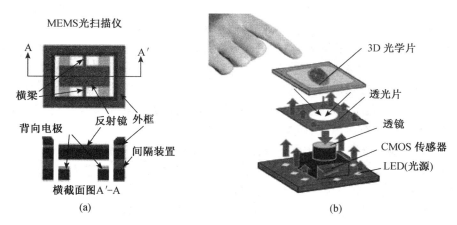

图 3-30   MEMS 光扫描仪及按其原理制作的指纹识别器结构

应制作的多种微型温度传感器、微型露点传感器、微型热量计等。由于体积小,其响应时间比传统的器件大大缩短。执行器有制冷器和 Peltier 效应热泵等。

4)电磁学换能器

(1)磁传感器   磁传感器主要包括霍尔效应传感器、磁敏电阻式传感器、真空电子式磁传感、磁通门式磁力计、隧道式磁力计和超导量子干涉磁力计等。其中霍尔效应传感器较为成熟,集成有处理电路的传感器已成为市场上的主要品种。超导量子干涉磁力计是其中灵敏度最高的。

(2)电磁执行器   目前已有采用磁致伸缩原理和传统电机驱动原理制作的执行器。为了能在微结构中产生磁场,可采用制作永磁薄膜和微型线圈的办法。目前制作微型线圈的方法有多种,但制成的线圈匝数和最大电流有限,产生的磁场较弱。

5)化学和生物传感器

化学和生物传感器主要用在医学诊断、植入式检测、环境监测和食品工艺检测等方面,基本还处在研究阶段。除了与宏观化学和生物传感器对应的微观器件外,这类传感器还包括基因芯片及各种可与生物神经系统接口的微电极阵列等。

生物 MEMS 传感器是利用 MEMS 技术制造的化学-生物微型分析和检测芯片或仪器,将在衬底上制造出的微型驱动泵、微控制阀、通道网络、样品处理器、混合池、计量器、增扩器、反应器、分离器以及检测器等元器件集成为多功能芯片,实现样品的进样、稀释、加试剂、混合、增扩、反应、分离、检测和后处理等分析。利用微加工技术制造各种微泵、微阀、微镊子、微沟槽、微器皿和微流量计的器件适合于操作生物细胞和生物大分子。

6)微流体器件

微流体器件的种类很多,构成的系统具有体积小、功耗低、功能强、成本低、可集成信号处理电路等优点,有的还能集成微化学反应器,以探测城市燃气流量等。实物如图 3-31 所示。MEMS 微流量计主要有以下几种:

(1)流体传感器   包括检测流量、流速、密度和黏滞性等物理量的传感器。

(2)阀   微型阀根据有无动力执行机构可分为有源和无源

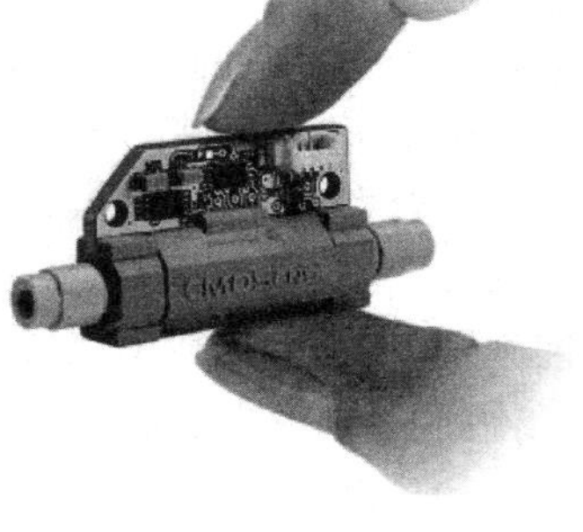

图 3-31   MEMS 微流量计

两类。有源阀的开关动作执行机构可采用热膨胀、气动、压电静电和电磁等原理。

（3）泵　微流体泵可实现的功能有输送反应物或悬浮颗粒、产生压力差、使冷却水循环、产生推进力等。具体的形式有利用蒸汽泡破裂推送液体的气泡泵，靠变形产生推送力的膜片泵和张缩泵、旋转泵、超声泵和真空泵等。

（4）流体通道　流体通道是微流体系统的基本构件，采用包括硅在内的多种材料，运用体或表面微机械加工技术。流体通道可直接构成混合器，并实现放大的逻辑功能。

（5）集成的化学分析系统　这类实例包括气体和液体的色彩分析系统、细胞融合装置以及 DNA 放大分析系统等。

3.3.3　MEMS 的发展前景和应用领域

1）MEMS 的发展前景

MEMS 技术的发展开辟了一个全新的技术领域和产业，采用 MEMS 技术制作的微传感器、微执行器、微型构件、微机械光学器件、真空微电子器件、电力电子器件等在航空、航天、汽车、生物医学、环境监控、军事等几乎人们所接触到的所有领域中都有着十分广阔的应用前景。同时，MEMS 技术也正发展成为一个巨大的产业，为机械电子工程、精密机械及仪器、半导体物理等学科的发展提供了极好的机遇。

2）MEMS 的应用领域

（1）航空航天　在飞机和载人航天器上应用的各种传感器数量很大，若采用微型集成传感器，体积、质量、耗电功率将减少很多，对航天器来说，仪表系统的体积质量减少后，运载效益将非常可观。MEMS 技术首先将促进航天器内传感器的微型化，使之节能、降低成本和大幅度提高系统可靠性。

（2）医药卫生　应用于生物医学领域的 MEMS，通常称为生物微机电系统（BioMEMS）。传统上把在数平方厘米大小的硅片等材料上加工出的应用于生化分析的生物微机电系统称为生物芯片（BioChip），以生物芯片为核心的微全分析系统（Micro Total Analysis Systems，MTAS）是 MEMS 当前的研究热点之一。由于具有效率高、成本低的优点，所以生物芯片的研究和开发将对生物和医学基础研究、疾病诊断与治疗、农业育种、新药开发、环境监测、司法鉴定等产生重大影响。

（3）光学器件　MEMS 技术利用制作硅芯片的微细加工工艺，可以实现超小型精密立体微结构和把许多微结构组合成系统。因此，MEMS 技术在制作光学器件中大有用武之地，如光开关和光交换器、光存储等。

（4）微能源　对于微机电或包含微机电的器件，常规能源用一般的方法很难高效地完成供能任务。因此，微能源也成了 MEMS 技术应用的一个非常重要的领域。目前正在研制的微能源种类很丰富，主要有微型内燃机系统、微燃料电池、微蓄电池等。

（5）微机器人　微机器人是 MEMS 最典型的应用。在许多特殊场合，在人难以接近或不能接近的空间中，微机器人完成人的工作，如狭小空间中的机器人、电缆维修机器人等。

可预见，MEMS 会给人类社会带来另一次技术革命，它将对 21 世纪的科学技术、生产方式和人类生产质量产生深远影响，是关系到国家科技发展、国防安全和经济繁荣的一项关键技术。

思考题

（1）简述无线传感器节点的结构。

（2）简述传感器的工作原理分类方法和输出信号分类方法。

（3）简述电容、电感传感器的基本工作原理。

（4）简述 MEMS 陀螺仪传感器的工作原理。

（5）什么是智能传感器？其发展趋势如何？

4 自动识别技术

[学习目标]
(1) 掌握自动识别技术的定义与系统模型。
(2) 了解一维、二维条形码的结构特点及识读原理。
(3) 了解二维条形码的优点。
(4) 掌握 RFID 技术的基本原理、系统组成和应用。
(5) 了解 EPC 编码、系统架构及其与 RFID 的关系。
(6) 掌握生物识别技术的基本概念,了解指纹、声纹、人脸识别的基本原理。

4.1 自动识别技术概述

4.1.1 自动识别技术的基本概念

自动识别技术是运用一定的识别装置,自动获取被识别物品的相关信息,提供给后台系统处理与控制的一种技术。它以计算机和通信技术为支持,是数据自动识读取并输入计算机及其他智能系统的重要方法和手段,以实现数据自动采集与识别。

自动识别技术近几十年在全球范围迅猛发展,形成了一个包括条形码技术、磁条磁卡技术、IC 卡技术、光学字符识别、射频技术、声音识别及视觉识别等集计算机、光、磁、机电、通信技术为一体的高新技术学科。

在信息系统中,传统的数据采集通常以数据输入速度慢、误码率高、劳动强度大、工作简单重复为特征,成为制约计算机系统发挥其快速、高效的瓶颈。因此,自动识别技术作为一种革命性的高新技术,正迅速为人们接受。自动识别系统通过中间件或接口(包括软件和硬件)将数据传输给后台供处理。

自动识别管理信息系统包括:自动识别系统(Auto Identification System,AIDS)、应用程序接口(Application Interface,API)或中间件(Middleware)和应用系统软件(Application Software)。自动识别系统完成数据的采集和存储工作;应用系统软件对自动识别系统采集的数据进行应用处理;应用程序接口软件提供自动识别系统和应用系统软件之间的通信接口。图 4-1 为自动识别系统的简单模型。

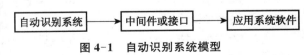

图 4-1　自动识别系统模型

4.1.2 自动识别技术分类

自动识别系统按识别对象的特征可分两大类,分别为数据采集技术和特征提取技术。这两类技术的基本功能都是完成物品对象的自动识别和数据的自动采集。数据采集技术的基本特征是需要被识别物体具有特定的识别特征载体,如标签等;而特征提取技术则根据被识别物体本身的行为特征,包括静态特征、动态特征和属性特征来完成数据的自动采集。

目前,自动识别技术主要有条形码技术、射频识别技术、机器视觉识别技术与生物识别技术等。

4.2　条形码技术

4.2.1　一维条形码

1）一维条形码的概念

一维条形码由一组规则排列的条和空、相应的数字组成,这种用条和空组成的数据编码可以供机器识读,而且很容易译成二进制数和十进制数。这些条和空可以有各种不同的组合方法,构成不同的图形符号,即各种符号体系,也称码制,适用于不同的应用场合。

条形码技术是在计算机应用实践中产生并发展起来的广泛应用于商业、邮政、图书管理、仓储、工业生产过程控制、交通等领域的一种自动识别技术,具有输入速度快、准确度高、成本低、可靠性强等优点,在当今的自动识别技术中占有重要的地位。条形码技术是集编码、印刷、识别、数据采集和处理于一身的一种综合技术。

2）一维条形码符号的构成

一维条形码符号由"条"和"空"组成。"条"指光线反射率较低的部分,"空"指光线反射率较高的部分,条和空组成的特定符号可表达一定的信息,用特定的设备识读就可转换成供计算机处理的二进制和十进制信息。一维条形码图案如图4-2所示。

图4-2　一维条形码的构成

完整条形码的组成为:

(1) 静区(左右侧空白区)　左空白区是让扫描设备做好扫描准备;右空白区是保证扫描设备正确识别条码的结束标记。

(2) 起始符　第一位字符,具有特殊结构,当扫描器读取到该字符时,便开始正式读取代码了。

(3) 左右侧数据符　条形码的主要内容。

(4) 中间分隔符　通用商品条形码特有。

(5) 校验符　检验读取到的数据是否正确。不同编码规则有不同的校验规则。

（6）终止符　最后一位字符，一样具有特殊结构，用于告知代码扫描完毕，同时还起到进行校验计算的作用。

（7）供人识读的字符　条形码符号的下面常规字符。

一维条形码在使用过程中仅作为识别信息，其作用是通过计算机系统的数据库提取相应的信息而实现进一步的处理。

3）一维条形码的码制

条形码码制指条形码中条和空的排列规则，因规则不同，相应的条形码就不同。常用的一维条形码包括：EAN/UPC 码（即通用商品条形码）、39 码、25 码、交叉 25 码、128 码、93 码、Codabar（库德巴码）等，不同的码制有其各自的应用领域。

（1）EAN/UPC 码　是国际通用的商品条形码，是一种长度固定、内容为数字的应用于全球商品标识的条形码。示例如图 4-2。

（2）39 码和 128 码　39 码为企业内部自定义码制，可按需要确定条形码的长度和信息，其编码内容可以是数字、字母和特殊符号，如空格、$、%、+、-、·、/等，主要应用于工业生产线领域、质量管理、图书管理等。128 码包含的字符集比 39 码更多，容量也更大。

（3）93 码　是一种类似于 39 码的条形码，但其密度更高，能替代 39 码 25 码，主要应用于包装、运输以及国际航空系统的机票顺序编号等。

（4）Codabar 码　应用于血库、图书馆、包裹等的跟踪管理。

4）条形码识读系统

（1）条形码识别系统组成　为读出条形码符号代表的信息，需要一套条形码识别系统，它由条形码扫描器（阅读器）、放大整形电路、译码接口电路和计算机系统等部分组成，参见图 4-3。

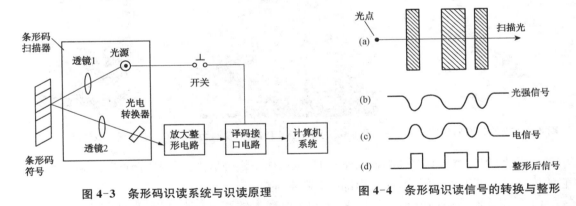

图 4-3　条形码识读系统与识读原理　　　图 4-4　条形码识读信号的转换与整形

（2）条形码的识读原理　条形码识读原理如图 4-3 所示。由于不同颜色物体反射的可见光波长不同，故当条形码扫描器光源发出的光经光阑（图中未标示）及透镜 1 照射到黑白相间的条形码符号上时，反射光经透镜 2 聚焦后，照射到光电转换器上，光电转换器将接收到与白条和黑条对应的强弱不同的反射光信号，并转换成相应的电信号输出到放大整形电路。条形码符号中条和空的宽度不同，相应的电信号持续时间长短也不同。由光电转换器输出的与条形码的条和空相应的电信号一般仅 10 mV 左右，不能直接使用，因而要先将光电转换器输出的电信号送入放大器。放大后的电信号是一个模拟信号，为避免由条形码中的疵点和污点导致误读信号，在放大电路后需加一整形电路，把模拟信号转换成数字信号，再经译码电路鉴别码制，再进入计算机系统中进行准确的判读，如图 4-4 所示。

整形电路的脉冲数字信号经译码器译成数字、字符信息。它通过识别起始、终止字符来判别出条形码符号的码制及扫描方向;通过测量脉冲数字电信号 0、1 的数目来判别出条和空的数目。通过测量 0、1 信号持续的时间来判别条和空的宽度,从而得到了被辨读的条形码符号的条和空的数目及相应的宽度和所用码制。根据码制所对应的编码规则,便可将条形符号换成相应的数字、字符信息,通过译码接口电路送给计算机系统进行数据处理,从而完成条形码辨读的全过程。

5)条形码阅读器简介

(1)条形码阅读器的分类　常用的条形码阅读器通常有 3 种:光笔条形码阅读器、CCD 条形码阅读器、激光条形码阅读器,三者各有其长处。

(2)条形码阅读器的基本特点　条形码阅读器的功能结构和工作原理如图 4-3 所示,主要由光源、接收装置、光电转换器、放大整形电路、译码接口电路和后台的计算机系统组成。各种条形码阅读器主要区别在其不同的光学单元和识读方式上。

下面讨论每一种条形码阅读器的工作原理和优缺点。

① 光笔:光笔是最先出现的一种手持接触式条形码阅读器,也是最经济的一种条形码阅读器,如图 4-5 所示。

使用时,操作者需将光笔接触到条形码表面,通过光笔的镜头发出一个很小的光点,从左到右划过条形码进行识读。在"空"部分,光线被反射,"条"的部分,光线将被吸收,因此在光笔内部产生一个变化的电压,这个电压通过放大、整形后用于译码。

图 4-5　光笔条形码扫描器　　图 4-6　手持式 CCD 条形码识读器　　图 4-7　激光条形码识读器

② CCD 识读器:CCD(Charg Couple Device,电子耦合器件)比较适合近距离和接触阅读,它的价格没有激光识读器贵,而且内部没有移动部件。

CCD 识读器使用一个或多个 LED,发出的光线能够覆盖整个条形码,如图 4-6 所示。条形码图像被传到一排光探测器上,被每个单独的光电二极管采样,由继续的探测器探测结果为"黑"或"白"区分条或空单元,从而确定条形码的字符,并转换成可译码的电信号。

③ 激光识读器:激光识读器通过一个激光二极管发出一束光,照到一个旋转棱镜或来回摆动的镜子上,反射光穿过阅读窗照射到条形码表面,光线经过条或空的反射后返回识读器,由一个镜子进行采集、聚焦,通过光电转换器转换成电信号,该信号将通过扫描器或终端上的译码软件进行译码,如图 4-7 所示。

激光扫描仪主要用于非接触扫描。通常当阅读距离超过 30 cm 时激光识读器是唯一的选择;激光阅读条形码密度范围广,并可阅读不规则的条形码表面或透过玻璃及透明胶纸阅读;且因是非接触阅读,故不会损坏条形码标签;因为识读器通常同时发出多条激光束,并有较先进的阅读及解码系统,首读识别成功率高、识别速度相对光笔及 CCD 更快,而且对印刷质量不好或模糊的条形码识别效果好;误码率极低(1/300 万);激光识读器的防震防摔性能好。

4.2.2　二维条形码

随着社会信息化的深入,一维条形码仅有的标识作用的缺陷越来越明显,于是就出现了能直接记录数据内容的大容量的二维条形码,简称二维码。它有"便携数据文档"之称,其出现大大丰富了条形码的内容,拓展了自动识别领域与分布式数据记录的应用,对自动识别技术引入公众应用起到重要作用。

1)二维码简介

二维条形码(简称二维码,2-Dimensional Bar Code)采用特定的几何图形按一定规律在平面上分布的黑白相间的图形记录数据符号。二维码能在横向和纵向同时表达信息;在代码编制上巧妙地利用构成计算机内部的"0""1"比特流的概念,使用若干与二进制对应的几何形体来表示数字与文字,通过图形输入设备或光电扫描设备自动识读以实现信息自动处理。它具有条形码技术的共性:每种码制有对应的字符集;每个字符占有一定的长宽度;具有一定的校验功能等;同时还具有对不同行的信息自动识别、处理图形旋转变化等功能。

二维码在一维码的基础上产生。一维码可存储几十位字符的信息,而二维码携带的信息量可达数千个字符。二维码图形构造中,点阵都有特定规律,因此,二维码较难伪造,特别是其加密后,需要特定技术读取,故其安全性较高。表 4-1 比较了一维与二维码的技术特征。

表 4-1　一维与二维码的技术比较

比较内容	信息容量	编码范围	保密防伪	译码质量	空间利用率	制作成本	形状可变
二维码	大	广	好	很高	高	低	可变
一维码	小	小	差	较高	低	低	不可

2)二维码的码制

二维码也有多种编码方法,或称码制。不同码制的编码原理通常分以下类型:堆叠式(行排式)、矩阵式和邮政码。堆叠式(行排式)二维码形态上是由多行短截的一维条码堆叠而成;矩阵式二维码以矩阵的形式组成,在矩阵相应元素位置上用"点"表示二进制"1",用"空"表示二进制"0",由"点"和"空"的排列组成代码。

(1)堆叠式(行排式)二维码　堆叠式(行排式)二维码在码制设计、校验原理、识读方式等方面继承了一维码的诸多特点,识读设备与条码印刷与一维码兼容。但由于行数的增加,要对行进行判定,译码算法与软件也不同于一维码。代表性堆叠式(行排式)二维码有:Code 16 K、Code 49、PDF417 等。3 种二维码符参见图 4-8。

(2)矩阵式二维码　矩阵式二维码简称矩阵码,是在一个矩形平面中通过黑、白元素按特定规则分布编排。以点(方、圆或其他形状)元素代表二进制"1",空元素表示"0",其排列组合模式确定矩阵码的含义。矩阵码运用图像处理、组合编码等新技术与算法进行图形符号识读与数据处理。代表性矩阵码有:Code One、Maxi Code、QR Code、Data Matrix 等,参见图 4-8。

(3)邮政码　通过不同长度的条进行编码,主要用于邮件编码,属于专用领域的特殊码,如:Postnet、BPO 4-State 等。

目前各种二维码中,常用码制有 PDF417,Data Matrix,Maxi Code,QR Code,Code 49,

PDF417　　　　　Code 49　　　　　Code 16K

QR Code　　　　Data Matrix　　　　Maxi Code

图 4-8　常见的几种二维码

Code 16K，Code One 等，除这些常见码外，还有 Veri Code 码、CP 码、Codablock F 码、田字码、Ultra Code 码、Aztec 码等。

　　3）世界各国二维码的技术选择

　　目前全球一维、二维码超过 250 余种，常见的有 20 余种。国内二维码多源自于国外技术，如美国的 PDF417 码、日本的 QR 码（快速响应码）、韩国的 DM 码等。目前应用最广的是 QR 码和 DM 码。我国自行研发的有 GM 码和 CM 码。

　　下面简介各国在二维码技术上的选择。

　　（1）美国　以 PDF 417 码为主，该码是美国讯宝科技公司（Symbol）研发的堆叠式二维码标准，全称 Portable Data File 即"便携数据文件"，示例如图 4-9 所示。

图 4-9　PDF 417 码

图 4-10　QR 码

　　（2）日本　以 QR 码为主。该码是日本 Denso 公司研制的矩阵码，全称为 Quick Response Code，意为快速响应码。它是目前日本主流的二维码，除可表示日语中假名和 ASCII 码字符集外，还可高效地表示汉字。由于该码的发明企业放弃专利权，故其已成为目前全球使用最广的二维码，示例如图 4-10 所示。

　　（3）韩国　以 DM 码为主。全称 Data Matrix，意为数据矩阵。DM 采用复杂的纠错技术，具有较强的抗污染性能。该码因纠错力强成为韩国二维码的主流，示例如图 4-11 所示。

   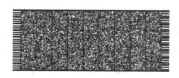

图 4-11　DM 码　　　　**图 4-12　GM 网格矩阵码**　　　　**图 4-13　CM 紧密矩阵码**

　　（4）中国　GM 和 CM 码。两者均由原中国信息产业部于 2006 年 5 月作为行业标准发布。

　　a. GM 码：为网格矩阵码（Grid Matrix Code），编码元素是正方形宏模块，每个宏模块由 6×6 个单元组成。该码提供 5 个可选的纠错等级，示例如图 4-12 所示。

　　b. CM 码：为紧密矩阵码（Compact Matrix）。采用齿孔定位和图像分段技术，通过分析齿孔定位信息和分段信息可完成二维码的识别处理，示例如图 4-13 所示。

4）主流二维码

目前国内应用占主导地位的是日本的 QR 码,其次是韩国的 DM 码。这是由于中国二维码的研究开展较晚,技术标准形成时 QR 和 DM 已在国内占据市场。除因其技术先进、适用性高之外,还因 QR 码公司放弃其专利权,促使其在全球迅速普及。

5）QR 码的基本原理

QR 码(快速响应码)是目前使用最广泛的二维码,其容量大、解码速度快、可靠性高、可存储多种类型信息。

(1) QR 码的基本结构　如图 4-14 所示,其主要结构分为功能图形与编码区格式,两部分的具体内容如下:

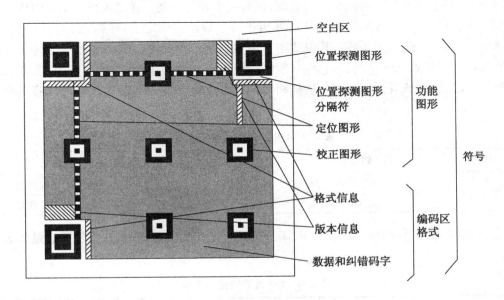

图 4-14　QR 码基本结构

① 位置探测图形、位置探测图形分隔符、定位图形:用于对二维码的定位,对每个 QR 码来说,位置都是固定存在的,只是大小规格有所差异。

② 校正图形:规格确定,校正图形的数量和位置也就确定了。

③ 格式信息:表示该二维码的纠错级别,分为 L、M、Q、H。

④ 版本信息:即二维的规格,QR 码符号共有 40 种规格的矩阵(一般为黑白色),从21×21(版本 1)到 177×177(版本 40),每一版本符号比前一版本每边增加 4 个模块。

⑤ 数据和纠错码字:实际保存的二维码信息和纠错码字(用于修正二维码损坏带来的错误)。

(2) QR 码的简要编码过程。

① 数据分析:确定编码的字符类型,按相应的字符集转换成符号字符;选择纠错等级,在规格一定的条件下,纠错等级越高其真实数据的容量越小。

② 数据编码:将数据字符转换为位流,每 8 位一个码字,整体构成一个数据的码字序列。知道这个数据码字序列就知道了二维码的数据内容,如表 4-2 所示。

表 4-2　各种模式字符对应的指示符

模式	指示符	模式	指示符
ECI	0111	中国汉字	1101
数字	0001	结构链接	0011
字母数字	0010	FNC1	0101(第一位置)
8 位字节	0100		1001(第二位置)
日本汉字	1000	终止符(信息结尾)	0000

③ 纠错编码：按需要将上面的码字序列分块，并根据纠错等级和分块的码字，产生纠错码字，并把纠错码字加入到数据码字序列后面，成为一个新的序列。在二维码规格和纠错等级确定的情况下，其实它所能容纳的码字总数和纠错码字数也就确定了，比如：版本 10，纠错等级为 H 时，总共能容纳 346 个码字，其中 224 个纠错码字。就是说二维码区域中大约 1/3 的码字是冗余的。对于这 224 个纠错码字，它能够纠正 112 个替代错误(如黑白颠倒)或者 224 个拒读错误(无法读到或者无法译码)，这样纠错容量为：112/346＝32.4%，大概错误修正容量如表 4-3 所示。

表 4-3　QR 编码错误修正容量

级别	修复比例	级别	修复比例
L 水平	7%的字码可被修复	Q 水平	25%的字码可被修复
M 水平	15%的字码可被修复	H 水平	30%的字码可被修复

④ 数据容量：上述纠错级别也与 QR 码的数据容量相关。QR 码的数据最大容量如表 4-4 所示。

表 4-4　QR 码的数据容量表

项 目	容 量
数字	最多 7 089 字符
字母	最多 4 296 字符
二进制数(8 bit)	最多 2 953 字节
日文汉字/片假名	最多 1 817 字符(采用 Shift JIS)
中文汉字	最多 984 字符(采用 UTF-8)
中文汉字	最多 1 800 字符(采用 BIG5)

⑤ 构造最终数据信息：在规格确定的条件下，将前述产生的序列按次序放入分块中，按规定把数据分块，然后对每一块进行计算，得出相应的纠错码字区块，把纠错码字区块按顺序构成一个序列，添加到原先的数据码字序列后面，如 D1、D12、D23、D35、D2、D13、D24、D36……D11、D22、D33、D45、D34、D46、E1、E23、E45、E67、E2、E24、E46、E68。

⑥ 构造矩阵：将探测图形、分隔符、定位图形、校正图形和码字模块放入矩阵中。QR 码的每种版本都对应各自的图形矩阵，该矩阵是 $n \times n$ 模块构成的正方形阵列。除了周围的空白区外，整个图形分为功能图形区域和编码区域。功能图形区域包括寻像图形、定位图形、校正

图形和分割符等;编码区域包括数据和纠错码字、格式信息和版本信息等,如图 4-15 所示。对于不同版本,功能图形的位置都是确定的。

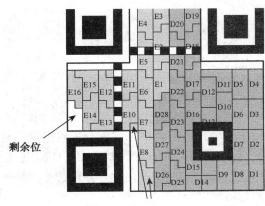

图 4-15　矩阵构造图

⑦ 掩模:将掩模图形用于符号的编码区域,使二维码图形中的深色和浅色(黑色和白色)区域能够比率最优地分布。

⑧ 格式和版本信息:生成格式和版本信息放入相应区域内。版本 7-40 都包含了版本信息,没有版本信息的全为 0。二维码上两个位置包含了版本信息,它们是冗余的。版本信息共 18 位,6×3 的矩阵,其中 6 位是数据位,如版本号 8,数据位的信息是 001000,后面的 12 位是纠错位。

6) QR 码的优点

普通一维条码只能在横向位置表示大约 20 位的字母或数字信息,无纠错功能,使用时需要后台数据库的支持,而二维码是横向纵向都存有信息,可以放入字母、数字、汉字、照片、指纹等大量信息,相当于一个可移动的数据库。如用一维码与二维码表示同样的信息,QR 二维码占用的空间只是一维的 1/11。同时,QR 二维码与其他二维码相比,还具有识读速度快、数据密度大、占用空间小的优势,具体优点如下:

(1)寻像方便　QR 码的 3 个角有 3 个特有的寻像小矩形,如图 4-14、图 4-15 所示。用识读设备来探测码的位置、大小、倾斜角度并加以解码,实现 360°高速识读。

(2)数据密度大　QR 码的容量如表 4-4 所示,此容量足以满足一般商务应用和广告等。QR 码用数据压缩方式表示汉字,仅用 13bit 即可表示一个汉字,比其他二维码表示汉字的效率提高了 20%。

(3)可靠性高　QR 码有 4 个等级的纠错功能,即使其图形破损或局部污染也能识读。QR 码的抗弯曲性强,通过码中每隔一定的间隔配置校正图形,从码的外形来求得推测校正图形中心点与实际校正图形中心点的误差来修正各模块的中心距,故识读可靠性高。

(4)可识读性强　即使将 QR 码贴在弯曲物品上也能快速识读。一个 QR 码可分割成 16 个 QR 码,能一次性识读数个分割码,适于印刷面积有限及窄小空间印刷需要。

(5)适用性强　微型 QR 码能在 1 cm² 空间内放入 35 个数字、9 个汉字或 21 个英文字母,适于小型电路板对 ID 号码标识识别需要。

(6)高速识读性　每秒可识读 30 个含 100 个字符的 QR 码。这是其区别于 PDF 417 码、DM 码等二维码的主要特性。在识读 QR 码时,整个码符中信息的读取是通过对符号的位置探测,用硬件实现的。因此,识读过程时间很短,具有高速识读的特点,使其能广泛应用于工业自动化生产线管理等领域。

(7)能表示中文汉字、日本汉字与假名　QR 码用特定的数据压缩模式表示中文和日文汉字,而 PDF 417、DM 码等并无汉字表示模式,只能采用字节模式,用 16 bit(2 字节)表示一个汉字。

目前市场上的大部分条形码打印机都支持 QR 码,其专有的汉字模式更加适合我国应用,因此,QR 码在我国具有良好的应用前景。

4.2.3　二维码适用领域

二维码与智能手机结合,可构成多领域、多种类的智慧型应用。

1) 物流运输行业

物流运输业务涉及大量的单证,如供应商→货运代理→货运公司→客户等,每项业务都涉及单据处理。每件单据都含有识别信息、业务信息等。单据自动处理的前提是数据录入,人工键盘录入存在着效率低、差错率高的问题,已不能适应物流自动化的要求,将单据内容编成二维码,打印在单据上,在业务各环节使用条码阅读器扫描,数据便录入到各机构的计算机系统中,既快速又准确。

2) 身份识别卡

美国国防部已经在军人身份卡上印制 PDF417 码。持卡人的姓名、军衔、照片等个人信息被编成一个 PDF417 码印在卡上,用于重要场所的进出管理及医院就诊管理。该项应用的优点在于数据采集的实时性、低成本、卡片损坏(比如枪击)也能阅读以及防伪性。

我国各领域的应用多采用 QR 码,如营业执照、驾驶执照、护照、我国城市流动人口的暂住证、医疗保险卡等也都是很好的应用方向。

3) 文件和表格处理

日本保险公司的每个经纪人在会客时都带着笔记本电脑,每张保单和协议都在电脑中制作并打印出来,当他们回到办公室后需要将保单数据手工输入到公司的主机中。为提高数据录入的准确性和速度,他们在制作保单的同时将保单内容编成一个二维码,打印在单据上,这样就可以使用二维码阅读器扫描条形码将数据录入主机。

其他类似的应用还有海关报关单、税务申报单、政府部门的各类申请表等。

4) 资产跟踪

工厂可以采用二维条形码跟踪生产设备;医院和诊所也可以采用二维条形码标签跟踪设备、计算机及手术器械。

由于以上特点,加之二维码具有成本低、信息可随载体移动、不依赖于数据库和计算机网络、保密防伪性能强等优点,国内已经普及的应用领域是火车票管理,以后将用于各类证件管理(由于二维码可以把照片或指纹编在码中,有效地解决了证件的可机读及防伪等问题,因此可广泛地应用于各类证件中),执照年检,报表管理,产品生产和组配线管理,银行票据管理,行李、包裹、货物的运输、邮递管理和大量的电子商务应用等。

4.2.4　手机二维码应用

手机二维码应用是指通过手机对二维码扫描,快速获取其中存储的信息,进行上网、发送短信、拨号、资料交换、自动文字输入甚至小额转账等业务。促进这一应用的迅速普及有 3 个原因:①智能手机中扫描软件(如微信)的普及;②各类电子商务在全社会的深入应用;③社会中各类智慧型应用的推广等。这些都极大地促进了以二维码技术为核心的各项应用。

手机二维码的应用模式可以归结为两类:识读业务和被读业务。

1) 被读业务

手机二维码被读业务是以手机为存储二维码电子凭证的载体,再通过验证机构的二维码扫描识读设备读取信息，以完成相关应用。二维码电子凭证可以是电子名片、个人微信号、电子回执、电子机票、电子门票、电子证照、优惠券等，它可由手机通过移动通信网来获取。当然这种业务需要移动运营商、业务机构等参与。由于电子票证等需要一定的防伪性和安全性，因此要对编码信息进行加密处理。

2）识读业务

手机二维码识读业务是指通过手机摄像头采集介质上存储的二维码图像，再由手机解码软件识读出存储于二维条码中的信息，并触发相应的业务，其流程如图 4-16 所示。

手机二维码识读业务通常分为直接识读业务和间接识读业务两类。直接识读业务只是手机本地应用，由手机中的应用软件显示二维码中的文本、播放二

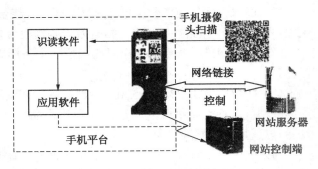

图 4-16　手机识读业务流程图

维码中包含的影视片段等，也可由应用软件根据二维码记录的网址发起上网、短信处理等业务，不需要网络控制，通常选用信息量大的二维码。间接识读业务需要将译码得到的信息发给网络，在网上业务主持方控制下进行。

4.3　RFID 技术

4.3.1　RFID 技术概述

1）RFID 的概念

RFID(Radio Frequency Identification，无线射频识别技术)是一种非接触式的自动识别技术，其基本原理是利用射频信号和空间耦合(电感或电磁耦合)或雷达反射的传输特性，实现对被识别物体的自动识别。

RFID 系统至少包含电子标签和阅读器两部分。电子标签是射频识别系统的数据载体，电子标签由标签天线和标签芯片组成。依据电子标签供电方式的不同，电子标签可以分为有源电子标签(Active Tag)、无源电子标签(Passive Tag)和半无源电子标签(Semi-Passive Tag)。有源电子标签内装有电池，无源电子标签没有内装电池，半无源电子标签部分依靠电池工作。

电子标签依据频率的不同可分为低频电子标签、高频电子标签、超高频电子标签和微波电子标签。依据封装形式的不同可分为信用卡标签、线形标签、纸状标签、玻璃管标签、圆形标签及特殊用途的异形标签等。RFID 阅读器(读写器)通过天线与 RFID 电子标签进行无线通信，可以实现对标签识别码和内存数据的读出或写入操作。典型的阅读器包含有高频模块(发送器和接收器)、控制单元以及阅读器天线。

RFID 技术日益丰富和完善，单芯片电子标签、多电子标签识读、无线可读可写、无源电子标签的远距离识别、适应高速移动物体的 RFID 正在成为现实。

2）RFID 的特点

RFID 是一种易于操控、非接触式、简单实用且特别适于自动化控制的灵活性应用技术，

可工作在各种恶劣环境下,短距离射频产品不怕油渍、灰尘污染,可以替代条码。它既支持只读工作模式,也支持读写工作模式。可用于工厂流水线跟踪物体;长距射频产品识别距离可达几十米,可用于智能交通,如自动收费或识别车辆身份等。

与条形码识别技术比较,射频识别系统的主要优点体现为以下几个方面:

(1)读取方便快捷   数据的读取无需光源,甚至可以透过外包装来进行。有效识别距离更大,采用自带电池的主动标签时,有效识别距离可达到 30 m 以上。

(2)快速扫描   条形码一次只能扫描一个条形码,而 RFID 识读器可同时识读数个 RFID 标签。

(3)体积小型化、形状多样化   RFID 标签在读取上并不受尺寸大小与形状限制,不需为了读取精确度而配合纸张的固定尺寸和印刷品质。此外,RFID 标签可向小型化与多样形态发展,以适用于不同的对象。

(4)抗污染能力和耐久性强   传统条码的载体是纸张,易受污染,但 RFID 标签对水、油和化学药品等物质具有很强抵抗性。此外,由于条形码是附于塑料袋或外包装纸箱上,所以容易受到折损;RFID 标签将数据存在芯片中,可免受污损。

(5)可重复使用   条形码印刷后无法更改,RFID 标签则可以重复地新增、修改、删除标签内储存的数据,方便信息的更新。

(6)穿透性和无障碍识读   在被覆盖的情况下,RFID 识读器能穿透纸张、木材和塑料等非金属或非透明的材质,并能够进行穿透性通信。而条形码扫描机必须在近距离且无阻挡的情况下才可辨读条形码。

(7)数据容量大   一维码容量约为 50 B 左右,二维码最大容量可储存 3 000 B,而 RFID 最大的容量可达数兆字节。随着记忆载体的发展,数据容量也有不断扩大的趋势。未来物品所需携带的资料量会越来越大,对标签所能扩充容量的需求也相应增加。

(8)安全性   RFID 承载的是电子信息,其数据内容可用密码保护,使其内容不易被伪造及变更。近年来,RFID 因具备远距离读取、高储存量等特性而备受瞩目,不仅可以帮助企业大幅提高货物、信息管理的效率,还可让销售企业和制造企业互联,从而更准确地接收反馈信息,控制需求信息,优化供应链等。

3)RFID 应用待解决的问题

尽管 RFID 有上述诸多优点,但也存在着标准、成本和技术等问题,具体如下:

(1)RFID 标准化问题   条形码在许多行业中统一了标准,并有多年的实践积累。RFID 技术目前还缺乏统一的标准。虽有常用频率范围,但制造厂商可自行改变。此外,标签的芯片性能、存储器存储协议与天线设计等标准尚未全球统一。尽管 RFID 的有关标准正在逐步制订与完善中,但不同国家又有各自的规范。

(2)制造成本问题   RFID 的制造技术远比条形码复杂,生产费用略高,在新制造工艺未普及推广前,RFID 标签只能用于一些价值略高的产品。对大量低价商品,如采用 RFID 标签有些不划算。但随着新的 RFID 标签制造技术推广,会使其价格大幅降低,RFID 技术将得到更广泛的应用。

(3)技术问题   条形码在零售商品领域早已普及,而 RFID 更适于产品在全球供应链的跟踪管理。例如,EPC 网络就使制造商与零售商实现产品实时跟踪,进行准确的商品库存管理,其关键技术就是采用了 RFID 标签。然而,EPCglobal 并不主张完用 RFID 技术取代条形码。因此,RFID 将与条形码并存,两种技术各有特点。在许多情况下,需要根据具体情况来确定该采用 RFID 技术还是条形码技术,以满足在人员、资产、过程等对象管理中的应用。

4.3.2 RFID 系统的构成

1) RFID 系统基本部分

RFID 系统随着具体的应用目的和应用环境而有所不同,通常包括可编程电子标签、读写器及计算机系统 3 部分,工作原理如图 4-17 实例所示,具体如下:

(1) 电子标签(Tag) 电子标签也称射频标签/卡、应答器等,由芯片及内置天线组成,具有读写及加密通信能力。芯片存储一定格式的管理与业务数据,作为识别对象的标识信息,容量大还可存储业务数据,是 RFID 系统的数据载体。内置天线用于射频天线间的通信。

电子标签结构如图 4-17 右下角所示。周边跑道状物为天线,中部为芯片,相当于一个具有无线收发加存储功能的单片系统,并与天线连接。

(2) 读写器(Reader) 读写器又称识读器、阅读器、读出装置、扫描器等。读写器(取决于设备是否在工作中改写电子标签中的数据)由无线收发模块、控制模块和接口电路等 3 部分组成。

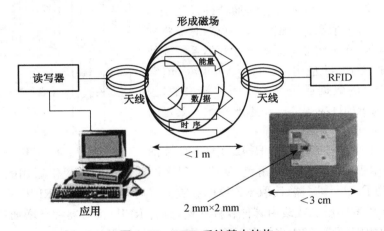

图 4-17 RFID 系统基本结构

电子标签与读写器之间通过耦合元件实现射频信号的空间无接触式耦合。在耦合通道内,根据时序关系,实现能量传递和数据交换。数据交换是通过调制的 RF 通道向标签发出请求信号,标签应答识别信息;能量交换是由读写器天线发出一定频率的射频信号,当被识读标签进入磁场时产生感应电流,由此将标签中的信息经天线发出去,读写器读取信息并解码后传送至主机处理。

(3) 天线 是标签与读写器之间传输数据的发射与接收装置。读写器和电子标签之间通过天线进行射频信号进行耦合,耦合类型有以下两种:

① 电感耦合:变压器模式,通过空间高频交变磁场实现耦合,依据的是电磁感应定律,如图 4-18 所示。电感耦合方式一般适合于中、低频工作的近距离射频识别系统。典型的工作频率有 125 kHz、225 kHz 和 13.56 MHz,识别距离小于 1 m。

② 电磁反向散射耦合:雷达模式,发射出去的电磁波碰到目标后反射,同时携带回目标信息,如图 4-19 所示。电磁反向散射耦合方式一般适合于高频、微波工作的远距离射频识别系统。典型的工作频率有 433 MHz、915 MHz、2.45 GHz、5.8 GHz。识别作用距离大于 1 m,

典型作用距离为 3～10 m。

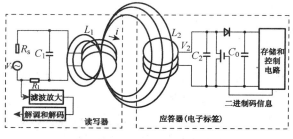

图 4-18　电感耦合模式

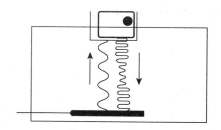

图 4-19　电磁反向散射耦合

2）RFID 中间件

RFID 中间件是运作中枢，在其基础上实现各种相关应用。

（1）RFID 中间件简介　RFID 子系统的核心是将自动识别技术引入实际的应用系统，这需解决应用系统与 RFID 子系统间的接口问题。因此，通透性是系统组成的关键，它指正确获取数据、确保读取可靠、有效将数据传到后端系统等，实现将业务系统与读写器系统模块的对接。这种应用与应用之间（Application to Application，A2A）的数据通透是由中间件解决的，因此，中间件便成为 RFID 应用的一项重要技术。其逻辑架构如图 4-20 中间虚线部分所示。

（2）RFID 中间件的功能　RFID 中间件扮演

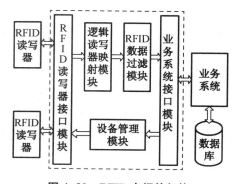

图 4-20　RFID 中间件架构

RFID 标签和应用程序之间中介的角色，从应用程序端使用中间件提供通用的应用程序接口（API），即能连到 RFID 读写器，读取 RFID 标签数据。这样，即使存储 RFID 标签信息的数据库软件或后端应用程序增加或改由其他软件取代，或者 RFID 读写器种类增加等情况发生时，应用端不需修改也能处理，省去多设备对多应用连接的维护复杂性问题。

还可利用 RFID 中间件来管理系统。RFID 中间件是一种面向消息的中间件（Message-Oriented Middleware，MOM），信息以消息（Message）的形式，从一个程序传送到另一个或多个程序。信息可以以异步方式传送，所以传送者不必等待回应。面向消息的中间件包含的功能不仅是传递信息，还必须包括解释数据、安全性、数据广播、错误恢复、定位网络资源、找出符合成本的路径、消息与要求的优先次序以及延伸的除错工具等服务。

（3）RFID 中间件的分类　RFID 中间件从架构上可分为两种。

① 以应用程序为中心（Application Centric）：这一架构的设计理念是通过 RFID 识读口厂商提供的 API，以 Hot Code 方式直接编写特定识读口读取数据的接口，并传送至后端系统的应用程序或数据库，从而达到与后端系统或服务串接的目的。

② 以架构为中心（Infrastructure Centric）：这一架构的出现是因为随着企业应用系统的复杂度增高，企业无法承担以 Hot Code 方式为每个应用程序编写接口。同时，面对对象标准化等问题，企业可以考虑采用厂商所提供的标准规格 RFID 中间件。这样一来，即使存储标签信息的数据库软件改由其他软件代替，或读写器种类增加等情况发生时，应用端不做修改也能应付。

（4）RFID 中间件的特征　一般来说，RFID 中间件具有下列的特征：

① 独立于架构（Insulation Infrastructure）：RFID 中间件独立并介于读写器与后端应用程序之间，并能与多个读写器以及多个后端应用程序连接，以减轻架构与维护的复杂性。

② 数据流（Data Flow）处理：RFID 的主要目的在于将实体对象转换为信息环境下的虚拟对象，因此数据处理是 RFID 最重要的功能。RFID 中间件具有数据的搜集、过滤、整合与传递等特性，以便将正确的对象信息传到企业后端的应用系统。

③ 支持处理流（Process Flow）：RFID 中间件采用程序逻辑及存储再转送的功能来提供顺序的消息流，具有数据流设计与管理的能力。

④ 标准性（Standard）：RFID 涉及数据自动采集与自动识别技术的应用。EPCglobal 提出了为各种产品提供全球唯一识别号码的通用标识标准，即 EPC。EPC 在供应链系统中，以一串数字来识别一项特定的商品，通过无线射频辨识标签由 RFID 读写器读入后，传送到计算机或是应用系统中的过程称为对象名解析服务（Object Name Service，ONS）。ONS 系统会锁定网络中的固定点获取有关商品的消息。EPC 存储在 RFID 标签中，被 RFID 读写器读出后，即可提供追踪 EPC 所代表的物品名称及相关信息，并立即识别及分享供应链中的物品数据，有效率地提供信息透明度。

（5）RFID 中间件的三个发展阶段

① 应用程序中间件（Application Middleware）发展阶段：RFID 初期的发展多以整合、串接 RFID 读写器为目的，本阶段为 RFID 读写器厂商提供简单 API，供企业将后端系统与 RFID 读写器串接。此时企业的导入须花费许多成本去处理前后端系统连接的问题。

② 架构中间件（Infrastructure Middleware）发展阶段：本阶段是 RFID 中间件成长的关键阶段。本阶段 RFID 中间件的发展不但已经具备基本数据搜集、过滤等功能，同时也满足企业多设备对多应用（Devices to Applications，DZA）的连接需求，并具备平台的管理与维护功能。

③ 解决方案中间件（Solution Middleware）发展阶段：在 RFID 标签、读写器与中间件发展与成熟过程中，各厂商针对不同领域提出各项创新应用解决方案，例如 Manhattan Associates 提出"RFID in a Box"（即封装的 RFID），企业不需再为前端 RFID 硬件与后端应用系统的连接而烦恼。

（6）RFID 中间件的两个应用方向　RFID 中间件在各项 RFID 产业应用中居于神经中枢，特别受到国际大企业的关注，未来在应用上可朝下列两方向发展。

① Service Oriented Architecture（SOA）Based RFID 中间件：面向服务的架构（SOA）的目标就是建立沟通标准，突破应用程序对应用程序沟通的障碍，实现商业流程自动化，支持商业模式的创新，让 IT 变得更灵活，从而更快地响应需求。因此，RFID 中间件在未来发展上，将会以面向服务的架构为基础，提供更弹性灵活的服务。

② Security Infrastructureb RFID 中间件：RFID 应用最让外界质疑的是其后端系统所连接的大量厂商数据库可能引发的商业信息安全问题，尤其是消费者的信息隐私权。通过大量 RFID 读写器的布置，人类的生活与行为将因 RFID 而容易追踪，Wal-Mart、Tesco 初期 RFID 试点项目都因为用户隐私权问题而遭受过抵制与抗议。为此，飞利浦半导体等厂商已经开始在批量生产的 RFID 芯片上加入"屏蔽"功能。RSA Security 也发布了能成功干扰 RFID 信号的技术"RSA Blocker 标签"，通过发射无线射频扰乱 RFID 读写器，让 RFID 读写器误以为搜集到的是垃圾信息而错失数据，达到保护消费者隐私权的目的。目前 Auto-ID Center（EPCglobal）也正在研究安全机制以配合 RFID 中间件的工作，构建安全性基础设施。

4.3.3 RFID 系统的工作方式

1）RFID 的基本工作方式

RFID 系统的基本工作方式分为全双工（Full Duplex）系统、半双工（Half Duplex）系统和时序（SEQ）系统。

全双工表示射频标签与读写器之间可在同一时刻互相传送信息；半双工表示射频标签与读写器之间可双向传送信息，但在同一时刻只能向一个方向传送信息。

在全双工和半双工系统中，射频标签的响应是在读写器发出的电磁场或电磁波的情况下发送出去的。因为与阅读器本身的信号相比，射频标签的信号在接收天线上是很弱的，所以必须用合适的方法把射频标签的信号与阅读器的信号区别开来。在实践中，人们对从射频标签到阅读器的数据传输一般采用负载反射调制技术将射频标签数据加载到反射回波上（尤其是针对无源射频标签系统）。

时序方法则与之相反，阅读器辐射出的电磁场短时间周期性地断开，这些间隔被射频标签识别出来，并被用于从射频标签到阅读器的数据传输，其实，这是一种雷达工作方式。时序方法的缺点是：在阅读器发送间歇时，射频标签的能量供应中断，必须通过装入足够大的辅助电容器或辅助电池进行补偿

2）无源和有源 RFID 电子标签

RFID 标签分为有源、半有源（或半无源）及无源三种，具体如下：

（1）有源电子标签 又称主动标签，标签的工作电源完全由内部电池供给，同时标签电池的能量供应也部分地转换为电子标签与阅读器通信所需的射频能量。由于有源电子标签自带电池供电，读/写距离较远（100～500 m），体积较大，与被动标签相比成本更高，适用于较远距离阅读的应用场合。

（2）半无源电子标签 其自带电池仅对标签内要求供电维持数据的电路或标签芯片工作所需电压提供辅助支持，向耗电很少的标签电路供电。标签未进入工作状态前处于休眠状，相当于无源标签，标签内电池能量消耗很少，因而可维持几年，甚至长达 10 年。当标签进入阅读器的读出区域，受其发出的射频信号激励进入工作状时，标签与阅读器之间信息交换的能量支持以阅读器供应的射频能量为主（反射调制方式），标签内部电池的作用主要在于弥补标签所处位置的射频场强不足，其能量并不转换为射频能量。

（3）无源电子标签（被动标签） 标签内无电池，在阅读器的读出范围外时，标签处于无源状态；在阅读器的读出范围内时，标签从阅读器发出的射频能量中提取工作所需的电源。无源电子标签一般均采用反射调制方式，在接收到阅读器发出的射频信号后，将部分微波能量转为直流电供自己工作。无源标签一般免维护，成本很低并具有很长的使用寿命，比主动标签更小也更轻，但读写距离则较近（1～30 mm），并在适应物体运动速度上受限制。当然，影响识读距离的因素较多，如标签的工作频率、天线尺寸、芯片性能，以及识读器的天线、功率等。

3）RFID 工作频率分类

射频标签的工作频率不仅决定着射频识别系统工作原理（电感耦合还是电磁耦合）、识别距离，还决定着射频标签及读写器实现的难易程度和设备的成本。工作在不同频段或频点上的射频标签具有不同的特点。射频识别应用占据的频段或频点在国际上有公认的划分，即位于 ISM 波段之中。

（1）RFID 系统的工作频率　典型的工作频率有：125 kHz，133 kHz，13.56 MHz，27.12 MHz，433 MHz，902～928 MHz，2.45 GHz，5.8 GHz 等。从应用来说，射频标签的工作频率也就是射频识别系统的工作频率。

（2）低频段射频标签　低频段射频标签简称低频标签，工作频率范围为 30～300 kHz。典型工作频率有：125 kHz，133 kHz。低频标签一般为无源标签，其能量通过电感耦合方式从阅读器耦合线圈的辐射近场中获得。低频标签与阅读器之间传送数据时，低频标签需要位于阅读器天线辐射的近场区内，阅读距离一般情况下小于 1 m。

低频标签的典型应用有动物识别、容器识别、工具识别、电子闭锁防盗（带有内置应答器的汽车钥匙）等。与低频标签相关的国际标准有：ISO 11784/11785（用于动物识别），ISO 18000-2（125～135 kHz）。低频标签有多种外观形式，应用于动物识别的低频标签外观有项圈式、耳牌式、注射式、药丸式等。典型应用的动物有牛、信鸽等。

低频标签的主要优势：标签芯片一般采用普通的 CMOS 工艺，具有省电、廉价的特点；工作频率不受无线电效率管制约束；可以穿透水、有机组织、木材等；适合近距离、低速度、数据量少的识别应用（如动物识别）等。

低频标签的劣势：标签存贮数据量较少；只能适合低速、近距离识别应用；与高频标签相比，标签天线匝数更多，成本更高一些。

（3）中高频段射频标签　中高频段射频标签的工作频率一般为 3～30 MHz。典型工作频率为 13.56 MHz。该频段射频标签的工作原理与低频标签完全相同，采用电感耦合方式工作，所以宜将其归为低频标签类中。另一方面，根据无线电频率的一般划分，其工作频段又称为高频，所以也常将其称为高频标签。鉴于该频段的射频标签可能是实际应用中最大量的一种射频标签，因而只要将高、低理解成为一个相对的概念，为了便于叙述，将其称为中频射频标签。

中频标签一般也采用无源设计，工作能量与低频标签一样，也是通过电感（磁）耦合方式从识读器耦合线圈的辐射近场中获得。标签与识读器交互时，必须位于识读器天线的辐射场内，识读距离一般也小于 1 m。

中频标签的基本特点与低频标签相似，由于其工作频率的提高，可以选用较高的数据传输速率。射频标签天线设计相对简单，标签一般制成标准卡片形状。典型应用包括电子车票、电子身份证、电子闭锁防盗（电子遥控门锁控制器）等。相关标准有：ISO14443，ISO15693，ISO18000-3（13.56 MHz）等。

（4）超高频与微波标签　超高频与微波频段的射频标签，简称微波射频标签，典型工作频率为：433.92 MHz，862（902）～928 MHz，2.45 GHz，5.8 GHz。微波射频标签分有源与无源标签两类。工作时，射频标签位于阅读器天线辐射场的远区场内，标签与阅读器间的耦合方式为电磁耦合方式。阅读器天线辐射场为无源标签提供射频能量，将半有源标签唤醒。相应的射频识别系统阅读距离一般大于 1 m，典型为 4～6 m，最大 10 m 以上。阅读器天线一般均为定向天线，只有在阅读器天线定向波束范围内的射频标签才可被读/写。

由于阅读距离的增加，应用中有可能在阅读区域中同时出现多个射频标签的情况，从而提出了多标签同时读取的需求，这种需求发展成为一种潮流。目前，先进的射频识别系统均将多标签识读问题作为系统的一个重要特征。

无源微波射频标签比较成功产品相对集中在 902～928 MHz 工作频段上。2.45 GHz 和 5.8 GHz 射频识别系统多以半无源微波射频标签产品面世。半无源标签一般采用纽扣电池供电，具有较远的阅读距离。

4）RFID 的工作距离与容量

（1）识读距离　微波射频标签的典型特点主要集中在是否无源、无线读写距离、是否支持多标签读写、是否适合高速识别应用、读写器的发射功率容限、射频标签及读写器的价格等方面。对于可无线写的射频标签而言，通常情况下，写入距离要小于识读距离，其原因在于写入要求更大的能量。

（2）数据容量　微波射频标签的数据存储容量一般限定在 2 kbits 以内，典型的数据容量指标有：1 kbits，128 bits，64 bits 等。由 Auto-ID Center 制定的产品电子代码 EPC 的容量为：90 bits。

但 RFID 应用中有一个例外，即"1 bit 射频标签"。目的是使阅读器作出判断："存在 RFID 标签"或"无 RFID 标签"，这对于简单监控或信号发送功能就足够了。因为 1 bit 标签不需要电子芯片，所以标签成本很低。因此，大量 1 bit 的标签在商场中用于商品防盗系统。当有人带着未付款的商品离开时，安装在出口的识读器就能识别出"在电磁场中有 RFID 标签"的状况，并引起相应的反应。对已付款商品，1 bit 标签可在付款处被除掉或者去活化。

5）数据载体

存贮数据主要用三种方法：EEPROM（电可擦可编程只读存储器）、FRAM（铁电随机存取存储器）、SRAM（静态随机存取存储器）。对一般 RFID 识别系统，使用 EEPROM 是主要方法。但其缺点是：写入过程中的功率消耗较大，寿命一般为写入 10 万次。而使用 FRAM，与电可擦可编程只读存储器相比，它的写入功率消耗减少 100 倍，写入时间减少 1 000 倍。FRAM 属于非易失类存储器。

对微波系统来说，还使用 SRAM，存储器能很快写入数据。为永久保存数据，需要用辅助电池作不中断供电。

6）状态模式

对可编程 RFID 标签，需由数据载体的"内部逻辑"控制对标签存储器的写/读操作以及对写/读授权的请求。在最简单的情况下，可由一台状态机来完成。使用状态机，可以完成复杂过程。状态机的缺点是：对修改编程的功能缺乏灵活性，这意味着要设计新的芯片，由于这些变化需要修改硅芯片上的电路，设计更改实现所需要的花费很大。微处理器的使用明显地改善了这种情况。在芯片生产时，将用于管理应用数据的操作系统通过掩膜方式集成到微处理器中，这样修改时花费不多。此外，软件还能调整以适合各种专门应用。

此外，还有利用各种物理效应存贮数据的 RFID 标签，其中包括只读的表面波（SAW）RFID 标签和通常能去活化（写入"0"）以及极少的可以重新活化（写入"1"）的 1 bit RFID 标签。

7）RFID 标签与读写器的数据传输

RFID 标签回送到阅读器的数据传输方式多种多样，可归结为三类：

（1）利用负载调制的反射或反向散射方式（反射波的频率与阅读器的发送频率一致）。

（2）利用阅读器发送频率的次谐波传送标签信息。标签反射波与阅读器的发送频率不同，为其高次谐波（n 倍）或分谐波（$1/n$ 倍）。

（3）其他形式。

4.3.4　RFID 标签通信协议

RFID 标签与读写器之间的数据交换构成了一个无线数据通信系统。由于采用无接触方式通信,还存在一个空间无线信道。在这样的数据通信系统模型下,RFID标签是数据通信的一方,读写器是通信的另一方。要实现安全、可靠、有效的数据通信目的,数据通信的双方必须遵守相互约定的通信协议。没有这样一个通信双方公认的基础,数据通信双方互相听不懂对方在说什么,步调也无从协调一致,造成数据通信无法进行。

RFID标签通信涉及的协议包括:时序系统协议;通信握手协议;数据帧协议;数据编码协议;数据完整性协议;多标签读写防冲突协议;干扰与抗干扰协议;识读率与误码率协议;数据加密与安全性协议;读写器与应用系统之间接口协议等。

相关的国际标准有:ISO 18000系列,如18000-4(2.45 GHz)、18000-5(5.8 GHz)、18000-6(860~930 MHz)、18000-7(433.92 MHz),ANSI NCITS256—1999等。

4.3.5 RFID技术应用举例

RFID是自动识别领域应用最广泛的技术之一。它将数据传输、自动数据采集、计算机处理等技术综合一体,构成自动识别的多种应用。以下用ETC公路自动收费系统来说明RFID技术的应用,如图4-21所示。

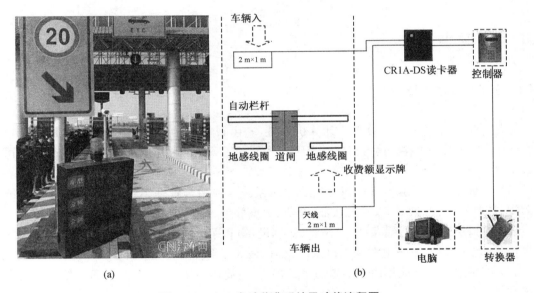

(a)　　　　　　　　　　　　　　(b)

图4-21　ETC自动收费系统及功能流程图

ETC收费系统的ETC射频识别标签附于汽车前挡风玻璃上。当汽车驰入收费道闸识读区域经过地感线圈时产生感应电流,触发射频识读器(即图中的读卡器),RFID读头发出射频信号至汽车识别标签上,调节标签所接收的部分信号反射回读卡器,读卡器从信号中分解出识别密码,当系统通过ETC用户验证后,就可通过控制器及转换器访问后台电脑数据库,从中读出用户相关计费信息并计费扣款,成功后道闸系统自动抬杆,让车辆通行。

4.3.6 RFID技术的应用领域

RFID技术有极其广阔的应用前景,在物联网领域应用如下:

（1）物流业　货物追踪,信息自动采集,仓储应用,港口应用,邮政,快递。

（2）零售业　动态销售结算数据实时统计,补货,防盗等。

（3）制造业　生产线实时监控,质量追踪,自动化生产,供应链管理等。

（4）服装业　自动化生产,仓储管理,品牌管理,单品管理,渠道管理等。

（5）医疗业　医疗设备与器械管理,病人身份识别,婴儿防盗等。

（6）身份识别　电子护照,身份证,学生证等各种电子证件。

（7）防伪领域　贵重物品防伪,票证防伪等。

（8）资产管理　各类资产(贵重物品、数量大相似性高物品或危险品等)的管理。

（9）交通管理　ETC 车辆通关,出租车管理,公交车枢纽管理,铁路机车识别等。

（10）食品安全　各类水果、蔬菜、生鲜与加工食品等的品质溯源跟踪管理等。

（11）动物识别　驯养动物、畜牧牲口等识别管理。

（12）图书资料　书店、图书馆、档案馆、出版社等应用。

（13）汽车工业　车辆制造、汽车防盗、跟踪定位、车钥匙识别等。

（14）航空领域　飞行器制造、旅客机票、行李包裹追踪等。

（15）军事领域　弹药、枪支、物资装备、人员、军品供应链等的识别与定位追踪等。

4.4　智能卡技术

4.4.1　智能卡技术概述

智能卡应用系统是一个分布式计算机系统,它由智能卡、终端(如 PINpads、PC 读卡机、读写器 IFD、电子 POS 机、销售点终端 EFT-POS、ATM 等)、网络和主机系统组成,通常可分为以下 3 层:

（1）管理层　由服务器、PC 机等组成主机系统。在后台管理系统控制下,对整个系统实施监视、控制和维护(如发卡、身份认证、充值、数据处理、挂失或失效登录等)。

（2）接口层　由读写设备(接口设备、应用设备)和通信网络构成,负责智能卡和主机间的信息传输,包括卡的读写、电源和主机系统通信,是卡和系统间的交互界面。

（3）应用层　相关应用由智能卡与系统构成,在此体系架构下,智能卡通过接口层与主机系统进行通信。

4.4.2　蓝牙智能卡

1）基于蓝牙技术的智能卡应用系统

基于蓝牙技术的智能卡应用系统由蓝牙智能卡(Bluetooth Smart Card, BSC)、蓝牙无线接入点(BLAP)、网络和主机系统组成。

BSC 也可以直接接入网络,进行在线的交易处理;也可以通过 BLAP 接入网络进行在线的交易处理。其中,BLAP 是基于蓝牙的 LAN 访问协议,是一些集中和大量交易场合的业务设备接入协议接入设备,用于连接 BSC 和公共网络。BSC 通过 BLAP 和主机系统相连,完成集中、在线的交易。BLAP 一端通过网口(RJ45)与公共网络相连,另一端通过蓝牙与 BSC 相连,实现两者之间的信息流通和共享。

蓝牙智能卡将蓝牙技术和现有的智能卡技术相结合,硬件主要包括蓝牙部分(蓝牙模块、天线、放大模块)、MCU、加密协议处理器、存储器、接口电路和其他辅助电路(液晶显示、软键盘和电源)等。

其中,加密协议处理器、存储器和MCU等完成普通智能卡、读写器的功能,蓝牙部分将已经按照蓝牙协议规定的数据格式转换好的R-APDU(响应-应用协议数据单元)或C-APDU(指令-应用协议数据单元)发送出去,通过接口和主干网络相连或接入其他设备,开展交易并将备份交易数据送主机系统进行核对。持卡人通过PIN鉴别或生物鉴别技术确认其对卡的使用权,交易双方利用卡的唯一编号可由任何一方通过蓝牙智能卡启动交易,此时启动交易的一方充当读写器的功能,另一方充当卡的功能。交易的认证过程和交易的结果可以直接显示出来,便于持卡人控制整个交易过程,交易的结果在双方智能卡中备份。

2)蓝牙智能卡交易模式

蓝牙智能卡系统中BSC和BLAP的应用模式有点对点交易、集线器交易和无线接入点交易模式;还可按是否和主机实时通信分为离线和在线交易模式。

(1)点对点交易模式　两张蓝牙智能卡在认证基础上进行交易,不和主干网络直接相连,交易结束时两张卡存储的交易数据一并对应增减,再定期和主干网相连与发卡机构通信,完成交易金额的增减。该模式适于临时、随机、离线、便捷的小额交易。

(2)集线器交易模式　该模式是持卡人和集中交易方(如商家)通过各自的智能卡进行交易,集中交易方的智能卡可以联机,也可以脱机。传输数据时,蓝牙以433.9 kb/s的对称全双工或723.2/57.6 kb/s的非对称双工通信。

(3)无线接入点交易模式　当持卡人的智能卡通过一个蓝牙接入点接入外部网进行信息交换、用户通过外网和机构或商家的主机系统信息交换时使用这种模式。

3)蓝牙智能卡交易流程

在叙述具体的交易流程之前,先做如下约定:交易流程中用非对称加密算法和Hash算法进行BSC之间的鉴别,Px和Sx表示X的公钥和私钥,Ek(Data)和Dk(Data)表示对数据的加密和解密,Hash(Data)表示求Data的Hash值。

认证中心(CA)使用SCA签发卡制造发行商证书I_C(PM、PCA、(( )))SME Hash P CA,卡制造发行商使用SM签发BSC证书BSC_C(PM、PB、(( )) S B E Hash P M);BSC和卡制造发行商、BSC之间通信时使用3-DES算法,D为生成的随机数,T为时间戳。

(1)在线交易流程　在线交易时,卡制造发行商可以联机实现对持卡人的智能卡和集中交易方的智能卡进行鉴别,实时实现金额的增减,整个交易流程由认证阶段、授权交易阶段组成,包括对持卡人的认证、卡之间的相互鉴别、金额增减、数字签名等。此时出售的一方处于卖方模式,购买的一方处于买方模式。

① 认证阶段:认证阶段包括智能卡对持卡人和操作员的认证,卡制造发行商对持卡人和集中交易方的鉴别,持卡人对集中交易方的鉴别。蓝牙智能卡对持卡人的认证,是通过PIN认证来完成的;蓝牙智能卡之间的相互认证、卡制造发行商对BSC的认证都是通过验证证书中的发证机关的签名来实现的。

② 授权交易阶段:包括持卡人授权智能卡交易金额输入、余额校验、金额增减、智能卡数字签名、卡制造发行商保存签名和结果。

(2)离线交易流程　离线交易模式BSC不和主干网络直接相连,交易结束两个智能卡存储交易数据,并进行预增减,然后,定期和主干网相连与卡制造发行商进行核对,完成交易金额的增减,由认证阶段和授权交易阶段组成,具体的流程和在线交易时是类似的。

4)蓝牙智能卡的优势

采用蓝牙技术实现新型的智能卡应用系统,和现有智能卡应用系统相比,具有以下优点:

(1)将应用层和接口层适当结合,减少了应用系统的功能要素,有利于提高系统安全性。

(2)智能卡的计算环境得到改变,有限资源不再是制约智能卡安全和应用的主要因素。

(3)交易各方在交易中所处的交易地位和交易方式是相同的,交易行为是主动的、双向的,因而可以实现随时随地交易,实现交易的电子现金化。

(4)智能卡的应用不再受到专有设备的限制,有利于拓展智能卡的应用领域。

4.5 光学字符识别技术

4.5.1 OCR 技术简介

光学字符识别(Optical Character Recognition,OCR)是一种基于图形识别的计算机识读文字技术。OCR 电子设备(如扫描仪或数码相机)检查印刷字符,通过检测暗、亮模式确定其形状,再用字符识别软件将字符形状变换成计算机文字码。衡量 OCR 系统的性能指标有:拒识率、误识率、识别速度、用户界面友好性、稳定性及易用性等。

4.5.2 OCR 识别系统处理流程

OCR 识别系统的作业流程分为资料的扫描录入、图像处理、版面分析、文字识别、纵横向校对与版面还原等步骤,如图 4-22 所示。

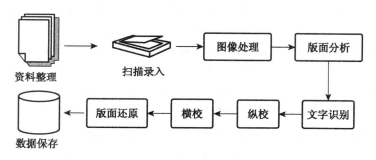

图 4-22 OCR 识别系统工作流程

1)图像输入

主要过程是:扫描或拍摄输入待识别的文字块,作图像前处理、文字特征抽取、比对识别,再经校正后更正错误文字,输出结果。

2)预处理

不同的图像格式有不同的存储格式与压缩方式,预处理主要包括二值化、噪声去除、倾斜较正等,具体如下:

（1）二值化　扫摄采集的文字块为彩色图像,信息量大,为使计算机更快更准地识别文字,简单地定义前景信息为黑色,背景信息为白色,此即二值化处理,以降低处理信息量。

（2）噪声去除　不同文档对噪声的定义不同,根据噪声特征进行去噪处理。

（3）倾斜较正　原始采集图像不可避免地会产生倾斜,要用文字识别软件较正。

（4）版面分析　将文档图像分段、分行的过程为版面分析处理。

（5）字符切割　因印刷及拍照所限,常造成字符粘连、断笔,限制了系统识别性能,需要文字识别软件具有字符切割功能。

3）文字识别

早期为模板匹配,后来以特征提取法处理文字的位移、笔画的粗细、断笔、粘连、旋转等,识别精度大为提高。

4）版面还原

识别后的文字应仍像原文档版面排列,段落、位置、顺序不变,输出为 Word 或 PDF 文档等,此为版面恢复过程。

5）后处理、校对

对识别结果依据原始图像进行字块与段落等的比较和校正。

4.6　机器视觉识别技术

4.6.1　机器视觉识别技术概述

物联网体系中,视觉传感器是其中最重要和应用最广泛的一种。机器视觉识别技术是一门涉及人工智能、神经生物学、心理物理学、计算机科学、图像处理、模式识别等诸多领域的交叉学科。机器视觉主要用计算机来模拟人的视觉功能,从客观事物的图像中提取信息,进行处理并加以理解,最终用于实际检测、测量和控制。机器视觉技术最大的特点是速度快、信息量大、功能多。

机器视觉识别系统是指利用机器代替人眼来作各种识别、测量和判断的智能系统,一般包括光源、镜头、CCD 摄像机、图像处理单元、图像处理软件、监视器、通信单元等。它把图像抓取到,然后将该图像传送至处理单元,通过数字化处理,根据像素分布和亮度、颜色等信息,进行尺寸、形状、颜色等的判别,进而根据判别的结果来控制现场的设备动作。

4.6.2　机器视觉系统的结构

1）机器视觉系统简介

机器视觉系统是机器视觉识别系统的核心,结构如图 4-23 所示。前端图像摄取装置的性能对视觉系统十分关键,分为 CMOS 和 CCD 两种光学成像技术,对被检测目标物进行图像采集,再经图像捕捉系统对所采集的图像的像素分布和亮度、颜色等信息转换成数字化信号送给智能工作站进行视觉处理,通过各种运算来抽取目标的特征,如面积、数量、位置、长度、形状、速度等,再根据预先设定的自动处理模式,对尺寸、形态、角度、个数、有/无等结果进行判定,然后根据识别结果控制执行系统的各种动作。

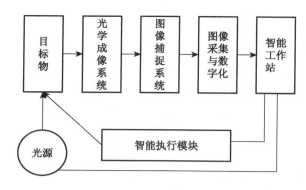

图4-23 机器视觉系统结构示意图

2）CCD成像系统

图4-24为CCD成像系统示意图。CCD为电荷耦合元件（Charge-Coupled Device），也称CCD图像传感器，是一种半导体器件，能把光学影像转化为电信号。CCD上植入的微小光敏物质称作像素（Pixel）。一块CCD上包含的像素数越多，提供的画面分辨率也就越高。CCD的作用就如胶片一样，但它能将光信号转换成电荷信号。CCD上有许多排列整齐的光电二极管，能感应光线，将光信号转变成模拟电流信号，经外部采样放大及模数转换电路转换成数字图像信号，实现图像的获取、存储、传输、处理和重现。

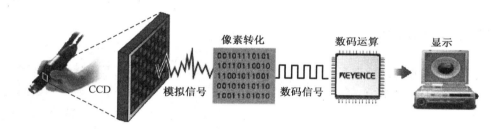

图4-24 CCD成像系统示意图

CCD图像传感器的特点为：①体积小重量轻；②功耗小、工作电压低，抗冲击与震动，性能稳定，寿命长；③灵敏度高，噪声低，动态范围大；④响应速度快，有自扫描功能，图像畸变小，无残像；⑤应用超大规模集成电路工艺技术生产，像素集成度高，尺寸精确，商品化生产成本低等。

3）CMOS图像传感器

CMOS图像传感器是用互补金属氧化物场效应管（Complementary Metal Oxide Semiconductor）技术来生产的图像传感器，它通常由像敏单元阵列、行驱动器、列驱动器、时序控制逻辑、AD转换器、数据总线、输出接口与控制接口等部分组成，且这些部分都被集成在同一块芯片上，图4-25为CMOS图像传感器示意图。

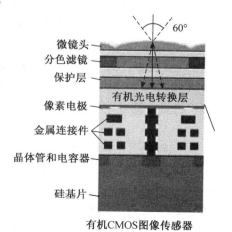

有机CMOS图像传感器

图4-25 CMOS图像传感器示意图

CMOS 图像传感器的工作原理如下：

当外界光线照射到像素阵列时产生光电效应，在像素单元内产生相应的电荷。行选择逻辑单元按需要选择相应的行像素单元，将单元内的图像信号通过各自所在的列的信号总线传输到对应的模拟信号处理单元以及 A/D 转换器，变成数字图像信号输出。其中的行选择逻辑单元可对像素阵列逐行或隔行扫描，而行选择与列选择逻辑单元配合使用就可实现图像的窗口提取功能。芯片中还包括如曝光时间控制、自动增益控制等电路，以获得质量合格的图片。随着 CMOS 电路消噪技术的发展，为生产高密度优质的 CMOS 图像传感器提供了良好的条件。目前，这一技术已在众多的"刷脸"中获得应用。

4.7　生物识别技术

4.7.1　生物识别技术概述

生物识别技术是指利用可测量的人体生物学或行为学特征，与计算机、光学、声学、生物传感器和生物统计学技术等结合来区分、识别与核实个人身份的一种自动识别技术。能用来鉴别身份的生物特征应具有广泛性、唯一性、稳定性、可采集性等特点。可利用的人体固有的生理特征大致有：指纹、指静脉、人脸、虹膜、视网膜、基因等，行为特征有：笔迹、声音、步态等，如图 4-26 所示。

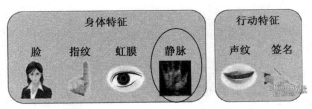

图 4-26　基于个人的身体行动特征识别

每个人都有自身固有的生物特征，这些特征具有因人而异、与生俱来、终身不变、随身携带、不可复制等特点。这种生物密钥无法拷贝与复制，不会丢失，不会遗忘，因而可成为最便携、最可靠的个人自动识别特征。

所有的生物识别技术都包括：原始数据获取、抽取特征、特征处理、匹配鉴别等主要步骤。

4.7.2　指纹识别技术

1）指纹识别技术简述

指纹是指人的手指末端正面皮肤上凸凹不平产生的纹线，有断点、起点、终点、结合点、分叉点、分歧点、孤立点、环点、短纹和转折点等，这些就形成了指纹的细节特征点，也成为指纹唯一的确认信息。特征点的参数包括：方向（节点可朝一定的方向）、曲率（描述纹路方向改变的速度）、位置（节点的位置通过 x/y 坐标来描述，可以是绝对的，也可以是相对于三角点或特征点的）等。

由于每人的指纹终身不变，就是同一人的十指指纹也有区别，因此指纹可用于身份鉴定，且具唯一性、稳定性和方便性,通过将指纹和预先保存的指纹信息进行比较,就可验证其身份,这就是指纹识别技术。

指纹具有三大固定特性。

(1) 确定性　每人的指纹结构恒定,自从形成后终生不变。

(2) 唯一性　两个完全一致的指纹出现的概率极小,不超过 10^{-36}。

(3) 可分类性　可按指纹的纹线走向进行分类。

2) 指纹识别模式与流程

(1) 指纹图像获取　通过专用的指纹采集仪可采集活体指纹图像。指纹采集仪主要有光学式、电容式和压感式。根据采集指纹面积大体可分为滚动捺印指纹和平面捺印指纹,另外,也可通过扫描仪、数字相机等获取指纹图像。

(2) 指纹图像压缩　大容量的指纹数据库必须经过压缩后存储,以减少占用的存储空间,主要方法包括 JPEG、WSQ、EZW 等。

(3) 指纹图像处理　包括指纹区域检测、图像质量判断、方向图和频率估计、图像增强、指纹图像二值化和细化等。

(4) 指纹分类　纹型是指纹的基本分类,是按中心花纹和三角的基本形态划分的。纹形从属类型,以中心线的形状定名。我国的指纹分析法有 3 大类型,9 种形态。

(5) 指纹特征和细节提取　指纹形态特征包括中心(上、下)和三角点(左、右)等,指纹细节特征主要包括纹线的起点、终点、结合点和分叉点。

(6) 指纹匹配　根据指纹的纹形进行粗匹配,进而对指纹形态和细节特征进行精确匹配,给出两枚指纹的相似性比率,并进行排序与是否为同一指纹的判定。

指纹图像处理与识别流程如图 4-27 所示。

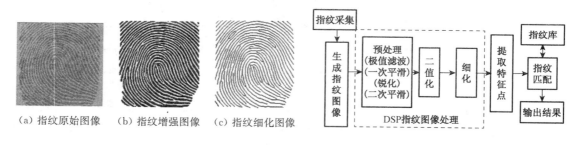

（a）指纹原始图像　（b）指纹增强图像　（c）指纹细化图像

图 4-27　指纹图像处理与识别流程

3) 指纹识别的优缺点

指纹是人体独一无二的特征,其复杂度足以用于鉴别个体特征;如需增加识别可靠性,只需登记更多指纹,鉴别更多的对象手指;指纹采集方便,指纹采集头可更加小型化,且价格会更低廉。指纹识别的缺点是:某些人或群体的指纹特征少,难成像。每一次使用时都会在指纹采集头上留下用户的指纹印痕,存在被复制的可能性。

4.7.3　面部识别技术

1) 面部识别技术概述

时下,"刷脸"技术普遍使用,其核心是面部识别技术,又称人脸识别(Human Face

Recognition)技术,是指利用分析比较人的面部视觉特征信息进行身份鉴别的计算机技术。具体是用摄像机或摄像头采集人脸的图像或视频流,并自动在图像中检测和跟踪人脸,通过对人的面部特征和它们之间的关系来进行识别。人脸因具有不可复制、采集方便、不需要被拍者的配合而在识别技术领域具有广泛应用前景。

面部识别技术集成了人工智能、机器识别、机器学习、模型理论、专家系统、视频图像处理等多种专业技术,同时需结合中间值处理的理论与实践,是生物特征识别的最新应用。

2）面部识别流程

面部识别流程与其他以外观特征为识别的过程相似,分为对面孔图像数据采集并存入人脸数据库。使用时通过对待识别面孔的特征数据现场提取并与后端人脸资料库的数据进行比对识别。具体流程如图4-32所示,具体识别示例如图4-33所示。

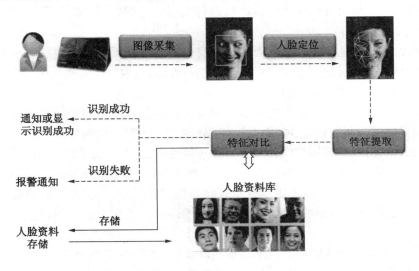

图4-28 面部识别过程

面部识别流程按图4-28介绍,主要分3步:

(1) 建档 首先建立人脸的面相档案,即用摄像机采集待查验人员的面孔文件,或取他们的照片形成面相文件,生成面纹(Faceprint)编码存储起来。

(2) 取像 获取当前通关的人体面相,即用摄像机捕捉当前出入人员的面像,如图4-29所示,或取照片输入,并将当前的面相文件生成面纹编码。

图4-29 面部识别

(3) 比对 用当前的面纹编码与档案库进行比对,即将当前面相的面纹编码与档案库中的面纹编码进行检索比对。这种面纹编码能抵抗光线、皮肤色调、面部毛发、发型、眼镜、表情和姿态的变化,具有高可靠性,从而它可从百万人中精确地辨认出某个人。

3）面部识别技术方法

面部识别技术主要包括人脸检测、人脸跟踪、人脸比对。

(1) 人脸检测 是指在动态场景与复杂背景中判断是否存在面相并将其分离,几种方法如下:

① 参考模板法：先设计一个或数个标准人脸模板，再计算测试采集的样品与标准模板间的匹配程度，并通过阈值来判断是否存在人脸。

② 人脸规则法：由于人脸具有一定的结构分布特征，所谓人脸规则法即提取这些特征生成相应的规则以判断测试样品是否包含人脸。

③ 样品学习法：采用模式识别中人工神经网络的方法，即通过对面相样品集和非面相样品集的学习产生分类器。

④ 肤色模型法：是依据面貌肤色在色彩空间中分布相对集中的规律来进行检测。

⑤ 特征子脸法：是将所有面相集合视为一个面相子空间，并基于检测样品与其子空间的投影之间的距离判断是否存在面相。

这5种方法在实际检测系统中可综合使用。

（2）人脸跟踪　是指对被检测到的面貌进行动态目标跟踪，具体采用基于模型的方法或基于运动与模型相结合的方法。

（3）人脸比对　就是将被摄取的面相进行身份确认或在面相库中进行目标搜索，找出最佳匹配对象。而面相描述决定了识别的具体方法与性能，这取决于对摄取人脸图像的预处理、特征提取与比对三者的算法与质量。

① 人脸图像预处理：系统获取的原始图像因受各种条件的限制和随机干扰，往往不能直接使用，必须对它进行灰度校正、噪声过滤等预处理。人脸图像的预处理，主要包括人脸图像的光线补偿、灰度变换、直方图均衡化、归一化、几何校正、滤波以及锐化等。

② 人脸图像特征提取：人脸的特征通常分为视觉特征、像素统计特征、人脸图像变换系数特征、人脸图像代数特征等。特征提取针对人脸的某些特征进行，也称人脸表征，是对人脸进行特征建模的过程，其方法归纳为两大类：一是基于知识的表征方法；二是基于代数特征或统计学的表征方法。

知识表征法主要根据人脸器官的形状描述以及它们间的距离特性来获得有助于人脸分类的特征数据，其特征分量通常包括特征点间的欧氏距离、曲率和角度等。人脸由眼睛、鼻子、嘴、下巴等局部构成，对这些局部和它们间结构关系的几何描述，可作为识别人脸的重要特征，这些被称为几何特征。其描述示意图如图4-30所示。

图4-30　人脸几何特征描述示意图

③ 人脸图像匹配与识别：提取的人脸图像的特征数据与数据库中存储的特征模板进行搜索匹配，通过设定一个阈值，当相似度超过这一阈值，则把匹配得到的结果输出。人脸识别就是将待识别的人脸特征与已得到的人脸特征模板进行比较，根据相似程度对人脸的身份信息进行判断。这一过程又分为两类：一类是确认，是一对一进行图像比较的过程；另一类是辨认，是一对多进行图像匹配对比的过程。

4）面部识别的优缺点

（1）优点　面部识别是非接触的，用户不需要和设备直接接触。

（2）缺点　需要比较高级的高清摄像头才能高速有效地捕捉行进中的人面图像，采集图像的设备较昂贵。被采集者的面部位置与周围光环境都会影响采集质量，该技术尚需特征提取与比对技术的提高。

4.7.4 声音识别技术

1) 声音识别概述

声音识别亦称声纹（Voiceprint）识别。声纹是用电声学仪器记录并显示言语信息的声波频谱。人在讲话时使用的发声器官——舌、牙齿、喉头、肺、鼻腔在尺寸和形态方面差异很大，所以任何两个人的声纹图谱都有差异。每人的语音声学特征具有相对稳定性，因此在一般情况下，人们能区别不同人的声音或判断是否是同一人的声音。声纹形成示意图如图 4-31 所示，声纹识别原理如图 4-32 所示。

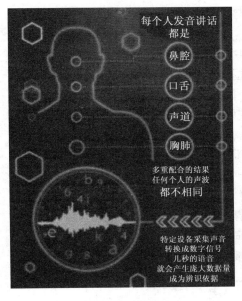

图 4-31　声纹形成原理

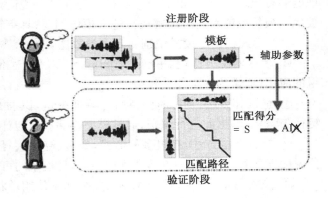

图 4-32　声音识别原理

2) 声音识别系统

声音识别有两个关键环节：一是特征提取；二是模式匹配与识别。主要步骤分为：对待检测者的声音作语音输入，经端点检测、噪声消除后作声学特征分析与提取，对声纹进行注册。使用时，按语音参考模板作测度估计，对声纹模型进行声纹匹配，将所供声音与语音库进行判定识别，并将结果输出。主要流程如图 4-33 所示，具体说明如下。

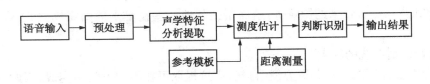

图 4-33　声音识别流程

（1）特征提取　特征提取的任务是提取并选择对说话人的声纹具有可分性强、稳定性高等特性的声学或语言特征。与语音识别不同，声纹识别的特征必须是"个性化"特征,而说话人识别的特征对说话人来讲必须是"共性特征"。虽然目前大部分声纹识别系统用的都是声学层面的特征,但是表征一个人特点的特征应该是多层面的,包括如下几个方面:

① 与人类的发音机制的解剖学结构有关的声学特征(如频谱、倒频谱、共振峰、基音、反射系数等)、鼻音、带深呼吸音、沙哑音、笑声等。

② 受社会经济状况、受教育水平、出生地等影响的语义、修辞、发音、言语习惯等。

③ 个人特点或受父母影响的韵律、节奏、速度、语调、音量等特征。

从利用数学方法可以建模的角度出发,声纹自动识别模型目前可以使用的特征包括:

① 声学特征(倒频谱)。

② 词法特征(说话人相关的词 n-gram,音素 n-gram)。

③ 韵律特征(利用 n-gram 描述的基音和能量"姿势")。

④ 语种、方言和口音信息。

⑤ 通道信息(使用何种通道),等等。

根据不同的任务需求,声纹识别还面临一个特征选择或特征选用的问题。较好的特征,应该能够有效地区分不同的说话人,但又能在同一说话人语音发生变化时保持相对的稳定;不易被他人模仿或能够较好地解决被他人模仿问题;具有较好的抗噪性。

(2)模式识别　模式识别有几大类方法:

① 模板匹配方法:利用动态时间弯折(DTW)对准训练和测试特征序列,主要用于固定词组的应用(通常为文本相关任务)。

② 最近邻方法:训练时保留所有特征矢量,识别时对每个矢量都找到训练矢量中最近的特征矢量集合,据此进行识别,通常模型存储和相似计算的量都很大。

③ 神经网络方法:有很多种形式,如多层感知、径向基函数(RBF)等,可以显式训练以区分说话人和其背景说话人,其训练量很大,且模型的可推广性不好。

④ 隐式马尔可夫模型(HMM)方法:通常使用单状态的 HMM 或高斯混合模型(GMM),是比较流行的方法,效果比较好。

⑤ VQ 聚类方法(如 LBG):效果较好,算法复杂度也不高,和 HMM 方法配合起来可以收到更好的效果。

⑥ 多项式分类器方法:有较高的精度,但模型存储和计算量都比较大。

声纹识别需要解决的关键问题还有很多,诸如:短话音问题,能否用很短的语音进行模型训练,而且用很短的时间进行识别,这主要是声音不易获取时的应用所需求的;声音模仿(或放录音)问题,要有效地区分开模仿声音(录音)和真正的声音;多说话人情况下目标说话人的有效检出;消除或减弱声音变化(不同语言、内容、方式、身体状况、时间、年龄等)带来的影响;消除信道差异和背景噪音带来的影响等,这需用到其他一些技术来辅助完成,如去噪、自适应等技术。

(3)声音识别系统的优点

① 蕴含声纹特征的语音获取方便、自然,声纹提取可在不知不觉中完成,因此使用者的接受程度也高。

② 获取语音的识别成本低廉,使用简单,一个麦克风即可,在使用通信设备时更无需额外的录音设备。

③ 适合远程身份确认,只需要一个麦克风或电话、手机就可以通过网路(通信网络或互联

网络)实现远程登录。

④ 声纹辨认和确认的算法复杂度低。

⑤ 配合一些其他措施,如通过语音识别进行内容鉴别等,可以提高准确率等。这些优势使得声纹识别的应用越来越受到系统开发者和用户青睐。

(4)声音识别系统的缺点

① 同一个人的声音易受身体状况、年龄、情绪等的影响而变化。

② 可能用录音来欺骗声音识别系统。

③ 高保真的麦克风价格昂贵。

4.7.5 虹膜识别技术

1)虹膜的特点

虹膜是盘状薄膜,位于眼球前方,是构成人眼的一部分,它位于黑色瞳孔和白色巩膜之间,由复杂的纤维组织构成,包含有很多相互交错的类似于斑点、细丝、冠状、条纹、隐窝等的细节模式,极其复杂,如图 4-34 所示。不但因人而异常,而且一个人的左右眼,甚至双胞胎的虹膜都互不相同。虹膜在一个人两岁后就形成特定模式并且终生不变,它的独特形态特征可唯一地标识一个人的身份,而其验证能力仅次于 DNA 序列。

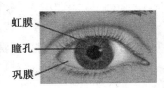

图 4-34　虹膜

2)虹膜识别系统

虹膜识别设备如图 4-35 所示,虹膜识别技术是将虹膜的可视特征转化为 512 个字节的虹膜密码,储存在模板内作为模板供比对确认。对生物识别模板而言,512 个字节是个十分紧凑的模板,但它对从虹膜获取的信息量来说是十分巨大的。虹膜扫描识别系统包括一个全自动照相机来寻找眼睛并在发现虹膜时开始聚焦。单色相机利用可见光和红外线,红外线定位在 700～900 mm 的范围内。生成虹膜代码的算法是通过二维 Gobor 子波的方法来细分和重组虹膜图像,由于虹膜代码是通过复杂的运算获得的,并能提供数量较多的特征点,所以虹膜识别是精度很高的生物识别技术。其识别流程如图 4-36 所示,具体识别步骤如下:

图 4-35　虹膜识别设备

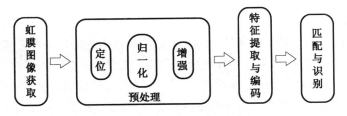

图 4-36　虹膜识别流程

(1)虹膜图像采集　虹膜是个相对较小的器官,直径约十几毫米,不同人种的虹膜颜色有着很大的差别,必须采用专门的虹膜图像采集装置才可拍摄出纹理丰富的虹膜图像。采集时用户需站在离采集设备 10～50 cm 的范围内,睁大眼睛注视采集窗口,才能采集清晰的虹膜图像。

（2）虹膜图像预处理　本步骤包含虹膜定位、归一化和图像增强 3 部分。

① 虹膜定位:即确定虹膜的内边界和外边界,保证每次进行特征提取的虹膜区域不存在较大偏差,定位速度和准确性是关键指标。虹膜边界定位法主要分两类:一类是基于圆形虹膜的定位算法,包括基于灰度梯度的定位方法(如微积分方法)以及基于二值边界点的方法(如最小二乘法、Hough 变换)等;另一类是基于非圆虹膜的定位算法,包括椭圆拟合法、动态轮廓线法等。

② 虹膜归一化:在获取虹膜图像的过程中,受焦距、人眼的大小、眼睛的平移和旋转以及瞳孔的收缩等因素的影响,所得虹膜图像不仅大小不同而且存在旋转、平移等现象。为便于比较,要对虹膜进行归一化处理,将每幅原始图像调整到相同的尺寸和对应的位置,消除平移、缩放和旋转对虹膜识别的影响。

③ 虹膜图像增强:采集设备自身的原因会使虹膜图像光照不均,需作均衡化处理;采集过程中还存在各种噪声干扰,通过同态滤波去除反光噪声。如采集的虹膜图像模糊不清,会影响识别系统的识别性能,通常利用基于重建的超分辨率方法改善图像。总之,图像增强就是减小光照不均、噪声等因素对虹膜识别系统的影响。

（3）虹膜特征提取及编码　依靠相应的算法对虹膜图像中独特的细节特征进行提取,并采取适当的特征记录方法,构成虹膜编码,最后形成特征模板或模式模型,该环节关系到虹膜识别的准确率。特征提取涉及一些特殊的解析法、编码法与算法等。

（4）匹配与识别　虹膜识别是典型的模式匹配问题,即将采集图像的特征与数据库中的虹膜图像特征模板进行比对,判断两个虹膜是否属于同一类。一是将待识别特征与存储的所有特征模板进行比对,从多个类中找出待识别模式,是一对多的比对;二是进行认证,把待识别特征与用户模板进行比对,根据比对结果判断是否属于同一模式,完成一对一的比对。认证相对于识别来说范围要小得多,速度要快得多。

3）虹膜识别的优缺点

虹膜识别的优点主要体现在:方便易行,是最可靠的生物识别技术之一,无需物理接触等方面。虹膜识别的缺点主要是:难将图像获取设备小型化,需要昂贵的摄像头,镜头可能产生图像畸变而使识读性降低,黑眼睛难于读取,等等。

4.7.6　手指静脉识别

1）手指静脉识别简介

手指静脉识别是一种生物特征识别技术,它利用手指内的静脉分布图像来进行身份识别。该技术依据人类手指中流动的血液可吸收特定波长的光线,而使用特定波长光线对手指进行照射,可得到手指静脉的清晰图像。利用这一特征,将实现对获取的影像进行分析、处理,从而得到手指静脉的生物特征,再将得到的手指静脉特征信息与事先注册的手指静脉特征进行比对,从而确认登录者的身份。图 4-37 所示为手指静脉的识读模式与识读结果示意图。

医学研究证明,手指静脉的形状具有唯一性和稳定性,即每个人的手指静脉图像都不相同,同一个人不同手指的静脉图像也不相同;健康成年人的静脉形状不再发生变化。这就为手指静脉识别提供了医学依据。

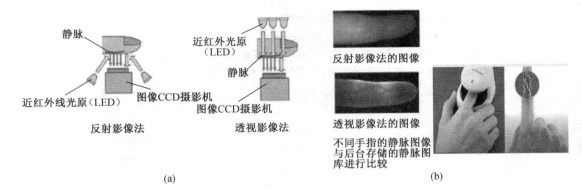

图 4-37　手指静脉的识读模式与识读设备

2）手指静脉识别基本原理

手指静脉识别是通过指静脉识别仪取得个人手指静脉分布图,将特征值存储,然后进行匹配,进行个人身份鉴定的技术。其基本原理是利用静脉中红细胞吸收特定近红外线的这一特性,将近红外线照射手指,并由图像传感器感应手指透射过来的光来获取手指内部的静脉图像,进而进行生物特征识别。其中的关键在于流经静脉的红细胞中的血红蛋白对波长在700~1 000 nm 附近的近红外线会有吸收作用,导致近红外线在静脉部分的透射较少,当近红外线透射以后,静脉在图像传感器感应的影像上就会突出显示,而手指肌肉、骨骼和其他部分都被弱化,从而得到清晰的静脉血管图像。手指静脉识别技术利用手指静脉血管的纹理进行身份验证,对人体无害,具有不易被盗取、伪造等特点。该识别技术可广泛应用于银行金融、政府安全、教育社保等领域的门禁系统,是比指纹识别、虹膜识别等体表特征识别技术更安全、高效的技术。

3）手指静脉识别技术的优势

（1）活体识别,防止篡改　静脉识别以人体血液流动为基础,属于活体识别,避免了指纹识别中犯罪分子利用脱离的指纹进行识别的缺陷;另外,由于静脉的信息是隐藏于皮层之下的,几乎无法造假或是篡改个人的静脉影像资料。

（2）高精确度及唯一性　人体静脉的影像是唯一不变的,就算是双胞胎的静脉也不一样。而且静脉一旦长成,形状就不会变化了。静脉识别的错误接受率低于 0.000 1%,而错误拒绝率也低于 0.01%。

（3）方便卫生　静脉影像资料经由红外线光即可读取,不需任何侵入或接触的作业流程,是一种方便卫生的使用模式。

（4）快速对比　指静脉的图像可以稳定而清楚地取得,一对一的识别时间可低于 1 s。由于辨识物体为手指,所以读取设备可以做得很轻巧。

（5）设备使用环境的要求较低　与其他生物识别比较,静脉影像对于外在环境的敏感度相对低很多,不易受手指蜕皮、干湿、温度、轻微划伤的影响。识别装置需要非常适合手指的形状。

由于指静脉认证技术具有高度准确、识别快速、简便易用、高度防伪等特点,所以越来越多的重要场合开始利用手指静脉纹路来鉴别个人身份。

思考题

（1）什么是自动识别技术？自动识别技术有哪几种？

（2）简述二维码的结构并说明其原理、特点及适用场合。

（3）试述 RFID 系统架构、标识种类，并举例说明其应用实例。

（4）简述生物识别技术的特点以及"刷脸"技术与其他技术的区别。

5 无线传感器网络

(1) 掌握无线传感器网络的结构、主要拓扑结构,网络节点的基本构成。
(2) 了解无线传感器网络的协议栈架构与各层功能。
(3) 掌握无线传感网的通信体系。
(4) 了解传感器网络网关技术参考架构。

5.1 无线传感器网络概述

无线传感器网络(Wireless Sensor Networks,WSN)简称无线传感网,其底端与各种功能各异、数量巨大的传感器相连接,另一端则以有线或无线接入网络与骨干网相连,构成各种规模与形态的物联网系统。

传感器网络经历了智能传感器、无线智能传感器、无线传感器网络 3 个阶段。智能传感器将计算能力嵌入其中,使传感器节点不仅具有数据采集能力,还有信息处理能力;无线智能传感器在智能传感器的基础上增加了无线通信能力,延长了传感器的感知触角;无线传感器网络将网络技术引入到无线智能传感器中,使传感器不再是单个的感知单元,而是能交换信息、协调控制的有机体,实现物与物的互联,把感知触角深入世界各个角落,成为泛在计算及物联网的骨干架构,为物联网提供了运行空间。

5.2 无线传感器网络的体系结构

5.2.1 无线传感器网络结构

无线传感网由部署在监测区域内、具有无线通信与计算能力的传感器节点组成,通过自组织方式构成能够根据环境完成指定任务的分布式、智能化网络系统。无线传感网的节点间一般采用多跳(multi-hop)方式进行通信。传感网的节点协作监控不同位置的对象及环境状况(如温度、湿度、声音、压力或污染物等),并配合执行系统运行。

传感网通过一组传感器以特定方式构成有线或无线网络,使各节点能协作感知、采集和处理网络覆盖范围内感知对象信息,并发布给观控者。无线传感网的系统结构如图 5-1 所示。

传感网的构建必须具备几个基本要素:

(1) 感知对象 需要被感知的任何事物或者环境参数。

(2) 传感器节点(Sensor Node) 既有感知功能,也有路由选择功能,用于检测周围事件的发生或者环境参数。

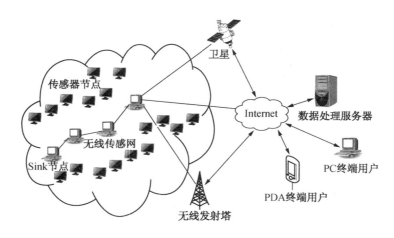

图 5-1　无线传感网的系统结构图

（3）汇聚节点（Sink Node）　从传感器节点采集并处理最终的检测数据。

（4）管理（Management Node）节点　可对其他节点进行配置和管理的节点，发布检测任务及收集检测数据等。

5.2.2　无线传感器网络拓扑结构和部署

1）无线传感器网络的拓扑结构

无线传感网的拓扑结构有星状网、树状网、网状网和混合网，如图 5-2 所示。每种拓扑结构都有各自的优点和缺点，具体如下：

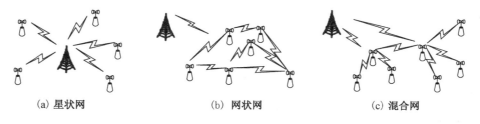

（a）星状网　　　　　　　（b）网状网　　　　　　　（c）混合网

图 5-2　3 种无线传感器网络的拓扑结构

（1）星状网　星状网的拓扑结构是单跳（single-hop）。在传统无线网络中，所有终端节点直接与基站进行双向通信，而彼此间不进行连接。基站节点可用一台 PC、专用控制设备或其他数据处理设备作通信网关，各终端节点也可按应用需求而各不相同。这种结构对传感网并不合适，因为传感器自身能量有限，如果每个节点都要保证数据的正确接收，则传感器节点需要以较大功率发送数据。此外，当节点之间距离较近时，会监测到相似或者相同的信息，这些不必要的冗余会增加网络负载。

（2）树状网　树状网是层次网，从总线拓扑演变而来，像倒置的树，树根以下带分支，每个分支还可再带子分支。树形网可视为多层次星型结构纵向连接而成，与星形网络相比，节点易于扩充，但是树形网复杂，与节点相连的链路由故障时，对整个网络的影响较大。

（3）混合网　混合网拓扑结构力求兼具星状网的简洁、易控以及网状网的多跳和自愈的优点,使得整个网络的建立、维护以及更新更加简单、高效。其中,分层式网络结构属于混合网中比较典型的一种,尤其适合节点众多的无线传感网的应用。在分层网中,整个传感器网络形成分层结构,传感器节点通过基站指定或者自组织的方法形成各个独立的簇(Cluster),每个簇选出相应的簇首(Cluster Head),由簇首负责簇内所有节点的控制,并对簇内所收集的信息进行整合、处理,随后发送给基站。分层式网络结构既通过簇内控制,减少了节点与基站间远距离的信令交互,降低了网络建立的复杂度,减少了网络路由和数据处理的开销,同时又可通过数据融合降低网络负载,而多跳也减少了网络的能量消耗。

  2)无线传感网节点的功能

  无线传感网中,节点负责采集和处理周围信息,并发送数据给相邻节点或将相邻节点发过来的数据转发给网关站或更靠近网关站的节点。组成无线传感器网络的传感器节点应具备体积小、能耗低、无线传输、灵活、可扩展、安全与稳定、数据处理和低成本等特点,节点设计的好坏直接影响到整个网络的质量。无线传感网节点一般由数据采集模块(传感器、A/D 转换器)、处理器模块(微处理器、存储器)、无线通信模块(无线收发器)和能量供应模块等组成,节点基本结构如图 5-3 所示。

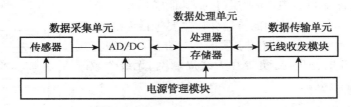

图 5-3　无线传感器网络节点基本结构

  传感器节点在无线传感网中可以作为数据采集节点、路由节点(簇头节点)和网关(汇聚节点)3 种。作为数据采集节点,主要是收集周围环境数据,然后进行 A/D 转换,通过通信路由协议直接或者间接地将数据传递到相邻节点,进而将数据转发给远方基站或汇聚节点。路由节点则作为数据中转站,除了完成数据采集任务以外,还接收邻居节点的数据,将其发送给距离基站更近的邻居节点或直接发送到基站或汇聚节点。当节点作为网关时,主要功能就是连接传感器网络与外部网络,将传感器节点采集到的数据通过互联网或卫星发送给用户。

  3)无线传感器网络的部署

  在传感网中,传感器节点可通过飞机播撒、人工安装等方式部署在感知对象内部、附近或周边等。这些节点通过自组织或设定方式组网,以协作方式感知、采集和处理覆盖区域内特定的信息,实现对信息在任意地点、任意时间的采集、处理和分析,并以多跳中继的方式将数据传回汇聚节点 Sink,如图 5-4 所示。它具有快速部署,易于组网、不受有线网络束缚、适应恶劣环境等优点。

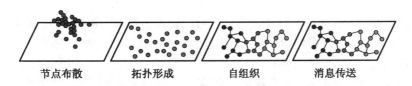

图 5-4　传感网的部署

无线传感网无需固定的设备支持,通常,无线传感网的部署有两种:

(1) 随机性部署　以撒布方式部署,节点随机分布,以 Ad Hoc 方式进行工作。

(2) 确定性部署　预先确定部署方案和节点位置,路由预先选定。

无线传感网节点结构设计也可从以下两方面考虑:

(1) 同构　所有的传感网节点具有相同的运算、存贮能力和能量。

(2) 异构　传感网节点具有不同的能力和重要性。

5.2.3　无线传感器网络协议架构

无线传感网协议架构包括物理层、数据链路层、网络层、传输层和应用层协议,协议栈的参考架构如图 5-5 所示。

1) 物理层

物理层(Physical Layer,PHY)通信协议主要解决传输介质选择、传输频段选择、无线电收发器的设计、调制方式等问题。由于无线传感器节点的能量有限,物理层(包括其他层)的一个核心设计原则就是节能。传感网使用的传输介质主要包括无线电、红外线、光波等,其中无线电是目前最主要的传输介质。一般直接采用 IEEE 802.15.4 的物理层,负责在无线局域网、无线个域网以中速与低速比特流传输。

2) 数据链路层 MAC 协议

传感网的数据链路层的任务是保证无线传感器网络设备间可靠、安全、无误、实时地传输,其内容集中在媒体访问控制子层

图 5-5　无线传感网协议栈

(Media Access Control,MAC)协议,主要为资源受限(特别是能源)的大量传感器节点建立具有自组织能力的多跳通信链路,实现通信资源共享,处理数据包之间的碰撞,重点是如何节约能源。MAC 协议工作方式如下:

(1) 基于随机竞争的 MAC 协议　这类协议为周期侦听/睡眠,节点尽可能处于睡眠状,降低能耗。通过睡眠调度机制减少节点空闲侦听时间;通过流量自适应侦听机制,减少消息传输延迟;根据流量动态调整节点活动时间,用突发方式发送信息,减少空闲侦听时间。

(2) 基于 TM(时分多址)的 MAC 协议　将所有节点分成多个簇,每簇有簇头,为簇内所有节点分配时槽,收集和处理簇内节点来的数据,发送给汇聚节点。也可将一个数据传输周期分为调度访问阶段和随机访问阶段。前者由多个连续的数据传输时槽组成,每个时槽分给特定节点,用来发送数据;后者由多个连续的信令交换时槽组成,用于处理节点的添加、删除及时间同步等。

3) 网络层协议

无线传感网的网络层(Network Layer)由寻址、路由、分段与重组、管理服务等功能模块构成。主要包括基于聚簇的路由协议、基于地理位置的路由协议、能量感知路由协议、以数据为中心的路由协议等。如图 5-6 所示。

(1) 基于聚簇的路由协议　根据规则把所有节点集分为多个子集,各集为一个簇,由簇头负责全局路由,其他节点通过簇头接收或发送数据。

(2) 基于地理位置的路由协议　在各节点都知道自己及目标节点的位置时的协议。

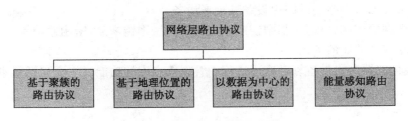

图5-6　网络层路由协议架构

（3）以数据为中心的路由协议　Sink 用洪泛方式将消息（监测数据）传播到整个或部分区内的节点。传播中，协议在每个节点上建立反向的从数据源到 Sink 的传输路径，再把数据沿已确定的路径向 Sink 传送。该类协议的能量和时间开销大。

（4）能量感知路由协议　源节点和目标节点间建立多条通信路径，各路径具有一个与节点剩余能量相关的选择概率，当源节点向目的节点传输数据时，协议根据路径的选择概率选择一条路径传输。

在设计路由协议时要考虑节能与通信服务质量的平衡，如何支持拓扑结构频繁改变，如何面向应用设计路由协议、安全路由协议等问题。

4）传输层协议

传输层（Transport Layer）与传统网络的传输层担负的任务大致相同，负责端到端的传输控制。无线传感网与互联网或其他网络相连时，传输层协议尤其重要。因无线传感网的能量受限性、节点命名机制、以数据为中心等特征，使其传输控制较困难，故其传输层需要特殊的技术和方法。

5）应用层协议

应用层位于模型的最高层，主要功能是为各类应用软件提供各种面向作业的支持。主要由应用子层、用户应用进程、设备管理应用进程等构成。应用子层提供通信模式、聚合与解析、应用与解析、应用层安全和管理服务等功能。用户应用进程包含的功能模块为多用户应用对象。设备管理应用进程包含的功能模块包括网络管理模块、安全管理模块和管理信息库。

（1）无线传感网用户进程的功能

① 通过传感器采集物理世界的数据，如温度、压力、湿度、流量等。对这些数据处理，如量程转换、数据线性化、数据补偿、滤波等，UAP 对它们进行运算并产生输出，通过执行器进行过程控制。

② 产生并发布报警功能，UAP 在监测到物理数据超过上下限或 UAP 的状态发生切换时，产生报警信息。

③ 通过 UAP 实现与其他现场总线技术的互操作。

（2）无线传感网设备管理应用进程中网络管理模块的功能

① 构建和维护由路由设备构成的网状结构，负责构建和维护由现场和路由设备构成的星形结构。

② 分配网状结构中路由设备间通信所需的资源，预分配路由设备可分配给星形结构中现场设备的通信资源，负责将网络管理者预留给星形结构的通信资源分配给簇内现场设备。

③ 监测无线传感器网络的性能，具体包括设备状态、路径健全状况及信道状况。

（3）无线传感器网络设备管理应用进程中安全管理模块的功能

① 认证试图加入网络中的路由设备和现场设备。

② 负责全网的密钥管理,包括密钥产生、密钥分发、密钥恢复、密钥撤销等。

③ 认证端到端的通信关系。

(4) 无线传感器网络设备管理应用进程中管理信息库的功能 主要包括管理网络运行所需的全部属性。

5.2.4 无线传感器网络的通信体系

在上述协议体系架构的基础上,要保证无线传感网的通信,还要有相应的功能支持,如网络管理、安全机制、服务质量等。一些功能的实现需要跨越多个协议层,构成如图 5-7 所示的无线传感器网络的通信体系。只有各网络与终端设备厂商依据协议标准进行设计与生产,一些硬件与软件要遵循通信体系架构,才能实现或支持如下所述的设备技术架构。

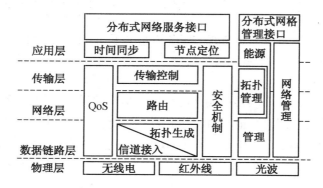

图 5-7 无线传感网的通信体系架构

5.2.5 无线传感器网络设备技术架构

传感器网络设备技术架构不仅对网络元素(如传感器节点、路由节点和传感器网络网关节点)的结构进行描述,还定义各单元模块间的接口以及传感器网络的设计原则和指导路线。

1) 传感器节点技术参考架构

从技术标准角度出发,传感器节点技术架构包括以下几个方面:

(1) 应用层 位于技术架构顶层,由应用子集和协同信息处理两个模块组成。应用子集包含一系列传感器节点应用模块,如防入侵检测、系统监护、温湿度监控等。该模块的各功能实体均有与技术架构其余部分进行信息传递的公共接口。协同信息处理包含数据融合和协同计算,协同计算在提供能源、计算能力、存储和通信带宽限制的情况下,能高效率完成信息服务使用者指定的任务,如动态任务、不确定性测量、节点移动和环境变化等。

(2) 服务子层 服务子层包含有共性的服务与管理中间件,功能如数据管理、数据存储、定位服务、安全服务等共性单元。各单元具有可裁剪与可重构功能,服务层与技术架构其余部分以标准接口进行交互。数据管理通过驱动传感器单元对数据获取、压缩、共享、目录服务进行管理。定位服务提供静止或移动设备的位置信息,会同底层时间服务功能反映物理世界事件发生的时间和地点。安全服务为传感器网络应用提供认证、加密数据传输等功能。时间同步单元为局部网络、全网络提供时间同步服务。代码管理单元负责程序的移植和升级。

（3）基本功能层　基本功能层实现传感器节点的基本功能供上层调用，包含操作系统、设备驱动、网络协议栈等功能。此处网络协议栈不包括应用层。

（4）跨层管理　跨层管理提供对整个网络资源及属性的管理功能，各模块及功能描述如下。

① 设备管理能对传感器节点状态信息、故障管理、部件升级、配置等进行评估或管理，为各层协议设计提供跨层优化功能支持。

② 安全管理提供网络和应用安全性支持，包括鉴定、授权、加密、机密保护、密钥管理、安全路由等。

③ 网络管理可实现网络局部的组网、拓扑控制、路由规划、地址分配、网络性能等配置、维护和优化。

④ 标识用于传感器节点的标识符产生、使用和分配等管理。

（5）硬件层　硬件层由传感器节点的硬件模块组成，包含传感器、处理模块、存储模块、通信模块等，该层提供标准化的硬件访问接口供基本功能层调用。

2）路由节点技术参考架构

由于传感器节点也可兼备数据转发的路由功能，此处路由节点仅强调设备的路由功能，不强调其数据采集和应用层功能。

3）传感器网络网关技术参考架构

传感器网络网关除了完成数据在异构网络协议中实现协议转换和应用转换外，也包含对数据的处理和多种设备管理功能，技术架构总体上包含了应用层、服务子层、基本功能层、跨层管理和硬件层。但其内部包含的功能模块不同，且网关节点不具备数据采集功能，技术架构如图 5-8 所示。

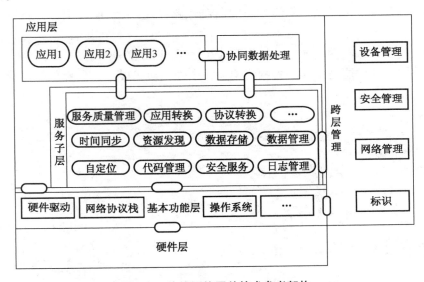

图 5-8　传感网络网关技术参考架构

（1）应用层　位于技术架构顶层，由应用子集和协同数据处理模块组成。应用子集模块与传感器节点类似，协同数据处理模块包含数据融合和数据汇聚，对传感器节点发送到传感器网络网关的大量数据进行处理。

（2）服务子层　包含具有共性的服务与管理中间件，传感器网络网关的服务子层除管理自身外，还包括对其他设备的统一管理。服务子层与技术架构其余部分以标准接口进行交互。传感器网络网关在服务子层与传感器节点通用的模块包括数据管理、定位服务、安全服务、时间同步、代码管理等，其中，时间同步和自定位为可选项。另外，还应该具有服务质量管理、应用转换、协议转换等模块，其中服务质量管理为可选项。传感器网络网关在服务子层特有的模块描述如下。

① 服务质量管理：是感知数据对任务满意程度管理，包括网络本身的性能和信息的满意度。

② 应用转换：是将同一类应用在应用层实现协议之间转换。将应用层产生的任务转换为传感器节点能够执行的任务。

③ 协议转换：是在不同协议的网络间的协议转换。由于传感器网络网关的网络协议栈可以是两套或以上，需要完成不同协议栈之间的转换。

（3）基本功能层　基本功能层实现传感器网络网关的基本功能供上层调用，包含操作系统、设备驱动、网络协议栈等。此处网络协议栈不包括应用层。传感器网络网关可集成多种协议栈，在多个协议栈之间进行转换，如传感器节点和传输层设备通常采用不同的协议栈，这两者都需要在传感器网络网关中集成。

（4）跨层管理　跨层管理实现对传感器网络节点的各种跨层管理功能，主要模块及功能描述如下。

① 设备管理：能够对传感器网络节点状态信息、故障管理、部件升级、配置等进行评估或管理。

② 安全管理：保障网络和应用安全性，包括对传感器网络节点鉴定、授权、机密保护、密钥管理、安全路由等。

③ 网络管理：可实现对网络的组网、拓扑控制、路由规划、地址分配、网络性能等配置、维护和优化。

④ 标识：用于传感器网络节点的标识符产生、使用和分配等管理。

（5）硬件层　硬件层是由传感器网络网关的硬件模块组成。该层提供标准化的硬件访问接口供基本功能层调用。

思考题

（1）试述无线传感器网络结构。
（2）简述无线传感器网络节点的基本结构。
（3）请分析无线传感网协议栈。
（4）试述无线传感网的通信体系架构。

6 无线网络

[**学习目标**]

(1) 掌握无线接入网的概念、功能与特点。

(2) 掌握无线网络的类型。

(3) 了解无线网络的常用设备。

(4) 了解 IEEE 802.11 系列与 IEEE 802.15 系列标准。

(5) 了解 Wi-Fi、NFC、蓝牙、ZigBee、红外与 UWB 等通信方式及特点。

6.1　接入网概述

接入网络简称接入网,是指骨干网络到用户终端之间的所有硬软件设备与协议等,长度为几米到几千米,故称其提供用户终端与骨干网之间的"最后一公里"接入服务。由于骨干网采用光纤结构,传输速率极快,因此,接入网便成为整个网络系统的瓶颈。接入网的接入方式一般包括铜线、光纤、光纤同轴电缆混合接入、无线接入以及综合接入方式,如图 6-1 所示。

接入网位于物联网总体架构(见图 2-1)的第二层,与底层传感网互联。由于有线接入网和骨干网一般被视为互联网的基础设施,物联网在其上通过无线网来实现各种移动应用。

物联网系统中,传感网与骨干网的无线接入网如图 6-1 所示,分为固定无线接入网和移动接入网,逻辑上,固定无线接入网与骨干网一侧互连,移动接入网则通过传感网与传感器及智能设备一侧互连;由此为总体架构中第三层提供支持,并最终为应用层服务。

本章讨论的无线网络,实际是指无线接入网。

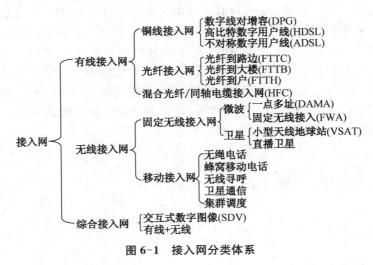

图 6-1　接入网分类体系

无线网技术范围广泛,既包括远程无线连接的语音和数据网,也包括近距离无线连接的红外线、射频、微波等在内的众多技术及相应标准以及便携式计算机、台式计算机、个人数字助理(PDA)、手机、各种传感器等在内的实现"人—物""物—物"互连的各种设备。

为促进无线网的广泛应用,许多组织,如国际电气电子工程师协会(IEEE)、Internet 工程任务组(IETF)、无线以太网兼容性联盟(WECA)和国际电信联盟(ITU)都参与了若干主要的标准化工作。

6.2　无线网络的特点

无线网络具有以下特点:

1) 安装便捷

网络建设中,施工周期最长、对环境影响最大的就是网络布线施工。往往需要破墙掘地、穿线架管。而建设无线网络最大的优势就是免去或减少了网络布线的工作量,一般只要安装一个或多个接入点设备,就可建立覆盖整个建筑物或地区的局域网络。

2) 使用灵活

在有线网络中,网络设备的安放位置受网络信息点位置的限制,而一旦无线网络建成后,在无线网的信号覆盖区域内任何一个位置都可以接入网络。

3) 经济节约

由于有线网络缺少灵活性,要求网络规划者尽可能地考虑未来发展的需要,这就往往导致预设大量利用率较低的信息点,而一旦网络的发展超出了设计规划,又要花费较多费用进行网络改造,无线网络可以避免或减少以上情况的发生。

4) 易于扩展

无线网络有多种配置方式,能够根据需要灵活选择。这样,无线网络就能胜任从只有几个用户的小型局域网到上千用户的大型网络,并且能提供像漫游(Roaming)等有线网络无法提供的特性。

5) 较好的安全性

已经广泛应用于远程访问的 VPN 采用了多种安全机制,其中互联网协议安全(IPSec)规范是使用最广泛的一种。它能够确保只有授权用户可以访问网络,数据不会被截取。

无线网络多采用 IEEE 802.11 系列标准,通过 VPN 和 IPSec 的结合,满足了无线网络的安全性之需。无线接入点只需简单配置来支持开放访问,无需 WEP(Wired Equivalent Privacy,有线对等加密)加密,因为 VPN 信道即可保证安全性(VPN 服务器提供对 WLAN 的鉴权和加密)。同时,通过使用数字证书,提供了系统鉴权能力(即使发生未经授权的访问,WLAN 通信也不会被读取或改写)。另外,与 WEP 和 MAC 地址过滤不同,此种解决方案可以扩展到很多用户,使组建 WLAN 更轻松与经济。

6.3　无线网络的类型

6.3.1　无线网络的分类

无线网络有多种分类方式,但与有线网络一样,常用的无线网络分类也根据传输距离分为以下几种类型：

1) 无线广域网

无线广域网（WWAN）技术可使用户通过远程公用网络或专用网络建立无线网络连接。通过无线服务提供商负责维护的若干天线基站或卫星系统，这些连接可以覆盖广大的地理区域，例如若干城市或者国家和地区。无线广域网经历了一代（1G）、二代（2G）、三代（3G）移动通信网的发展，进入了四代（4G）时期。4G 网络能快速传输数据及高质量音频、视频、图像，满足几乎所有用户对无线服务的要求，并可在 DSL 和有线电视调制解调器未覆盖的地方部署。

当前，5G 技术正在快速普及，与 4G 的传送速度相比，5G 大约比 4G 快 100 倍，还增加了许多新功能。显然，5G 是新一代移动通信技术发展的主要方向，是未来新一代信息基础设施的重要组成部分，它还将满足物联网时代万物互联的应用需求。

2) 无线城域网

无线城域网（WMAN）技术使用户可以在城区的多个场所之间创建无线连接（如在一个城市或大学校园的多个办公楼之间，如图 6-2 所示），而不必花费高昂的费用铺设光缆、铜质电缆和租用线路。此外，当有线网络不能使用时，WMAN 还可以作备用网络使用。WMAN 使用无线电波或红外光波等传送数据。

目前，无线城域网使用各种不同技术，例如多路多点分布服务（MMDS）和本地多点分布服务（LMDS）。如 IEEE 802.16 是一种无线城域网技术标准，它能向固定、便携和移动设备提供宽带无线连接，还可连接 IEEE 802.11 热点与互联网以及作为"最后一公里"宽带接入的 Cable Modem 和 DSL 的无线替代品。其服务区范围达 50 km，用户与基站之间不要求视距传播，每基站提供的总数据速率最高为 280 Mb/s，足以支持数百个 T1/E1 型连接的企业和数千个采用 DSL 连接的家庭。

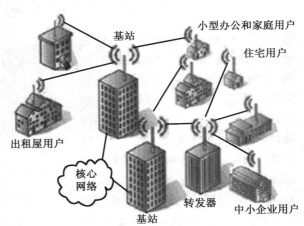

图 6-2　无线城域网示意图

3) 无线局域网

基于 IEEE 802.11 标准的无线局域网（WLAN）技术，可以使用户在本地通过不必授权的 ISM 频段中的 2.4 GHz 或 5 GHz 射频波段建立无线连接（例如，在公司或校园大楼，或公共场所如机场、酒店、候车厅等），如图 6-3 所示。WLAN 可用于临时办公室或其他无法布线的场所，或用于增强现有的 LAN。WLAN 以两种不同方式运行。在基础结构 WLAN 中，无线站（具有无线网卡或外置调制解调器的设备）连接到无线接入点（AP），后者则在无线站与网络中枢之间起桥梁作用。在点对点 WLAN 中，有限区域（如会议室）内的几个用户可在不需要访问网络资源时建立临时网络，而无需使用接入点。

1997 年，IEEE 批准了 WLAN 的 IEEE 802.11 标准，数据传输速度仅为 1～2 Mb/s。由此开始了 IEEE 802.11x 系列标准的研制，目前已有 802.11a、802.11b、802.11g、802.11n 等标准相继推出，性能日益提高。

4) 无线个域网

无线个域网（WPAN）技术使用户能为个人操作空间（POS）设备，如 PDA、手机和笔记本

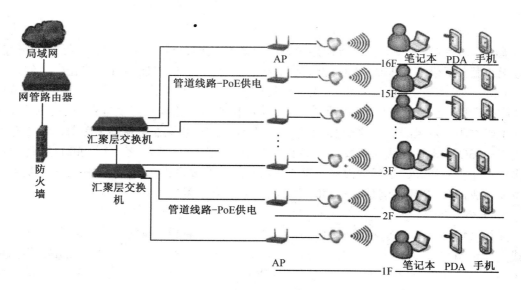

图 6-3　无线局域网

电脑以及各种用于监测生命与体能指标（如心跳、脉搏、血压、血糖、体温、心电与步行数等）可穿戴设备创建无线通信。WPAN 指以个人为中心，距离为 10 m 的空间范围内实现活动半径小、业务类型丰富、面向特定群体、无线无缝连接的新兴无线通信网络技术，其设备通常具有价格便宜、体积小、易操作和功耗低等优点。

WPAN 与 WWAN、WMAN 和 WLAN 并列但覆盖范围较小，在网络构成上，WPAN 位于整个网络链的末端，用于实现同一地点终端与终端间的连接，如图 6-4 所示。WPAN 的主要技术有蓝牙、RFID、ZigBee、UWB 和红外线通信等。IEEE 成立了 802.15 工作组，制定了一系列相关标准，主要目标是实现低复杂性、低能耗、交互性强并且能与 IEEE 802.11 网络的共存与融合。

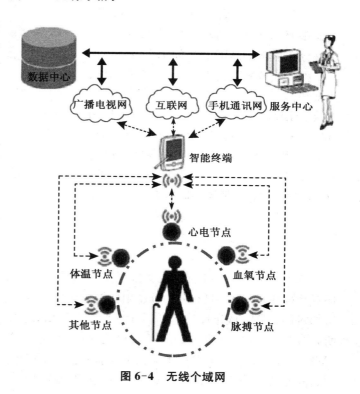

图 6-4　无线个域网

6.3.2　无线网络常用设备

在无线局域网中常见的设备有无线网卡、无线网桥、无线天线等。

1）无线网卡

无线网卡的作用类似于以太网中的网卡，作为无线局域网的接口，实现与无线局域网的连接。无线网卡根据接口类型的不同，主要分为 3 种类型，即 PCMCIA 无线网卡、PCI 无线网卡和 USB 无线网卡。

（1）PCMCIA 无线网卡　仅适用于笔记本电脑，支持热插拔，可方便地实现移动无线接入。

（2）USB 接口无线网卡　适用于笔记本电脑和台式机，支持热插拔，如果网卡外置无线天线，那么 USB 接口就是一个比较好的选择。

（3）PCI 无线网卡　适用于台式计算机，它是在 PCI 转接卡上插入一块 PCMCIA 卡。

2）无线网桥

用于连接两个或多个独立的网络段，这些独立的网络段通常位于不同建筑内，相距几百米到几万米，所以它可广泛地用于不同建筑物间的互联。根据协议不同，又可以分为 2.4 GHz 频段的 IEEE 802.11b 或 IEEE 802.11g 以及采用 5.8 GHz 频段的 IEEE 802.11a 无线网桥。无线网桥有 3 种工作方式：点对点、点对多点、中继连接，特别适用于城市中的远距离通信。

在无高大障碍（山峰或建筑物）的条件下，无线网桥为野外作业临时快速搭建的无线网络，其作用距离取决于环境和天线，限 7 km 的点对点微波互连。一对 27 dbi 的定向天线可实现 10 km 的点对点微波互连。12 dbi 的定向天线可实现 2 km 的点对点微波互连。一对只实现到链路层功能的无线网桥是透明网桥，而具有路由等网络层功能、24 dbi 的定向天线可以实现异种网络互联的设备叫无线路由器，也可作为第三层网桥使用。

无线网桥通常用于室外，主要连接两个网络，无线网桥必需使用两个或以上，而无线接入点（AP）可以单独使用。无线网桥的特点是功率大、传输距离远（可达约 50 km）、抗干扰能力强等，配备抛物面天线可实现长距离的点对点连接。无线网桥设备及组网方式如图 6-5 所示。

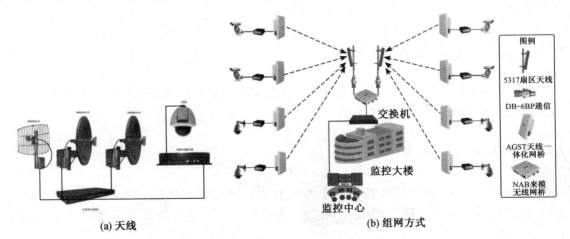

(a) 天线　　　　　　　　　　　　(b) 组网方式

图 6-5　无线网桥天线与网工作方式

3）无线天线

当计算机与无线 AP 或其设备相距较远时，随着信号的减弱，传输速率会明显下降，或者根本无法实现它们之间的通信，此时，就必须借助天线对所收发的信号进行增益（放大）。

无线天线有多种类型，可分为室内与室外天线。室内天线的优点是方便灵活，缺点是增益小、传输距离短。另一种是室外天线，其类型比较多，包括锅状的定向天线（如图 6-5

所示)和棒状的全向天线等。室外天线的优点是传输距离远,锅形和蝶形天线适于远距定向传输。

6.3.3 无线网络的接入方式

根据不同的应用环境,无线局域网采用的拓扑结构主要有网桥连接型、访问节点连接型、HUB 接入型和无中心型 4 种。

1) 网桥连接型

该结构主要用于无线或有线局域网之间的互联。当两个局域网无法实现有线连接或使用有线连接存在困难时,可使用网桥连接型实现点对点的连接。在这种结构中局域网之间的通信是通过各自的无线网桥来实现的,无线网桥起到了网络路由选择和协议转换的作用。

2) 访问节点连接型

这种结构采用移动蜂窝通信网接入方式,各移动站点间的通信是先通过就近的无线接收站将信息接收下来,然后将收到的信息通过有线网传入到“移动交换中心”,再由移动交换中心传送到所有无线接收站上。这时在网络覆盖范围内的任何地方都可以接收到该信号,并可实现漫游通信。

3) HUB 接入型

在有线局域网中利用 HUB 可组建星形网络结构,同样也可利用无线 AP 组建星形结构的无线局域网,其工作方式和有线星形结构很相似,但在无线局域网中一般要求无线 AP 应具有简单的网内交换功能。

4) 无中心型

该结构的工作原理类似于有线对等网的工作方式,它要求网中任意两个站点间均能直接进行信息交换,每个站点既是工作站,又是服务器。

6.4 无线网络标准体系

无线网络涉及大量的标准,其中重要的是无线局域网标准体系 IEEE 802.11 协议簇以及无线个域网的 IEEE 802.15 协议簇等。

6.4.1 IEEE 802.11 协议簇

IEEE 802.11 WLAN 标准最初用于办公室和校园的各类终端的无线接入,速率只达 2 Mb/s。随着技术不断改进,衍生出系列标准,成为 WLAN 的主导协议体系,其功能及图标如图 6-6 所示。

1) IEEE 802.11a

IEEE 802.11a 采用 IEEE 802.11 的核心协议,工频 5.2 GHz,使用 52 个正交频分多路复用(OFDMA)副载波,最大原始数据传输率在物理层为 54 Mb/s,传输层为 25 Mb/s,可提供 25 Mb/s 的无线 ATM 接口和 10 Mb/s 以太网无线帧接口以及 TDD/TDMA 的空中接口。需要时,数据传输速率可降为 48 Mb/s、36 Mb/s、24 Mb/s、18 Mb/s、12 Mb/s、9 Mb/s 或 6 Mb/s;拥有 12 条互不重叠的频道,8 条用于室内,4 条用于点对点传输;支持语音、数据、图像

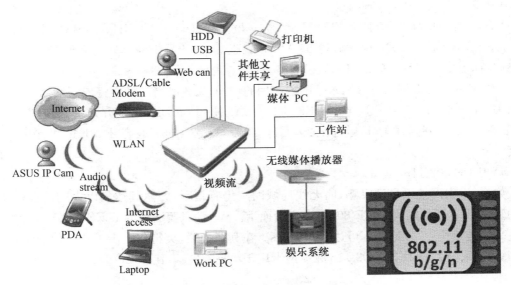

图 6-6　IEEE 802.11 系列功能(左)及图标(右)

业务;一个扇区可接入多个用户,每个用户可带多个用户终端。

由于 2.4 GHz 频带已普遍使用,IEEE 802.11a 采用 5 GHz 频带有冲突少的优点。但高载波频率也有缺点:IEEE 802.11a 几乎被限制在直线可视范围内使用,这导致其须使用更多的接入点,还意味其传播不能像 IEEE 802.11b 那么远,因其更容易被吸收,但它不能与802.11b互操作,除非使用对两种标准都支持的设备。

2) IEEE 802.11b

IEEE 802.11b 即 Wi-Fi 协议,载波频率为 2.4 GHz,速率 11 Mb/s。当射频情况变差时,动态速率转换可将数据传输速率降低为 5.5 Mb/s、2 Mb/s 和 1 Mb/s。支持范围室外为 300 m,室内为 100 m。802.11b 使用与以太网类似的连接协议和数据包确认,提供可靠的数据传送和网络带宽。

IEEE 802.11b 无线局域网与 IEEE 802.3 以太网的原理类似,都采用载波侦听方式来控制网络中信息的传送。不同处是以太网采用 CSMA/CD(载波侦听/冲突检测)技术,网络上所有工作站都侦听网络中有无信息发送,当发现网络空闲时即发出自己的信息,如抢答一样,只能有一台工作站抢到发言权,而其余工作站则要等待。如有两台以上的工作站同时发出信息,则网络中会发生冲突使信息丢失。IEEE 802.11b 无线局域网引进了冲突避免技术,可大幅度提高网络效率。

IEEE 802.11b 确保用户设备可互操作。随其迅速普及,用户可选择多种可互操作、低成本、高性能的无线设备。由于 Wi-Fi 在全球的迅猛普及,使其及升级版协议成为所有无线局域网标准中最著名和最普及的标准。

3) IEEE 802.11g

IEEE 802.11g 产品已占市场主流,其价格与传输速率都受消费者欢迎。早先的蓝牙和 IEEE 802.11b 产品的推广,使解决这两种技术间的干扰日显重要。IEEE 便制定了 802.11g 这一混合标准,它既能适应 IEEE 802.11b,在2.4 GHz提供11 Mb/s 的传输速率,也符合 IEEE 802.11a 以 5.2 GHz 提供 54 Mb/s 的数据传输速率。

IEEE 802.11g 的优势有两点：

（1）具有低价高速的性能　IEEE 802.11g 虽同样运行于2.4 GHz,但其使用了与 IEEE 802.11a 相同的调制方式 OFDM,达 54 Mb/s 的速率,而产品价格也只略高于 IEEE 802.11b 产品,从而提供了高性能低价格的无线网络。

（2）能满足无线网络升级需求　随着应用的增加,无线网络的性能将成制约瓶颈。为此,须对 IEEE 802.11b 的用户升级。IEEE 802.11g 既使用 OFDM 调制方式提高速率,又保留 IEEE 802.11b 的调制方式,且运行在 2.4 GHz 频段,故其可向下兼容 802.11b,可保护用户的投资。

4）IEEE 802.11n

如今,以太网技术早已成熟,而无线局域网则仍有差距,为使其达到以太网的性能水平, IEEE 802.11n 开始取代 IEEE 802.11g 应运而生。Wi-Fi 联盟通过的 IEEE 802.11n 标准可提供更高的连接速度,理论速率可达 500 Mb/s。在其获批后,英特尔推出了新一代的 Wireless-N 网络连接架构,将 IEEE 802.11n 无线网卡用于笔记本电脑,比 IEEE 802.11g 传输速率提升 5 倍,传输距离提升 2 倍。

IEEE 802.11n 在将无线局域网的传输速率提升后,实现对高质量的语音、视频传输的支持;且其采用智能天线技术,通过多组独立天线组成的阵列,可动态调整波束,保证用户接收到稳定的信号,减少干扰,覆盖范围可扩大到几平方千米,使无线局域网的移动性极大提高。

IEEE 802.11n 还采用软件无线电技术,是一个完全可编程的硬件平台,使不同系统的基站和终端都可通过平台将不同软件互通和兼容,使兼容性得到改善。这意味着 IEEE 802.11n 能实现向前后兼容,且实现无线局域网与无线广域网络的结合。

IEEE 802.11n 协议的出现使人们可使用 Wi-Fi 手机、笔记本电脑等。家庭中,由此可享受各种宽带无线应用,各种智能家电都可以实现连接,与通信系统相连可以实现智能控制。所以,IEEE 802.11n 对物联网的应用有很大促进作用。

自 IEEE 802.11n 面市后,许多厂商都生产同时满足 IEEE 802.11b、IEEE 802.11g、IEEE 802.11n 的各类设备,以最大的兼容性来满足市场需求。

5）其他标准

作为无线局域网的系列标准,IEEE 802.11 还有术语、维护、频谱测量、拓扑发现等方面的标准,其中几个主要标准如下:

（1）IEEE 802.11c　符合 802.1D 的媒体接入控制层桥接(MAC Layer Bridging)。

（2）IEEE 802.11e　对服务质量(Quality of Service, QoS)的支持。

（3）IEEE 802.11p　主要用于车用电子的无线通信领域,以适应车联网的发展,是对 IEEE 802.11 的扩充延伸,以符合智慧型运输系统(Intelligent Transportation Systems, ITS) 的相关应用。应用层包括高速率的车辆间及车辆与路边基础设施间的数据交换。

（4）IEEE 802.11k　该协议规定了无线局域网络的频谱测量规范,其制定体现了无线局域网络对频谱资源智能化使用的需求。

（5）IEEE 802.11r　快速基础服务转移,主要是用于解决客户端在不同无线网络 AP 间切换时的延迟问题。

（6）IEEE 802.11ac　这是 IEEE 802.11n 之后的版本,工作在 5G 频段,理论上可提供高达 1 Gb/s 的数据传输能力。

6.4.2 IEEE 802.15 协议簇

1）IEEE 802.15 系列

IEEE 802.15 是个人局域网（Personal Area Networks，PAN，即"个域网"或"身域网"）的无线通信网络标准，应用于无线个域网（WPAN）。IEEE 802.15 有以下特征：短距离、低功耗、低成本、小型网络及通信设备，适用于个人操作空间。系统架构如图 6-7 所示，功能上分为：物理层（PHY）、媒体接入层（MAC）、网络层（NWK）、应用支持子层（APS）与应用层（APL）。具体设备涉及蓝牙、ZigBee、UWB 等。

IEEE 802.15 与 IEEE 802.11 提供了无线局域网和无线个域网的协议规范，解决了物联网的近域与中域通信的功能、设备、接口、性能与兼容性等需求，成为物联网应用设计的基础依据。

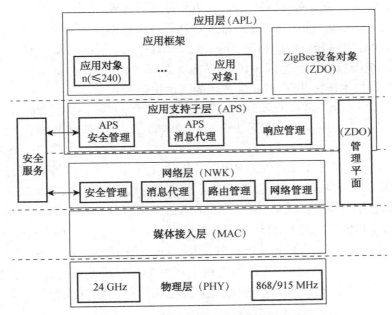

图 6-7　IEEE 802.15 系统功能架构示意

2）IEEE 802.15.1～802.15.4

（1）IEEE 802.15.1　IEEE 802.15.1 是蓝牙底层协议。最初版本为蓝牙 v1.x；802.15.1a 对应于蓝牙 1.2，包括某些 QoS 增强功能，完全后向兼容；最新的版本是蓝牙 4.0。

（2）IEEE 802.15.2　IEEE 802.15.2 是对 802.15.1 的改变，以消除 802.11b 和 802.11g 的网络干扰。因它们都用 2.4 GHz 频段，如想同时用蓝牙和 Wi-Fi，就要用 802.15.2，以解决在公用 ISM 频段内无线设备的共存问题。

（3）IEEE 802.15.3　也称 WiMedia，旨在实现高于 20 Mb/s 的多媒体和数字图像应用。原版速率 55 Mb/s，使用 IEEE 802.11 但不兼容其物理层。后多数厂商倾向于使用 802.15.3a，它用超宽带（UWB）的多频段 OFDM 联盟（MBOA）的物理层，速率达 480 Mb/s。这些厂商便成立了 WiMedia 联盟，任务是对设备测试以保证标准的一致性。

（4）IEEE 802.15.4　实现低速率短距的 WPAN，目标是低成本、低速率和低功耗。速率低于 200 Kb/s,不支持话音。ZigBee 协议的物理层和媒体访问控制层协议基于此,构成 IEEE 802.15 系列中最主要的协议簇。

3) IEEE 802.15.4 协议簇

IEEE 802.15.4 提供低于 0.25 Mb/s 的无线个域网解决方案,其能耗低,电池寿命可达数月至数年。低速无线个域网的主要应用包括家庭自动化、工业控制、医疗监护、安全控制等,相关装置有可穿戴设备、智能传感器、遥控玩具、智能标签、遥控器和智能家具等。

此类应用对成本和功耗的要求高,很多还要求提供精确的距离或定位信息。随着近域无线通信应用的发展,它由 IEEE 802.15.4、802.15.4b、802.15.4e 等演化成协议簇,简介如下:

(1) IEEE 802.15.4a   提供物理层为超宽带的低功耗无线个域网,有高精度定位功能(1 m 或 1 m 内的精度)、高吞吐量、低功率、数据速率的可测量性、更大的传输范围、更低的功耗、更低廉的价格等。它比 IEEE 802.15.4 能提供更多的新应用与新市场。

(2) IEEE 802.15.4b   为低速家用无线网络,对 IEEE 802.15.4 作部分功能强化,如消除歧义,减少复杂性,提高安全密钥的复杂度,开展新频率分配等。

(3) IEEE 802.15.4c   为中国特定频段的低速无线个域网,对 IEEE 802.15.4 的物理层进行改进,具体是针对中国开放使用频段 314~316 MHz、430~434 MHz 和 779~787 MHz。还与中国无线个域网标准组织达成协议,双方都采纳多进制相移键控(MPSK)和交错正交相移键控(O-QPSK)技术作为共存、可相互替代的两种物理层方案。

(4) IEEE 802.15.4e   是对 IEEE 802.15.4 的 MAC 层的低速无线个域网技术的改进和提高,可更好地支持工业应用及与中国无线个域网的兼容,包括加强对 Wireless HART 和 ISA 100 的支持。

(5) IEEE 802.15.4f   是为主动式 RFID 系统的双向通信和定位等应用定义新的无线物理层,再对 IEEE 802.15.4 的 MAC 层进行增强使其支持该物理层,从而为主动式 RFID 和传感器提供一个低成本、低功耗、灵活、高可靠性的通信方法和空中接口协议,为在混合网络中的主动式 RFID 标签和传感器提供有效、自治的通信方式。

(6) IEEE 802.15.4g   是智能基础设施网络(Smart Utility Networks,SUN)技术标准,它通过对 IEEE 802.15.4 物理层的改进,提供全球性标准以满足超大范围过程控制应用需求。例如,可用最少的基础设施及潜在的大量固定无线终端建立大范围、多地区的公共智能电网。

(7) IEEE 802.15.4k   制定低功耗关键设备监控网络(LECIM),用于对大范围内关键设备如电力、远程监控等的低功耗监控。为减少基础设施投入,本标准选用星形网络拓扑结构。每个 LECIM 网络由 1 个基础设施和大量低功耗监控节点(大于 1 000 个)构成。物理层采用分片技术以降低能耗,MAC 层在采用 IEEE 802.15.4e 的机制基础上进行了相应改进。

6.4.3   IEEE 802.15.4 协议栈结构

1) IEEE 802.15.4 协议层次结构

IEEE 802.15.4 定义了低速无线个域网的 PHY 和 MAC 层协议,结构如图 6-8 所示。在 IEEE 802 系列中,OSI 参考模型的数据链路层被分为 MAC 和链路控制子层(Logical Link Control,LLC)。MAC 子层使用物理层提供的服务实现设备间的数据帧传输;LLC 子层在

MAC 子层的基础上,在设备间提供面向连接和非面向连接的服务。MAC 子层以上的特定服务器的业务相关聚合子层(Service Specific Convergence Sublayer, SSCS)、LLC 是可选的上层协议。SSCS 为 MAC 层接入 LLC 子层提供聚合服务,LLC 子层可用 SSCS 的服务接口访问 IEEE 802.15.4 网络,为应用层提供链路层服务,实现传输可靠性保障,控制数据包的分段和重组的功能。

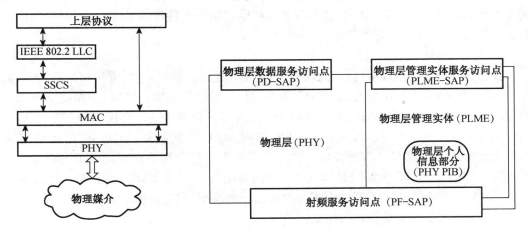

图 6-8   IEEE 802.15.4 协议层次结构   图 6-9   PHY 的组成和接口

2) PHY 协议

IEEE 802.15.4 定义了 2.4 GHz 和 868 MHz/915 MHz 两个物理层标准,都基于 DSSS (Direct Sequence Spread Spectrum,直序扩频),使用相同的物理层数据包格式,区别在工作频率、调制技术、扩频码片长度和传输速率。2.4 GHz 采用高阶调制技术提供 250 Kb/s 的传输速率,有助于获得更大吞吐量、更小通信时延和更短的工作周期,从而更省电。868 MHz/915 MHz 是欧洲和美国的 ISM 频段,两频段的引入避免了 2.4 GHz 附近各种无线通信设备的相互干扰。868 MHz 的传输速率为 20 Kb/s,916 MHz 是 40 Kb/s。这两频段上无线信号传输损耗较小,可降低对接收机灵敏度的要求,获得较远的有效通信距离,从而用较少设备覆盖给定区域。

物理层定义了无线信道和 MAC 子层间的接口,提供物理层的数据和管理服务。PHY 包括管理实体,称为 PLME,提供调用层管理功能的层管理服务接口,并处理 PHY 数据库。PHY 数据库为个人局域网(PAN)的信息部分(PAN Information Base,PIB)提供服务,连接两个服务访问点(SAP),访问 PHY 数据的数据服务访问点和访问物理层管理实体服务访问点。图 6-9 描述了 PHY 的组成和接口。

物理层数据服务包括以下 5 个方面的功能:

① 激活和休眠射频收发器。

② 信道能量检测。

③ 检测接收数据包的链路质量指示(Link Quality Indication, LQI)。

④ 空闲信道评估(Clear Channel Assessment,CCA)。

⑤ 收发数据。

信道能量检测为网络层提供信道选择依据,主要测量目标信道中接收信号的功率强度,由于这个检测本身不进行解码操作,所以检测结果是有效信号功率和噪声信号功率之和。

链路质量指示为网络层或应用层提供接收数据帧时无线信号的强度和质量信息,与信道能量检测不同的是要对信号进行解码,生成的是一个信噪比指标。该信噪比指标和物理层数据单元一起提交给上层处理。

IEEE 802.15.4 定义了 3 种空闲信道评估模式:第一种简单判断信道的信号能量,当信号能量低于某一门限值就认为信道空闲;第二种是通过判断无线信道的特征,这个特征主要包括两个方面,即扩频信号特征和载波频率;第三种模式是前两种模式的综合,同时检测信号强度和信号特征,给出信号空闲判断。

3）MAC 协议

IEEE 802.15.4 的 MAC 协议的功能为:设备间无线链路的建立、维护和结束,确认帧的传送与接收,信道接入控制,帧校验,预留时隙管理,广播信息管理。MAC 子层提供两个服务与高层联系,即通过两个服务访问点(SAP)访问高层。通过 MAC 通用部分子层 SAP(MAC Common Part Sublayer-SAP, MCPS-SAP)访问 MAC 数据服务,用 MAC 层管理实体 SAP (MLME-SAP)访问 MAC 管理服务。这两个服务为网络层和物理层提供了一个接口。除这些外部接口外,MLME 和 MCPS 间也有一个内部接口,允许 MLME 使用 MAC 数据服务。灵活的 MAC 帧结构适应了不同的应用及网络拓扑的需要,同时也保证了协议的简洁。图 6-10 描述了 MAC 子层的组成及接口模型。

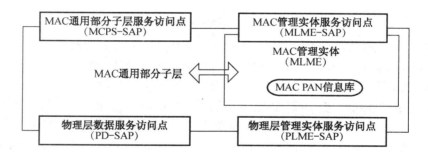

图 6-10　MAC 层参考模型

MAC 子层主要功能包括 6 个方面:

(1) 协调器产生并发送标帧,普通设备根据协调器的信标帧与协调器同步。

(2) 支持 PAN 网络的关联和取消关联操作。

(3) 支持无线信道通信安全。

(4) 使用 CSMA-CA 机制访问信道。

(5) 支持时隙保障(Guaranteed Time Slot,GTS)

(6) 支持不同设备的 MAC 层间的可靠传输。

关联操作是指一个设备在加入一个特定的网络时,向协调器注册以及身份认证的过程。低速无线个域网(Low Rate Wireless Personal Area Network,LR-WPAN)网络中的设备有可能从一个网络切换到另一个网络,这时需要进行关联和取消关联操作。

时隙保障机制和时分复用(Time Division Multiple Access,TDMA)机制相似,但可以动态地为有收发请求的设备分配时隙。

6.5 Wi-Fi

6.5.1 Wi-Fi 概述

Wi-Fi(Wireless Fidelity)原意为无线保真,也是一个无线网路通信技术的品牌,归 Wi-Fi 联盟(Wi-Fi Alliance)持有。Wi-Fi 是一种将各类电子设备连接到 WLAN 的技术,通常使用 2.4 GHz UHF 或 5 GHz SHF ISM 射频频段。联网时通常有密码保护,但也可开放式服务,允许任何在 WLAN 范围内的设备都能连接上,因此,国内许多智慧城市建设中大量部署开放式 Wi-Fi,供公众普遍使用,这也是推动其大量普及的动因之一。

Wi-Fi 的目的是建立基于 IEEE 802.11 系列标准的无线网络产品间的 WLAN,传输速率可达到 54 Mb/s,非常适合个人、家庭和移动办公的需要。Wi-Fi 信号是有线网提供的,如家里的 ADSL、小区宽带等,设备为无线路由器,把有线信号转换成 Wi-Fi 信号。

6.5.2 Wi-Fi 技术

1)Wi-Fi 标准

IEEE 802.11 定义了介质访问接入控制层和物理层。物理层定义了工作在 2.4 GHz 的 ISM 频段上的两种无线调频方式和一种红外传输的方式,总数据传输速率设计为 2 Mb/s。两设备间的通信可以 AD HOC 方式进行,也可在基站(BS)或访问点(AP)的协调下进行。

IEEE802.11a 定义了 5 GHz ISM 频段上数据传输速率可达 54 Mb/s 的物理层;IEEE 802.11b 则定义 2.4 GHz 的 ISM 频段上传输速率为 11 Mb/s 的物理层,这两项标准都改进了无线局域网的性能。目前,2.4 GHz 的 ISM 频段为世界上绝大多数国家通用,IEEE 802.11b 得到了广泛的应用,并有改进系列 IEEE 802.11b、IEEE 802.11g、IEEE 802.11n 等标准。

2)Wi-Fi 接入

Wi-Fi 是通过无线路由器接入,在其电波覆盖的有效范围都可以采用 Wi-Fi 连接方式进行联网,如果无线路由器连接了一条 ADSL 线路或者别的上网线路,则又被称为"热点"。

Wi-Fi 热点通过在互联网连接访问点来创建,访问点将无线信号通过短程传输(一般覆盖 100 m)。当一台支持 Wi-Fi 的设备遇到一个热点时,就可通过无线路由器入网。大部分热点都位于供大众访问的场所,例如机场、咖啡店、旅馆、书店及校园等,家庭和办公室也已普及了 Wi-Fi 网络。

无线路由器结合了数字用户线调制解调器、电缆调制解调器和 Wi-Fi 接入点,提供互联网接入。但因为家用无线路由器的功率较小,所以其信号覆盖范围、信号强度也很小。随着 MiFi 和 WiBro(便携式 Wi-Fi 路由器)的出现可以很容易地创建他们自己的 Wi-Fi 热点透过电信网络连接到网络。

典型的无线路由器使用 IEEE 802.11b 或 IEEE 802.11g 标准与内置天线,在无障碍物下的覆盖范围为:室内 50 m²,室外 140 m²。在 IEEE 802.11n 标准下可超过该范围两倍的距离,范围也随频率的波段而变。Wi-Fi 在 2.4 GHz 的频率范围块稍微好于 Wi-Fi 在 5 GHz 的频率块。室外通过定向天线可提高到数公里范围。Wi-Fi 的频率由于电波传播的复杂性,特别是树和建筑物影响信号,并不适用于远距离使用。

全球 Wi-Fi 运作的频谱和配置并不一致。美国标准在 2.4 GHz 频带有 11 个通道;欧洲大部分地区还有另外 2 个通道,即 13 个通道;日本再多一个通道。

3) Wi-Fi 技术架构

(1) 一个 Wi-Fi 连接点的网络成员和结构

① 站点(Station):网络最基本的组成部分。

② 基本服务单元(Basic Service Set,BSS):网络基本的服务单元。最简单的服务单元可以只由两个站点组成,站点可以动态连接到基本服务单元中。

③ 分配系统(Distribution System,DS):连接不同的基本服务单元。分配系统使用的媒介逻辑上和基本服务单元使用的媒介截然分开,尽管它们物理上可能是同一媒介,例如同一个无线频段。

④ 接入点(Acess Point,AP):既有普通站点的身份,又有接入到分配系统的功能。

⑤ 扩展服务单元(Extended Service Set,ESS):由分配系统和基本服务单元组合而成。该组合是逻辑的而并非物理的,不同的基本服务单元可能地理位置相去甚远。分配系统也可以使用各种各样的技术。

⑥ 关口(Portal):逻辑成分,用于将无线局域网和有线局域网或其他网络联系起来。

(2) 3 种媒介 包括站点使用的无线的媒介、分配系统使用的媒介以及和无线局域网集成一起的其他局域网使用的媒介。物理上它们可能互相重叠。

(3) 任务 IEEE 802.11 定义了分配系统应该提供的服务。无线局域网定义了 9 种服务,5 种服务属于分配系统的任务,分别为连接(Association)、结束连接(Diassociation)、分配(Distribution)、集成(Integration)、再连接(Reassociation);4 种服务属于站点的任务,分别为鉴权(Authentication)、结束鉴权(Deauthentication)、隐私(Privacy)、MAC 数据传输(MSDU delivery)。

4) Wi-Fi 认证

目前 Wi-Fi 联盟所公布的认证种类有:

(1) WPA/WPA2 是对基于 IEEE 802.11a、802.11b、802.11g 的单模、双模或双频等类产品建立的测试程序。内容包含通信协议的验证、无线网络安全性机制的验证以及网络传输表现与相容性测试等。

(2) WMM(Wi-Fi MultiMedia) 当无线网传输多媒体信息时,要验证其带宽保证机制是否正常,还需验证运行在不同无线网络中的装置及不同的安全性的性能等。

(3) WMM Power Save 当无线网传输多媒体信息时,验证如何通过管理无线网络装置的待命时间来延长电池寿命,且不影响其功能性,这些均通过 WMM Power Save 的测试来验证。

(4) WPS(Wi-Fi Protected Setup) 认证的目的是让消费者通过更简单的方式来设定无线网络装置,并且保证其具有一定的安全性。目前,WPS 允许通过 PIN(Pin Input Config)、PBC(Push Button Config)、UFD(USB Flash Drive Config)以及 NFC(Near Field Communication)、CTO(Contactless Token Config)等方式来设定无线网络装置。

(5) ASD(Application Specific Device) 这是针对除了无线网络访问点(Access Point,AP)及基站(Station)之外其他特殊应用的无线网络装置,如 DVD 播放器、投影机、打印机等。

(6) CWG(Converged Wireless Group) 主要针对 Wi-Fi Mobile Converged Devices 的 RF 部分测量的测试程序。

6.5.3 Wi-Fi 的优势与发展趋势

1）Wi-Fi 的优势

（1）覆盖范围广　蓝牙技术的电波覆盖范围小，半径约只 15 m，Wi-Fi 半径可达约100 m，可覆盖整栋大楼。

（2）传输速度快　虽然 Wi-Fi 技术传输的通信质量不很好，数据安全性能比蓝牙差一些，传输质量也有待改进，但其传输速度非常快，IEEE 802.11b 能达到 54 Mb/s，IEEE 802.11n 的速率可达 150 Mb/s、300 Mb/s、450 Mb/s 或 600 Mb/s，具体取决于硬件支持的数据流的数量。

（3）进入门槛较低　只要在使用场所设置热点，接入互联网就可。热点可覆盖接入点半径近百米之处，用户只要将支持无线 LAN 的设备拿到该区域内，即可接入互联网。

2）Wi-Fi 的发展

近年来，无线 AP 的数量呈迅猛增长，无线网络的方便高效使其迅速普及。除在公共场所设有 AP 之外，国外已有以无线标准来建设城域网的先例，因此，Wi-Fi 的无线地位将会日益牢固。

6.6　近距离无线通信技术（NFC）

6.6.1　NFC 概述

NFC 是 Near Field Communication 的缩写，即近距离或近域无线通信技术。它是飞利浦和索尼共同开发的一种非接触式识别和互联技术，可以在移动设备、消费类电子产品、PC 和智能控件工具间进行近距离无线通信。NFC 的标志、载体及识读设备如图 6-11 所示。NFC 提供了一种简单、触控式的解决方案，可以让消费者简单直观地交换信息、访问内容与服务。

图 6-11　NFC 标志与识读设备

6.6.2　NFC 技术

NFC 将近距离（约 10 cm 以内）非接触读卡器、非接触卡和点对点数据传输功能整合进一块单芯片，提供了多种应用的开放接口，主要用于大量手持设备的 M2M 通信，可对无线网络进行快速、主动设置，也是虚拟连接器，服务于现有蜂窝状网络、蓝牙和无线 IEEE 802.11 设备等。

1）技术特点

NFC 技术由非接触式射频识别（RFID）及互联互通技术整合演变而来，在单一芯片上结合感应式读卡器、感应式卡片和点对点的功能，能在短距离内与兼容设备进行识别和数据交换。工作频率为 13.56 MHz，但是使用这种手机支付方案的用户须用特制的手机卡，可以用作机场登机验证、大厦的门禁钥匙、交通一卡通、信用卡、支付卡等。

NFC 也是通过电磁感应耦合方式传输数据，其与 RFID 技术间的区别主要有如下 3 点：

（1）在器材上，NFC 将非接触读卡器、非接触卡和点对点功能整合进一块单芯片，而

RFID 必须有阅读器和标签组成。实用中,NFC 手机内置 NFC 芯片组成 RFID 模块,当做 RFID 无源标签使用进行支付;也可当做 RFID 读写器,用作数据交换与采集,还可进行 NFC 手机间的数据通信。在功能上,RFID 只能实现数据的读取以及判定,而 NFC 则强调信息交互,开展近距离交换信息。

(2) NFC 的传输范围比 RFID 小。RFID 的传输距离可达几米甚至几十米,NFC 采取了独特的信号衰减技术,具有距离近、带宽高、能耗低等特点。

(3) 应用方向不同。NFC 更多的是针对消费类电子设备的相互通信,有源和无线的 RFID 更适用于长短距离的识别。

NFC 比红外传输距离更短、更简单且可靠;与蓝牙相比,NFC 更适于交换个人信息或敏感数据,且可与蓝牙互为补充,快捷轻型的 NFC 协议可用于引导两台设备之间的蓝牙配对,促进了蓝牙的使用。

2) NFC 设备

NFC 设备可用作非接触式智能卡、智能卡的读写器终端以及 M2M 的数据传输链路,其应用主要为 4 个领域:付款和购票,电子票证,智能媒体以及交换、传输数据。

手机是全球最普及的与互联网直接互联的智能终端,NFC 将如同蓝牙、USB、GPS 等一样,成为手机的重要标配之一。NFC 手机需内置 NFC 芯片,组成 RFID 模块的一部分,可当做 RFID 无源标签使用——用来刷机支付,也可当做 RFID 读写器——用于数据交换与采集,从而实现移动支付与交易、对等式通信及移动信息访问等。图 6-12 为手机集成 NFC 控制模块、天线等单元的结构示意图。

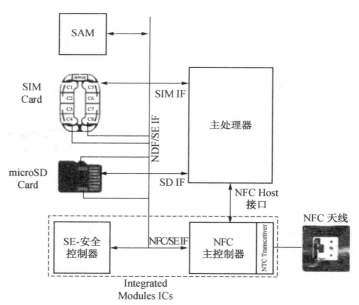

图 6-12　手机集成 NFC 的结构示意图

NFC 是一种无源产品,其标签本身没有电源。为让 NFC 标签工作,通常由有源设备来让 NFC 线圈产生电流,方法是通过手机或其他设备中的线圈电流产生磁场,再感应到 NFC 线圈产生电流。因此,NFC 只能在近距离使用,而不能长距离传输。

信号接收装置的工作原理与主动式基本相同,只不过方向相反。接收装置在有效距离内感应到了磁场信号就会产生相应电流并传输到对方设备中。相关电路都调到特定频率,以增加设备在特定频率下的敏感度。而伴随信号的传输将会形成相应的能量转移。

NFC 由几部分组成:NFC 模拟前端(NFC Controller 与天线)、安全控制单元和处理器。根据应用需求,它们可以是 SIM 卡、SD 卡、SAM 卡或其他芯片。

3) NFC 的识读方式

NFC 可以主动或被动模式交换数据,进行识读。两种模式的识读流程如图 6-13 所示。主动模式是指发起者(initiator)与目标设备(target)皆可由自身电源供应产生无线射频场(RF-field);在被动模式下,启动 NFC 通信的设备,也称 NFC 的发起设备(主设备),在整个通信过程中提供射频场。NFC 的工作频率为 13.56 MHz、ASK 调变,可选择 106 Kb/s、212 Kb/s 或 424 Kb/s 中的一种传输速度,将数据发到另一台设备。另一台设备称为 NFC 目标设备或从设备,不必产生射频场,而使用负载调制(load modulation)技术,即可以相同速度将数据传回发起设备。此通信机制与基于 ISO14443A、MIFARE 和 FeliCa 的非接触式智能卡兼容,因此,NFC 发起设备在被动模式下,可用相同的连接和初始化过程检测非接触式智能卡或 NFC 目标设备,并与之建立联系。

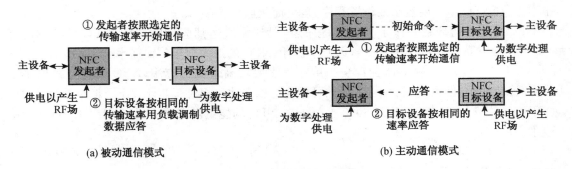

图 6-13　两种通信模式流程图

4) NFC 标签的种类

NFC 的基本标签类型有 4 种,用 1 至 4 来标识,各有不同的格式与容量。其类型格式的基础是:ISO14443 的 A 与 B 类型、Sony FeliCa,前者是非接触式智能卡的国际标准,后者符合 ISO18092 被动式通信模式标准。

(1) 第 1 类标签(Tag 1 Type)　基于 ISO14443A,具有可读、可重写能力,用户可将其设置为只读。存储量 96 B,可存网址 URL 或其他小量数据等;内存亦可扩充到 2 KB,通信速度为 106 Kb/s。此类标签简洁,成本效益较好,适于多种应用。

(2) 第 2 类标签(Tag 2 Type)　也基于 ISO14443A,具有可读、重写能力,用户可将其设置为只读。其基本内存为 48 B,被扩充到 2 KB。通信速度也是 106 Kb/s。

(3) 第 3 类标签(Tag 3 Type)　基于 Sony FeliCa 体系,具有 2 KB 内存,通信速率 212 Kb/s。此类标签适于较复杂的应用,成本略高。

(4) 第 4 类标签(Tag 4 Type)　标签与 ISO14443A、B 兼容,被预设为可读/可重写或只读。内存 32 KB,通信速率介于 106 Kb/s 和 424 Kb/s 之间。

从上述不同标签类型的定义可看出,前两类与后两类在内存容量、构成方面大不相同。故它们的应用不太可能有很多重叠。

第 1 与第 2 类标签是双态的,可为读/写或只读。第 3 与第 4 类则是只读,数据在生产时写入或者通过特殊的标签写入器来写入。

5）NFC 和其他近距离通信技术的比较

NFC 与蓝牙和红外等类似技术的比较如表 6-1 所示。

表 6-1　NFC 与蓝牙和红外等技术的比较

项目	NFC	蓝牙	红外
网络类型	点对点	单点对多点	点对点
使用距离	≤0.1 m	≤10 m	≤1 m
通信速率	106、212、424 Kb/s	2.1 Mb/s	～1.0 Mb/s
建立时间	<0.1 s	6 s	0.5 s
安全性	具备，硬件实现	具备，软件实现	不具备，使用 IRFM 时除外
通信模式	主动—主动/被动	主动—主动	主动—主动
成本	低	中	低

在近域通信中，人们最多将 NFC 与蓝牙相比，因两者都属于短程通信技术，且都被集成到手机中。但 NFC 不需要复杂的设置程序，也可简化蓝牙连接。

NFC 略胜于蓝牙之处在于其设置程序短，但却无法达到蓝牙的速度；NFC 设备间的互联、识别与创建连接速度小于 0.1 s，远低于蓝牙；NFC 的最大数据传输速率 424 Kb/s，远小于蓝牙 V2.1(2.1 Mb/s)，故不适合音视频传输等需要较高带宽的应用；NFC 的传输距离小于 10 cm，比蓝牙小，但也可减少干扰，提升可靠性与私密性。相对于蓝牙，NFC 兼容于现有的被动 RFID(13.56 MHz ISO/IEC 18000-3)设施。NFC 的能量需求更低，与蓝牙 V4.0 低功耗协议类似。

6.6.3　NFC 发展前景

NFC 与蓝牙、Wi-Fi 等其他无线技术结合，能在不同的场合、不同的领域相互补充应用。据金融投资公司 ITG 的研究，Apple Pay 在美国的初期表现不错，已占 2015 年 11 月美国所有移动支付 1％的份额。而苹果的 Apple Pay 已支持美国 90％的信用卡，大部分银行以及零售商也都支持 Apple Pay，比如 Winn-Dixie、Albertsons 等美国知名杂货店，餐饮业的麦当劳，有机食品零售商 Whole Foods 以及丝芙兰、Tickets.com、迪士尼等零售商。

Juniper 在 2016 年发布的调查报告预计，到 2019 年底，全球 NFC 非接触支付用户将达到 5.16 亿；2020 年后，世界上 3/4 的手机都将支持 NFC 功能。

6.7　蓝牙技术

6.7.1　蓝牙概述

蓝牙是一种支持设备间短距离无线通信的技术，能在包括移动电话、PDA、无线耳机、笔记本电脑、相关外设等众多设备之间进行无线信息交换，如图 6-14 所示。利用该技术，能有效地简化移动设备之间的通信，也能够成功地简化设备与互联网之间的通信，从而使数据传输变得更加迅速高效。蓝牙采用分散式网络结构以及快跳频和短包技术,支持点对点及点对多点通信,标准是 IEEE 802.15,工作在全球通用的 2.4 GHz 的 ISM 频段,采用时分双工传输方案实现全双工传输。

蓝牙的最高数据传输速率 1 Mb/s(有效传输速率 721 Kb/s)、最大传输距离 10 m,其上可设立 79 个带宽为 1 MHz 的信道,用每秒钟切换 1 600 次的频率、滚齿方式的频谱扩散技术来实现电波收发。

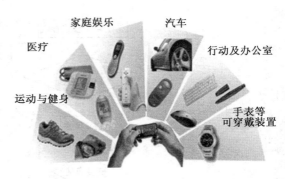

图 6-14 蓝牙的应用场合

蓝牙的技术优势有以下几个方面。

(1)全球可用 蓝牙无线技术目前已在全球普及,许多行业的制造商都在其产品中积极地采用此技术,以减少使用零乱的电线,实现无缝连接,传输立体声、数据或进行语音通信。蓝牙运行的 2.4 GHz 波段是无需申请许可证的工业、科技、医学(ISM)无线电波段,因此,使用蓝牙技术不需要支付相关费用。

(2)设备多样 集成蓝牙的产品从手机、汽车到医疗设备等;用户从消费者、服务机构到生产企业等。低功耗,小体积及低成本的芯片解决方案使其可用于微小设备中。

(3)易于使用 蓝牙是一项即时技术,它不要求固定的基础设施,易于安装设置。用户只需检查配置,将其连接至使用同一配置文件的蓝牙设备即可,后续 PIN 码流程就如操作 ATM 机一样简单。用户可以个人局域网(PAN)方式与设备和其他网络连接。

(4)规格通用 蓝牙是当今市场上支持最广、功能最丰富且安全的无线通信方式,全球范围内的认证程序可测试各成员的产品是否符合标准。

6.7.2 蓝牙设备及其匹配

1)蓝牙主从设备

蓝牙设备通信前,必须进行匹配,以使其中一个设备发出的数据信息只会被允许的另一个设备所接收。蓝牙技术将设备分两种:装有主蓝牙模块的设备和装有从蓝牙模块的设备。

主蓝牙设备有输入端,匹配时,用户通过输入端输入随机的匹配密码来匹配两个设备。蓝牙手机、装有蓝牙模块的 PC 等都是主设备。例如,蓝牙手机与蓝牙 PC 匹配时,用户可在蓝牙手机上任意输入一组数字,再在蓝牙 PC 上输入相同的一组数字,实现两设备间的匹配。

从蓝牙设备一般不具备输入端。设备出厂时,在其蓝牙芯片中,固化一个 4 或 6 位数字的匹配密码。蓝牙耳机、UD 数码笔都是从设备。例如,蓝牙 PC 与 UD 数码笔匹配时,用户将笔上的蓝牙匹配密码输入到蓝牙 PC 上,实现两者间的匹配。

主-主设备之间,主-从设备之间可匹配,但从设备间无法匹配。一个主设备可匹配一至多个从设备,如一个蓝牙手机可匹配 7 个蓝牙设备;而一台蓝牙 PC 可匹配 10 多个蓝牙设备。同一时间,蓝牙设备间只支持点对点通信。

2)设备匹配流程

蓝牙设备匹配流程如图 6-15 所示。

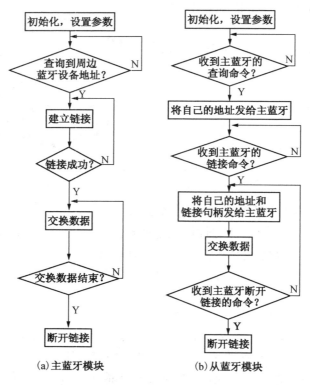

(a)主蓝牙模块   (b)从蓝牙模块

图 6-15　蓝牙主-从模块匹配流程

6.7.3　蓝牙的应用场合

1）居家

在现代信息技术帮助下,越来越多的人开始了居家办公,生活更加随意而高效。他们还将技术融入居家办公以外的领域,将技术应用扩展到家庭生活的其他方面。

蓝牙设备可使居家办公更轻松,还能使家庭娱乐更便利:用户可在 10 m 内无线控制 PC 或 iPod 中的音频文件。蓝牙还可用在适配器中,实现从相机、手机、PDA 等向电视发送照片等。

2）工作

蓝牙技术可使室内各类设备无线连为一体,用户启用蓝牙设备能创建即时网络,连接各种设备,创建智能办公环境。PDA 可与计算机同步以共享日历和联系人列表,外围设备可直接与计算机通信,员工可通过蓝牙耳机在办公室内行走时接听电话,所有这些都无需电线连接。

用户启用蓝牙设备还能创建自己的即时网络,与其他用户共享演示稿或其他文件;方便地召开小组会议,通过无线网络与其他办公室进行对话,并将白板上的构思传送到计算机或其他用户的智能设备中。

3）途中

具有蓝牙技术的手机、PDA、掌上计算机、耳机和汽车等能在旅途中进行免提通信,让用户身处热点或有线宽带连接范围之外仍能保持与互联网的连接。各种便携式设备能通过启用蓝牙手机,使用 GPRS、EDGE 或 UMTS 移动网络将 PC 和 PDA 等连接到互联网,即使在途中也能高效工作。

4) 娱乐

内置蓝牙技术的游戏设备,让用户能在任何地方与朋友展开游戏竞技,如地下通道、机场、公交车上或在起居室中。人们能使用蓝牙耳机方便地欣赏 MP3 播放器里的音乐,可在跑步机、公交车等场合应用。

6.7.4 蓝牙 5.0 标准

蓝牙 5.0 标准代表其近年的发展趋势,具体特点如下:

(1) 更快的传输速率 传输速率上限将达 2 Mb/s,是此前蓝牙 4.2 LE 版的 2 倍。

(2) 更远的有效距离 有效传输距离是上一版的 4 倍,理论上,蓝牙发射和接收设备之间的有效工作距离可达 300 m。

(3) 导航功能 更多的导航功能,可作为室内导航信标或类似定位设备使用,结合 Wi-Fi 可实现精度小于 1 m 的室内定位。

(4) 物联网功能 针对物联网应用进行了底层优化,力求以更低功耗和更高性能支持智能家居。

(5) 更多的传输功能 增加更多的数据传输功能,可创建更复杂的连接系统,如信标(Beacon)或位置服务。通过蓝牙设备发送的数据可以发送少量信息到目标设备中,甚至无需配对。

(6) 更低功耗 大幅降低功耗,使人们在使用蓝牙的过程中不必担心待机时间短的问题。

6.8 ZigBee 技术

6.8.1 ZigBee 概述

ZigBee 即"紫蜂",源于蜜蜂的 8 字舞,是一种近距离、低成本、低功耗、低复杂度与低数据速率的双向无线通信技术,目标是建立多节点的无线通信网络,适用于自动控制和远程控制领域,可嵌入到各种设备中,同时支持地理定位功能。适用于有周期性、间歇性和低反应时间数据传输的应用场合。

ZigBee 以 IEEE 802.15.4 协议为基础,采用调频和扩频技术,可在全球免费的 2.4 GHz、868 MHz(欧洲)和915 MHz(北美)这三个频段上。且在这三个频段上分别具有 250 Kb/s、20 Kb/s 和40 Kb/s的最高数据传输速率。在 2.4 GHz 频段,ZigBee 的室内传输距离为 10 m,室外可达 200 m 至数千米;使用其他频段时,室内传输距离为 30 m,室外可达 1 000 m,实际传输距离将根据发射功率的大小而定。

ZigBee 可由多达 65 000 个无线数据传输模块组成无线网络平台,在整个网络范围内,每个网络模块间可以相互通信。由于采用较低的传输率和容量更小的单元,且 ZigBee 模块在未使用时呈休眠状,能总体降低功耗。图 6-16 为 ZigBee 网络节点模块,此类模块可与各种具有特定传感与识读功能的单元结合,以实现各种应用。

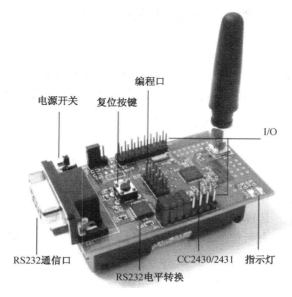

图 6-16　ZigBee 网络节点模块

6.8.2　ZigBee 技术

1）ZigBee 设备

ZigBee 是短距离、多点、多跳无线通信产品,有效识别距离可达 1 500 m,最高可识别速度达 200 km/h 的运动物体,可同时识别 200 张标签,具有性能稳定、工作可靠、信号传输能力强、使用寿命长等优势。该设备已广泛应用于门禁、考勤、会议签到以及高速公路、加油站、停车场、公交车等收费系统等,其在智能家居中的应用如图 6-17 所示。

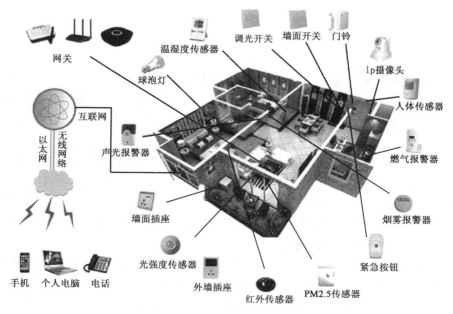

图 6-17　ZigBee 网络在智能家居领域的应用

2）Zigbee 的技术特点

ZigBee 的技术特点突出，主要体现在以下几个方面：

（1）低功耗　ZigBee 设备为低功耗设备，其发射输出为 0～3.6 dBm，具有能量检测和链路质量指示能力，根据检测结果，设备可自动调整发射功率，在保证链路质量条件下，最小地消耗设备能量。在低耗电待机模式下，2 节 5 号电池可支持一个节点工作 6～24 个月。

（2）低成本　通过大幅简化协议，降低了对通信控制器的要求，按预测分析，以 8051 的 8 位微控制器测算，全功能的主节点需要 32 KB 代码，子功能节点少至 4 KB 代码，且 ZigBee 免协议专利费。

（3）低速率　ZigBee 工作在 20～250 Kb/s 的较低速率，分别提供 250 Kb/s(2.4 GHz)、40 Kb/s(915 MHz) 和 20 Kb/s(868 MHz) 的原始数据吞吐率，满足低速率传输数据的应用需求。

（4）近距离　其传输范围一般为 10～100 m，增加 RF 发射功率后，可增加到 1～3 km，这指相邻节点间的距离。如通过路由和节点间通信的接力，传输距离将可以更远。

（5）短时延　ZigBee 响应速度较快，从睡眠转入工作状态只需 30 ms，进一步节省了电能，相比较，蓝牙需要 3～10 s，Wi-Fi 需要 3 s。

（6）高容量　ZigBee 可采用星状、片状和网状网络结构，由一个主节点管理若干子节点，最多一个主节点可管理 254 个子节点；主节点还可由上层网络节点管理，最多可组成 65 000 个节点的大型网络。

（7）高安全　ZigBee 提供了三级安全模式，包括无安全设定级别模式、访问控制目录（Access Control List，ACL），防止非法获取数据级别模式以及采用高级加密标准（Advanced Encryption Standard-128.AES-128）的对称密码级别模式，以灵活确定其安全属性。

（8）免执照频段　采用直接序列扩频在工业、科学、医疗（ISM）频段：2.4 GHz(全球)、915 MHz(美国) 和 868 MHz(欧洲)。

3）ZigBee 架构

ZigBee 可通过多达 65 000 个模块组成无线数据传输网。每个 ZigBee 网络数据传输模块类似于移动网络的一个基站，在网络范围内，它们间可相互通信。网络节点间的距离可从标准的 75 m 到扩展后的几百米，甚至几千米。另外，ZigBee 网络还可与其他的各种网络连接。

每个 ZigBee 网络节点（FFD）不仅本身可以与监控对象（例如传感器）连接进行数据采集和监控，还可以中转别的网络节点传过来的数据资料。此外，ZigBee 网络节点还可在自己信号覆盖范围内，与多个不承担网络信息中转任务的孤立子节点（RFD）无线连接。

每个 ZigBee 网络节点（FFD 和 RFD）可以支持多到 31 个传感器和受控设备，每一个传感器和受控设备可以有 8 种不同的接口方式，可以采集和传输数字量和模拟量。

4）ZigBee 的自组织网络通信方式

（1）ZigBee 的自组织网络形式　所谓自组织网络可通过实例说明：当一队伞兵空降时，每人持一个 ZigBee 网络模块终端，降落地面后，只要他们彼此在网络模块的通信范围内，通过彼此自动寻找，很快就可形成一个互联互通的 ZigBee 网络。而且，随着人员的移动，彼此间的联络还会发生变化。因而，模块还可通过重新寻找通信对象，确定彼此间的联络，对原有网络进行刷新并保持该网的通信，这就是自组织网络。

（2）ZigBee 自组织网络通信方式的优点　网状网通信实际上是多通道通信。在实际工业现场,由于各种原因,往往并不能保证每一个无线通道都能够始终畅通,就像城市的街道一样,可能因为车祸、道路维修等,使得某条道路的交通出现暂时中断,此时由于有多个通道,车辆(相当于工业现场的控制数据)仍然可以通过其他道路到达目的地。而这一点对工业现场控制而言则非常重要。

(3)自组织网络的动态路由方式 动态路由是指网络中数据传输路径并不是预先设定的,而是传输数据前,通过对网络当时可利用的所有路径进行搜索,分析它们的位置关系以及远近,然后选择其中的一条路径进行数据传输。在网络管理软件中,路径的选择使用的是"梯度法",即先选择路径最近的一条通道进行传输,如传不通,再使用另外一条稍远一点的通路进行传输,以此类推,直到数据送达目的地为止。在实际工业现场,预先确定的传输路径随时都可能发生变化,或者因各种原因路径被中断了,或者过于繁忙不能进行及时传送,动态路由结合网状拓扑结构,可以很好地解决这个问题,从而保证数据的可靠传输。

6.8.3 ZigBee 协议栈体系

1) ZigBee 协议架构

ZigBee 技术中,每一层负责完成规定的任务,并向上层提供服务,各层间的接口通过所定义的逻辑链路来提供服务。完整的 ZigBee 协议体系由应用层、网络层、数据链路层、媒体接入层和物理层组成。其中 ZigBee 的物理层、MAC 层和链路层直接采用 IEEE 802.15.4 WPAN 协议标准;网络层、应用层等由 ZigBee 联盟制定。ZigBee 协议栈的体系结构各层的分布如图6-18 所示。

图 6-18 ZigBee 协议栈体系结构

图 6-18 所示协议栈的结构包含一系列的层,每层之间通过服务访问点 SAP(Service Access Point)连接,每一层都通过 SAP 调用下层为本层提供服务,并通过本层与上层的 SAP 为上层服务。结合本图对 ZigBee 协议栈体系各层功能简介如下:

(1)物理层 物理层提供的服务由硬件和软件共同实现,定义了物理无线信道(2.4 GHz 频段,有 16 个信道)和 MAC 子层间的接口,提供物理层数据服务(PLDE)和物理层管理服务(PLME)。通过该接口可唤醒层管理服务功能,同时也负责维护与物理层相关的一些管理对象的数据库(PIB)。物理层通过物理层数据服务接入点(Physical layer Data-Service Access Point,PD-SAP)、物理层管理实体服务接入点(Physical layer Management Entity-Service Access Point,PLME-SAP)与介质访问控制层数据实体服务访问点(Medium Access Control Layer Data Entity-Service Access Point,MLDE-SAP)与 MAC 层通信,PD-SAP 支持在对等的 MAC 层实体间进行 MAC 协议数据单元传送,PLME-SAP 则在 MAC 层管理实体之间提供管理命令的传送。

物理层主要完成如下任务：

① 无线收发机的激活与关闭。

② 当前信道的能量检测（Energy Detect，ED）。

③ 接收数据包的链路质量标识（LQI）。

④ 为载波侦听多路访问/冲突防止（CSMS-CA）提供空闲信道评估（CCA）。

⑤ 工作信道选择。

⑥ 数据发送和接收。

信道能量检测为网络层提供信道选择依据，其取值范围是 $0\times00.0\times FF$。主要测量目标为信道中接收信号的功率强度，链路质量标识为网络层或应用层提供接收数据帧无线信号的强度和质量信息。

（2）MAC 层　与物理层类似，MAC 层也包括管理实体（MLME）和数据实体（MLDE）。MAC 层管理实体提供可以唤醒 MAC 层管理服务的服务接口，同时也维护一个与 MAC 层相关的管理对象数据库（MIB）。

MAC 层与物理层之间通过 PLME-SAP 和 PD-SAP 进行通信，通过 MAC 数据实体服务接入点（MLDE-SAP）和 MAC 层管理实体服务接入点（MLME-SAP）向业务相关子层提供MAC 层数据和管理服务。另外，MAC 层能支持多种 LLC 标准，通过业务相关会聚子层（SSCS）协议承载 IEEE 802.2 类型的 LLC 标准。

MAC 层功能如下：

① 当 ZigBee 节点为网络协调器时，产生信标（beacon）帧。

② 在信标帧之间进行同步。

③ 支持网络协调点的关联与解关联。

④ 支持节点安全机制。

⑤ 对信道接入使用 CSMA-CA 机制，以检测和避免数据传输冲突。

⑥ 处理和维护有保证的时隙（GTS），即在保证时隙内发送数据，其他时隙休眠的机制。

⑦ 在两个对等的 MAC 实体间提供可靠链接。

ZigBee 中的 MAC 和物理层协议是网状网络的应用基础，高容错和低功耗的特点能保证网状网络所必须考虑的基于拓扑控制和功率控制的网络自组织特性。在网状网络中，MAC 层的传输调度策略会影响数据包延迟、带宽等性能，影响网络层路由性能，所以网络层必须感知 MAC 层性能的变化，才可以自适应的方式改变路由，改善网络性能。

（3）链路层　本层包括 IEEE 802.15.4 的逻辑链路控制层（Logic Link Control，LLC）和业务相关的会聚子层承载的 IEEE 802.2 的 LLC 标准。LLC 子层功能包括传输可靠性保障、数据包的分段、重组和顺序传输，并允许其使用 MAC 层的服务。本层的主要功能包括：

① 传输可靠性保障和控制。

② 数据包的分段与重组。

③ 数据包的顺序传输。

（4）网络层　网络层对于 ZigBee 协议栈非常重要，每一个 ZigBee 节点都包含网络层，该层主要实现组建网络，为新加入网络者分配地址、路由发现、路由维护等。另外，网络层还提供一些必要的函数，确保 ZigBee 的 MAC 层正常工作，并且为应用层提供合适的服务接口，这种结构使得网状网络的应用能够实现。为了向应用层提供其接口，网络层提供了两个必需的功能服务实体，它们分别为网络层数据服务实体（NLDE）和网络层管理服务实体（NLME）。

NLDE 通过网络层数据服务实体服务接入点(NLME-SAP)提供数据传输服务;NLME 通过网络层管理实体服务接入点(NLME-SAP)提供网络管理服务。网络层管理实体利用网络层数据实体完成一些网络的管理工作,并完成对网络信息库(NIB)的维护和管理。

(5) 应用层　ZigBee 应用层由三个部分组成:应用子层(APS)、ZDO(包含 ZDO 管理平台)和制造商定义的应用对象(App Obj)。APS 通过网络层和安全服务提供层与端点相接,并为数据传送、安全和绑定提供服务,可以适配不同但兼容的节点,并提供这样的接口:在 NWK 层和 APL 层之间,从 ZDO 到供应商的应用对象的通用服务集。ZigBee 中的应用框架(APL Framework)是为驻扎在 ZigBee 节点中的应用对象提供活动的环境。最多可以定义 240 个相对独立的应用程序对象(ZDO),任何一个对象的端点编号从 1 到 240,端点号 0 固定用于 ZDO 数据接口,应用程序可以通过这个端点与 ZigBee 协议栈的其他层通信;另外一个端点 255 固定用于所有应用对象广播数据的数据接口功能。端点 241～254 保留(为扩展使用),用户不使用。

2) ZigBee 网络拓扑结构

ZigBee 网络支持 2 种物理设备:全功能设备(Full Function Device,FFD)和精简功能设备(Reduced Function Device,RFD)。FFD 提供全部 MAC 服务,能充当任何 ZigBee 节点,发送和接收数据,具备路由功能,可充当网络协调器,接收子节点。RFD 只能充当终端节点,不能充当协调器和路由节点,只将采集的数据发送给协调器和路由节点,RFD 间的通信必须通过 FFD 才能完成。同时,RFD 仅使用较小的存储空间,很容易组建低成本和低功耗的无线通信网络。

ZigBee 标准定义了 3 种节点:ZigBee 协调点(Coordinator)、路由节点(Router)和终端节点(End Device),也定义了 3 种网络拓扑形式:星形、树形和网状,如图 6-19 所示。

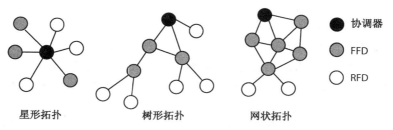

星形拓扑　　　树形拓扑　　　网状拓扑

图 6-19　ZigBee 网络的拓扑形式

(1) 星形网络　星形网络是三种拓扑结构中最简单的,它不用 ZigBee 协议栈,只要用 IEEE 802.15.4 的层就可以实现。星形网组网简单,由协调器和一系列的 FFD/RFD 构成,节点间的数据传输都要通过协调器转发。节点间的数据路由只有唯一路径,没有可选径,假如链路中断,则中断节点间的通信也将中断,故协调器可能成为全网瓶颈。

(2) 树形网络　树形网中,FFD 可包含子节点,而 RFD 只能作为 FFD 的子节点。树形网中,每个节点都只能和父、子节点通信,即当从一个节点向另一节点发送数据时,信息将沿树径向上传递到最近的协调器节点,再向下传递到目标节点。这种拓扑结构的缺点就是信息只有唯一的路由通道,信息路由完成由网络层处理,对应用层是全透明的。

(3) 网状网络　网状网除允许父子节点间的通信,也允许通信范围内具有路由能力的非父子关系的相邻节点通信。与树形网不同,网状网是一种特殊的、按接力方式传输的点对点的网络结构,路由可自动建立与维护,并具有强大的自组织、自愈功能。网络可通过"多级跳"方式通信,可以组成复杂网络,具有很大的路由深度和节点规模。该拓扑结构的优点是减少了消息延时,增强了网络可靠性,缺点是需要更多的存储空间。

6.8.4 ZigBee 的技术优势

1）ZigBee 适用的技术特性

ZigBee 技术主要应用在短距离无线网络通信方面。通常如符合如下条件之一者，就可以考虑采用 ZigBee 技术做无线传输。

（1）需要数据采集或监控的网点较多。

（2）传输数据量不大，而要求节点成本低。

（3）要求数据传输的可靠性与安全性较高。

（4）节点体积小，不便于放置较大的电池或者电源模块。

（5）采用电池供电。

（6）地形复杂，监测点多，需要较大的网络覆盖。

（7）现有移动网络存在覆盖盲区。

（8）使用现存移动网络进行低数据量传输的遥测遥控系统。

（9）使用 GPS 效果差，或成本太高的局部区域移动目标的定位应用。

2）ZigBee 的应用前景

工业自动化对无线数据通信的需求越来越强烈，它对无线数据传输的可靠性、抵抗工业现场的各种电磁干扰性的要求是突出的；同时，面向家庭网络的无线通信也需要具备低价、短距离、低功率、高方便性等特点。其应用领域如下：

（1）智能家居和楼宇自动化　通过 ZigBee 网络，可远程控制家中电器、门窗以及水、电、气的远程自动抄表等；也可通过 ZigBee 遥控器控制各家电节点，如电灯开关、烟火检测器、抄表系统、无线报警、安保系统、HVAC、厨房机械等。

（2）消费和家用自动化　可通过 ZigBee 联网的家用设备有电视、录像机、无线耳机、PC 外设、运动与休闲器械、儿童玩具、游戏机、窗户和窗帘及其他家用电器等。

（3）工业自动化领域　工业自动化利用传感器和 ZigBee 网络，使数据的自动采集、分析和处理更容易，可作为自控辅助系统。例如，危险化学成分检测、火警检测和预报、高速机器的检测和维护等。

（4）医疗监控　借助各种传感器和 ZigBee 网络，准确实时地监测病人的血压、体温和心率等，减少医生查房的工作负担，有助于及时反应，特别是对危重病者的动态监护。

（5）农业领域　传统农业使用孤立、无通信能力的机械设备，依靠人力监测作物的生长状况。采用 ZigBee 传感网可以使用更多的自动化、网络化、智能化的远程控制设备来耕种。传感器可收集土壤湿度、氮浓度、PH 值、降水量、温湿度和气压等信息，这些信息和相应的位置通过网络传递到中央控制设备，供农民参考，这样就能及早且准确地发现问题，提高农作物产量。

6.9　红外通信技术

6.9.1　红外通信技术简介

自然界一切温度高于绝对零度（摄氏－273.16）的物体都会不断辐射红外线，该现象称为热辐射。红外线是不可见光波，其光谱分为 4 个波段：近红外（0.76～3 μm）、中红外（3～6 μm）、中远红外（6～20 μm）和远红外（20～1 000 μm）。目前广泛采用 IrDA（Infrared Data Association，红外数据组织）提出的技术标准。红外通信（IrDA）是一种利用红外进行点对点通信的技术，是第一种实现无线个域网的技术。目前其硬件技术很成熟，在小型移动设备（如 PDA、手机）上广泛使用。事实上，当今许多智能设备都支持 IrDA。

6.9.2 红外通信技术的特点和标准

1）红外通信基本特点

红外通信技术使用一种点对点的数据传输协议，它的通信距离一般在 0～1 m 之间，传输速率最高可达 16 Mb/s，通信介质为波长为 750 nm～1 mm 的近红外线，通过数据电脉冲和红外光脉冲之间的相互转换实现无线的数据收发。该技术主要用来取代点对点的线缆连接；新通信标准兼容早期通信标准，可实现小角度（30°锥角以内）、短距离、点对点直接数据传输，保密性强；传输速率较高，目前广泛使用的是 4 Mb/s 的传输速率。

红外通信协议是一种基于红外线的传输技术。作为无线局域网的传输方式，红外通信方式的优点之一是不受无线电干扰，且其使用不受国家无线管理委员会的限制，目前广泛使用的家电遥控器几乎都采用此技术。

2）IrDA 标准

红外数据通信标准包括基本协议和特定应用领域的协议两类。类于 TCP-IP 协议，它是一个层式结构，其结构形成协议栈，如图 6-20 所示。

信息访问服务协议（IAS）	局域网访问协议（IrLAN）	对象交换协议（IrOBEX）	模拟串口层协议（IrCOMM）
流传输协议（TinyTP）			
连接管理协议（IrLMP）			
连接建立协议（IrLAP）			
物理层协议（IrPHY）			

图 6-20　红外协议栈结构

（1）物理层协议（IrPHY）　制定了红外通信硬件设计上的目标和要求，包括红外的光特性、数据编码、各种波特率下帧的格式等。为达到兼容，硬件平台以及硬件接口设计必须符合红外协议制定的规范。

（2）连接建立协议（IRLAP）层　制定了底层连接建立的过程规范，描述了建立一个基本可靠连接的过程和要求。

（3）连接管理协议（IrLMP）层　制定了在单位个 IrLAP 连接的基础上复用多个服务和应用的规范。在 IrLMP 协议上层的协议都属于特定应用领域的规范和协议。

在 IrLAP 和 IrLMP 的基础上，针对一些特定的红外通信应用领域，IrDA 还陆续发布了一些更高级别的红外协议，如 TinyTP、IrOBEX、IrCOMM、IrLAN、IrTran-P 和 IrBus 等。

（4）流传输协议（TingTP）层　在传输数据时进行流控制。制定把数据进行拆分、重组、重传等的机制。

（5）对象交换协议（IrOBEX）　制定了文件和其他数据对象传输时的数据格式。

（6）模拟串口层协议（IRCOMM）　允许已存在的使用串口通信的应用像使用串口那样使用红外进行通信。

（7）局域网访问协议（IrLAN）　允许通过红外局域网络唤醒笔记本电脑等移动设备，实现远程遥控等功能。

整个红外协议栈较庞大，在嵌入式系统中，由于微处理器速度和存储器容量等限制，不可能也没必要实现整个的红外协议栈。一个典型的例子就是 TinyTP 协议中数据的拆分和重组。它采用了信用片（creditcard）机制，这极大地增加了代码设计的复杂性，而实际在红外通信中一般不会有太大数据量的传输，尤其在嵌入式系统中完全可以考虑将数据放入单个数据包进行传输，用超时和重发机制保证传输的可靠性。因此可以将协议栈简化，根据实际需求，有选择地实现自己需要的协议和功能即可。

6.9.3　红外通信系统工作模式

1）红外通信设备

红外通信系统按工作原理分主动式和被动式。主动式系统自带红外光源照射目标；被动式系统则探测目标的红外辐射，可制造如热成像系统、搜索跟踪系统、红外辐射计和警报系统等。按信息提供方式，可分为成像系统和点源系统。按工作方式，还可分为扫描系统和非扫描系统，扫描系统又分为光机扫描系统和电子扫描系统等。图 6-21 为用于野外动物红外摄影与无线数据传输的设备及其系统模式逻辑结构示意图。

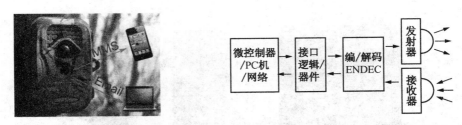

图 6-21　用于野外动物红外摄影与无线数据传输的设备及其模式逻辑结构示意图

2）系统结构

系统由红外光学系统、红外探测器、信号放大器和处理器、显示记录系统等组成，功能如下：

（1）红外光学系统　将目标的红外辐射集聚到红外探测器上，并以光谱和空间滤波方式抑制背景干扰。

（2）红外探测器　一般有红外光发射器，包含热释电探测器、热敏探测器、电荷耦合器件和红外电真空器件以及红外光接收器等。

（3）信号放大器和处理器　置于探测器前的光学调制器，对目标辐射进行调制编码，从背景中提取目标信号或空间位置信息。前置放大器将探测器输出的微弱信号进行初级放大，并提供给探测器。信号处理系统将前置放大器输出的信号进一步放大和处理，提取控制装置或显示记录设备所需的信息。

（4）显示记录系统　信号经放大和处理后，发送给控制和跟踪执行机构或送往显示记录装置。

6.10　UWB技术

6.10.1　UWB技术概述

20世纪60年代已经出现了UWB(Ultra-Wide Band，超宽带)的发射机和接收机设计技术，同时UWB在通信和雷达中也得到了应用。此后，UWB技术不断发展，70年代，UWB在通信和雷达应用中的全部体系概念都已经建立起来，但UWB的真正引入还是在80年代。到了90年代，因设备制造技术的进步，出现了第一个UWB商用系统，目前所做的工作都是对这一系统的具体实现，UWB的基本构成和具体细节及实现方法等都取得了一定的进展，促进了UWB的实用化进程。

UWB是一种无载波通信技术，利用纳秒至微微秒级的非正弦波窄脉冲传输数据。通过在较宽的频谱上传送极低功率的信号，UWB能在10 m左右的范围内实现每秒数兆比特至数千兆比特的数据传输速率。UWB具有抗干扰性能强、传输速率高、带宽极宽、消耗电能小、发送功率小等诸多优势，主要应用于室内通信、高速无线LAN、家庭网络、无绳电话、安全检测、位置测定、雷达等领域。

UWB技术最初是被作为军用雷达技术开发的，早期主要用于雷达技术领域。2002年2月，美国FCC批准了UWB技术用于民用，使其发展步伐逐步加快。图6-22为UWB设备示例。

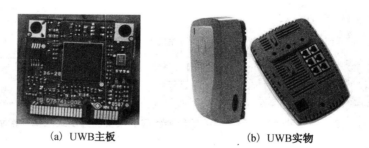

（a）UWB主板　　　　　　（b）UWB实物

图 6-22　UWB 设备

6.10.2　UWB技术的优缺点

1）UWB技术的优点

与蓝牙和WLAN等带宽相对较窄的无线系统不同，UWB能在宽频上发送一系列非常窄的低功率脉冲。较宽的频谱、较低的功率、脉冲化数据，意味着UWB引起的干扰小于传统的窄带无线解决方案，并能够在室内无线环境中提供与有线相媲美的性能。UWB具有以下优点：

（1）抗干扰性能强　UWB采用跳时扩频信号，系统具有较大的处理增益，在发射时将微弱的无线电脉冲信号分散在宽阔的频带中,输出功率甚至低于普通设备的噪声。接收时将信号能量还原出来,在解扩过程中产生扩频增益。因此,与IEEE802.11a、IEEE802.11b和蓝牙相比,在同等码速条件下,UWB具有更强的抗干扰性。

(2)传输速率高   UWB的数据传输速率可达每秒数百亿比特,有望高于蓝牙100倍,也高于IEEE802.11a和IEEE802.11b。

(3)带宽极宽   UWB带宽在1 GHz以上。系统容量大,并能和目前的窄带通信系统同时工作而互不干扰。在频率资源日益紧张的今天,开辟了一种新的时域无线通信资源。

(4)消耗电能小   无线通信系统通信时一般要连续发射载波,要消耗能量。而UWB不用载波,只是发出瞬间脉冲电波,即直接按0、1发送,并在需要时才发送,故能耗较小。

(5)保密性好   UWB的保密性体现在两个方面:一是采用跳时扩频,接收机只有已知发送端扩频码时才能解出发射数据;二是系统的发射功率谱密度极低,传统接收机无法接收。

(6)发送功率极小   UWB系统发射功率很小,通信设备可用小于1 mW的功率实现通信。低发射功率延长了电源工作时间,且发射功率小,其电磁辐射对人体影响也较小。

(7)穿透力较高   UWB有高穿透力,其纳秒级的高速脉冲可穿透墙壁和物体,如雷达一样工作。故UWB除用于通信,还用于定位、测距、透视等领域,并将诸功能集于一体。

2)UWB技术的局限性

(1)干扰问题   影响UWB使用的一个非常实际的问题就是干扰的问题,有以下两个方面:

① UWB对其他无线系统的干扰:到目前为止,UWB用非常宽的带宽来收发无线电信号,而实际上并不存在如此宽的空闲频带,总要有部分频带与现有无线系统,如航空、军事、安全、天文等领域的无线通信系统使用的频带重叠,甚至会对GPS等其他窄带无线通信造成干扰。因此,在目前UWB只能得到有限的应用,可以说UWB是一种以共享其他无线通信频带为前提的通信技术,其对窄带系统潜在的干扰问题尚未解决。

② UWB受其他无线系统的干扰:如果UWB信号低于传统接收机的门限值成立的话,那么传统发射机发射的窄带信号也可能大于UWB接收机的门限值,因此在UWB接收机的频带内,就极易受到传统窄带通信机的干扰。其匹配滤波器的精度、超宽带的天线等也都不易得到满足。

(2)其他方面的局限性

① 由于脉冲持续时间短,要作为相关检测接收脉冲就需要精确的定时。另外,来自微控制器产生的噪声也是一个严重的问题,因为如果是传统的收发信机,只要抑制带外噪声就可以了,而对于UWB来说,是不可行的。

② 带壳限制,UWB可以用更窄的脉冲(得到高信号/符号率)去换取其他两个可变的参量,即带宽(变宽)和信噪比(S/N)。但要使用更大的带宽却需要得到批准,同时信号在高带宽上会平均降低信噪比,导致信号/符号率和信道容量(数据速率)的下降。如果UWB的目标是得到高信道容量或高数据速率,就可通过将平均脉冲频率提高到2 GHz以上,或提高发送功率的方法来达此目的,这就与常规无线通信系统一样,即UWB系统也要在带宽效率、发送峰值功率、复杂度、灵活支持多速率和用误码率(BER)表示的性能之间取得平衡。

3)UWB与其他短距离无线通信技术的比较

图6-23从传输距离与速率上对UWB与其他无线通信技术进行了比较。

从UWB的技术参数来看,UWB的传输距离只有10 m左右,因此只拿常见的短距离无线技术与UWB对比,从中更能显示出UWB的突出优点。常见的短距离无线技术有IEEE802.11a、蓝牙、HomeRF。

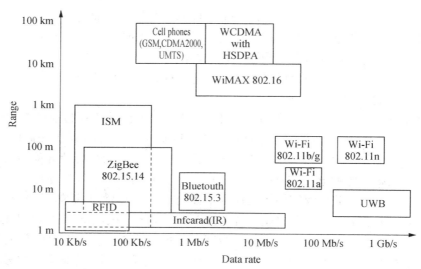

图 6-23　UWB 与其他无线通信技术的传输距离与传输速率的比较

（1）IEEE 802.11a 与 UWB　IEEE 802.11a 是由 IEEE 制定的无线局域网标准之一,物理层速率在 54 Mb/s,传输层速率在 25 Mb/s,通信距离可能达到 100 m,而 UWB 的通信距离在 10 m 左右。在 10 m 的短距离范围内,IEEE 802.11a 的通信速率与 UWB 相比却相差太大,UWB 可以达到上千兆,是 IEEE 802.11a 的几十倍;超过这个距离范围(即大于 10 m),由于 UWB 发射功率受限,UWB 性能就差很多(目前从演示产品来看,UWB 的有效距离已扩展到 20 m 左右)。因此从总体来看,10 m 以内,802.11a 无法与 UWB 相比;但是在 10 m 以外,UWB 无法与 802.11a 相比。另外,与 UWB 相比,802.11a 的功耗相当大。

（2）蓝牙与 UWB　如前所述,蓝牙的传输距离为 10 cm~10 m,采用 2.4 GHz ISM 频段和调频、跳频技术,速率为 1 Mb/s。从技术参数上来看,UWB 的优越性比较明显,有效距离差不多,功耗也差不多,但 UWB 的速度却快得多,是蓝牙速度的几百倍。从目前的情况来看,蓝牙唯一比 UWB 优越的地方就是蓝牙的技术已经比较成熟,但是随着 UWB 的发展,这种优势就不会再是优势,因此在 UWB 刚出现时,有人把 UWB 看成是蓝牙的杀手,不是没有道理的。

（3）HomeRF 与 UWB　HomeRF 是专门针对家庭住宅环境而开发出来的无线网络技术,借用了 802.11 标准中支持 TCP/IP 传输的协议;其语音传输性能则来自 DECT(无绳电话)标准。HomeRF 定义的工作频段为 2.4 GHz,这是不需许可证的公用无线频段。HomeRF 使用了跳频空中接口,每秒跳频 50 次,即每秒钟信道改换 50 次。收发信机最大功率为 100 mW,有效范围约 50 m,其速率为 1~2 Mb/s。与 UWB 相比,各有优势:HomeRF 的传输距离远,但速率太低;UWB 传输距离只有 HomeRF 的 1/5,但速度却是 HomeRF 的几百倍甚至上千倍。

总而言之,这些流行的短距离无线通信标准各有千秋,技术之间存在着相互竞争,但在某些实际应用领域内它们又相互补充。故单纯地说"UWB 会取代某种技术"并不合适,它们各有各的应用领域。

6.10.3　UWB 技术的应用与发展

1) UWB 技术的应用

UWB 技术多年来一直是美国军方使用的技术之一,由于 UWB 具有巨大的数据传输速率优势,同时受发射功率的限制,在短距离范围内提供高速无线数据传输将是 UWB 的重要应用领域,如当前 WLAN 和 WPAN 的各种应用。此外,通过降低数据传输速率提高应用范围,具有对信道衰落不敏感、发射信号功率谱密度低、安全性高、系统复杂度低、能提供数厘米的定位精度等优点,UWB 也适用于短距离数字化的音视频无线连接、短距离宽带高速无线接入等相关民用领域。

UWB 的用途很多,主要分为军用和民用两方面。

在军用方面,主要用于如下领域:UWB 雷达、UWB LP I/D 无线内通系统(预警机、舰船等)、战术手持或 PL I/D 电台、警戒雷达、UAV/U GV 数据链、探测地雷、检测地下埋藏的军事目标或以叶簇伪装的物体等;在民用方面,自从 2002 年 2 月 FCC 批准将 UWB 用于民用产品以来,其应用主要包括以下 3 方面:地质勘探及可穿透障碍物的传感器成像(Imaging System)、汽车防冲撞系统(Vehicle Radar System)、家电设备及便携设备之间的无线通信与测量系统(Communication and Measurements System)。

现以地理定位和家庭数字娱乐中心这两个领域为例进行介绍。

(1)精确定位　UWB 的一个重要应用是精确定位,如三维地理定位。该系统由无线 UWB 塔标和无线 UWB 移动漫游器组成,通过漫游器和塔标间的包突发传送完成航程时间测量,再经往返(或循环)时间测量值的对比分析,得到目标的精确定位。系统使用 2.5 ns 的 UWB 脉冲信号,峰值功率为 4 W,工频范围为 1.3～1.7 GHz,相对带宽为 27%,符合 FCC 对 UWB 信号的定义。如果使用小型全向垂直极化天线或小型圆极化天线,其视距通信可超过 2 km。在建筑物内部,由于墙壁和障碍物对信号的衰减作用,系统通信距离约 100 m 以内。

该技术最初应用在军事上,目的之一是士兵在城市环境下能以 0.3 m 的分辨率来测定自身位置。目前主要的商业用途之一是路旁信息服务系统,它能提供高达 100 Mb/s 的突发信息服务,内容包括路况、建筑物、天气预报和行驶建议,还可用作紧急援助事件通信。

(2)家庭数字娱乐中心　随着科技的发展,家庭电子消费产品层出不穷。PC、DVD、DVR、数码相机、数码摄像机、HDTV、PDA、数字机顶盒、MD、MP3、智能家电等频繁出现在普通家庭里。家庭数字娱乐中心的概念是:将住宅中的 PC、娱乐设备、智能家电和互联网等都连接在一起,人们可以在任何地方使用它们。举例来说,人们储存的视频可在 PC、DVD、TV、PDA 等设备上共享观看;可与互联网交互信息;可遥控 PC,让它控制信息家电,使其按用户设定工作;也可通过互联网用无线手柄结合音像设备开展虚拟游戏。如何把这些相互独立的信息产品结合起来,是建立家庭数字娱乐中心的关键问题,而从 UWB 的技术特点来看,该技术无疑是一个很好的选择。

2)UWB 技术的发展前景

如前所述,UWB 系统在低功率谱密度下,能在户内提供超过 480 Mb/s 的可靠数据传输,故与当前流行的短距离无线通信技术相比,它具有巨大的数据传输速率优势,最大可达 1 000 Mb/s 以上的传输速率。UWB 技术在无线通信方面的创新性、利益性已引起了全球业界的关注,越来越多的研究者投入到 UWB 领域,有的单纯开发 UWB 技术,有的开发 UWB 应用,有的兼而有之。UWB 技术不仅为低端用户所喜爱,在一些高端技术领域亦有应用,在军事需求和商业市场的推动下,将会进一步发展和成熟起来。

与先进国家相比较,我国在 UWB 技术的研究方面可充分发挥后发优势,研究将会更有方向性和针对性,因而有可能在该领域达到并超过世界先进水平,这对我国在该研究领域拥有自主知识产权和相关产品、建立新的经济增长点具有重大意义。

思考题

（1）试述无线接入网的概念、功能与特点。

（2）简述无线网络的类型与分类。

（3）请比较无线网络的各种常用设备及其特点。

（4）简述 IEEE 802.11 系列与 IEEE 802.15 系列标准的主要功能及各自标准的特点。

（5）Wi-Fi、蓝牙与 ZigBee 的通信方式与适用场合有何异同？

7　定位技术

[学习目标]

(1) 掌握 LBS 的概念及其作用。

(2) 掌握室外定位的主要技术、原理与特点。

(3) 了解室内定位的原理与主要技术。

(4) 了解新型定位技术的模式与特点。

7.1　定位服务概述

7.1.1　定位服务的概念及内容

定位服务(Location Based Services，LBS)又称位置服务，是由卫星定位与 GIS 结合，加上移动通信网络与相关技术的支持，获得移动终端、用户或实体的实际位置，如其经纬度坐标、高程数据或对应的电子地图上的标示点，实现各种与位置相关的各类服务。该领域中，"位置"这一概念包括：①地理位置(空间坐标)；②对象处在该位置的时刻(时间坐标)；③处在该位置的对象(身份与标识信息等)。

定位服务对于物联网系统应用是不可或缺的，它是通过对接收到的无线电波的一些参数进行测量，根据特定的算法以判断出被测物体的位置。测量参数一般包括传输时间、幅度、相位和到达角等，而定位精度取决于测量的方法。

1994 年，美国学者 Schilit 提出定位服务的三大目标：你在哪里(空间信息)，你和谁在一起(社会信息)，附近有什么资源(信息查询)，成为该领域的基本内容。2004 年，Reichenbacher 将用户 LBS 服务归纳为四类：定位(个人位置定位)、导航(路径导航)、查询(查询某人或某对象)、识别(识别某人或对象)、事件检查(当出现特殊情况下向相关机构发送或查询有关的位置信息)。技术上，定位服务是指物体和终端设备与定位装置、电子标签等结合后就能产生一系列的应用，成为能跟踪人或物并提供位置服务的工具。

7.1.2　定位服务技术分类

定位服务技术包括核心技术、支撑技术与相关应用系统。

1) 核心技术

定位服务核心技术包括基于 GPS、A-GPS 的定位导航技术，WLAN 的无线通信及定位技术，基于 RFID 等的身份识别与定位导航技术，基于 WSN 的探测、定位及跟踪报警技术以及位置服务中间件技术(多模式定位导航协同技术，多模式切换与平滑过渡技术)等。

2）支撑技术

定位服务支撑技术包括嵌入式系统技术、数据库管理技术、ADHOC 及 Mesh 网络技术、局域网及互联网技术、MIS 技术等。

3）应用系统

定位服务应用系统有目标识别与跟踪导航服务系统、自动电子导航服务系统、智能建筑的应急联动管理系统、关键区域入侵防护与遥测预警系统、复杂建筑的三维地理信息及导航系统等。

7.1.3 定位模式

室外定位是指确定一个移动台（如手机）或载有可跟踪的电子标签的人或物等所在的位置。GPS/北斗卫星等的出现使空间定位技术产生了质的飞跃，定位精度大幅提高，可达米级。当今 GPS/北斗卫星与无线网络融合形成的定位服务，使移动定位服务成为物联网领域最具潜力的应用之一。

无线定位系统具备两个功能单元：对移动台（MS）的位置估计和网络共享某些位置的信息。定位系统测量来自移动终端的电波参数，同时测量某些固定接收器或某些固定发送器发送到移动接收器的电波参数。MS 有两种定位模式：

（1）自我定位　为移动终端中心定位系统，MS 通过测量自己相对于某个已知位置发送器的距离或方向来确定自己的位置（如 GPS 接收器）。

（2）远距离定位　为基于网络的定位系统，采用多个地理定位基站（GBS）来确定 MS 位置，通过分析接收信号强度、信号相位以及到达时间等属性来确定 MS 的距离，MS 的方向则通过接收信号的到达角获得，系统根据每个接收器测量到的移动终端的距离及方向来联合计算移动终端的位置。自我定位系统也可以使用相似的方法。

7.2　定位服务的核心技术

7.2.1 GPS

GPS(Global Positioning System)是全球定位系统的简称，它是上世纪 70 年代初美国出于军事目的开发的卫星导航定位系统。到 1994 年，全球覆盖率高达 98% 的 24 颗 GPS 卫星已布置完成。

1）GPS 的构成

GPS 由空间部分、地面控制部分与用户设备三部分组成，如图 7-1 所示。

（1）空间部分　由 24 颗卫星组成，均匀分布在 6 个轨道面上，轨道倾角 55°。卫星的分布使得全球任何地方、任何时间都可观测到 4 颗以上的卫星，并能在卫星中预存导航信息。

（2）地面控制系统　由监测站（Monitor Station）、主控制站（Master Monitor Station）、注入站和地面天线所组成。一个主控制站，三个注入站，五个监控站。地面控制站负责收集由卫星传回的信息，并计算卫星星历、相对距离、大气校正等数据。

（3）用户设备部分　即 GPS 信号接收机。功能是能捕获到按一定卫星截止角所选的待测卫星。当接收机捕获到卫星信号后，就可测出接收机至卫星的伪距离和距离变化率，解调出卫星轨道参数等数据。据此，接收机的微处理器就可按定位解算方法定位，计算出用户所在地

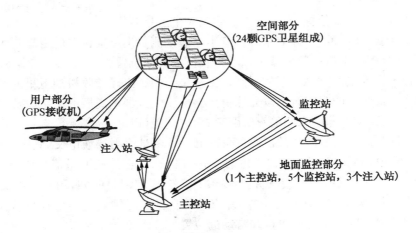

空间部分
(24颗GPS卫星组成)

用户部分
(GPS接收机)

监控站

注入站

地面监控部分
(1个主控站，5个监控站，3个注入站)

主控站

图 7-1　GPS 的组成示意图

理位置的经纬度、高度、速度、时间等信息。

2）GPS 卫星定位

（1）卫星定位基本原理　GPS/北斗卫星定位，主要是利用几颗卫星同时测算一个移动用户的位置，即经度、纬度和高度，原始数据可以由终端处理，也可以送到控制中心处理，一般用于车辆、船舶等导航与手持设备定位。通过 4 个卫星定位，采用测算到达时间（TOA）的原理，如图 7-2 所示。

$$P_1 = \sqrt{(X-X_1)^2+(Y-Y_1)^2+(Z-Z_1)^2} + \mathrm{c}(\mathrm{d}t_1-\mathrm{d}t)$$
$$P_2 = \sqrt{(X-X_2)^2+(Y-Y_2)^2+(Z-Z_2)^2} + \mathrm{c}(\mathrm{d}t_2-\mathrm{d}t)$$
$$P_3 = \sqrt{(X-X_3)^2+(Y-Y_3)^2+(Z-Z_3)^2} + \mathrm{c}(\mathrm{d}t_3-\mathrm{d}t)$$
$$P_4 = \sqrt{(X-X_4)^2+(Y-Y_4)^2+(Z-Z_4)^2} + \mathrm{c}(\mathrm{d}t_4-\mathrm{d}t)$$

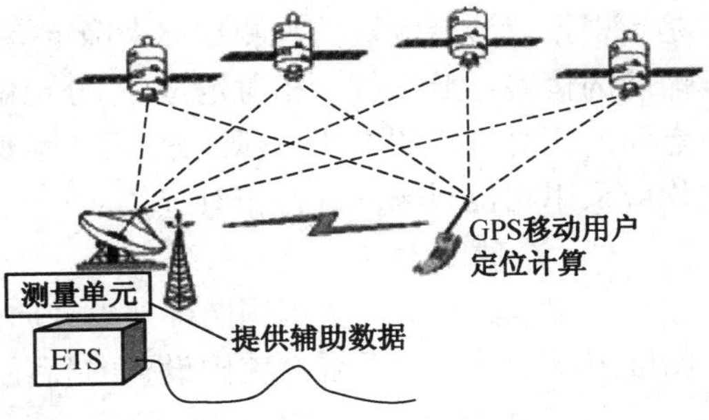

GPS移动用户
定位计算

测量单元

ETS

提供辅助数据

（a）　　　　　　　　　　　　　　　　　　（b）

图 7-2　GPS/北斗定位及测算原理示意图

式中：$X_1Y_1Z_1$、$X_2Y_2Z_2$、$X_3Y_3Z_3$、$X_4Y_4Z_4$ 为已知卫星 P_1、P_2、P_3、P_4 测量出的伪距，c 为光速，$\mathrm{d}t_i(i=1,2,3,\cdots)$ 为已知卫星时钟与 GPS 时间偏差，$\mathrm{d}t$ 为未知接收机与 GPS/北斗卫星时间偏差。卫星的时钟偏差由接收机从卫星导频信息中取得。平方根项代表卫星与接收机之间距。

对于地面接收机有 4 种主要功能：

① 用伪距决定卫星与接收机之间距离。

② 从卫星发出的信息中提取 TOA。

③ 求出卫星的星历数据（信号到达时），计算卫星的位置。

④ 确定接收机位置和接收机时钟偏差。

由于用户接收机的时钟与卫星时钟不可能总是同步，所以除接收机的三维坐标 x，y，z

外，还要引进 Δt 即卫星与接收机之间的时间差作为未知数，再用 4 个方程解出这 4 个未知数。故如想知道接收机的所处位置，至少需要接收到 4 个卫星的信号。

（2）卫星定位过程　GPS 导航系统的基本原理是测量出已知位置的卫星到用户接收机之间的距离，再综合多颗卫星的数据就可知道接收机的具体位置。

卫星位置可根据星载时钟记录的时间在卫星星历中查出。接收机到卫星的距离通过记录卫星信号传播到接收机的时间再乘以光速得到。由于大气层电离层的干扰以及接收机与卫星间的时钟误差，该距离并非两者间的真实距离，而是伪距（PR）。

卫星以二进制码元组成的伪随机码（简称伪码）不断地发射导航电文，其中包括卫星星历、工况、时钟改正、电离层时延修正、大气折射修正等信息。它是从卫星信号中解调制出来，以 50 bit/s 调制在载频上发射的。接收机收到导航电文，提取卫星时间，用导航电文中的卫星星历数据推算出卫星发射电文时所处位置，并将其与自己的时钟对比，再用用户在 WGS-84 大地坐标系中的位置速度等信息便可得知自动的位置。

地面接收机可接收到可用于授时的准确至纳秒级的时间信息；用于预报未来几个月内卫星所处概略位置的预报星历；用于计算定位时所需卫星坐标的广播星历，精度为几米至几十米（随各个卫星不同，随时变化）；以及 GPS 系统信息，如卫星状况等。

用户接收机对码的量测可得其到卫星的距离，但因含有接收卫星钟的误差及大气传播误差，故称为伪距，对 OA 码测得的伪距称为 OA 码伪距，精度约为 20 m，对 P 码测得的伪距称为 P 码伪距，精度约为 2 m。

GPS 接收机对收到的卫星信号进行解码（或采用其他技术），将调制在载波上的信息去掉后就可恢复载波。按定位方式，GPS 定位分为单点定位和相对定位（差分定位）。单点定位就是指根据一台接收机的观测数据来确定接收机位置的方式，它只能采用伪距观测量，可用于车船等的概略导航定位。相对定位（差分定位）是指根据两台以上接收机的观测数据来确定观测点间的相对位置的方法，它既可采用伪距观测值，也可采用相位观测值。大地测量或工程测量均应采用相位观测值进行相对定位。

（3）全球四大卫星导航系统

① 美国 GPS：由美国国防部建设并向全球开放的卫星定位系统，但美国只向外国提供低精度卫星信号。该系统有美国设置的"后门"，一旦美国认为需要时，可关闭对某地区的服务。

② 中国北斗卫星导航系统（BeiDou Navigation Satellite System，BDS）：是中国自行研制的全球卫星导航系统，它和美国 GPS、俄罗斯 GLONASS、欧盟 GALILEO 都是联合国卫星导航委员会认定的卫星定位服务系统。

北斗卫星导航系统可在全球范围内全天候提供高精度、高可靠定位、导航、授时服务，并具短报文通信能力，已具备区域导航、定位和授时能力，定位精度达米级，测速精度0.2 m/s，授时精度 10 ns。

北斗卫星导航系统空间段由 5 颗静止轨道卫星和 30 颗非静止轨道卫星组成，目前已覆盖亚太地区，计划 2020 年左右覆盖全球。地面段包括主控站、注入站和监测站等若干个地面站，用户段包括北斗用户终端以及与其他卫星导航系统（如 GPS 等）兼容的终端。

③ 俄罗斯格洛纳斯：GLONASS 是俄语"全球卫星导航系统 GLOBAL NAVIGATION SATELLITE SYSTEM"的缩写，始于 20 世纪 70 年代，需要 18 颗卫星覆盖俄罗斯，全球定位已于 2011 运行，目前有 24 颗卫星工作。

④ 欧盟"伽利略"：欧洲的卫星定位系统 2009 年启动。截止 2016 年 12 月，已经发射了 18

颗工作卫星,具备了早期操作能力(EOC),计划在 2019 年具备完全操作能力(FOC)。全部 30 颗卫星计划于 2020 年发射完毕。

7.2.2 基站定位

1) GSM 基站

基站定位有快速、省电、低成本、应用限制小等特点。

蜂窝基站定位(Global System for Mobile communications, GSM)的基础结构是一系列的蜂窝基站,这些基站把整个通信区域划分成如图 7-3 所示的一个个蜂窝小区。小区小则几十米,大则几千米。人们用移动设备在 GSM 网络中通信,实际上就是通过某个基站接入网络,通过 GSM 网络进行数据(语音数据、文本数据、多媒体数据等)传输。GSM 定位就是借助识别这些蜂窝基站进行对象定位,图 7-3 中 MSC 是移动交换中心,通过公共电话交换网(PSTN)与主干网互联。

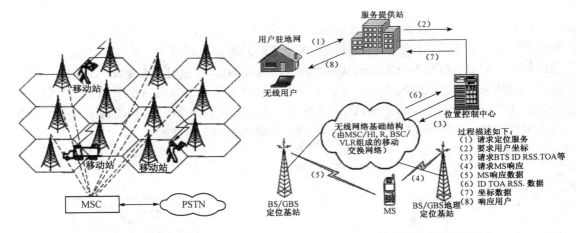

图 7-3　蜂窝基站　　　　　　　图 7-4　基站定位系统体系结构

基站定位分为自我定位与被动定位两种模式,图 7-4 为基站定位系统的架构及其提供的被动服务流程。移动运营商为用户提供对象的位置信息和定位服务,当某固定用户申请定位某个外地移动站 MS 位置时,服务商将首先联络位置控制中心,通过无线网络基础设施,经各个基站系统传递查询,找到 MS 的位置坐标。用户就可找寻并跟踪到此 MS(如手机或电子标签),位置控制中心就收集所需信息来计算 MS 的位置,此信息可能是接收信号强度、BSID(基站识别代码)、信号 TOA(到达时间)等参数。根据 MS 的移动信息,一系列 BS/GBS(基站/地球基站)可被用来寻找 MS,并直接或者间接获得定位参数。位置控制中心一旦接收到这些信息,就能以某一精度确定 MS 的位置,并反馈给定位服务提供商,再转换为用户可用的 MS 位置。

2) 单基站定位

COO(Cell Of Origin)是单基站定位技术,由于移动运营商对其每个基站的地理位置与编码都有唯一标识(Cell-ID),且每个基站所服务的区域就称为一个小区,于是当移动设备连接到当前的基站时,就可通过运营商知道其当下所在的小区的位置。这种技术不需更改手机或网络,故能在现存手机的基础上构造位置查找系统。它只需采集移动台所处的小区识别号(Cell-ID 号)就可确定用户的位置。只要系统能采集到 MS 所在基站的地理位置以及小区覆盖半径,则当移动台在所处小区注册后,系统就会知道移动台处于哪一个小区,当然小区的定位精度取决于其半径。

通常,在基站密集的城市中心区,由于采用多小区制,即小区半径很小,其定位精度可达 50 m 以内;而乡村地区的建筑物较少,基站覆盖的小区面积较大,可能达到几千米,这样的定位精度就极其粗略。因此可看出,COO 的定位精度虽然差距很大,但这却是 GSM 网络中移动设备最快捷、最方便的定位方法。

由于 GSM 系统可用于定位的参数还有时间提前量 TA。由基站测量得到结果,然后通知移动用户提前一段时间(TA)发送数据,使到达数据正好落入基站的接收窗口中,TA 的目的是为了扣除基站与移动用户之间的传输时延,因此用 TA 可估计移动站 MS 和基站 BS 间的距离。TA 以 bit 为单位,1bit 相当于 550 m。由于无线传输存在多径效应,因此利用 TA 定位的精度也很低。但因网络中已保存了这些数据,因此把 COO 和 TA 结合定位是一种简单且经济的方法,可实现一些位置查询业务,如显示移动用户所在区域内的餐馆、旅馆等信息,定位精度取决于小区的大小和周围的环境。

3) TOA/TDOA 定位

(1) TOA 定位　基于距离的到达时间(Time Of Arrival,TOA)定位技术,其基本原理是通过测出电波从手机/终端/移动台传播到多个基站的时间来确定手机终端的位置。用 TOA 定位的方法需要手机和参与定位的基站之间时间精确同步,需通过与在基站上安装了 GPS 或原子钟的移动网络之间的同步来实现。本方法通过测量基站信号到达手机的时间,可确定其距离。利用信号源到各基站的距离(以基站为中心,距离为半径作圆)就能确定信号的位置。这类定位需要 3 个基站,如图 7-5 所示,时间计算原理如图 7-6 所示。

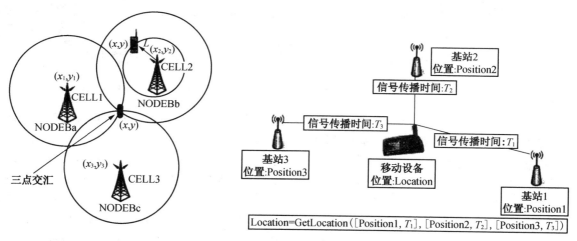

图 7-5　三基站定位模式　　　　　　　图 7-6　三基站定位方法

(2) TDOA 定位　基于距离的到达时间差(Time Difference Of Arrival,TDOA)定位技术。不同于 TOA,它通过检测信号到达基站间的时间差,而不是到达的绝对时间来确定手机/终端/移动台的位置,降低了时间同步要求。仍采用 3 个不同的基站可以测到两个 TDOA,手机位于两个 TDOA 决定的双曲线的交点上,如图 7-7 所示。TOA 要测量各基站信号到达移动台的绝对时间,比较困难;而 TDOA 法比较信号到达各个移动台的时间差,就相对容易一些。

该定位技术可用于各种移动通信系统，尤其适于CDMA系统。CDMA系统用扩频方式将信号频谱扩展到很宽的范围，使系统具有较强的抗多径能力。CDMA属非功率敏感系统，信号衰减对时间测量的精度影响较小。TDOA与TOA比较的优点之一是：当计算TDOA值时，计算误差对所有的基站是相同的且其和为零，这些误差包括公共的多径时延和同步误差。

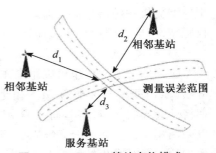

图7-7　TDOA 三基站定位模式

TOA/TDOA 定位方法均通过三对$[Position\ i，T_i]$（$i=1，2，3$）来确定接收机的位置 Location。两者的不同只是算法上的不同。

TOA 电波到达时间定位基本原理是得到$T_i(i=1，2，3)$后，由$T_i×c$得到设备到基站之间的距离R_i，再按几何原理建立方程组并求解，从而求得Location值，如图7-5所示。由于图中距离计算完全依赖于时间，故 TOA 算法对系统时间的同步要求很高，任何很小的时间误差都会被放大很多倍，同时由于多径效应的影响又会带来很大的误差，因而单纯的 TOA 在实际中应用很少。

TDOA 电波到达时间差定位是对 TOA 定位的改进，与TOA 的不同之处在于，得到T_i后不是立即用T_i去求距离R_i，而是先对T_1、T_2、T_3两两求差，再通过一些算法建立方程组并求解，得到 Location 值，如图7-8所示。

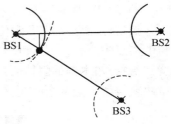

TDOA 由于其中设计的求差过程会抵消很大一部分的时间误差和多径效应带来的误差，可以大大提高定位的精确度，再因其对网络的要求相对较低，目前已成为研究的热点。

图7-8　TDOA 定位方法

4）AOA 定位

到达角度（Angle of Arrival，AOA）定位是一种基于方向的两基站定位方法，是基于信号的入射角进行定位。原理如图7-9所示。

AOA 定位通过两直线相交确定位置，不可能有多个交点，避免了定位的模糊性。为了测量电磁波的入射角，接收机必须配备方向性强的天线阵列。采用此方法在障碍物较少的地区能得到较高的准确度，但在障碍物较多的环境中，由于无线传输存在多径效应，则误差增大。位置测定精度依赖于发送器相对于接收器的位置。如发送器恰好处在两个接收器之间的直线上，则 AOA 法无法锁定目标位置。此时需采用多于两个基站来保证定位精度。

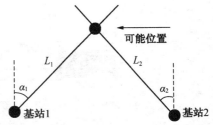

图7-9　AOA 定位法示意

当知道了基站 1 到手机/终端/移动设备间连线与基准方向的夹角α_1，就可画出射线L_1；同样，知道了基站 2 到移动设备间连线与基准方向的夹角α_2，就可画出射线L_2，L_1与L_2的交点就是设备的位置。这就是 AOA 定位的基本数学原理，用函数调用表达如下。

$$Location＝GetLocation([Position\ 1，\alpha_1][Position\ 2，\alpha_2])$$

5）接收信号强度（RSS）定位法

如果 MS 发射的功率是已知的，则在 GBS 处测量 RSS（接收信号强度）值，可根据已知数学模型提供发送器和接收器之间距离进行定位。数学模型描述了无线信号与距离有关的路径损耗特性，但由于存在多径损耗，并且阴影衰落效应对此模型会造成较大的标准偏差。

6）接收信号相位定位法

收到信号的相位也可以用来作为定位参数，通过用辅助的参考接收器测量载波的相位，差分 GPS(DGPS)与标准的 GPS 相比，可以把定位精确度从 20 m 提高到 1 m。但信号相位的周期特性会导致相位模糊，而在 DGPS 里模糊的载波相位测量被用来对范围测量进行细调。可以采用相位方法并结合 TOA 或 TDOA 或者 RSS 方法来细调位置估计，同样，多径效应会导致相位测量时产生较大误差。

7.2.3 新型定位系统

1）AGPS 定位概述

AGPS(Assisted GPS，网络辅助 GPS)是一种新型的定位技术，它结合了 GPS 定位和蜂窝基站定位的优势，借助蜂窝网络的数据传输功能，可达很高的定位精度和很快的定位速度，在移动设备尤其是手机中被越来越广泛的使用。

2）AGPS 定位架构

按定位媒介，AGPS 定位技术包含基于 GPS 的定位和基于蜂窝基站的定位两类。GPS 定位的弱点主要有：一是硬件初始化（首次搜索卫星）时间较长；二是 GPS 卫星信号穿透力弱，易受建筑物、树木等的阻挡而影响定位精度。AGPS 定位技术通过 GSM 网络等的辅助，成功地解决或缓解了这两个问题。其基本模式与过程如图 7-10 所示。

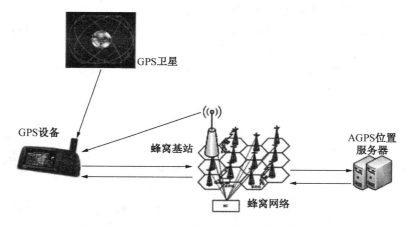

图 7-10　A-GPS 定位的模式与基本流程

作业步骤分为搜索卫星过程与定位过程，具体如下：

（1）搜星过程

① 移动设备从蜂窝基站获取到当前所在的小区位置（即一次 COO 定位）。

② 移动设备通过蜂窝网络将当前蜂窝小区位置传送给网络中的 AGPS 位置服务器。

③ APGS 位置服务器根据当前小区位置查询该区域当前可用的卫星信息（包括卫星的频段、方位、仰角等相关信息），并返回给设备。

④ GPS 接收器根据得到的可用卫星信息，可快速找到当前可用的 GPS 卫星。

至此,GPS 接收器已经可正常接收 GPS 信号,GPS 初始化过程结束。AGPS 对定位速度的提高就主要体现在此过程中。

上述过程步骤虽多,但因移动通信网络的辅助,用户可快速搜到相应卫星,大大缩短初始化时间。

(2) 计算位置　用户终端(GPS 接收器)找到 4 颗以上的卫星,根据位置计算所在端的不同,有两种定位方案:终端设备计算的 MS-Based 方式和网络端计算的 MS-Assisted 方式。

① MS-Based 方式:过程与传统 GPS 定位相同,接收器接收原始 GPS 信号,解调并处理,根据处理后的信息进行位置计算,得到位置坐标。

② MS-Assisted 方式

a. 设备将处理后的 GPS 信息(伪距信息)通过蜂窝网络传输给 AGPS 位置服务器。

b. AGPS 服务器根据伪距信息,并结合其他途径(蜂窝基站定位、参考 GPS 定位等)得到的辅助定位信息,计算出最终的位置坐标,返回给设备。

在 MS-Assisted 方式下,由于辅助定位信息的加入,可提升定位精度;同时可在很大程度上克服卫星信号弱时无法定位或定位精度低的问题,将复杂计算转移到移动网络中,也可较大地减少设备电量消耗。

7.3　室内定位技术

7.3.1　室内定位技术概述

物联网应用将有很大一部分是在室内,如机场、展厅、仓库、超市、图书馆、停车场、矿井、车间、酒店、教学楼以及大楼等建筑物中,需要确定移动终端、载有电子标签的物品或人员、设施与装备等在一幢建筑物内的位置信息。随着机器人的普及,对大量室内移动机器人的精确定位需求也日益增加。

但受定位时间、定位精度以及复杂室内环境等条件之限,任何一种定位技术均未达到尽善尽美。因此,专家提出了多项技术解决方案,如 A-GPS 定位、超声波定位、蓝牙技术、红外线技术、射频识别技术、超宽带技术、无线局域网、光跟踪定位及图像分析、信标定位、计算机视觉定位技术等。

室内定位技术在定位精度、稳健性、安全性、方向判断、标志识别及复杂度等方面有综合性要求,具体如下:

1) 定位精度

此为最重要的指标,也是技术难度所在。当然,对不同的需求,定位精度也有不同。如简单的室内定位只需要找到写字楼的房间即可,但对室内机器人的运行,则需更高的定位精度,以满足其在房间内自由运动的要求。

2) 稳健性

室内定位的另一困难是不容易保证定位的稳健性,这往往是由于室内环境复杂和多态性造成的。对于室内环境,目标位置的相对改变程度往往较大,室内物品与人员的移动可能有频繁的变化。这就要求定位技术具有很好的自适应性,很高的容错性,从而使在室内环境不理想的情况下,定位系统仍能提供位置信息。系统稳健性的提高也可减小维护的难度。

３）安全性

室内外定位皆需要安全性保障,室内定位多涉及个人用户,而私人信息往往不愿被公开,从而使室内定位系统在面向个人用户时应满足信息交换的安全性要求。

４）方向判断

室内定位的方向与卫星导航的方向判断问题一样,都要在判断出目标的方位后,进一步判断目标未来的运动趋势。该问题分两种情况:运动方向判断和静止时的方向判断,后者尤其成为当前的难题。

５）标志识别

室内环境往往有一些标志性目标,如门牌、室内家具等,利用这些标志自身的特点,可提高定位精度,因此,好的室内定位系统应具有完善的标志识别功能。

６）复杂度

室内定位的应用特点是规模小、应用对象是个人,因此室内定位系统的复杂度较低,不能使用大量的硬件设施,应加入先进算法来完成定位,当然,定位算法也不能过于复杂。

7.3.2　室内 GPS 定位技术

当 GPS 接收机在室内时,信号受建筑物的影响而大大衰减,定位精度也很低,要想达到像室外一样直接从卫星中提取导航数据和时间信息是不可能的。为得到较高的信号灵敏度,就需要延长在每个码延迟上的停留时间,AGPS 技术为此提供了可能性。室内 GPS 技术采用大量的相关定位器并行地搜索可能的延迟码,以利于实现快速定位。通过 GPS 需与室内无线定位技术结合,特别是与近域无线网络技术,如红外线、超声波、ZigBee、蓝牙和超宽带等技术结合,实现在办公室、家庭、工厂等应用。

7.3.3　红外线室内定位技术

红外线(IR)是波长介于微波与可见光之间的电磁波,用于红外线室内定位系统的红外线光谱的中心波长通常为 830～950 nm。

红外线室内定位系统由红外线发射器和接收器组成。通常,红外发射器是网络的固定节点,而红外接收器或传感器安装在待定位目标上作为移动终端。红外发射器发射调制的红外射线,通过室内的光学传感器进行接收定位。虽然红外线具有相对高的室内定位精度、反应灵敏、单个器件成本低廉,但其缺点也很明显:红外光不能穿过障碍物,使其在室内仅能视距传播定位;同时,红外线光在空气中的衰减很大,导致其传输距离短。这两大主要缺点使其室内定位的效果很差,当标识放在口袋里或有墙壁及其他遮挡时就不能正常工作,需要在每个房间、走廊安装接收天线,造价较高。因此,红外线只适合短距离传播,在定位上有相当的局限性。

7.3.4　超声波室内定位技术

超声波(Ultrasound,US)是指超出人耳听力阈值上限 20 kHz 的声波,可在固体、液体与气体三种形态的介质中传播。超声波在空气中的振荡频率较低,用于室内定位的频率通常只有 40 kHz。超声波波速会随着温度的升高而加快。

超声波测距主要采用反射式测距法,通过三角定位等算法确定物体位置,即发射超声波并接收被测物的回波,根据回波与发射波的时间差计算出待测距离,有的则采用单向测距法。此类方案的硬件设施通常包括:若干固定的射频、超声波发射器,作为信标节点;一个固定的同步节点;一个或若干装有射频、超声波接收器的移动节点;一个汇聚节点和监控中心。

超声波定位系统可由若干个应答器和一个主测距器组成。主测距器放置在被测物体上,在微机指令信号的作用下向位置固定的应答器发射同频率的无线电信号,应答器在收到无线电信号后同时向主测距器发射超声波信号,得到主测距器与各个应答器之间的距离。当同时有 3 个或以上不在同一直线上的应答器回应时,可根据相关计算确定被测物体所在的二维坐标系的位置。

超声波系统的定位流程为:

(1) 同步节点以 T 为周期通过频率信道广播同步信号。

(2) 信标节点接收到同步信号后分别延迟一小段时间 ΔT 后,发射出带有自身位置标识的射频信号和超声波信号。

(3) 移动节点收到同步信号后开始计时,然后在收到各个信标节点发来的超声波信号后分别记录下时间差。

(4) 在计时满周期 T 之前,移动节点将时间差数据传给汇聚节点。

(5) 汇聚节点再将节点信号传给监控中心,由监控中心通过 TDOA 算法完成计算、定位。

超声波定位整体定位精度较高、结构简单,但受多径效应和非视距传播影响很大,同时需要大量的底层硬件设施投资,成本较高。

7.3.5 蓝牙室内定位技术

蓝牙室内定位是指通过测量信号强度进行定位。在室内安装适当的蓝牙局域网接入点,把网络配置成基于多用户的基础网络连接模式,并保证蓝牙局域网接入点始终是这个微微网(Piconet)的主设备,就可获得用户的位置信息。

蓝牙技术的特点如下:

(1) 工作于 ISM 频段,无须申请许可。

(2) 发射功率小,且有自适应性,无电磁波污染。

(3) 采用 Adhoc 方式工作,采用无基站组网方式,可方便地实现自组织网络。

(4) 采用快速调频技术(1 600 跳/s),抗干扰能力强。

(5) 采用快速确认机制,能在链路情况良好时实现较低编码开销。

(6) 采用 CVSD 语音编码,在高误码情况下也可工作。

(7) 宽松链路配置。

基于以上技术特点,蓝牙技术很适合于室内定位。蓝牙室内定位技术最大的优点是设备体积小、易于集成在 PDA、PC 以及手机中,容易推广普及。

基于蓝牙的定位系统通常采用两种测量算法:基于传播时间的测量方法和基于信号衰减的测量方法。对于前者,由于室内环境多变,所以存在多径效应,为减少误差需采用纳秒级的同步时钟,但在实际应用中较难实现。对于后者,又存在两种不同的思路:第一种思路是完全根据理论公式(即无线电信号能量的衰减与距离的平方成反比)进行计算,但由于实际应用时信号的衰减是受多种因素影响的,并非单单取决于距离,所以结果往往不能令人满意;第二种思路则是基于经验的定位方法进行计算,在定位前需要事先测定目标区域内多个参考点的信号强度,并将这一系列数据建库,在实际定位时,仅需将移动终端收到的信号强度与上述数据库进行匹配,即可完成定位,其定位精度与数据库的质量密切相关。

对持有集成了蓝牙功能移动终端设备的用户,只要设备的蓝牙功能开启,蓝牙室内定位系统就能够对其进行位置判断。采用该技术作室内短距离定位时容易发现设备且信号传输不受视距的影响。其不足处在于蓝牙器件和设备的价格比较昂贵,且主要应用于小范围定位,对于复杂的空间环境,蓝牙系统的稳定性稍差,受噪声信号干扰大。

7.3.6 RFID 室内定位方法

利用射频方式进行非接触式双向通信能达到识别和定位,其作用距离短,一般最长为几十米。但它可以在几毫秒内得到厘米级定位精度的信息,且传输范围大,成本较低。同时由于其非接触和非视距等优点,可望成为优选的室内定位技术。目前,RFID 定位的热点和难点在于传播模型的建立、用户的安全隐私等问题。其优点是标识的体积较小,造价较低,但是作用距离近,不具通信能力,不便于整合到其他系统之中。具体实施定位时,可采用以下两种思路:

(1) 根据信号传播模型实时演算。由于移动目标离 RFID 读写器越近,其 RSSI(接收信号强度指标)值越大,反之越小。所以根据 RSSI-距离关系,可判断出移动节点距离某一个参考节点的距离,进而在 3 个或 3 个以上参考节点的重叠覆盖范围内,分别根据所获得的 RSSI 值得出读写器和参考点之间的距离,再根据三角关系计算出移动节点的位置。

(2) 由于方法(1)易受环境的影响,尤其是对复杂多变的室内环境而言,难于找到一个稳健的传播模型。实际应用中,通常采取 RSSI 建库方法,即预先采集目标区域内多个参考点的 RSSI 值,然后建立关于位置信息的指纹库,这样在实际定位时,移动节点收到参考节点的 RSSI 值后与已建立的数据库进行相关运算,相关度最大的那个值所对应的位置信息即为定位结果。

目前,RFID 研究的热点和难点在于理论传播模型的建立、用户的安全隐私等问题。其优点是标识的体积较小、造价较低,但缺点是作用距离近、不具通信能力、不便于整合到其他系统之中。

7.3.7 UWB 室内定位技术

UWB 技术是一种全新的、与传统通信技术有极大差异的通信新技术。它不需要传统通信体制中的载波,而是通过发送和接收具有纳秒或纳秒级以下的极窄脉冲来传输数据,从而具有兆赫量级的带宽。

UWB 可用于室内精确定位,与传统的窄带系统相比,具有穿透力强、功耗低、抗多径效果好、安全性高、系统复杂度低等优点。因此,可用于室内静止或者移动物体以及人的定位跟踪与导航,且能提供十分精确的定位精度。

UWB 定位系统主要由参考标识、主动标识和接收机构成。二维坐标中应用 UWB 技术时主要采用 TOA 方法进行定位,三维坐标中多采用 TDOA 或二者结合的方法进行定位。

以 Multispectral Solution 公司和美国海军设施工程服务中心(NFESC)联合开发的 UWB

精确定位系统为例,它由 4 个 UWB 接收机、1 个 UWB 目标节点组成,如图 7-11 所示。

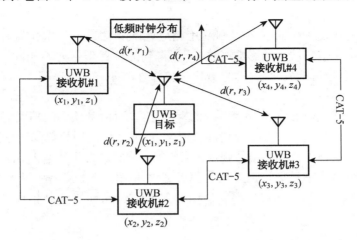

图 7-11　Multispectral Solution 和 NFESC 联合开发的 UWB 精确定位系统示意图

7.3.8　Wi-Fi 室内定位技术

1) Wi-Fi 室内定位概述

WLAN 具有高带宽、高速率、高覆盖度的特点,且受非视距影响极小。在中短距离范围内,Wi-Fi 具有无可比拟的优势。对于室内环境,Wi-Fi 的多径效应依然不能避免,因此基于信号衰减模型的定位方法无法使用。故 Wi-Fi 定位系统通常采用的是基于机器学习的定位方案,这种定位方案分为两个阶段:离线阶段,采集足够的训练数据,建立环境模型,得到 Wi-Fi 信号的分布情况;在线阶段,采集实时数据,导入已经建立的模型,得到当前的定位结果。

2) Wi-Fi 指纹定位过程

Wi-Fi 指纹定位过程包括了离线阶段和在线阶段。离线阶段为前期部署阶段,需要确定定位区域的所有采样点,通过多次采样建立完备的室内信号强度指标(RSSI)指纹库。服务器把指纹库中相同采样点的指纹进行平均形成指纹图(Radio Map),并使得指纹图尽可能准确地表达每个采样点的信号特征。在线阶段为定位阶段,终端首先从服务器下载指纹图,并测量终端当前位置的信号强度值(RSSI),然后利用合适的匹配算法确定终端位置。

(1) 离线阶段　定位区域内的指纹采样点记为 RP_i,$i \in \{1, 2, \cdots, N\}$,遍历此 N 个采样点,将每个 AP 对应的 RSSI 值及 MAC 地址存为一个指纹,记为 $FP_i = (MAC_m, RSSI_i)T$,其中 MAC_m 表示当前采样点搜索到的第 m 个 AP 的 MAC 地址。对每个采样点的 RSSI 进行多次采样,并与其位置坐标 (x, y) 存为一组,形成指纹图。

(2) 在线阶段　终端从服务器下载指纹图,并扫描当前位置指纹,然后利用匹配算法确定位置。现有的指纹匹配算法可分为确定性匹配算法(如 K-最近邻算法,K-NN)和概率性匹配算法(如最大后验估计 MAP、最小均方根误差 MMSE 算法)。K-NN 算法由于计算简单且时间复杂度低而被普遍采用。其基本原理是通过比较终端与指纹图中所有指纹的欧氏距离确定终端位置,具体步骤如下:

① 计算当前位置指纹 FP_m 的 RSSI 向量 $\boldsymbol{\phi}_m$ 与指纹图中采样点 RP_i 的 RSSI 向量 $\boldsymbol{\phi}_i$ 的欧氏距离。

② 对 dm 进行升序排序,选出前 k 个指纹并平均其平面位置坐标(x,y),得到当前位置坐标。

定位时,终端每扫描一次周围 AP,则利用相应匹配算法进行一次位置计算,并将位置显示在终端。然而,由于信号波动的影响,每次计算得到的位置坐标并不相同,即使用户并未移动时计算所得的位置也可能发生变化,导致定位鲁棒性略差。

3)应用实例

芬兰的 Ekahau 公司开发了利用 Wi-Fi 的室内定位软件,其绘图的精确度在 1～20 m 的范围内,比蜂窝网络三角测量定位方法更精确。但是,如果定位的测算仅仅依赖于哪个 Wi-Fi 的接入点最近,而不是依赖于合成的信号强度图,那么在楼层定位上很容易出错。目前,它应用于小范围的室内定位,成本较低。但无论是用于室内还是室外定位,Wi-Fi 收发器都只能覆盖半径 90 m 以内的区域,而且很容易受到其他信号的干扰,从而影响其精度,定位器的能耗也较高。

7.3.9　ZigBee 室内定位技术

ZigBee 是一种短距离、低速率无线网络技术,它介于射频识别和蓝牙之间,也可用于室内定位。它通过在数千个微小的传感器之间相互协调通信以实现定位。这些传感器只需要很少的能量,以接力的方式通过无线电波将数据从一个传感器传到另一个传感器,所以它们的通信效率非常高,其技术特点是低功耗和低成本。

其主要优点为:低能耗、低速率、低成本、高容量、高安全性、高可靠性、短时延等。这些优点非常适于组建 WSN,也很适合于室内定位应用。目前,ZigBee 联盟已针对定位应用开发了许多成熟的解决方案,如德州仪器公司推出了带硬件定位引擎的片上系统 CC2431,其工作原理是首先根据 RSSI 与已知信标节点位置准确计算出特定节点位置,然后将位置信息发送给接收端。相较于集中型定位系统,RSSI 定位方法对网络吞吐量与通信延迟要求不高,在典型应用中可实现 3～5 m 的定位精度和 0.25 m 的分辨率。

目前,基于 CC2431 的 ZigBee 定位系统有很多,一种方案是将 ZigBee 模块分为网关节点、参考节点和移动节点三类。具体功能如下:

(1)网关节点用来接收由上位机提供的各参考节点和移动节点的配置数据,并发送给相应的节点,它还要接收各节点反馈的有效数据并传输给监控软件。

(2)参考节点为预先布置的节点,位置已知,参考节点会将自己的位置信息和 RSSI 值传输给移动节点。

(3)移动节点安放于待定目标,能与离自己最近的参考节点通信,并可将收集到的 RSSI 和先验信息发送给网关节点。组建好通信网络后,ZigBee 定位系统中的三类节点的正常工作和协调依靠节点之间的命令串应答来进行。

7.4　室内外综合定位技术

室内外一体化定位有多种解决方案。图 7-12 是一种采用 TC-OFDM(Time Code-Orthogonal Frequency Division Multiplexing)即 TD 正交频分复用技术系统架构的室内外一体化定位系统。它采用一种信号新体制,该体制基于地面广播网、通信网所采用的 OFDM 信号,在不影响原有 OFDM 信号正常接收的情况下,同频复用 CDMA 导航信号,通过对 CDMA 导航信号的检测,大幅提升地面网络定位导航能力。

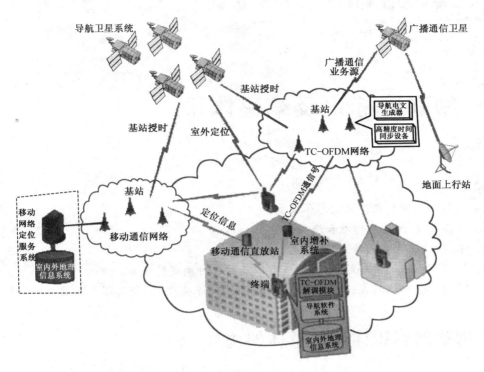

图 7-12　室内外综合定位系统架构

　　系统主要工作流程如下:通过广播通信卫星为移动广播网提供业务数据源。利用导航卫星系统为移动广播网进行高精度时间同步。由于 TC-OFDM 基站将导航电文信息与业务数据源融合,产生融合定位信号与广播、通信业务信号的 TC-OFDM 信号并发送。对于一些大型建筑,TC-OFDM 信号基站难以实现信号无缝覆盖之处,则通过室内增补系统实现信息的增强,保障系统的无缝覆盖。

　　定位终端检测 TC-OFDM 定位信号,结合气压测高等传感器信息与室内外地理信息,实现室内高精度定位导航;在室外进一步融合 GPS/北斗测量信号,利用基站辅助提高卫星定位精度,实现室外高精度定位导航;融合室内外定位系统,完成室内外定位导航的无缝切换。

思考题
　　(1) 简述 LBS 的主要概念与功能。
　　(2) 简述卫星定位的主要原理及基本公式。
　　(3) 简述室内定位的几种技术及其特点。
　　(4) 试基站定位的优缺点。
　　(5) 比较 Wi-Fi 定位与蓝牙定位的区别与适用场合。

三、系统篇

8 物联网标识及编码体系

[学习目标]

(1) 了解物联网标识体系的总体架构。

(2) 掌握 OID 体系的特点和编码架构。

(3) 掌握 EPC 体系的特点、架构及工作流程。

(4) 掌握 Ecode 的编码结构、转换流程以及对各种编码的兼容。

(5) 掌握 Ecode 编码在一维条码、二维码、RFID 标签、NFC 标签等数据载体的存储。

8.1 物联网标识体系及总体架构

8.1.1 物联网标识体系概述

同互联网 IP 地址一样,为保证物品之间的信息互连,物联网也需要构建面向全局的对象标识体系,为其中每个对象赋予唯一的标识代码,作为各实体在全网与全过程中彼此识别、关联与互操作的依据。同时,这些标识体系还应与现有各应用体系中的各类标识方案相兼容。

标识(identification)是指通过使用属性、标识符等来识别一个实体的过程。

标识符(identifier)是指用于描述实体的身份及属性的一系列数字、字母、符号或它们的组合形式呈现,故亦称标识代码;其实施过程为标识编码。

8.1.2 物联网标识体系总体架构

1) 物联网标识体系框架

物联网标识体系是由编码、采集与识别、信息服务和行业应用 4 部分组成,其体系架构与具体流程如图 8-1 所示。

图 8-1 中,物联网标识体系分为以下 4 层架构:

(1) 编码 通过向物联网中的物理实体或虚拟实体赋予全局唯一代码,并对现有系统在集成中提供与全局唯一代码相兼容的编码方案,从而将各类商品编码、快递编码、物品及

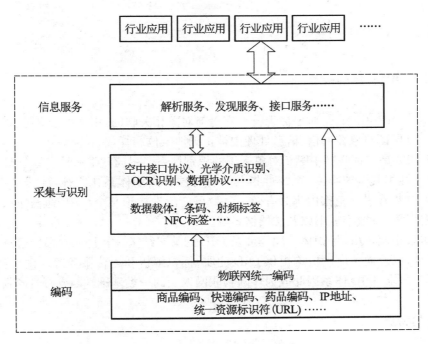

图 8-1　物联网标识体系框架

各行各业的实体对象、IP 地址、统一资源标识符等映射、转换或集成为全网全过程的统一编码。

（2）采集与识别　按照数据协议将编码存入数据载体，通过读写设备对数据载体如条码、射频标签、NFC 标签等进行识别。还有一些无需数据载体的编码，如统一资源标识符（URI）、IP 地址等，可直接在信息服务层进行编码相关的解析服务和信息发送服务操作。

（3）信息服务　标识解析服务提供编码对应实体的静态信息查询；发现服务提供实体在流通过程中对应各环节的动态信息查询；接口服务为其他行业应用或第三方应用平台提供接入服务等。

（4）行业应用　以上三层构成物联网标识体系的基础框架，在行业应用层实现各种行业应用。

2）物联网标识体系的性能

物联网标识体系应具备兼容性、开放性和安全性，具体如下：

（1）兼容性　物联网标识体系应具备编码兼容、采集与识别兼容、信息服务兼容等。编码兼容通过赋予编码体系标识实现；采集与识别兼容是指通过识别数据载体的特征，从而判断是何种编码；信息服务兼容是指信息传输时附加编码体系标识。

（2）开放性　是指编码、标签通信协议和信息服务的开放性。编码应具有开放性，在不同应用中的同一编码可被识别；标签的通信协议应具有开放性，不同设备之间可互联互通；信息服务的开放性可保证不同应用之间的数据共享和交换。

（3）安全性　物联网标识体系应具备必要的安全机制，保障标识编码在分配、注册、解析过程中的数据安全，同时标识体系提供的信息服务也应具备安全机制。

8.2 物联网 OID 体系

8.2.1 物联网 OID 体系的概念

OID(object identifier)是对象标识符。它是与对象相关联的,用来无歧义地标识对象的全局唯一的值,以保证对象在通信、信息处理中被正确地定位和管理。

物联网 OID 是在物联网中赋予对象标识的识别体系,它具有"唯一性""系统性"和"注册"等特性。唯一性指其全球唯一,系统性指其具有分层分级的体系化特征,注册是指某对象的 OID 注册后,它将在世界范围内永久有效。OID 可广泛地标识某个组织、通信协议、标准中的某个模块、密码算法、数字证书以及文档格式等。

与 IP 体系相似,OID 标识体系同样涉及 OID 的编码结构、码段分配、标识管理、支撑系统的建设与运维,以及向各应用机构提供 OID 注册、标识解析和运营服务等。由于物联网标识的庞大和复杂需求,OID 体系因此成为伴随物联网发展的一类基础性与支撑性资源。

8.2.2 OID 的特点

OID 具有以下主要特点:

(1) 规范性 OID 是一种标准代码标识体系,其编码结构、分段与各段长度等均以相关规范为依据。

(2) 编码空间充足 OID 体系的层级和长度均可灵活扩展,具有足够的编码空间,保证不同应用中的编码均可被标识。

(3) 代码结构灵活 OID 体系具有分层树形结构,各层级可灵活扩展,保证不同应用之间的数据共享和交换,以适应不同层级的对象或特征的标识需求。

(4) 技术独立性 物联网对象可用不同的网络技术彼此互联。OID 体系独立于网络技术,不受设备、厂商的影响,可广泛用于不同的网络对象,如数据库里的数据项、云计算中的云存储对象等,实现不同技术对应用的支持。

(5) 兼容性 OID 是一种可分辨不同事物或同一事物的不同特征属性的通用标识符,还可标识不同种类的标识体系,兼容不同的标识方案等,使用时无需对企业的现有标识体系和信息化系统进行大规模改造。兼容性包括编码兼容、采集与识别兼容和信息服务兼容。

(6) 开放性 OID 体系的编码结构、标签通信协议和信息服务均为开放的、可扩充的、可共享与交换的。

(7) 安全性 OID 体系具备必要的安全机制,保障标识编码在分配、注册、解析过程中的数据安全,同时标识体系所提供的信息服务也应具备安全机制。

8.2.3 物联网对象的 OID 编码结构

1) OID 编码基本结构

在物联网应用中,被识别对象如果没有原始的标识体系,就需要由统一的 OID 编码结构加以规范,包括从国家 OID 节点到对象标识码的 6 种标识,如图 8-2 所示。

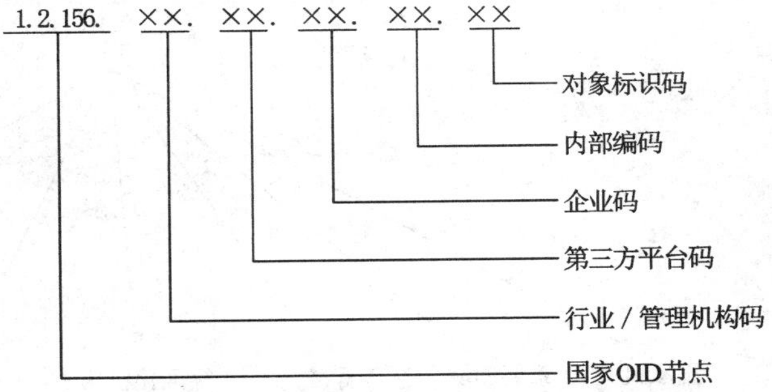

图 8-2 中"××"长度可以为 1～16 000 000 中的任意值。具体如下:

(1) 国家 OID 节点 由国际标准化组织为各国指定的一个唯一识别该国 OID 标识管理节点的代码,我国的节点标识码为 1.2.156,以此固定值区别于其他国家或地区。

(2) 行业/管理机构码 若申请单位

图 8-2 物联网对象的 OID 编码中的构成项

是行业或管理机构,可向国家 OID 注册中心申请行业/管理机构码,编码取值范围为 1～5 000,此节点以下的 OID 分配规则由行业/管理机构依据相关标准并结合管理需求而定,形成相应的下级 OID 编码分配规则。

(3) 第三方平台码 第三方平台可向国家 OID 注册中心申请第三方平台码,编码取值范围为 20 000～47 999,在此节点以下的 OID 分配规则由平台设定。

(4) 企业码 企业向国家 OID 注册中心申请的代码,其编码取值范围为 100 000 以后的值,其下的 OID 分配规则由企业自行设定。

(5) 内部编码 当行业/管理机构、第三方平台或企业申请到相应的 OID 编码后,就可依据需求为其产品、服务或其他标识对象编制内部编码,可以包含分类码、批次码等,为非必选项。

(6) 对象标识码 这是区分具体产品或服务项的代码,为单一对象码,即每件单一产品或能彼此区分的服务项的唯一标识,在编码结构中为必选项。

示例:以某企业壁挂式空调的生产线分配 OID 编码为例,各码段如表 8-1 所示。

表 8-1 某企业为生产的壁挂式空调分配 OID 号码的示例

构成项	分配说明	分配数字值
行业/管理机构码	国家 OID 注册中心批准的"智能制造"领域节点	3 001
平台码	由"智能制造"管理机构制定分配,家电行业为"05"	05
企业码	由"智能制造"管理机构分配,企业为"01"	01
批次码	壁挂式空调的生产批次	20 171 031
对象标识码	某台壁挂式空调	1 245

因此,此台壁挂式空调所分配 OID 编码为:1.2.156.3001.05.01.20171031.1245。

2) 我国 OID 编码结构

上述实例中的编码不仅对各码段及其顺序进行了划分,也限定了其取值范围,实用中应严格遵守,这是我国的国家 OID 编码体系所规定的,具体分段与取值规定如图 8-3 所示。

图 8-3 中的前 4 种对象体系划分与取值规定如下:

(1) 国家机关 包括中央党政机关、人民团体及其他机构以及各省、自治区、直辖市人民政府。具体编码方案与取值范围参照相应规定。

(2) 重要领域 包括有全国影响力的重要应用领域和行业/管理机构,例如智能制造领域、智慧城市领域等,代码取值范围 3 001～5 000。

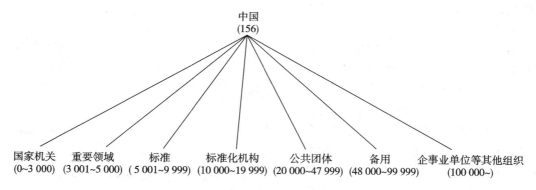

图 8-3　国家 OID 编码体系

（3）标准　包括国家标准、行业标准、地方标准及其他标准,代码取值范围 5 001～9 999。

（4）标准化机构　按照一定程序组织制定国家标准、行业标准、地方标准的合法组织,代码取值范围 10 000～19 999。

3）可兼容其他标识体系的物联网领域对象标识编码结构

如物联网应用标识体系中存在其他标识,则可采用兼容此标识体系的标识编码结构。分为可兼容其他公共标识体系的编码结构和可兼容其他私有标识的编码结构的两种情况。

（1）标识为其他公共标识体系　其编码结构如图8-4所示。

其他公共标识代码是指在 OID 兼容非 OID 标识体系时,要为其分配独有的公共标识代码,此处公共标识代码视为数据第三方平台,码段与第三方平台码段共享,编码范围为 20 000～47 999,为图 8-3 中的"公共团体"。

示例:某企业采用其他公共标识体系,生产的壁挂式空调编码为 86.1000.512.74867。则其公共标识体系的 OID 编码为:1.2.156.30000.86.1000.512.74867。其中:1.2.156.为国家 OID 节点代码,30000.表示其他公共标识代码,由国家 OID 注册中心分配,86.1000.512.74867 为其他公共标识编码中标识的此壁挂式空调。

（2）标识为其他私有标识体系　其码段结构与图 8-2 相似,为 6 个码段,只是最右两码段分别为"私有标识代码"与"私有标识编码",前者用于识别行业/管理机构、第三方平台、企业内部的多种编码体系,后者直接加在"私有标识代码"标识后的对象原有标识代码。

示例:某企业拥有多种设备,源于不同制造厂,其编码规则也不同。一台机器人已由生产厂家分配了编码,则该企业为其分配 OID 编码如表 8-2 所示。

表 8-2　某企业为具有其他标识体系的产品分配 OID 编码

构成项	分配说明	分配数字值
行业/管理机构码	由国家 OID 注册中心批准的"智能制造"领域节点	3001
平台码	由"智能制造"管理机构制定分配,家电行业为"05"	05
企业码	由"智能制造"管理机构分配,企业为"01"	01

构成项	分配说明	分配数字值
私有标识代码	此企业为其生产装备分配的代码	01
对象原有标识码	由机器人厂家分配的机器人编码	43 586 720

因此,该企业为具有其他标识体系的机器人分配的 OID 为:1.2.156.3001.05.01.01.43586720。

8.2.4 基于 OID 的物联网标识体系建设步骤

建立 OID 物联网标识体系分为以下 6 个步骤:

(1)业务需求分析 依据物联网的具体应用,确定标识对象的规模、特征属性与代码描述需求等。

(2)对象分类 根据物联网中需要标识的对象特性来对它们进行分类。例如实体对象和虚拟对象,实体对象包括组织、人、物体等,虚拟对象包括标准、数据等。

(3)制定 OID 标识编码规则 根据业务需求分析和对象分类的结果为对象制定 OID 标识编码规则,确定各码段的长度、含义、取值与顺序等;各应用领域可采用各种标准物品编码体系,如 EPC、Ecode 体系等。

(4)选择适宜的载体形式 根据标识对象的特性选择合适的载体形式,如 RFID、二维码、NFC 等。

(5)部署 OID 解析系统 可为集中式和分布式。

(6)建立管理机构及运行规程 向相关主管机构申请相应码段与码值,对内按业务与产品需求进行分类编码与相关管理等。

8.2.5 OID 的注册与解析过程

1)OID 注册

OID 体系中各码段的划分与取值均有严格的分级管理要求,为确保其全局唯一性与规范性,生成 OID 代码的均应注册、发布与解析,与互联网的 IP 标识管理与使用相似。

物联网 OID 注册采用分级管理,各级标识管理节点为下级节点提供注册申请受理、审核、审批、公示和发布等注册管理功能,为下级节点提供虚拟站点管理服务功能,为用户提供 OID 注册分配和对象信息管理功能等。下级节点 OID 的注册需向相应上级 OID 运营机构提交申请,逐级报备;国家 OID 下一级的节点,需向国家 OID 注册中心提出申请。

OID 注册系统应提供备案数据库,存储注册者信息、所授权使用的标识符信息等。

2)OID 解析

OID 解析包含通用解析和特定应用解析过程,通用解析是定位存储对象信息的服务器,特定应用解析是获取服务器中的对象信息。

OID 解析系统采用 DNS 技术实现连接物联网中不同的应用服务器,并保持 DNS 域文件来支持查找、使用 OID-IRI(OID 国际资源标识符)的值。IP 地址、DNS、各类服务器都应做出相应部署,提供相应服务和安全保障机制,满足物联网应用的要求。

物联网应用领域的 OID 运营机构在提供解析服务时,提供相应的运营时间、技术支持、安全保障、数据保护以及请求验证等机制。

国家 oid-res.org 注册中心负责全球唯一标识符 OID 中国分支 1.2.156（ISO. member. china）和 2.16.156（ISO-ITU.member.china）的注册、解析、管理以及国际备案，oid-res.org 域内中国子域 156.2.1.oid-res.org、156.16.2.oid-res.org 的运营维护和管理。

8.3 物品编码 EPC

8.3.1 EPC 概述

物联网应用中体量最大的标识对象为各类商品。为使全球范围的每一件商品都能被唯一标识，就需要一种技术、一个标识体系和一套资源管理制度，使每件商品从生产加工、市场流通与后续使用到服务中都能被精确地记录，通过物联网在全球传输，使世界各地的生产企业、销售商家、流通渠道、服务机构等每时每刻都能获得所需信息。

商品条形码只能识别一类产品而无法识别各类产品或同一批次下的每一件单品，为此，符合物联网 OID 体系要求的 EPC 技术、EPC 标识与 EPC 标准就应运而生。

EPC 体系以微芯片为载体，为物联网 OID 体系提供代码标签，相当于给每件商品在全球范围赋予了一个唯一的"身份证"。

8.3.2 EPC 的定义与特点

1）EPC 定义

EPC 英文是 Electronic Product Code，直译容易被误解为是电子类产品的代码，而 EPC 本质是对所有产品的电子代码，故我国标准化管理机构将其定义为"产品电子代码"，在分析其结构时，亦称"产品电子编码"。

载有 EPC 标识的微芯片以二进制 128 字节为单元存储信息，标识容量为：全球 2.68 亿家公司，每公司生产 1600 万种产品，每种产品生产 680 亿个单件。如此庞大的容量可为物联网提供一个巨大而稳定的对象标识空间，用于唯一识别全球的每件产品、物流运输、存储空间与包装容器等。

2）EPC 的特点

作为物联网 OID 体系的实现载体，EPC 也具有 OID 体系的前述特点，即规范性、唯一性、兼容性、开放性、安全性等特点。

由于 EPC 以微芯片为载体，故与通用商品条形码相比，它还具有序列性、普适性、非接触性、保密性等优点。

（1）序列性　EPC 为同品种、同规格、同批号商品下的每一件产品赋予唯一的标识码，做到"一物一码"并由此实现对每件产品的全生命周期跟踪。

（2）普适性　EPC 比任何条码的信息量都大，可满足更广泛的应用需求，且条码只能一次生成；EPC 采用 RFID 标签可读写，可开发物联网多种应用；EPC 可识别高速运动物体以及同时识别多个物体，适用的环境更广更复杂。

（3）非接触性　条形码识读时，扫描仪必须"看见"条形码才能读取，而 EPC 是利用无线感应方式,可在一定距离非接触式识读。

(4)保密性 EPC 标签具有抗污染、抗干扰、保密性好等条形码标签所不具备的性能,它可隐藏或封装在产品内部或塑料壳体中。

8.3.3 EPC 系统架构

EPC 系统作为物联网 OID 标识的载体,同时也实现其识读与数据传输,此功能在逻辑上位于图 8-1 的编码层和采集与识别层之间。EPC 系统架构如图 8-5 所示。

架构分为射频识别系统与信息网络系统两部分。

1)射频识别系统

由装载 EPC 编码的射频标签与读写器群组成,体现为前端数据采集子系统。

2)信息网络系统

系统分两层模块,底层模块将识别系统采集的 EPC 代码串通过中间件进入应用系统的本地网络,由数据处理终端对获取的代码在本地数据库的支持下进行判定、处理与加工,再进入上层模块。上层模块以对象解析服务 ONS(Object Naming Service)对 EPC 指代的物品及其属性代码进行解析,通过 EPCIS(EPC Information Service)网络服务器来跟踪与交换 EPC 的标识数据,并通过 XML、XQL 的支持实现具体的物联网应用。

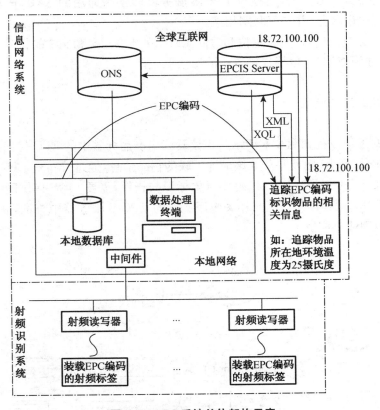

图 8-5 EPC 系统总体架构示意

图 8-5 中的对象含义见表 8-3 所示。

表 8-3　EPC 系统构成

系统构成	名　称	说　明
EPC 编码体系	EPC 编码标准	识别目标的特定代码
EPC-RFID 系统	EPC 标签	附在物品上或内嵌物品中的电子标签
	识读器	可读写 EPC 标签的设备
EPC 信息网络系统	EPC 中间件/Savant 系统	EPC 系统的软件支持系统
	对象名称解析服务（Object Naming Service,ONS）	物品及对象解析
	实体标识语言（Physical Markup Language, PML）	提供产品信息接口,采用可扩展标记语言（XML）进行信息描述

EPC 码识别每件单品,其信息可用物理标记语言（Physical Markup Language,PML）描述。PML 又称实体标记语言,是可扩展标记语言 XML（Extensible Markup Language）用于描述自然物体、过程和环境的标准语言,为各类实体的远程监控和环境互动等提供简单、通用的描述格式,现已广泛用于存货跟踪、自动处理事务、供应链管理、机器控制和物-物通信等典型的物联网环境中。

PML 文件包含产品信息、方向与位置等动态数据、时序数据、环境信息、组成信息等,PML 文件存储在 PML 服务器,再通过 EPCIS 服务器转换为通用的 XML 语言,为企业后台的各类应用系统提供服务,并与互联网相连。

XQL 是 XML 查询语言,用于定位和过滤 XML 文档中元素和文本的符号,可对物联网节点集进行索引,并为查询、定位等提供单一的语法形式。

8.3.4　EPC 系统的工作流程

EPC 系统的工作流程如图 8-6 所示。识读器读出产品标签中的 EPC 代码,获取信息参考（指针）,从互联网找到 IP 地址并获取该地址关联的物品信息,通过分布式 EPC 中间件处理识读器读取的 EPC 信息。由于 EPC 仅提供对象标识与指针,需要 ONS 提供网络数据库服务,ONS 通过 EPC 中间件到存储产品与相关应用文件的 EPCIS 服务器中查询,获得的产品信息就能传到相关应用或供应链上。

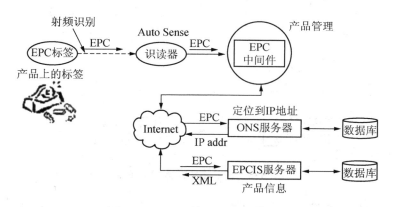

图 8-6　EPC 系统工作流程示意图

为支持 EPC 的系统工作流程,还需要在系统架构的基础上,实现以下功能:

(1) 识读器管理　系统能监控一台或多台识读器的运行状态,管理其配置等。

(2) 编码分配管理　通过维护 EPC 管理者编号的唯一性来确保 EPC 编码的唯一性。

(3) 标签数据转换　提供可在 EPC 编码之间转换的文件,使终端用户的设施部件能自动知道新的 EPC 格式。

(4) 用户认证　验证 EPCglobal 用户的身份等。

除此之外,还有 EPC 中间件和 EPCIS 服务器等,详见下一节 EPC 信息网络。

8.3.5　EPC 信息网络

EPC 信息网络由本地网络和全球管理维护网络组成,是一个开放的标识代码资源系统,通过 EPC 中间件、对象名称解析服务(ONS)和 EPC 信息服务(EPCIS)可构建全球应用。

1) EPC 中间件

EPC 中间件加工和处理来自读写器的信息和事件流,连接读写器和用户应用程序,再将数据送至用户应用程序前进行标签数据校对、读写器协调、数据传送、数据存储和任务管理,如图 8-7 所示。

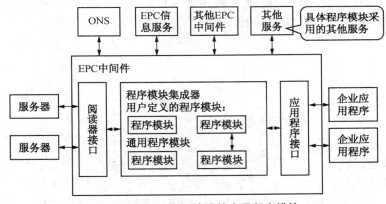

图 8-7　EPC 中间件及其应用程序模块

EPC 中间件由 3 个模块构成:

(1) 事件管理系统(Event Management System,EMS)用于收集识读的标签信息,主要功能为:

① 让不同类型的识读器将信息写入适配器。

② 从识读器中收集标准格式的 EPC 数据。

③ 过滤器对数据 EPC 数据进行处理。

④ 将处理后的数据写入实现内存事件数据库(Real-time in memory Event Database,RIED)或数据库,或通过 HTTP/JMS/SOAP 将 EPC 数据广播到远程服务器。

⑤ 对事件进行缓冲,使数据记录器、数据过滤器和适配器能互不干扰地相互工作。

(2) 实现内存事件数据库(RIED)是一个内存数据库,用于存储"边缘 EPC 中间件"事件信息、维护来自识读器的信息,并提供过滤和记录事件的框架。由于数据库不能在一秒钟内处理上千个事务,就由 RIED 提供与数据库的接口,但比数据库的性能大为提高。

(3) 任务管理系统(Task Management System,TMS) 用于访问所有 EPC 中间件的工具,

执行各类操作,如数据采集、发送或接收另一EPC中间件的产品信息;XML查询,查询ONS/XML服务器的动态/静态产品实例信息;远程任务调度或删除另一个EPC中间件的任务;业务报警(如货架缺货、盗窃、产品过期等);远程更新,发送商品信息给远程供应链系统等。

TMS有如下组件:任务管理、SOAP接口、类服务器、数据库等。

2) EPC信息服务(EPCIS)

EPCIS架构在互联网上,为EPC数据提供模块化、可扩展的数据和服务接口,使其给在任何机构内部或机构之间共享。

EPCIS对中间件传递的数据进行标准转换,通过认证或授权等安全方式与企业内外的其他系统进行数据交换,符合权限的请求可通过ONS定位向目标EPCIS进行查询。所以,构建开放的EPC网络,实现各厂商的EPC系统互联互通,EPCIS起决定性作用。

EPCIS数据模型用标准方法来表示实体对象信息,包括EPC代码、时间、作业步骤、状态、识读点、交易信息和其他附加信息。随着实体对象状态、位置等属性的改变(称为"事件"),EPCIS事件采集接口生成上述对象的动态信息。EPCIS查询接口为内外部系统提供向数据库查询有关实体EPC信息的方法。

EPCIS标准为各类资产、产品和服务在全球的移动、定位和部署提供可见服务,也为其生命周期的各阶段提供可靠、安全的数据交换。该标准由如下三部分协同组成:

(1) EPCIS捕获接口协议 提供一种传输EPCIS事件的方式,包括EPCIS库、网络EPCIS访问程序以及伙伴EPCIS访问程序。

(2) EPCIS询问接口协议 提供EPCIS访问程序,从EPCIS库或EPCIS捕获应用中得到EPCIS数据的方法等。

(3) EPCIS发现接口协议 提供锁定所有可能含有某个EPC相关信息的EPCIS服务。

3) ONS对象域名解析

对象域名解析服务(ONS)是一个将开放式的、全球性追踪物品的网络结构与相应商品信息进行匹配的一个部件。

当一个解读器读取一个EPC标签的信息时,EPC码就传递给了EPC中间件。EPC中间件再在局域网或因特网上利用ONS对象解析服务找到这个产品信息所存储的位置。ONS给EPC中间件指明了存储这个产品的有关信息的服务器。因此就能够在EPC中间件中找到这个文件,并且将这个文件中的关于这个产品的信息传递过来,从而应用于供应链的管理。

对象名解析服务将处理比万维网上的域名解析服务更多的请求,因此,用户需要在局域网中有一台ONS服务器。这样用户可以将他的相关的ONS数据存储在自己的局域网中。

8.3.6　EPC编码体系

1) EPC编码体系概述

局域网时代,条形码是自动识别领域的主导技术。互联网时代,条形码的容量小、非交互性、非读写性、非智能载体等缺陷日益显现。物联网时代,更需要一种既有条形码方便快捷、低成本等优点,又与其各类标准兼容,拥有大容量、可读写、能交互、安全性更高的智能编码载体,在高端与复杂应用领域来取代传统条形码。

EPC就是由此产生的编码体系。首先,它与EAN·UCC标准体系兼容,保证其可用于任何传统条形码系统,可构建全球统一标识系统应用;同时它又以微芯片为载体,故最先被

RFID 电子标签采用为编码标识载体。EPC 作为具体实现物联网 OID 体系的技术,可为每一件实体对象提供唯一的全球识别代码。在生产与社会流通领域,EPC 编码能为每件单品、空间位置、物流载体等进行标识,它进一步分为以下几种:

(1) SGTIN——序列化全球贸易货物代码(Serialized Global Trade Item Number)。

(2) SGLN——序列化全球位置码(Serialized Global Location Number)。

(3) SSCC——序列海运集装箱编码(Serialized Shipping Container code)。

(4) GRAI——全球可回收资产标识符(Global Returnable Asset Identifier)。

(5) GIAI——全球单个资产标识符(Global Individual Asset Identifier)。

(6) GTIN——全球贸易货物代码(Global Trade Item Number)。

(7) GLN——全球位置码(Global Location Number)。

(8) URI——统一资源标识符(Uniform Resource Identifier)。

(9) GLN——全球位置码(Global Location Number)。

其中,GTIN 与 SGTIN,GLN 与 SGLN 两对的区别在"序列化"上,如 GTIN 可标识到商品的每一类,也就是 EAN/UCC 标识体系。"序列化"成为 SGTIN 后,就可进一步标识到每类商品下的每个单件产品上。因此,上述 9 类 EPC 代码可为所有固定设施与资产、流动实体与位置提供唯一标识。

2) EPC 代码结构

EPC 代码是由标头、厂商识别码、分类码、序列号等数据段组成,具体功能如下:

(1) 标头(Header) 标头供识读器判断 EPC 代码的类型,便于对后续数据的类型和结构进行解码。因标头不携带对象标识过程的信息,也无嵌入物品信息,故可标识编码结构并能满足未来扩展之需。

(2) 厂商识别码(Manufactures Codes) EAN/UCC 有约 100 万会员,目前全世界的公司超过 2 500 万家,接下来的 10 年该数目有望达 3 900 万家。此码段就用于标识厂商。

(3) 分类码(Categorization Codes) 对相同特征对象进行分类或分组是标识体系的基本功能之一,也是减少数据复杂性的主要方法。但分类往往与具体应用相关。例如:一罐颜料对制造商可能是库存资产,对运输商则可能是"可堆叠容器",对废品回收商则可能是有毒废品等。故在各领域,分类是相同特点物品的集合,而不是物品固有属性。对此,EPC 采用最小化分类标识,而将描述功能移到网络上,通过指针与描述信息关联。

(4) 序列号(Serial Codes) 为区别同类商品下的每一个单件产品,对其逐一赋予的唯一代码。

(5) 批量产品编码(EPC for Batch Products) 许多产品大批生产,有时无须识别同一批次下的每一件产品,只要识别其批次就可,此时的 EPC 编码即量产品编码,不用序列号。

(6) 产品号(Products Codes) 每个公司都有系列化的产品,这部分标识常与厂商代码结合一体,由使用企业自行划分。

(7) 集装箱编码(Containers Codes) 广义而言,托盘、货架、箱柜和集装箱都要给予唯一标识,进行数字化管理。形成标识在数量上的层级关联,如图 8-8 所示。

运输集装箱的卡车、货车车厢、船舶或仓库等也各有其相应 EPC 编码。通过图 8-8 的层级结构,记录下不同装载对象的 EPC 层级及倍数关系,可记录物流情况。当满载 EPC 标签的集装箱通过识读器时,识读器会读到大量 EPC 标签。识读器就须知道它们所代表的层次才能准确有效率地读取与核对。因此,EPC 编码中设置了"分区值"可选字段,用于标识物品在物

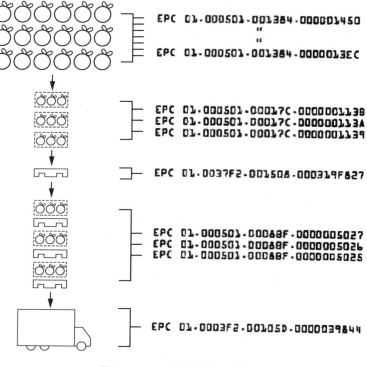

图 8-8 EPC 代码层级示意图

流货运上的层次。

（8）组合装置码（Assembles,Aggregates and Collections Codes）　EPCglobal 建议用 EPC 标识装配件、组合装置及成品。尽管现代工业品结构复杂,由很多元器件与零部件连接组成,但仍可采用类似集装箱代码的层次标识方式来描述产品的各组成零部件,在标识结构与关系上,组合装置和集装箱之间没有实质差别。

由于层级描述的需求,EPC 代码的总数通过各种组织会超出物理实体的数目,这就要求设计上防止冗余码的出现。

3）EPC 代码的串范式

许多大型系统中采用 EPC 与 URI 结合的 EPC~URI 编码体系,实现标识数据的定位与交换,其结构采用了 4 字段字符串范式: $urn:epc:tag:EncName:EncodingSpecificFields$,其中 $EncName$ 就用来表示标签的编码方式,如表 8-4 所示。

表 8-4　EPC-URI 通用编码结构

1	urn:epc:tag:sgtin-64:FFF.PPP.III.SSS
2	urn:epc:tag:sscc-64:FFF.PPP.III
3	urn:epc:tag:sgln-64:FFF.PPP.III.SSS
4	urn:epc:tag:grai-64:FFF.PPP.III.SSS
5	urn:epc:tag:giai-64:FFF.PPP.SSS
6	urn:epc:tag:gid-96:MMM.CCC.SSS

7	urn：epc：tag：sgtin-96：FFF.PPP.III.SSS
8	urn：epc：tag：sscc-96：FFF.PPP.III
9	urn：epc：tag：sgln-96：FFF.PPP.III.SSS
10	urn：epc：tag：grai-96：FFF.PPP.III.SSS
11	urn：epc：tag：giai-96：FFF.PPP.SSS

表 8-4 中各字段含义如下：

(1) urn 表示统一资源代码。

(2) epc 表示标识符声明。

(3) tag 表示标签。

(4) EncName 表示上述各种编码标识体系,其后数字代表码位长度。

(5) MMM 表示制造商/公司代码。

(6) CCC 表示对象分类号。

(7) SSS 表示序列号。

(8) FFF 表示过滤值。

(9) PPP 表示 EAN/UCC 公司代码。

(10) III 表示 SSCC 中海运集装箱序列号及 GRAI 中资产类型等。

为保证全球所有物品都有 EPC 码并降低其标签载体的成本,一般建议采用 96 位,如此容量可唯一标识 2.68 亿家企业,每个企业可以有 1 600 万种对象类目,且每个类目可以有 680 亿个序列号。

8.4　物品编码 Ecode

1) Ecode 简介

物品编码 Ecode(Ecode entity code)是物联网标识体系中的物品统一编码(GB/T 31866—2015),它明确了 OID 体系中底层码段(图 8-2 中"对象标识码")描述物品(产品、实体对象等)的代码内容,也给出了具体编码载体,如 EPC 各种长度代码(如 96 位)中的分段代码结构。

2) Ecode 结构

Ecode 的编码结构由 V(版本—Version)、NSI(编码体系标识—Number System Identifier)和 MD(主码—Master Data code)三部分组成,其编码结构见表 8-5。

表 8-5　Ecode 的编码结构

物品编码 Ecode			最大总长度	代码字符类型
V	NSI	MD		
$(0000)_2$	8 比特	≤244 比特	256 比特	二进制
1	4 位	≤20 位	25 位	十进制
2	4 位	≤28 位	33 位	十进制

物品编码 Ecode			最大总长度	代码字符类型
V	NSI	MD		
3	5 位	≤39 位	45 位	字母数字型
4	5 位	不定长	不定长	Unicode 编码
$(0101)_2 \sim (1001)_2$			预留	
$(1010)_2 \sim (1111)_2$			禁用	

备注:
　① 以上 5 个版本的 Ecode 依次命名为 Ecode-V0、Ecode-V1、Ecode-V2、Ecode-V3、Ecode-V4。
　② V 和 NSI 定义了 MD 的结构和长度。
　③ 最大总长度为 V 的长度、NSI 的长度和 MD 的长度之和。

表 8-5 中不同的 V、NSI 和 MD 编码长度不同,代码字符类型包括二进制、十进制、字母数字型和 Unicode 等,$(0000)_2$ 代表二进制位。设定不同的版本、字长和主码容量以保证其适应不同的场合,并为扩展预留了相应空间。

Ecode 通用编码包括 Ecode64、Ecode96、Ecode128 三种类型,与 EPC 载体相对应。

8.4.1　各类 Ecode 的编码结构及转换规则

1) Ecode-V0 的编码结构

Ecode-V0 使用二进制编码表示,NSI 的长度为 8 比特,MD 小于或等于 244 比特,Ecode-V0 最大总长度为 256 比特。Ecode-V0 用于兼容 ISO/IEC 29161《信息技术　数据结构　物联网的唯一标识》的编码体系。

Ecode-V0 已分配的 NSI 见表 8-6。

表 8-6　Ecode-V0 已分配的 NSI

V	NSI	MD
$(0000)_2$	$(0011\ 0000)_2$	SGTIN-96
	$(0011\ 0110)_2$	SGTIN-198
	$(0011\ 0010)_2$	SGLN-96
	$(0011\ 1001)_2$	SGLN-195
	$(0011\ 0001)_2$	SSCC-96
	$(0011\ 0011)_2$	GRAI-96
	$(0011\ 0111)_2$	GRAI-170
	$(0011\ 0100)_2$	GIAI-96
	$(0011\ 1000)_2$	GIAI-202

2) Ecode-V1 的编码结构和转换规则

Ecode-V1 使用十进制的编码,NSI 的十进制长度为 4 位,MD 小于或等于 20 位,Ecode-V1 最大总长度为 25 位。Ecode-V1 有两种类型,分别为 Ecode64 和 Ecode96。

Ecode-V1 已分配的 NSI 见表 8-7。

表 8-7 Ecode-V1 已分配的 NSI

V	NSI	MD
1	0003	GTIN
	0004	GLN
	0005	SSCC
	0006	GRAI
	0007	GIAI
	0008	GSRN
	0009	传感器节点身份标识
	0010	ENUM
	0064	Ecode64 编码结构
	0096	Ecode96 编码结构

当 Ecode-V1 在 RFID 等载体中标识时,需要在十进制和二进制之间进行相互转换。转换规则如下:

(1) V 的转换规则 1 位十进制的 V 与 4 位二进制的 V 可以相互转换。

(2) NSI 的转换规则 4 位十进制的 NSI 作为一个整体与 12 位二进制的 NSI 可以相互转换;当 12 位二进制的 NSI 转换为十进制的 NSI 后,如果十进制的 NSI 不足 4 位,则应该在左端补 0,补足 4 位。

(3) MD 的转换规则 1 位十进制的 MD 与 4 位二进制的 MD 可以相互转换,只有 4 位二进制的 MD 和 1 位十进制的 MD 之间才能相互转换。

假定 MD 的二进制结构为 $b_m b_{m-1} \cdots b_1$,m 为整数,$4 \leqslant m \leqslant 80$,这个 MD 对应的十进制结构为 $d_n \cdots d_1$,n 为整数,$1 \leqslant n \leqslant 20$,则十进制的 MD 与二进制的 MD 存在如下关系:

$m = n \times 4$;$b_m b_{m-1} \cdots b_1$ 从右到左每四位与 $d_n \cdots d_1$ 从右到左每一位存在相互转换关系。

3) Ecode96 的编码结构

Ecode96 面向 MD 无特定含义的编码需求。Ecode96 是 Ecode-V1 的一种,V 取值为 1,NSI 取值为 0096,MD 由分区码(Domain Code,DC)、应用码(Application Code,AC)和标识码(Identification Code,IC)组成,总长 25 位,其中分区码表示 AC 和 IC 长度的分隔。其编码结构见表 8-8。

表 8-8 Ecode96 的编码结构

Ecode96					Ecode96 总长度	代码字符类型
V	NSI	MD				
		DC	AC	IC		
1	0096	1 位	1 位~9 位	18 位~10 位	25 位	十进制

DC、AC 和 IC 之间的取值关系见表 8-9。

表 8-9 DC、AC 和 IC 的取值关系

DC		AC		IC	
二进制	十进制	二进制	十进制	二进制	十进制
$(0001)_2$	1	4 比特	1 位	72 比特	18 位
$(0010)_2$	2	8 比特	2 位	68 比特	17 位
$(0011)_2$	3	12 比特	3 位	64 比特	16 位
$(0100)_2$	4	16 比特	4 位	60 比特	15 位
$(0101)_2$	5	20 比特	5 位	56 比特	14 位
$(0110)_2$	6	24 比特	6 位	52 比特	13 位
$(0111)_2$	7	28 比特	7 位	48 比特	12 位
$(1000)_2$	8	32 比特	8 位	44 比特	11 位
$(1001)_2$	9	36 比特	9 位	40 比特	10 位
$(0000)_2$		0		预留	

表 8-9 中可看出,AC 和 IC 的长度之和为 19 位(76 比特),AC 的长度由 DC 的取值决定。

4)Ecode-V2 的编码结构和转换规则

Ecode-V2 用十进制编码表示,NSI 的十进制长度为 4 位,MD 小于或等于 28 位,最大总长 33 位。Ecode-V2 有一种特殊类型,命名为 Ecode128。

Ecode-V2 已分配的 NSI 见表 8-10。

表 8-10 Ecode-V2 已分配的 NSI

V	NSI	MD
2	0128	Ecode128 编码结构

当 Ecode-V2 需要在 RFID 等载体中标识时,需要在十进制和二进制之间相互转换,转换规则可参考 Ecode-V1 转换规则。

5)Ecode128 的编码结构

Ecode128 面向 MD 无特定含义的编码需求。Ecode128 是 Ecode-V2 的一种。V 取值为 2,NSI 取值为 0128,MD 由 DC、AC 和 IC 组成。其编码结构见表 8-11。

表 8-11 Ecode128 的编码结构

Ecode128					Ecode128 总长度	代码字符类型
V	NSI	MD				
		DC	AC	IC		
2	0128	1 位	1 位~9 位	26 位~18 位	33 位	十进制

DC、AC 和 IC 之间的取值关系见表 8-12。

表 8-12 DC、AC 和 IC 之间的取值关系

DC		AC		IC	
二进制	十进制	二进制	十进制	二进制	十进制
$(0001)_2$	1	4 比特	1 位	104 比特	26 位
$(0010)_2$	2	8 比特	2 位	100 比特	25 位
$(0011)_2$	3	12 比特	3 位	96 比特	24 位
$(0100)_2$	4	16 比特	4 位	92 比特	23 位
$(0101)_2$	5	20 比特	5 位	88 比特	22 位
$(0110)_2$	6	24 比特	6 位	84 比特	21 位
$(0111)_2$	7	28 比特	7 位	80 比特	20 位
$(1000)_2$	8	32 比特	8 位	76 比特	19 位
$(1001)_2$	9	36 比特	9 位	72 比特	18 位
$(0000)_2$		0		预留	

表中可看出,AC 和 IC 的长度之和为 27 位(108 比特),AC 的长度由 DC 的取值决定。

6)Ecode-V3 的编码结构和转换规则

Ecode-V3 使用字母数字型的编码表示,NSI 的字母数字型长度为 5 位,MD 小于或等于 39 位,最大总长度为 45 位。

当 Ecode-V3 需要在 RFID 等载体中标识时,需要在字母数字型和二进制之间相互转换,转换规则可参考 Ecode-V1 的转换规则。

7)Ecode-V4 的编码结构和转换规则

Ecode-V4 用于兼容 Unicode 编码,NSI 的十进制长度为 5 位,MD 为不定长。

当 Ecode-V4 需要在 RFID 等载体中标识时,需要在字符和二进制之间相互转换,转换规则可参考 Ecode-V1 的转换规则。

表 8-13 字母数字型的 MD 与二进制的 MD 的对应关系

字母数字型	二进制	字母数字型	二进制	字母数字型	二进制	字母数字型	二进制
0	$(000000)_2$	G	$(010000)_2$	W	$(100000)_2$	m	$(110000)_2$
1	$(000001)_2$	H	$(010001)_2$	X	$(100001)_2$	n	$(110001)_2$
2	$(000010)_2$	I	$(010010)_2$	Y	$(100010)_2$	o	$(110010)_2$
3	$(000011)_2$	J	$(010011)_2$	Z	$(100011)_2$	p	$(110011)_2$
4	$(000100)_2$	K	$(010100)_2$	a	$(100100)_2$	q	$(110100)_2$
5	$(000101)_2$	L	$(010101)_2$	b	$(100101)_2$	r	$(110101)_2$
6	$(000110)_2$	M	$(010110)_2$	c	$(100110)_2$	s	(110110)
7	$(000111)_2$	N	$(010111)_2$	d	$(100111)_2$	t	$(110111)_2$
8	$(001000)_2$	O	$(011000)_2$	e	$(101000)_2$	u	$(111000)_2$
9	$(001001)_2$	P	$(011001)_2$	f	$(101001)_2$	v	$(111001)_2$
A	$(001010)_2$	Q	$(011010)_2$	g	$(101010)_2$	w	$(111010)_2$
B	$(001011)_2$	R	$(011011)_2$	h	$(101011)_2$	x	$(111011)_2$
C	$(001100)_2$	S	$(011100)_2$	i	$(101100)_2$	y	$(111100)_2$
D	$(001101)_2$	T	$(011101)_2$	j	$(101101)_2$	z	$(111101)_2$
E	$(001110)_2$	U	$(011110)_2$	k	$(101110)_2$	—	—
F	$(001111)_2$	V	$(011111)_2$	l	$(101111)_2$	—	—

8.4.2 Ecode 对各种编码的兼容

Ecode 也与全球贸易货物代码(SGTIN)、参与方位置代码(SGLN)、系列货运包装箱代码(SSCC)、全球可回收资产标识(GRAI)、全球单个资产标识(GIAI)和全球贸易项目代码(GTIN)兼容。随着编码数量的增多,Ecode 可对以上各种编码进行扩充,如 SGTIN 编码由 64、96 位扩充成 96、198 位。

1) Ecode 对 SGTIN 的兼容

SGTIN 是基于 EAN/UCC 规范的 GTIN 的扩展代码。GTIN 只标识对象类,扩展成为序列化的 SGTIN,就可识别每件物品。

SGTIN 由以下信息元素组成:

(1) 厂商识别代码 由 EAN 或 UCC 分配给管理实体,在一个 EAN/UCC GTIN 编码内,同一厂商识别代码位相同。

(2) 项目(货物)代码 由管理实体分配给一个特定产品。

(3) 序列代码 由管理机构分配给每一个单一对象。

基于 RFID 的 SGTIN 的数据结构和 MD 各部分的含义见表 8-14。

表 8-14 Ecode 对 SGTIN 的兼容

V	NSI	MD					总长度	备注
		滤值	分区	厂商代码	贸易项目代码	序列号		
$(0000)_2$	$(0011\ 0000)_2$	3 比特	3 比特	20 比特~40 比特	24 比特~4 比特	38 比特	96 比特	SGTIN-96
	$(0011\ 0110)_2$	3 比特	3 比特	20 比特~40 比特	24 比特~4 比特	140 比特	198 比特	SGTIN-198

其中,滤值用来快速过滤贸易货物类型,SGTIN-96 与 SGTIN-198 的滤值见表 8-15。

表 8-15 SGTIN-96 与 SGTIN-198 滤值对应类型

类型	二进制值
所有其他	$(000)_2$
零售消费者贸易货物	$(001)_2$
标准贸易货物组合	$(010)_2$
单一货运/消费者贸易货物	$(011)_2$
不在 POS 销售的内部贸易货物组合	$(100)_2$
预留	$(101)_2$
预留	$(110)_2$
预留	$(111)_2$

分区指示随后的厂商识别代码和商品项目代码的具体长度,结构与商品条码体系的 GTIN 中的结构相同。在 GB 12904《商品条码零售商品编码与条码表示》和 GB/T 16830《商品条码 储运包装商品编码与条码表示》规定的代码结构中,厂商识别代码加上商品货物代码(包括指示符在内)共 13 位。其中,厂商识别代码在 6 位到 12 位之间,商品货物代码(包括指

示符在内）相应在 7 位到 1 位之间，两者长度的对应关系见表 8-16。

表 8-16　分区与厂商识别代码和商品货物代码长度对应关系

分区		厂商识别代码		指示符和商品货物代码	
二进制值	十进制值	二进制(位数)	十进制(位数)	二进制(位数)	十进制(位数)
$(000)_2$	0	40	12	4	1
$(001)_2$	1	37	11	7	2
$(010)_2$	2	34	10	10	3
$(011)_2$	3	30	9	14	4
$(100)_2$	4	27	8	17	5
$(101)_2$	5	24	7	20	6
$(110)_2$	6	20	6	24	7

2）Ecode 对 SGLN 的兼容

基于 RFID 的参与方位置码（SGLN）的数据结构和 MD 各部分的含义见表 8-17。

表 8-17　Ecode 对 SGLN 的兼容

Ecode-V0							总长度	备注
V	NSI	MD						
		滤值	分区	厂商代码	位置参考代码	扩展代码		
$(0000)_2$	$(0011\ 0010)_2$	3 比特	3 比特	20 比特～40 比特	21 比特～1 比特	41 比特	96 比特	SGLN-96
	$(0011\ 1001)_2$	3 比特	3 比特	20 比特～40 比特	21 比特～1 比特	140 比特	195 比特	SGLN-195

SGLN 滤值用来快速过滤和确定基本位置类型。SGLN-96 与 SGLN-195 的滤值见表 8-18。物理位置的滤值取值为 001，其他情况取值为 000。

表 8-18　SGLN-96 与 SGLN-195 的滤值对应类型

类型	滤值(二进制值)
其他	$(000)_2$
物理位置	$(001)_2$
预留	$(010)_2$
预留	$(011)_2$
预留	$(100)_2$
预留	$(101)_2$
预留	$(110)_2$
预留	$(111)_2$

SGLN 分区指示其后的厂商识别代码和位置参考代码的长度，结构与 GB/T 16828《商品条码 参与方位置编码与条码表示》规定的参与方位置编码结构相匹配，在此标准中，厂商识别代码加上位置参考代码共 12 位。SGLN-96 中，厂商识别代码长度在 6 位到 12 位之间，位置

参考代码长度相应在6位到0位之间,两者长度间的对应关系见表8-19。

表8-19　分区与厂商识别代码和位置参考代码长度对应关系

分区		厂商识别代码		位置参考代码	
二进制值	十进制值	二进制(位数)	十进制(位数)	二进制(位数)	十进制(位数)
$(000)_2$	0	40	12	1	0
$(001)_2$	1	37	11	4	1
$(010)_2$	2	34	10	7	2
$(011)_2$	3	30	9	11	3
$(100)_2$	4	27	8	14	4
$(101)_2$	5	24	7	17	5
$(110)_2$	6	20	6	21	6
$(111)_2$		7		禁用	

3) Ecode 对 SSCC 的兼容

基于 RFID 系列货运包装箱代码(SSCC)的数据结构和 MD 各部分的含义见表8-20。

表8-20　Ecode 对 SSCC 的兼容

Ecode-V0								总长度	备注
V	NSI	MD							
		滤值	分区	厂商代码	序列号	未分配			
$(0000)_2$	$(0011\ 0001)_2$	3 比特	3 比特	20 比特～40 比特	38 比特～18 比特	24 比特		96 比特	SSCC-96

SSCC 滤值用来快速过滤和确定物流单元类型。SSCC-96 的滤值见表8-21。物流/货运单元的滤值取值为010,其他情况取值为000。

表8-21　SSCC-96 滤值对应类型

类型	滤值(二进制值)
其他	$(000)_2$
预留	$(001)_2$
物流/货运单元	$(010)_2$
预留	$(011)_2$～$(111)_2$

SSCC 分区指示其后的厂商识别代码和序列号的长度,结构与 GB/T 18127《商品条码 物流单元编码与条码表示》规定的商品条码物流单元编码中的结构相匹配,此标准规定的物流单元编码中,厂商识别代码加上系列号、扩展位共17位。在 SSCC-96 代码结构中,厂商识别代码长度在6位到12位之间,序列号长度相应在11位到5位之间,两者间长度的对应关系见表8-22。

表 8-22　分区与厂商识别代码和序列号长度对应关系

分区		厂商识别代码		位置参考代码	
二进制值	十进制值	二进制(位数)	十进制(位数)	二进制(位数)	十进制(位数)
$(000)_2$	0	40	12	18	5
$(001)_2$	1	37	11	21	6
$(010)_2$	2	34	10	24	7
$(011)_2$	3	30	9	28	8
$(100)_2$	4	27	8	31	9
$(101)_2$	5	24	7	34	10
$(110)_2$	6	20	6	38	11
$(111)_2$		7		禁用	

4) Ecode 对 GRAI 的兼容

基于 RFID 的资产代码——全球可回收资产标识(GRAI)的数据结构和 MD 各部分的含义见表 8-23。

表 8-23　Ecode 对 GRAI 的兼容

Ecode-V0							总长度	备注
V	NSI	MD						
		滤值	分区	厂商代码	资产类型代码	序列号		
$(0000)_2$	$(0011\ 0011)_2$	3 比特	3 比特	20 比特～40 比特	24 比特～4 比特	38 比特	96 比特	GRAI-96
	$(0011\ 0111)_2$	3 比特	3 比特	20 比特～40 比特	24 比特～4 比特	11 比特	170 比特	GRAI-170

GRAI 滤值用来快速过滤和确定资产类型。GRAI-96 和 GRAI-170 的滤值见表 8-24。目前滤值取值为 000。

表 8-24　GRAI-96 和 GRAI-170 的滤值对应类型

类型	滤值(二进制值)
可回收资产	$(000)_2$
预留	$(001)_2$～$(111)_2$

分区指示其后的厂商识别代码和资产类型的长度,结构与商品条码全球可回收资产代码的结构相匹配。在 GB/T 23833《商品条码 资产编码与条码表示》规定的 GRAI 代码结构中,厂商识别代码加上资产类型代码共 12 位。GRAI-96 厂商识别代码长度在 6 位到 12 位之间,资产类型代码长度相应在 6 位到 0 位之间,两者长度间的对应关系见表 8-25。

表 8-25　分区与厂商识别代码和资产类型代码长度对应关系

分区		厂商识别代码		资产类型代码	
二进制值	十进制值	二进制(位数)	十进制(位数)	二进制(位数)	十进制(位数)
$(000)_2$	0	40	12	4	0
$(001)_2$	1	37	11	7	1
$(010)_2$	2	34	10	10	2
$(011)_2$	3	30	9	14	3
$(100)_2$	4	27	8	17	4
$(101)_2$	5	24	7	20	5
$(110)_2$	6	20	6	24	6
$(111)_2$		7		禁用	

5) Ecode 对 GIAI 的兼容

基于 RFID 的资产代码——全球单个资产标识(GIAI)的数据结构和 MD 各部分的含义见表 8-26。

表 8-26　Ecode 对 GIAI 的兼容

V	NSI	Ecode-V0 MD				总长度	备注
		滤值	分区	厂商代码	单个资产参考代码		
$(0000)_2$	$(0011\ 0100)_2$	3 比特	3 比特	20 比特～40 比特	62 比特～42 比特	96 比特	GIAI-96
	$(0011\ 1000)_2$	3 比特	3 比特	20 比特～40 比特	168 比特～148 比特	202 比特	GIAI-202

GIAI 滤值用来快速过滤和确定资产类型。GIAI-96 和 GIAI-202 的滤值见表 8-27。目前滤值取值为 000。

表 8-27　GIAI-96 和 GIAI-202 滤值对应类型

类型	滤值(二进制值)
可回收资产	$(000)_2$
预留	$(001)_2$～$(111)_2$

GIAI 分区指示其后的厂商识别代码和单个资产参考代码的长度,结构与商品条码全球单个资产代码中的结构相匹配。厂商识别代码长度在 6 位到 12 位之间,分区与厂商识别代码和单个资产参考代码二者长度之间的对应关系见表 8-28。

表 8-28　分区与厂商识别代码和单个资产参考代码长度对应关系

分区		厂商识别代码		单个资产参考代码	
二进制值	十进制值	二进制（位数）	十进制（位数）	二进制（位数）	十进制（位数）
$(000)_2$	0	40	12	148	18
$(001)_2$	1	37	11	151	19
$(010)_2$	2	34	10	154	20
$(011)_2$	3	30	9	158	21
$(100)_2$	4	27	8	161	22
$(101)_2$	5	24	7	164	23
$(110)_2$	6	20	6	168	24
$(111)_2$		7		禁用	

从表 8-28 中可以看出，厂商识别代码和单个资产识别代码长度总和为十进制的 30 位。

6）Ecode 对商品条码系统编码的兼容

（1）商品条码体系　商品条码（包括贸易项目、物流单元、资产、位置和服务关系等）的标识代码及附加属性代码，经多年的发展已成适用对象与场合广泛的标识体系，如图 8-9 所示。

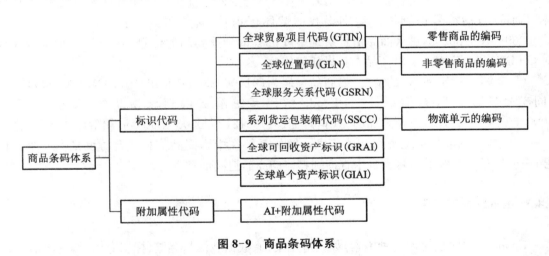

图 8-9　商品条码体系

图 8-9 中，全球贸易项目代码（GTIN）是目前商品条码体系中应用最广泛的标识代码，其编码结构见表 8-29。

表 8-29　GTIN 的编码结构

厂商识别代码　商品项目代码	校验码
$N_1 N_2 N_3 N_4 N_5 N_6 N_7 N_8 N_9 N_{10} N_{11} N_{12}$	N_{13}

（2）Ecode 对商品条码的兼容　Ecode 分配给商品条码的 V 为 1，NSI 为 0003，对其兼容分为两种情况，基本流程如图8-10 所示。

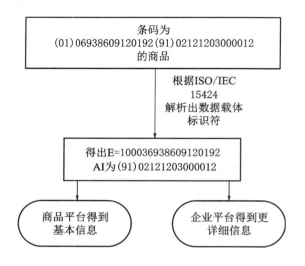

图 8-10 包含 AI 的商品条码的解析流程

① 兼容 GTIN 的情况：如商品条码为 6940786180203 的商品"湘锅香辣酱"，使用扫描枪识读时，Ecode 解析系统会根据 ISO/IEC 15424《信息技术 自动识别和数据采集技术 数据载体识别符（包括符号识别符）》识别出数据载体标识符，解析得到该物品的 Ecode 为 E ＝ 100036940786180203，进入商品信息系统中就可查询到此物品的信息。Ecode 解析系统完成对 GTIN 的兼容，而无需对商品本身做任何修改。

② 兼容 GTIN 和 AI 的情况：如商品条码为(01)06938609120192(91)02121203000012 的"同庆号普洱茶"，扫描识读时，Ecode 解码系统解析得到该物品的 Ecode 为 E ＝ 100036938609120192，以及附加的 AI 信息为(91)02121203000012，Ecode 和附加的 AI 信息作为一个整体送到解析系统查询相关信息。解析系统在中国商品信息平台查询到商品基本信息，在同庆号普洱茶的信息平台中查询到具体的商品追溯信息。

8.4.3 Ecode 标识应用

Ecode 编码时要考虑各种因素，如其应用架构、数据载体与存储、标识应用、编码申请等。

1）Ecode 标识系统应用架构

Ecode 标识系统应用体系由 Ecode 编码层、数据载体与采集层、Ecode 标识应用层、用户层以及管理机制和安全机制 4 层架构组成，如图 8-11 所示。具体说明如下：

（1）功能层面

① Ecode 编码层：这是底层部分，内容包括 Ecode 编码的编码规则和编码类型等。

② 数据载体与采集层：实现承载、存储和采集部分功能，包括 Ecode 在一维条码、二维码、RFID 标签、NFC 标签中的存储等以及 Ecode 的采集识别。

③ Ecode 标识应用层：为顶层应用部分提供支撑，包括平台接口；并针对不同的业务需求，提供不同的服务。

④ 用户层：包括机构平台用户、企业用户和个人用户。

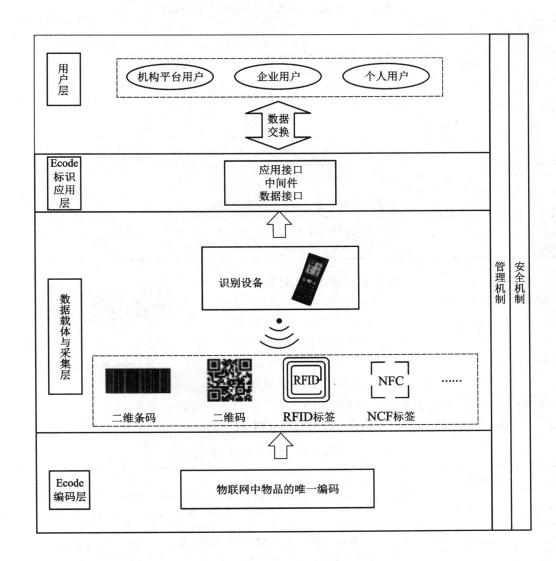

图 8-11　Ecode 标识应用架构

（2）机制层面　管理机制与安全机制涵盖整个架构流程。管理机制提供编码管理功能，包括注册信息维护、编码数据维护、编码下载、管理 V＋NSI 等功能。安全机制实施 Ecode 编码一般安全准则、应用安全准则、安全评估等。

2）数据载体与存储

Ecode 编码可存储于一维条码、二维码、RFID 标签、NFC 标签等数据载体中。采用一维条码、二维码、NFC 标签作为载体时，通常将"E＝V ＋ NSI ＋ MD"整体写入标签中；采用 RFID 载体时，可根据标签空中协议和标签存储结构的不同进行具体规定。

（1）一维条码中的存储　一维条码标识采用 128 条码表示，应符合 GB/T 35419《物联网标识体系 Ecode 在一维条码中的存储》，从左往右依次为左侧空白区、起始符、Ecode 起始符、Ecode、符号校验字符、终止符、右侧空白区，符号结构应符合 GB/T 18347，见表 8-30。

表 8-30　Ecode 在一维码中存储的符号结构

字符段	字符代码	说明	依据
1	左侧空白区	位于条码符号最左侧的与空的反射率相同的区域,其最小宽度为 10 个模块宽	GB/T 18347
2	起始符	由 3 个条和 3 个空,共 11 个模块组成	GB/T 18347
3	Ecode 起始符	E=	
4	Ecode	版本 V,编码体系标识 NSI,主码 MD	GB/T 31866
5	符号校验字符	计算规则参照 GB/T 18347	GB/T 18347
6	终止符	由 4 个条和 3 个空,共 13 个模块组成	GB/T 18347
7	右侧空白区	位于条码符号最右侧的与空的反射率相同的区域,其最小宽度为 10 个模块宽	GB/T 18347

示例:某企业生产的袋装食盐的通用商品条码是 6901234567892。根据 Ecode 标识体系的编码结构,选择版本 1,NSI 为 0003,此商品条码的 Ecode 编码就为 100036901234567892,其在一维条码中的存储形式如图 8-12 所示。

E=100036901234567892

图 8-12　商品条码 6901234567892 转换为 Ecode 编码后的条码形式

(2)二维条码中的存储　二维码存储时,其存储区域从逻辑结构上分为唯一标识区、属性区和用户区。各分区的存储内容见表 8-31,存储规则依据 GB/T 35420《物联网标识体系 Ecode 在二维码中的存储》。

表 8-31　Ecode 在二维码中存储的逻辑分区

分区	存储内容	必要性
唯一标识区	Ecode 编码	必选
属性区	数据内容标识符及其对应的属性值	可选
用户区	用户自定义数据	可选

其中,唯一标识区用于存储 Ecode。Ecode 的起始符为"E=",其中字母为半角大写,符号为半角符号,符合 GB/T 1988《信息技术 信息交换用七位编码字符集》的规定。起始符之后依次为 V、NSI 和 MD。该区域只允许存放一个 Ecode。其存储结构见表 8-32。

表 8-32　Ecode 在二维码中的存储结构

Ecode 起始符	V	NSI	MD
E=			

属性区用于存储数据内容标识符及对应属性值,起始符为"&&"。数据内容标识符的起始符为"(",结束符为")",均为半角,应符合 GB/T 1988 的规定。其存储结构见表 8-33。

表 8-33 数据内容标识符及对应属性在二维码中的存储结构

起始符	DCI 起始符	DCI	DCI 结束符	属性值
&&	(		)	

备注:属性值不应使用"&&""＃＃""(""")"。

如有多个数据内容标识符及其对应的属性信息,则应将其首尾连接,结构见表 8-34。

表 8-34 多个数据内容标识符及对应属性信息在二维码中的存储结构

起始符	DCI 起始符	DCI	DCI 结束符	属性值	DCI 起始符	DCI	DCI 结束符	属性值
&&	(		)		(		)	

备注:属性值不应使用"&&""＃＃""(""")"。

用户区用于存储用户自定义数据,数据应符合二维码码制规定的字符要求。起始符为"＃＃",半角,符合 GB/T 1988 规定。其存储结构见表 8-35。

表 8-35 用户自定义数据在二维码中的存储结构

起始符	用户自定义数据
＃＃	

Ecode 解析网址在二维码中存储时,存储结构依次分为网址区、唯一标识区、属性区和用户区。存储结构见表 8-36。

表 8-36 Ecode 解析网址在二维码中的存储结构

网址区(必选)	唯一标识区(必选)		属性区(可选)	用户区(可选)
http://iotroot.com?	E=	Ecode	数据内容标识符及其对应的属性值	用户自定义数据

示例:同上商品条码 6901234567892,仍选择版本 1,NSI 为 0003,其 Ecode 编码 100036901234567892 在二维条码 QR 码中的存储示例如图 8-13 所示。

其他,如以 RFID 标签和 NFC 标签中的 Ecode 存储,将分别符合 GB/T 35421《物联网标识体系 Ecode 在射频标签中的存储》和 GB/T 35423《物联网标识体系 Ecode 在 NFC 标签中的存储》规定。

图 8-13 以 QR 码为载体的 Ecode 符号表示示例

3) 标识应用

Ecode 标识系统的运行机制由 Ecode 平台与机构平台用户、企业用户、个人用户之间的交互组成。

机构平台用户为某一行业或领域的综合性用户,在获得 Ecode 编码后,具有向企业用户下发编码的权力。企业用户为任何合法的生产企业、集成商、解决方案提供商等。个人用户为普通互联网用户。

图 8-14 展示了机构平台用户与 Ecode 平台和企业用户之间的交互关系。机构平台用户可在 Ecode 平台进行注册,申请 Ecode 编码,进行编码查询;Ecode 平台负责审核机构平台用户的注册信息,下发 Ecode 编码;机构平台用户可以向企业用户下发 Ecode 编码。

图 8-14　机构平台用户与 Ecode 平台、企业用户之间的交互关系图

图 8-15 展示了企业用户与 Ecode 平台之间的交互关系。企业用户可在 Ecode 平台进行注册、申请 Ecode 编码、申请 V + NSI,进行编码回传、编码查询;Ecode 平台负责审核企业用户的注册信息、下发 Ecode 编码、下发 V+NSI。

图 8-15　企业用户与 Ecode 平台之间的交互关系图

图 8-16 展示了个人用户与 Ecode 平台之间的交互关系。个人用户可在 Ecode 平台进行注册、编码查询;Ecode 平台负责审核个人用户的注册信息。

图 8-16　个人用户与 Ecode 平台之间的交互关系图

4) 编码的申请

(1) Ecode 通用编码申请　具体流程为:

① 申请者通过 Ecode 网站在线申请 Ecode 通用编码。

② 申请者根据应用需求,选择合适的编码长度和编码申请数量。

③ 申请者可多次申请 Ecode 通用编码。

(2) V + NSI 编码的申请　Ecode 平台可为申请者分配 Ecode 标头 V+NSI。当申请者通过 Ecode 平台在线申请 Ecode 标头时,国家物品编码管理机构按照 GB/T 35422《物联网标识体系 Ecode 的注册与管理》进行审核,通过后,根据申请者编码的结构及长度,为其分配相应的 V + NSI。

申请者的编码系统与 Ecode 平台完成对接后,即可在 Ecode 平台中进行该申请者商品的查询和应用服务。

5) 编码信息的回传、回溯、解析与接入

(1) 回传　企业用户将 Ecode 编码用于产品后,将其携带的产品信息回传到 Ecode 平台,可采用在线方式和上传附件的方式回传编码信息。

（2）回溯　Ecode平台提供编码查询模块，具备Ecode编码查询、商品查询和快递查询的功能。服务平台还面向企业用户提供在线产品回溯功能。

（3）解析　Ecode注册解析系统提供备案数据库，具备存储已完成注册的注册者信息、已授权使用的标识符等信息的功能。提供注册申请受理、审核、审批、公示和发布等注册管理功能。

（4）接入　Ecode平台提供Web方式和接口方式两种接入方式。Web方式接入是指用户登录Ecode平台后，通过平台Web页面功能实现连接。接口方式接入是指用户或为企业提供Ecode编码服务的第三方平台采用HTTP协议接口方式实现接入。

6）管理和安全机制

Ecode的注册和管理机构为国家物品编码管理机构，负责维护Ecode注册和申请，维护Ecode信息和编码数据。

用户根据已经分配的认证码和编码申请接口返回的文件标识码，对编码文件下载使用。

安全机制包括Ecode编码一般安全准则、应用安全准则、安全评估等，具体参照GB/T 38660《物联网标识体系 Ecode标识系统安全机制》规定。

8.4.4　Ecode在RFID中的存储

RFID采用二进制存储，存储结构分三种：分段内存结构、离散内存结构和连续内存结构。

1）Ecode在分段内存结构中的存储

分段内存结构是指RFID标签存储在分段的内存区域。按照逻辑内存，分段内存结构划分为访问控制区、物品标识区、标签标识区、用户数据区4个区域，具体参见表8-37。

表8-37　分段内存结构示意

内存段	存储地址					
	00h	10h	20h	30h	…	210h
访问控制区	灭活指令		锁定口令			
物品标识区	循环冗余校验位	协议控制区	物品唯一标识区			协议扩展区
标签标识区	根据ISO/IEC 15963规定的标签本身唯一标识					
用户数据区	用户自定义区					

注：GB/T 29768—2013中的内容段地址参考本表。

（1）访问控制区　00h～1Fh存储灭活指令，20h～3Fh存储锁定指令。

（2）物品标识区　00h～0Fh为循环冗余校验位，10h～1Fh为协议控制区，20h起为物品唯一标识区，210h～22Fh为协议扩展区。其中协议控制区的定义为：

① 10h～14h表示物品唯一标识区的长度。

② 15h为用户内存指示符，16h为扩展协议控制指示符，17h为编码系统指示符。

③ 18h～1Fh表示AFI或保留位。

（3）标签标识区　存储标签本身唯一标识，数据应符合对应的标准要求。

（4）用户数据区　存储用户自定义的数据。

各版本的 Ecode 在分段内存结构及标签中有其相应的地址段、表示与执行内容等，构建物联网应用时须参考相应的标准。

2）Ecode 在离散内存结构中的存储

Ecode 存储在离散内存结构标签中时，整个编码存储于内存的 AFI 区域和物品唯一标识区，具体见表 8-38。

表 8-38　Ecode 在离散内存结构的标签表示

标签逻辑内存	说明
AFI 区域	存储 AFI，$(11001010)_2$，表示为 Ecode；其他值保留
物品唯一标识区	根据具体编码方案的要求存放 Ecode 编码
其他内存区	按对应空中接口协议的规定执行

3）Ecode 在连续内存结构中的存储

Ecode 存储在连续内存结构标签中时，整个 Ecode 编码结构从 Byte 13 位置开始。其中 AFI 存储于 Byte13（AFI 区域），Ecode 编码存储于 Byte 18 开始的物品唯一标识区，参见表8-39。

表 8-39　Ecode 在连续内存结构的标签表示

标签逻辑内存	说明
AFI 区域（Byte 13）	存储 AFI，$(11001010)_2$，表示为 Ecode；其他值保留
物品唯一标识区（Byte 18 开始）	根据具体编码方案的要求存放 Ecode 编码
其他内存区	按对应空中接口协议的规定执行

思考题

（1）物联网标识体系由哪几个部分组成，彼此之间有何关联？

（2）简述 OID 的特点及其编码架构。

（3）什么是 EPC？EPC 系统由哪几部分构成？EPC 编码体系有哪几种？

（4）简述 Ecode 的编码结构和转换规则及其对各个版本的兼容情况。

（5）Ecode 在几种主要数据载体中是如何存储的？

9 物联网应用参考体系架构

[学习目标]

(1) 了解物联网参考体系架构及其组成。

(2) 掌握物联网概念模型中六个域的组成及关联。

(3) 了解物联网系统参考体系架构中各实体及接口之间的关系。

(4) 了解物联网通信参考体系架构中各实体及接口之间的关系。

(5) 了解物联网信息参考体系架构中各实体及接口之间的关系。

(6) 了解物联网感知对象在现实生活中的应用。

9.1 概述

由于物联网的复杂性和广泛性,在面向各类物联网应用设计时,除要遵守物联网的一般系统架构外,还要结合系统、通信、信息技术需求,构建具体的应用系统。这种结合了系统通信、信息等功能体系的物联网逻辑层的系统描述,就是物联网的参考体系架构,涉及对概念模型、逻辑模型到物理模型的分解与细化描述过程。本章对物联网参考架构的标准设计框架、分解模型进行描述并给出相关实例。

物联网系统设计的关键术语与定义:

1) 域

域是具有特定目的的实体集合。例如,物联网概念模型中有感知控制域、目标对象域、用户域、运维管控域、资源交换域、服务提供域共 6 个域,这 6 个域给出了物联网系统最基础和最一般的实体功能划分。物联网系统设计时,要对此 6 个域进行边界划分,给出系统的基本结构。

2) 物联网概念模型

物联网概念模型是物联网各类应用系统的抽象化与模型化表现,它为逻辑模型设计提供功能划分与框架性描述。物联网概念模型是在对上述 6 个域划分的基础上,对系统功能的初步架构性描述。

3) 物联网参考体系架构

物联网参考体系架构是在概念模型基础上对物联网应用系统的整体结构、组成部分之间的关系进行功能性描述,形成体系化的逻辑模型。

4) 物联网系统参考体系架构

物联网系统参考体系架构是从系统构成的角度,描述具体物联网应用系统中各域的主要实体,以及实体之间关系所形成的参考体系结构,即对物联网参考体系架构中的实体对象进行分解描述。

5）物联网通信参考体系架构

物联网通信参考体系架构是从网络通信角度,描述具体物联网应用系统中各域的实体及实体间的通信关联所形成的参考体系结构,即对物联网参考体系架构中实体间的通信关联作分解描述。

6）物联网信息参考体系架构

物联网信息参考体系架构是从数据生成、数据传输和交换的角度描述物联网系统各域的实体及实体间关系的参考体系结构,即对物联网参考体系架构中实体间传输的信息进行分解描述。

9.2 概念模型与系统设计的关系

物联网应用系统的设计,是先将众多对象抽象为 6 个域的定义,勾勒出物联网概念模型,进一步分解出物联网参考体系结构;再对组成系统的各实体功能、实体间的通信模式与传输信息作架构性描述。这一过程用于指导不同物联网应用系统结构的定义与描述,从而规范其设计过程。

物联网应用系统、概念模型和参考体系架构之间的关系如图 9-1 所示。

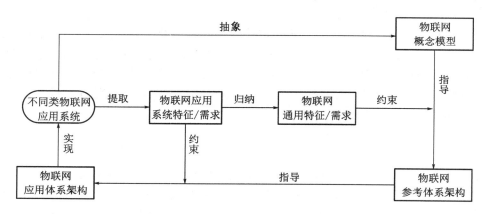

图 9-1 物联网应用系统、概念模型和参考体系架构之间的关系

图 9-1 表示的是一个循环迭代逐步逼近的过程。物联网应用需要系统、通信、信息三位一体的设计,故可用图 9-1 描述。物联网系统参考体系架构是物联网系统组成的抽象描述;物联网通信参考体系架构是异构物联网设备和网络之间互联的抽象描述;物联网信息参考体系架构是物联网信息形成与处理过程的抽象描述。这三种对象描述了三个子系统的设计,形成物联网应用系统的基本架构。

9.3 物联网概念模型

9.3.1 概念模型

物联网概念域模型如图 9-2 所示。物联网 6 域模型由中国主导的全球首个物联网顶层架构国际标准（ISO/IEC 30141‐IoT Reference Architecture）提出,2019 年发布。

图 9‐2 表明,物联网应用系统在概念模型中均可抽象为 6 个域,12 种关联,各域间的关联表示域间逻辑关系或通信连接。实际设计中,并非所有的物联网应用都必须遍历所有 6 个域和 12 种关联,视系统的具体需求而定。

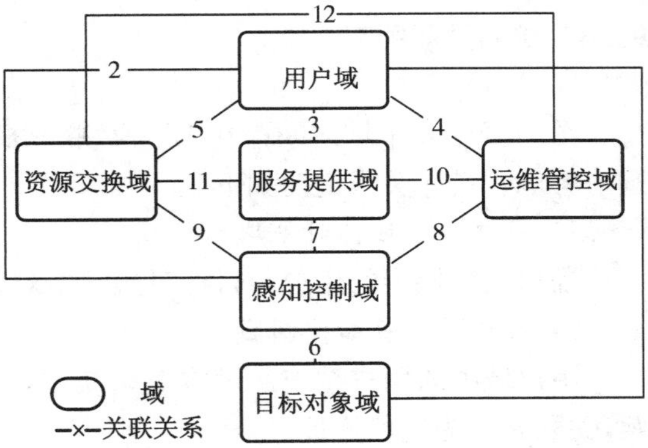

图 9‐2　物联网概念模型

9.3.2　域的功能描述

物联网中的 6 个域均由相应的实体组成。所谓实体,是指一系列具备感知、计算、通信、存储、管控、可视化等部分或全部功能的软硬件集合。6 个域的具体功能如下:

1）用户域

用户域是不同类型物联网用户和用户系统的实体集合。物联网用户通过用户系统及其他域的实体获取外界对象的感知和操控服务。物联网系统设计,首先要通过定义用户域来识别用户对外界场景的感知和识别需求。

2）目标对象域

目标对象域是用户期望获取相关信息或执行相关操控的对象实体集合,包括感知对象和控制对象。感知对象是用户期望获取信息的对象,控制对象是用户期望执行操控的对象。感知对象和控制对象可与感知控制域中的实体(如传感器、识别标签、智能设备接口等)以非数据通信或数据通信类接口的方式进行关联,实现物理世界和虚拟世界的接口绑定。

3）感知控制域

感知控制域是各类获取感知对象信息与操控控制对象的软硬件系统的实体集合。感知控制域可实现对外界对象的本地化感知、协同和操控,并为其他域提供远程管理和服务的接口。

4）服务提供域

服务提供域是实现物联网基础服务和业务服务的软硬件系统的实体集合。服务提供域可实现对感知数据、控制数据及服务关联数据的加工、处理和协同,为物联网用户提供对外界对象的感知和操控服务的接口。

5）运维管控域

运维管控域是实现物联网运行维护和法规符合性监管的软硬件系统的实体集合。运维管控域可保障物联网的设备和系统的安全、可靠运行,并保障物联网系统中实体及其行为与相关法律规则等方面的符合性。

6）资源交换域

资源交换域是实现物联网系统与外部系统间信息资源的共享与交换,以及实现物联网系统信息和服务集中交易的软硬件系统的实体集合。资源交换域可获取物联网服务所需外部信息资源,也可为外部系统提供所需的物联网系统的信息资源,以及为物联网系统的信息流、服务流、资金流的交换提供保障。

9.3.3　域间关联关系

图9-2中6个域之间存在12种关联,分别为逻辑或通信关联,在物联网系统设计时需要逐一考虑。具体关系说明如下:

1)用户域—目标对象域

描述用户域中的用户与目标对象域中对象的感知或操控需求关系,关联属性为逻辑关联。

2)用户域—感知控制域

用户域中的用户系统通过本关联实现与感知控制域中软硬件系统的管理和服务信息交互,关联属性为通信连接。

3)用户域—服务提供域

用户域中的用户系统通过本关联实现与服务提供域中业务服务系统的服务信息交互,关联属性为通信连接。

4)用户域—运维管控域

用户域中的用户系统通过本关联实现与运维管控域中软硬件系统的运维管理信息交互,关联属性为通信连接。

5)用户域—资源交换域

用户域中的用户系统通过本关联实现与资源交换域中软硬件系统的服务和交易信息交互,关联属性为通信连接。

6)目标对象域—感知控制域

目标对象域中的对象通过本关联与感知控制域中的软硬件系统(如传感网系统、标签识别系统、智能设备接口系统等),以非数据或数据通信类接口的方式实现关联绑定。非数据通信类接口包括物理、化学、生物类作用关系,标签附着绑定关系,空间位置绑定关系等。数据通信类接口主要包括串口、并口、USB接口、以太网接口等。关联属性为逻辑关联与通信连接。

7)感知控制域—服务提供域

感知控制域中的软硬件系统通过本关联实现与服务提供域中的基础服务系统之间的感知和操控信息交互。关联属性为通信连接。

8)感知控制域—运维管控域

运维管控域中的软硬件系统通过本关联实现与感知控制域中的软硬件系统的监测、维护和管理信息交互。关联属性为通信连接。

9)感知控制域—资源交换域

感知控制域的软硬件系统通过本关联实现与资源交换域的软硬件系统的信息交互与共享。关联属性为通信连接。

10)服务提供域—运维管控域

运维管控域中的软硬件系统通过本关联实现与服务提供域中的软硬件系统的监测、维护和管理信息交互。关联属性为通信连接。

11)服务提供域—资源交换域

服务提供域的软硬件系统通过本关联实现与资源交换域的软硬件系统的信息交互与共享。关联属性为通信连接。

12）运维管控域—资源交换域

运维管控域中的软硬件系统通过本关联实现对资源交换域中的软硬件系统的监测、维护和管理信息交互。关联属性为通信连接。

以上12种关联涉及多个物联网技术领域,如应用设计技术、终端技术、应用支撑技术、网络技术、感知技术、公共技术等,适用于6个域的内部与域间,构成物联网的基本技术架构。图9-3说明技术架构与参考体系架构的关系。

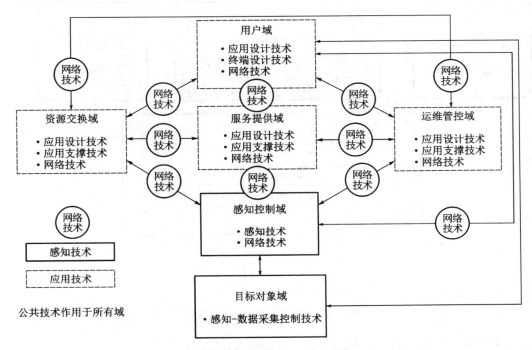

图 9-3　物联网技术和概念模型域的对应关系

9.4　物联网系统参考体系架构

9.4.1　架构图

物联网系统参考体系架构是基于物联网概念模型,从系统功能分析与组合的角度,给出物联网系统中各域的实体构成及实体之间的接口关系,如图9-4所示。

图9-4是对图9-2的简单架构的初步分解描述,主要给出物联网系统参考体系架构中实体、域和接口之间的三位一体关系,需从不同角度描述。

9.4.2　实体描述

物联网系统参考体系结构中,6个域均由一个或多个实体构成,实体间能彼此区别并实现不同的功能,设计时要按需求逐一考虑。各实体结合所属的域描述如下。

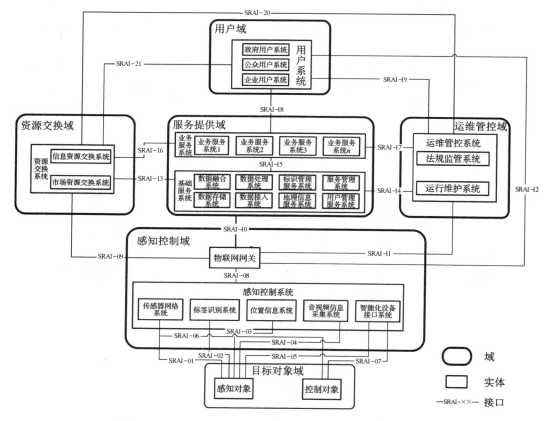

图 9-4　物联网系统参考体系结构

1）用户域—用户系统

用户域中的用户系统是支撑用户接入物联网，使用物联网服务的接口系统，从物联网用户总体类别来分，可包括政府用户系统、企业用户系统、公众用户系统等。不同用户系统往往对具体的物联网应用有不同的需求。

2）目标对象域—感知对象

感知对象为物联网用户期望获取信息的对象，通常与控制对象关联。

3）目标对象域—控制对象

控制对象为物联网用户期望实施操控的对象，通常与感知对象绑定。

4）感知控制域—物联网网关

物联网网关是支撑感知控制系统与其他系统互联，并实现感知控制域本地管理的实体。物联网网关可提供协议转换、地址映射、数据处理、信息融合、安全认证、设备管理等功能。从设备定义的角度，物联网网关可以是独立工作的设备，也可以与其他感知控制设备集成为一个功能设备。

5）感知控制域—感知控制系统

感知控制系统通过不同的感知和执行功能单元实现对关联对象的信息采集和操控，可实现本地协同信息处理和融合的系统。感知控制系统可包括传感器网络系统、标签识别系统、位置信息系统、音视频信息采集系统和智能化设备接口系统等。根据物联网对象不同的社会属性和感知控制需求,各系统可独立工作,也可通过相互协作,共同实现对物联网对象的感知和操作控制。

感知控制系统主要包括:

① 传感器网络系统:传感器网络系统通过与对象关联绑定的传感结点采集对象信息,或通过执行器对对象执行操作控制,传感结点间可支持自组网和协同信息处理。

② 标签识别系统:标签识别系统通过读写设备对附加在对象上的 RFID、条码等标签进行识别和信息读写,以采集或修改对象相关的信息。

③ 位置信息系统:位置信息系统通过北斗、GPS、移动通信系统等定位系统采集对象的位置数据,定位系统终端一般与对象物理绑定。

④ 音视频信息采集系统:音视频信息采集系统通过语音、图像、视频等设备采集对象的音视频等非结构化数据。

⑤ 智能化设备接口系统:智能化设备接口系统具有通信、数据处理、协议转换等功能,且提供与对象的通信接口,其对象包括电源开关、空调、大型仪器仪表等智能或数字设备。实用中,智能化设备接口系统可以集成在对象中。

6)服务提供域—基础服务系统

基础服务系统是为业务服务系统提供物联网基础支撑服务的系统,包括:数据接入、数据处理、数据融合、数据存储、标识管理服务、地理信息服务、用户管理服务、服务管理等。

7)服务提供域—业务服务系统

业务服务系统是面向具体用户需求,提供物联网业务服务的系统,业务服务类型可包括对象信息统计查询、分析对比、告警预警、操作控制、协调联动等。

8)运维管控域—运维管控系统

运维管控系统是管理和保障物联网中设备和系统可靠、安全运行,并保障物联网应用系统符合相关法律法规的系统,根据功能可分为运行维护系统和法规监管系统。

① 运行维护系统:主要负责接入管理、系统安全认证管理、系统运行管理、系统维护管理等功能。

② 法规监管系统:实现包括依据相关法律法规和技术规范等设定的规则与模型进行的数据采集、查询、比对、监督、判定与执行等功能。

9)资源交换域—资源交换系统

资源交换系统实现物联网系统与外部系统间信息资源的共享与交换,以及实现物联网系统信息和服务集中交易的系统,根据功能可分为信息资源交换系统和市场资源交换系统。

① 信息资源交换系统:满足特定用户服务需求,需获取其他外部系统必要信息资源,或在为其他外部系统提供信息资源的前提下,实现系统间的信息资源交换和共享的系统。

② 市场资源交换系统:支撑有效提供物联网应用服务,实现物联网相关信息流、服务流、资金流、人员流等的数据交换,主要服务如市场运行及其他领域活动。

9.4.3 接口描述

图 9-4 的物联网系统参考体系架构中拥有诸多实体,其间形成 21 个接口,以 SRAI+代码表示,要在设计时逐一考虑,按需采用。具体说明如下:

1）接口 SRAI-01（实体 1：感知对象；实体 2：传感器网络系统）

此接口规定传感器网络系统与感知对象间的关联关系。传感器网络系统的感知单元通过该接口获取感知对象的物理、化学、生物等属性，为非数据通信类接口。

2）接口 SARI-02（实体 1：感知对象；实体 2：标签识别系统）

此接口规定标签识别系统与感知对象间的关联关系。通过附着在对象上的标签，标签读写器可识别和写入与感知对象相关的内容。此接口为非数据通信接口，实现不同标签与感知对象的绑定关系。标签识别系统可包括 RFID、条码、二维码等。

3）接口 SARI-03（实体 1：感知对象；实体 2：位置信息系统）

此接口规定位置信息系统与感知对象间的关联关系。通过位置信息终端与对象的绑定，可获取感知对象的空间位置信息。此接口为非数据通信类接口，主要实现位置信息终端与感知对象的绑定关系。

4）接口 SARI-04（实体 1：感知对象；实体 2：音视频信息采集系统）

此接口规定音视频采集系统与感知对象间的关联关系。音视频采集系统通过该接口获取感知对象的音频、图像和视频内容等非结构化数据。此接口为非数据通信接口，主要实现音视频采集终端与感知对象空间的布设关系。

5）接口 SARI-05（实体 1：感知对象；实体 2：智能化设备接口系统）

此接口规定智能化设备接口系统与感知对象间的关联关系。智能化设备接口系统通过该接口获取感知对象的相关参数、状态、基础属性信息等。此接口为数据通信类接口。

6）接口 SARI-06（实体 1：控制对象；实体 2：传感网系统）

此接口规定传感器网络系统与控制对象间的关联关系。传感器网络系统的执行单元可通过该接口获取控制对象的运行状态，并实现对控制对象的操作控制。此接口为数据通信类接口。

7）接口 SARI-07（实体 1：控制对象；实体 2：智能化设备接口系统）

此接口规定智能化设备接口系统与控制对象间的关联关系。智能化设备接口系统通过该接口可获取控制对象的运行状态，并实现对控制对象的控制操作。此接口为数据通信类接口。

8）接口 SARI-09（实体 1：感知控制系统；实体 2：物联网网关）

此接口规定感知控制系统与物联网网关间的关联关系。物联网网关通过此接口适配、连接不同的感知控制系统，实现与感知控制系统间的信息交互以及系统管理控制等。此接口为数据通信类接口。

9）接口 SARI-09（实体 1：物联网网关；实体 2：资源交换系统）

此接口规定资源交换系统与物联网网关间的关联关系。资源交换系统通过该接口实现与物联网网关的通信连接，实现在权限允许下的信息共享交互。此接口为数据通信类接口。

10）接口 SARI-10（实体 1：物联网网关；实体 2：基础服务系统）

此接口规定基础服务系统与物联网网关间的关联关系。基础服务系统通过该接口实现与物联网网关的通信连接，实现在权限允许下的信息交互，主要包括感知控制域所获取的感知信息和对控制对象的控制信息等。此接口为数据通信类接口。

11）接口 SARI-11（实体 1：物联网网关；实体 2：运维管控系统）

此接口规定运维管控系统与物联网网关间的关联关系。运维管控系统通过该接口实现与物联网网关的通信连接,实现在权限允许下的信息交互,主要包括感知控制域内系统运行维护状态信息以及系统和设备的管理控制指令等。此接口为数据通信类接口。

12) 接口 SARI-12(实体1:物联网网关;实体2:用户系统)

此接口规定用户系统与物联网网关间的关联关系。用户系统通过此接口实现与物联网网关的信息交互,获取感知控制域本地化的相关服务。此接口为数据通信类接口。

13) 接口 SARI-13(实体1:基础服务系统;实体2:资源交换系统)

此接口规定基础服务系统与资源交换系统间的关联关系。基础服务系统通过该接口实现与其他相关系统间的信息资源交换,包括提供用户物联网基础服务的必要信息资源。此接口为数据通信类接口。

14) 接口 SARI-14(实体1:基础服务系统;实体2:运维管控系统)

此接口规定基础服务系统与运维管控系统间的关联关系。运维管控系统通过该接口实现对基础服务系统运行状态的监测和控制,同时实现对基础服务系统运行过程中法规符合性的监管。此接口为数据通信类接口。

15) 接口 SARI-15(实体1:基础服务系统;实体2:业务服务系统)

此接口规定基础服务系统与业务服务系统间的关联关系。业务服务系统通过此接口调用基础服务系统提供的物联网基础服务,可包括数据存储管理、数据处理、标识解析服务、地理信息服务等。此接口为数据通信类接口。

16) 接口 SARI-16(实体1:业务服务系统;实体2:资源交换系统)

此接口规定资源交换系统与业务服务系统间的关联关系。业务服务系统通过该接口实现与其他相关系统的信息和相关数据交换,如支撑业务服务的市场资源信息、支付金额信息等。此接口为数据通信类接口。

17) 接口 SARI-17(实体1:运维管控系统;实体2:业务服务系统)

此接口规定业务服务系统与运维管控系统间的关联关系。运维管控系统通过该接口实现对业务服务系统运行状态的监测和控制,以及实现对业务服务所提供的相关物联网服务进行法规的监管。此接口为数据通信类接口。

18) 接口 SARI-19(实体1:业务服务系统;实体2:用户系统)

此接口规定业务服务系统与用户系统间的关联关系。用户系统通过此接口获取相关物联网业务服务。此接口为数据通信类接口。

19) 接口 SARI-19(实体1:用户系统;实体2:运维管控系统)

此接口规定用户系统与运维管控系统间的关联关系。运维管控系统通过该接口实现对用户系统运行状态的监测和控制,以及实现对用户系统相关感知和控制服务要求进行法规的监管和审核。此接口为数据通信类接口。

20) 接口 SARI-20(实体1:资源交换系统;实体2:运维管控系统)

此接口规定资源交换系统与运维管控系统间的关联关系。运维管控系统通过该接口实现对资源交换系统状态的监测和控制,以及实现对资源交换过程中法规符合性的监管。运维管控系统可通过本接口从外部系统获取需要的信息资源。此接口为数据通信类接口。

21) 接口 SARI-21(实体1:资源交换系统;实体2:用户系统)

此接口规定资源交换系统与用户系统间的关联关系。用户系统通过该接口实现同其他系统的数据交换,如用户为消费物联网服务而应支付资金的信息等。本接口为数据通信类接口。

9.5 物联网通信参考体系架构

9.5.1 架构图

由于使用了大量功能各异的传感器,使物联网的内外部通信变得颇为庞杂。物联网通信参考体系架构从实现物联网实体间互联互通的角度,描述物联网各域间及域内实体之间的主要网络通信关系,其描述架构如图9-5所示。

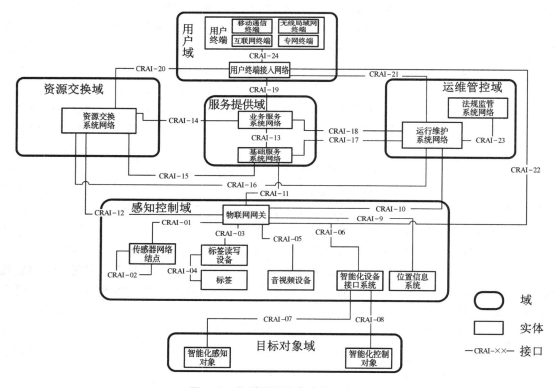

图 9-5 物联网通信参考体系架构

9.5.2 实体描述

与图9-4类似,图9-5物联网通信参考体系结构中的每个域也涉及诸多实体,各域的内外部实体形成24对通信接口,以CRAI+代码表示,也要在设计时逐一考虑,按需采用。

各域内与域间的实体通信具体如下:

1)用户域—用户终端

用户终端是支撑用户接入、使用物联网服务的交互设备。从通信接入方式角度,用户终端包括移动通信终端、互联网终端、专网终端、无线局域网终端等。不同的用户系统可包括不同的用户终端。

2）用户域—用户终端接入网络

用户终端的接入网络是用户终端访问和获取信息服务的通信网络。用户终端接入网络可提供多种接入方式供终端使用。用户终端—用户终端接入网络通过 CRAI-24 通信接口相连,再通过 CRAI-19 与服务提供域相接。

3）目标对象域—智能感知对象

智能感知对象是指其他实体可通过数字或模拟接口获取其信息的感知对象。智能感知对象与智能设备接口系统建立通信连接,通信接口为 CRAI-07,其他感知对象与感知控制系统接口可为非数据通信接口。

4）目标对象域—智能控制对象

智能控制对象是指通过数字化接口进行控制操作的控制对象。智能控制对象一般与智能设备接口建立通信连接,通信接口为 CRAI-09,其他控制对象与感知控制系统接口可为非数据通信接口。

5）感知控制域—传感器网络结点

传感器网络结点包括各种功能单元,如传感器结点、传感器网络网关等,主要完成信息采集与控制、信息处理、网络通信和网络管理等功能。各种传感器结点间通过 CRAI-02 接口彼此互联,再通过 CRAI-01 接口与物联网网关相连。

6）感知控制域—标签读写设备

标签读写设备是指通过标签获取数据或写入数据的电子设备。它与各类标签通过CRAI-04 接口相连,再经 CRAI-03 接口与物联网网关相连。

7）感知控制域—标签

标签是指具有信息存储和读写功能,用于标识和描述物体特征的实体,主要包括 RFID、条形码、二维码等。

8）感知控制域—音视频设备

音视频设备是指获取对象音视频信息并采用基于 IP 或非 IP 网络接口传输数据的设备。它与物联网网关的接口是 CRAI-05。

9）感知控制域—智能设备接口系统

智能设备接口系统是指连接智能感知对象和智能控制对象,实现与上述对象数据交互的系统,它与物联网网关的接口是 CRAI-06,应具有网络通信、数据处理、协议转换等功能。

10）感知控制域—位置信息系统

位置信息系统是基于北斗卫星定位系统、GPS 定位系统或移动通信网络定位等获取感知对象位置信息并能实现与外部交互的系统,它与物联网网关的接口是 CRAI-09。

11）感知控制域—物联网网关

物联网网关从通信角度应是实现感知控制系统与其他物联网业务系统互联的实体,通常具备包括协议转换、地址映射、安全认证、网络管理等功能,同时物联网网关作为不同类型感知控制系统间协同交互中心,需实现不同类型感知控制系统间网络管理。它通过 CRAI-12 与资源交换域相连;通过 CRAI-11 与服务提供域相连;通过 CRAI-10 与运维管控域相连;通过 CRAI-22 与用户域相连。

12）服务提供域—基础服务系统网络

基础服务系统网络是支撑基础服务系统内部提供基础服务的实体(如接入服务器、认证服务器等)间互联互通以及与其他外部实体或网络间交互的通信网络。例如,通过 CRAI-15 接口与资源交换域、CRAI-17与运维管控域互连,可基于局域网络进行建设,并与外部网络实现一定安全级别的互联互通。

13) 服务提供域—业务服务系统网络

业务服务系统网络是支撑业务服务系统内部提供业务服务实体(如应用服务器、计算中心等)间互联互通以及与其他外部实体或网络间交互的通信网络。可基于局域网络进行建设,并与外部网络实现一定安全级别的互联互通。业务服务系统网络—基础服务系统网络通过CRAI-14、CRAI-19接口分别与资源交换域和运维管控域相接;在服务提供域内以CRAI-13接口与业务服务系统网络连接。

14) 运维管控域—运行维护系统网络

运行维护系统网络是支撑运行维护系统内部实体(如登录服务器、运维数据库服务器等)间互联互通以及与其他外部实体或网络间交互的通信网络。可基于局域网络进行建设,并与外部网络按照某种安全级别实现互联互通。它以接口CRAI-21与用户终端接入网络相接;接口CRAI-17、CRAI-19与基础服务和业务服务系统网络相接;接口CRAI-16与资源交换系统网络相接;接口CRAI-10与物联网网关相接。

15) 运维管控域—法规监管系统网络

法规监管系统网络是支撑法规监管系统内部实体(如登录服务器、法规数据库服务器)间互联互通以及与其他外部实体或网络间交互的通信网络。可基于局域网络建设,并与外部网络按照某种安全级别实现互联互通。法规监管系统网络通过CRAI-23接口与运行维护系统网络内部相连。

16) 资源交换域—资源交换系统网络

信息资源交换系统网络是支撑信息资源交换系统和相关资源交换系统内部信息数据、服务数据、资金数据等实体间互联互通以及与其他外部实体和网络间交互的通信网络。资源交换系统网络同时实现物联网应用系统与其他物联网应用系统或信息资源网络间互联互通。它通过CRAI-20与用户终端接入网络,CRAI-14、CRAI-15与基础服务和业务服务系统网络相接;通过CRAI-16与运行维护系统网络相接;通过CRAI-12与物联网网关相接。

9.5.3　接口描述

图9-5物联网通信参考体系架构,除从实体角度考虑通信需求外,还要从通信角度考虑各实体的存在与相应功能。图9-5中的主要的接口有24对,故要从系统角度来考虑整个通信架构,具体说明如下:

1) CRAI-01(实体1:传感器网络节点;实体2:物联网网关)

此接口规定传感器网络结点和物联网网关之间的通信连接关系。根据物联网不同应用需求,可采用无线或有线通信接口方式,可支持数据传输速率从几字节到几兆字节。

2) CRAI-02(实体1:传感器网络节点;实体2:传感器网络节点)

此接口规定传感器网络结点之间通信连接关系。根据不同结点间的交互要求,可支持数据传输速率从几字节到几兆字节。

3) CRAI-03(实体1:标签读写设备;实体2:物联网网关)

此接口规定标签读写设备和物联网网关之间的通信连接关系,标签读写设备通过该接口向物联网网关传输标签数据,数据传输模式可支持同步模式、异步模式;通信方式支持有线连接和无线连接。

4）CRAI-04（实体1：标签读写设备；实体2：标签）

此接口规定标签读写设备和标签之间的通信连接关系。标签可分为条码标签和RFID标签等。条码标签的读写接口通过扫描方式获取标签信息；RFID标签读写设备通过空中接口向RFID标签读出或写入信息。

5）CRAI-05（实体1：物联网网关；实体2：音视频设备）

此接口规定音视频设备和物联网网关之间的通信连接关系。物联网网关通过IP或非IP网络获取音视频设备的监控信息以及管理音视频设备；通信方式支持有线连接和无线连接。

6）CRAI-06（实体1：物联网网关；实体2：智能设备接口系统）

此接口规定智能设备接口系统和物联网网关之间的通信连接关系。物联网网关通过有线或无线通信方式与智能设备接口系统进行数据交互；无线通信方式可采用移动通信网络接口和短距离无线通信接口等。

7）CRAI-07（实体1：智能设备接口系统；实体2：智能感知对象）

此接口规定智能设备接口系统和智能感知对象之间的通信连接关系。通过接口实现智能设备接口系统与智能感知对象的通信和信息交互，获取智能感知对象的信息。

8）CRAI-08（实体1：智能设备接口系统； 实体2：智能控制对象）

此接口规定智能设备接口系统和智能控制对象之间的通信连接关系。通过接口实现智能设备接口系统与智能控制对象的通信和信息交互，操控智能控制对象。

9）CRAI-09（实体1：物联网网关；实体2：位置信息系统）

此接口规定位置信息系统和物联网网关之间的通信连接关系。根据用户对位置信息获取的实时性或周期性要求，通信方式包括移动通信网络、互联网、局域网或专用通信网等。通信接口应通过安全手段保证位置信息安全性和私密性要求。

10）CRAI-10（实体1：运行维护系统网络；实体2：物联网网关）

此接口规定运行维护系统网络和物联网网关之间的通信连接关系，用于传递感知控制系统相关的状态和管控等信息，通信方式包括移动通信网络、互联网、局域网或专用通信网等。

11）CRAI-11（实体1：基础服务系统网络；实体2：物联网网关）

此接口规定基础服务系统网络和物联网网关之间的通信连接关系。根据物联网业务对数据实时性和准确性等要求，通信方式包括移动通信网络、互联网、局域网或专用通信网等。

12）CRAI-12（实体1：资源交换系统网络；实体2：物联网网关）

此接口规定资源交换系统网络和物联网网关之间的通信连接关系。根据对信息传送的实时性和准确性的要求，通信方式包括移动通信网络、互联网、局域网或专用通信网等。

13）CRAI-13（实体1：业务服务系统网络；实体2：基础服务系统网络）

此接口规定业务服务系统网络和基础服务系统网络之间的通信连接关系。可作为一个物联网系统的内部通信接口，也可作为基础服务系统网络提供的开放外部通信接口。通信方式包括移动通信网络、互联网、局域网或专用通信网等。

14）CRAI-14（实体1：资源交换系统网络；实体2：业务服务系统网络）

此接口规定资源交换系统网络和业务服务系统网络的通信连接关系。根据业务服务系统对信息资源和市场资源的资源请求和交换功能的实时性和可靠性需求,可采用互联网、局域网或专用通信网等通信方式。

15)CRAI-15(实体 1:资源交换系统网络;实体 2:基础服务系统网络)

此接口规定资源交换系统网络和业务服务系统网络的通信连接关系。根据基础服务系统对信息资源和相关数据的资源请求和交换功能的实时性与可靠性需求,可采用互联网、局域网或专用通信网等通信方式。

16)CRAI-16(实体 1:资源交换系统网络;实体 2:运行维护系统网络)

此接口规定资源交换系统网络和运行维护系统网络的通信连接关系。针对资源交换系统运行维护、系统管理、法规监管等管控功能的需求,可采用互联网、局域网或专用通信网等通信方式。

17)CRAI-17(实体 1:运行维护系统网络;实体 2:基础服务系统网络)

此接口规定基础服务系统网络和运行维护系统网络的通信连接关系。根据对基础服务系统运行维护、系统管理、法规监管等管控功能的需求,可采用移动通信网络、互联网或专用通信网等通信方式。

18)CRAI-18(实体 1:运行维护系统网络;实体 2:业务服务系统网络)

本接口规定业务服务系统网络和运行维护系统网络的通信连接关系。根据对业务服务系统运行维护、系统管理、法规监管等管控功能的需求,可采用移动通信网络、互联网、局域网或专用通信网等通信方式。

19)CRAI-19(实体 1:用户终端接入网络;实体 2:业务服务系统网络)

本接口规定业务服务系统网络和用户终端接入网络之间的通信连接关系。根据用户使用物联网业务服务系统的需求,可采用移动通信网络、互联网、局域网或专用通信网等通信方式。

20)CRAI-20(实体 1:用户终端接入网络;实体 2:资源交换系统网络)

本接口规定资源交换系统网络和用户终端接入网络之间的通信连接关系。可采用移动通信网络、互联网、局域网或专用通信网等通信方式。

21)CRAI-21(实体 1:用户终端接入网络;实体 2:运维管控系统网络)

本接口规定运维管控系统和用户终端之间的通信连接关系,可采用移动通信网络、互联网、局域网或专用通信网等通信方式以支持不同类型的终端,用户终端可通过 B/S 或 C/S 通信方式接入运维管控系统。

22)CRAI-22(实体 1:用户终端接入网络;实体 2:物联网网关)

本接口规定物联网网关和用户终端接入网络之间的通信连接关系,可采用移动通信网络、互联网、局域网或专用通信网等通信方式以支持不同类型的物联网网关与用户终端接入网络的通信和信息交互。

23)CRAI-23(实体 1:运维管控系统网络;实体 2:法律监管系统网络)

本接口规定运行维护系统网络和法律监控系统网络的通信连接关系,可采用支持相同网络通信协议类型的设备实现两者之间的通信,可采用移动通信网络、互联网、局域网或专用通信网等通信方式。

24)CRAI-24(实体 1:用户终端;实体 2:用户终端接入网络)

本接口规定用户终端和用户终端接入网络之间的通信连接关系。该接口可采用移动通信网络、互联网、局域网或专用通信网等通信方式以支持不同类型的用户终端。

9.6 物联网信息参考体系架构

9.6.1 架构图

物联网信息参考体系架构从物联网应用及其数据流出发,定义信息交换过程中参与实体和数据内涵,其架构如图9-6所示。同时,此图也给出了相应的应用信息接口,用 IRAI+代码表示。

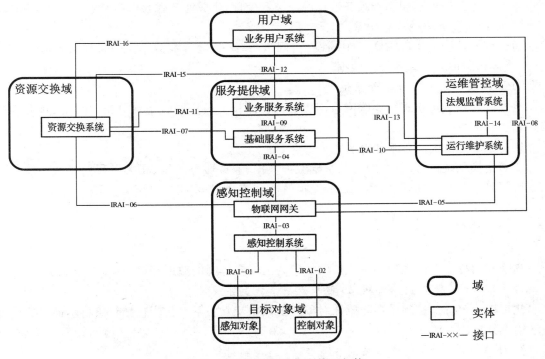

图 9-6 物联网信息参考体系架构

9.6.2 实体描述

图9-6中的6个域中仍各含实体,也各具逻辑功能,具体说明如下:
1)用户域—业务用户系统
业务用户系统功能是实现物联网业务服务信息订购、获取、使用和管理。
2)目标对象域—感知对象
智能感知对象可生成、存储和处理本地对象信息。
3)目标对象域— 控制对象
控制对象可接收、存储、处理和操控本地对象信息。
4)感知控制域— 感知控制系统
感知控制系统可实现对象原始数据的采集或经过数据级、特征级和决策级融合信息处理生成对象信息；可根据本地信息生成对象控制信息或从其他域接收对象控制信息、执行控制操作；可实现对感知控制设备状态、网络运行状态等数据生成和管理维护。

5）感知控制域—物联网网关

物联网网关可实现以设备为中心的感知数据的汇聚、处理、封装等；可控制数据的生成和维护等；可对感知控制设备状态、网络运行状态等数据本地化管理。

6）服务提供域—基础服务系统

基础服务系统可实现业务数据预处理，包括感知数据及系统外部数据的转换、清洗、比对等，形成基础服务数据。

7）服务提供域—业务服务系统

业务服务系统可实现基础服务数据的封装和处理，生成业务融合数据和业务服务数据。

8）运维管控域—运行维护系统

运行维护系统可实现物联网中的设备、网络、系统等运行维护相关的管理数据收集和分析，生成运行维护的管理和控制数据。

9）运维管控域—法规监管系统

法规监管系统可实现与物联网应用法规符合性相关数据的收集和分析，生成法规监管的管理和控制数据。

10）资源交换域—资源交换系统

资源交换系统可实现感知数据、基础服务数据、业务服务数据、相关过程信息及系统外部数据进行共享与交换的管理，生成资源交换的数据流、服务流和资金流信息等。

9.6.3 接口描述

物联网信息参考体系架构中主要的接口为上述实体间的数据接口，具体作用如下：

1）IRAI-01（实体1：感知对象；实体2：感知控制系统）

此接口规定感知控制系统与感知对象间的数据交互关系。智能感知对象将本地对象信息发送给感知控制系统。

2）IRAI-02（实体1：感知控制系统；实体2：控制对象）

此接口规定感知控制系统与控制对象间的数据交互关系。感知控制系统将控制命令发送给控制对象，控制对象向感知控制系统发送控制执行状态数据。

3）IRAI-03（实体1：感知控制系统；实体2：物联网网关）

此接口规定感知控制系统与物联网网关间的数据交互关系。感知控制系统将感知数据发送至物联网网关，物联网网关向感知控制系统发送控制数据，物联网网关和感知控制系统也可相互传送设备状态和网络状态等管理数据。

4）IRAI-04（实体1：物联网网关；实体2：基础服务系统）

此接口规定物联网网关与基础服务系统间的数据交互关系。物联网网关将设备为中心的感知数据发送给基础服务系统，作为物联网基础服务的主要数据来源，基础服务系统向物联网网关发送控制数据。

5）IRAI-05（实体1：物联网网关；实体2：运行维护系统）

此接口规定物联网网关与运行维护系统间的数据交互关系。物联网网关将设备、网络和系统状态信息发送给运行维护系统，运行维护系统向物联网网关发送设备、网络和系统的管理和控制数据。

6）IRAI-06（实体1：资源交换系统；实体2：物联网网关）

此接口规定物联网网关与资源交换系统间的数据交互关系。资源交换系统将感知数据交换的请求信息发送给物联网网关，物联网网关向资源交换系统发送感知数据。

7）IRAI-07（实体1：基础服务系统；实体2：资源交换系统）

此接口规定基础服务系统与资源交换系统间的数据交互关系。基础服务系统将资源交换请求信息发送给资源交换系统，资源交换系统向基础服务系统发送系统外部数据。

8）IRAI-08（实体1：物联网网关；实体2：业务用户系统）

此接口规定物联网网关与业务用户系统间的数据交互关系。物联网网关将感知数据发送给业务用户系统，业务用户系统向物联网网关发送控制数据。

9）IRAI-09（实体1：业务服务系统；实体2：基础服务系统）

此接口规定基础服务系统与业务服务系统间的数据交互关系。业务服务系统将基础服务数据的调用请求信息发送给基础服务系统，基础服务系统向业务服务系统发送基础服务数据。

10）IRAI-10（实体1：运行维护系统；实体2：基础服务系统）

此接口规定基础服务系统与运行维护系统间的数据交互关系，运行维护系统将运行维护以及法规监管的管理和控制数据发送给基础服务系统，基础服务系统向运行维护系统发送设备、网络、系统状态数据。

11）IRAI-11（实体1：业务服务系统；实体2：资源交换系统）

此接口规定业务服务系统与资源交换系统间的数据交互关系。业务服务系统将业务服务数据发送给资源交换系统，资源交换系统向业务服务系统发送系统外部数据。

12）IRAI-12（实体1：业务用户系统；实体2：业务服务系统）

此接口规定业务服务系统与业务用户系统间的数据交互关系。业务用户系统将业务服务数据的请求信息发送给业务服务系统，业务服务系统向业务用户系统发送业务服务数据。

13）IRAI-13（实体1：运行维护系统；实体2：业务服务系统）

此接口规定业务服务系统与运行维护系统间的数据交互关系。运行维护系统将运行维护以及法规要求的管理和控制数据发送给业务服务系统，业务服务系统向运行维护系统发送设备、网络、系统状态数据。

14）IRAI-14（实体1：法规监管系统；实体2：运行维护系统）

此接口规定法规监管系统与运行维护系统间的数据交互关系。法规监管系统将法规符合性相关数据的收集请求信息发送给运行维护系统，运行维护系统向法规监管系统发送法规符合性相关数据。

15）IRAI-15（实体1：运行维护系统；实体2：资源交换系统）

此接口规定运行维护系统与资源交换系统间的数据交互关系。运行维护系统将运行维护以及法规要求的管理和控制数据发送给资源交换系统，资源交换系统向运行维护系统发送设备、网络、系统状态数据。

16) IRAI-16(实体 1:业务用户系统;实体 2:资源交换系统)

此接口规定资源交换系统与业务用户系统间的数据交互关系。业务用户系统将资源交换请求信息发送给资源交换系统,资源交换系统向业务用户系统发送系统外部数据。

以上介绍了物联网参考体系的总体架构与对应的各类接口。在设计与开发不同物联网应用系统时,可选择参考系统架构定义的部分或全部的业务功能域、实体和接口,也可对不同的业务功能域、实体和接口等进行组合和拆分。同时,开发者也可根据自身特定的需求,调整参考系统架构中未涉及的相关业务功能域、实体和接口。

9.7 物联网感知对象应用实例

9.7.1 物联网感知对象的信息融合过程

感知对象的信息融合是构建物联网系统与应用的关键,它要对多源信息进行检测、时空统一、误差补偿、关联、估计等多级多层面的处理,以得到精确的对象状态描述,完整、及时的对象属性、态势和影响估计等。

感知对象信息融合的具体处理过程与要求如下:

(1) 时空统一 将输入的各局部时间和空间坐标下的信息变换到统一的系统标准时间和空间坐标下。

(2) 误差补偿 对输入的对象信息的时间、空间和其他特征误差进行估计和补偿,以实现时间同步、消除或减少空间及其他特征误差。

(3) 信息关联 从多源多对象信息(信号、数据)集合中,产生表示同一对象信息集合的处理过程。

(4) 信号检测 对多源测量信号进行时空统一、误差补偿、信号关联、信号积累和特征提取等处理,以及早检测出目标信号的处理过程。

(5) 对象估计 对多源多对象数据进行时空统一、误差补偿、数据关联、滤波、估计等处理,以确定和预测对象状态、属性和可信程度。

(6) 态势估计 所谓态势,是指同一应用目标所涉及的对象、环境、外部等要素及其之间关系形成的局部结构。态势估计是基于应用规则确定对象与对象之间、对象与环境和外部要素之间关系的估计过程,以生成当前观测态势,进而估计与应用目标相关的事件、行为和效用,生成估计态势,并对态势的变化趋势做出预测。

(7) 影响估计 以定量形式估计预测态势在物联网系统中的作用和影响的处理过程,其中对应用目标不利的影响进行预警并生成应对方案。

9.7.2 感知对象的信息融合概念模型

信息融合分为 6 种级别,其概念模型如图 9-7 所示。

图 9-7 中信息融合模块是物联网系统特有的,与其他信息系统不同的功能模块,代表从感知对象到融合服务之间复杂的多级信息处理的过程与要求,以及它的基本功能与作用。

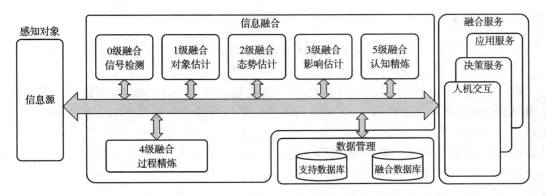

图 9-7　物联网感知对象的信息融合概念模型

9.7.3　物联网感知对象的信息融合子系统

作为特殊而复杂的子系统,物联网感知对象在参考体系架构中的信息融合的架构与流程就依据图 9-7 的 6 级融合模式生成对应的 6 级融合模块和 24 个通道,如图 9-8 所示。

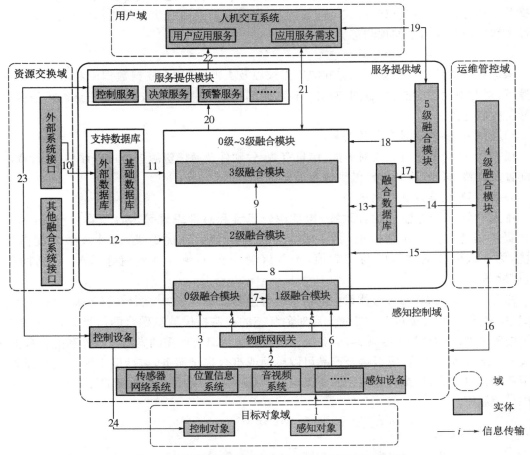

图 9-8　物联网参考体系中感知对象的信息融合模型

9.7.3.1　6 级融合

结合图 9-7 与图 9-8,对物联网参考体系感知对象的 6 级信息融合模块的功能如下:

1)0 级融合:实现信号检测功能

感知控制域中的感知设备采集原始信号。先进行时空统一,将输入的不同时钟下测量信号变换到融合系统的基准时标下,将各种局部坐标下的测量信号变换到融合系统的统一空间坐标下,包括坐标变换、幅度变换和分辨率变换等;再对统一后的时间和空间进行误差估计和补偿;然后对多元信号进行聚集,形成源于同一对象的信号集合;最后对集合元素进行去噪、积累等综合处理,以检测出信号数据。

2)1 级融合:实现对象估计功能

本级融合是对输出对象的精度进行估计。在 0 级融合的基础上,需要对对象进行属性识别,属性识别又分为数据级属性识别、特征级属性识别和判定级属性识别。分别根据 0 级融合输入的信息结合支持数据库和融合数据库,并参照反馈态势对同一对象的数据、特征和判定集合进行融合,并说明其可信度。

3)2 级融合:实现态势估计功能

对外部和环境信息、1 级融合信息及人的预知判定等信息进行可信度估计,最后以态势图、报告和图表等形式输出,并可反馈给 1 级融合。关系估计是生成态势状态的基础。首先,根据关系估计生成观测态势,形成当前的状态;然后根据当前的状态形成估计态势;最后根据估计态势生成基于需求的预测态势。

4)3 级融合:实现影响估计功能

根据态势估计生成的预测态势和应用需求以及人的认知,在支持数据库和融合数据库的支撑下,对对象的影响能力、意图、时机、行为、时间和效果进行估计,最终根据影响可信度生成预警与控制方案。

5)4 级融合:实现过程精炼功能

根据 0～3 级的融合结果对效能、信息资源、软硬件及通信资源进行过程评估,进行资源优化配置及调整,减少数据冗余,做到效率最大化。

6)5 级融合:实现认知精炼功能

将人的认知能力输入融合系统,包括逻辑思维和感性思维等内容。具体包括:为 0 级融合提供信息价值和质量需求,为 1 级融合提供对象处理优先级,为 2 级融合提供外部环境,为 3 级融合提供意图与期望值,为 4 级融合提供融合过程精炼基准,包括期望效用、风险等。

在图 9-8 中,物联网参考体系中的信息融合主要分布在感知控制域、服务提供域和运维管控域中。感知控制域通过对对象感知和对象状态的控制提供信息融合的信息源,部分物联网系统中完成 0 级融合和 1 级融合;服务提供域提供各级融合所需的支持数据库和融合数据库,完成 0、1、2、3、5 级融合,每级融合产品可以单独或组合提供服务,包括但不限于控制服务、决策服务和预警服务;运维管控域完成 4 级融合,实现对信息融合产品质量的提升和系统资源的维护与控制等。

9.7.3.2　24 类通道

图 9-8 表示物联网参考体系架构中信息融合功能的各个实体信息传输通道及传输方式示

意。具体如下：

1）实体1：感知对象；实体2：感知设备

传输方式：感知设备采集感知对象的时间、空间、特征等信息。

2）实体1：感知设备；实体2：物联网网关

传输方式：单个或多个感知设备采集的信号/数据传输至网关。

3）实体1：感知设备；实体2：0级融合模块

传输方式：单个或多个感知设备采集的信号传输至0级融合模块。

4）实体1：物联网网关；实体2：0级融合模块

传输方式：采集信号/数据经网关传输至0级融合模块。

5）实体1：物联网网关；实体2：1级融合模块

传输方式：采集信号/数据经网关传输至1级融合模块。

6）实体1：感知设备；实体2：1级融合模块

传输方式：单个或多个感知设备采集的信号传输至1级融合模块。

7）实体1：0级融合模块；实体2：1级融合模块

传输方式：0级融合模块的产品输入1级融合模块。

8）实体1：1级融合模块；实体2：2级融合模块

传输方式：1级融合模块的产品输入2级融合模块。

9）实体1：2级融合模块；实体2：3级融合模块

传输方式：2级融合模块的产品输入3级融合模块。

10）实体1：外部接口；实体2：外部数据库

传输方式：将外部系统接口提供的外部数据、环境数据等存储至外部数据库。

11）实体1：支持数据库；实体2：0～3级融合模块

传输方式：0～3级融合模块从支持数据库获取数据（一般为实时性要求不高的数据）。

12）实体1：其他融合系统接口；实体2：0～3级融合模块

传输方式：0～3级融合模块从其他融合系统获取数据（一般为实时数据）。

13）实体1：融合数据库；实体2：0～3级融合模块

传输方式：0～3级融合模块从融合数据库获取所需的典型案例数据；0～3级典型融合产品存储至融合数据库（一般作为后续融合的参考案例）。

14）实体1：融合数据库；实体2：4级融合模块

传输方式：4级融合模块获取融合数据库中的数据。

15）实体1：0～3级融合模块；实体2：4级融合模块

传输方式：0～3级融合模块的产品输出至4级融合模块；4级融合模块对0～3级融合模块发送性能改进方案和对融合资源的优化控制指令。

16）实体1：感知设备及网关；实体2：4级融合模块

传输方式：感知设备及网关发送采集的信号/数据至4级融合模块；感知设备及网关获取4级融合模块发送的改进方案和优化控制指令。

17）实体1：融合数据库；实体2：5级融合模块

传输方式：5级融合模块从融合数据库中获取所需的数据；5级融合模块的产品存储至数据库。

18) 实体1:5级融合模块;实体2:0～3级融合模块

传输方式:5级融合模块对0～3级融合模块的优化控制。

19) 实体1:人机交互系统;实体2:5级融合模块

传输方式:人的认知能力对融合的优化控制;5级融合模块通过人机交互提供应用服务。

20) 实体1:0～3级融合模块;实体2:服务提供模块

传输方式:0～3级融合模块的产品输出并提供相关服务。

21) 实体1:0～3级融合模块;实体2:人机交互系统

传输方式:0～3级融合模块的产品通过人机交互系统提供相关应用服务;应用需求通过人机交互系统输入0～3级融合模块。

22) 实体1:服务提供模块;实体2:人机交互系统

传输方式:服务提供实体通过人机交互系统输出融合结果数据和控制服务、决策服务、预警服务等。

23) 实体1:服务提供模块;实体2:控制设备

传输方式:由服务提供模块发送控制指令至控制设备;控制设备发送响应至服务控制模块。

24) 实体1:控制设备;实体2:控制对象

传输方式:控制设备发送控制指令,实现对对象的控制。

9.7.4 基于物联网信息融合的疾病诊断系统

物联网信息融合在很多方面有广泛应用,具体实例之一就是医疗诊断系统,其原理与功能如图9-9所示。

图9-9表示的基于物联网信息融合的疾病诊断系统架构,其中目标对象域是患者,用户域是医护人员及诊疗系统。各级融合实例为:

1) 0级融合

感知控制域中的体温、血压、心电、血氧等感知设备采集患者的原始信号,通过物联网网关接入0级融合;疾病信号检测,然后输出多元融合的疾病信号和症候信号,再被1级融合接收。

2) 1级融合

1级融合从感知设备采集相应数据,再通过诊断过程支持数据库和典型病症诊断案例库,经比对分析后输出患病部位和病种状态的估计预判结果。

3) 2级融合

2级融合根据1级的输出结果进行初步诊断估计,并结合有关案例和其他要素之间的关系进行相关性分析,进一步得出初步诊断结果。

4) 3级融合

3级融合则根据初步诊断结果的输出,进行风险评估和有关趋势的预测,并将输出结果向人机交互系统反应。人机交互系统通过治疗方案及诊断需求,将信息和运维管控域中的4级融合进行诊断过程精炼和优化。

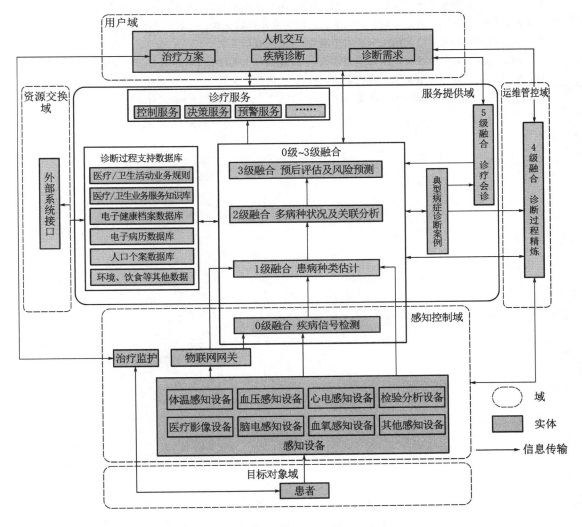

图 9-9　基于物联网信息融合的疾病诊断系统架构

5）4 级融合

4 级融合旨在自动形成系统过程精炼和反馈控制，从而尽快确定疾病部位、病种及程度。

6）5 级融合

5 级融合要基于多位医疗专家对病症的诊断与系统的交互，参照典型案例，给患者最适合、高效的治疗方案。

应指出，许多物联网应用系统都需要大量的除感知检测数据以外的其他业务信息资源的支撑。如本例就涉及诊断过程支持数据库，主要有：医疗卫生活动业务规则类资源、医疗卫生业务服务知识库、电子健康档案数据库、电子病历数据库、人口个案数据库、环境饮食等数据库，以及更多的病例病案资料库、医生诊疗医案库等。这些资料越丰富，系统的比对运算与判断就越准确，对医生建议的价值就越高。

思考题

（1）什么是物联网参考体系架构,它和物联网概念模型之间有何关系?

（2）物联网概念模型中有几个域? 它们彼此之间通过什么相关联?

（3）物联网系统参考体系架构由哪些实体组成,彼此间有何关联?

（4）物联网通信参考体系架构由哪些实体组成,彼此间有何关联?

（5）物联网信息参考体系架构由哪些实体组成,彼此间有何关联?

（6）举例说明物联网感知对象在现实生活中的应用。

四、实践应用篇

10 物联网在精致农业领域的应用

[学习目标]

(1) 了解精致农业的基本概念与内涵。

(2) 了解精致农业的系统架构。

(3) 了解物联网在精致农业应用领域的基本技术。

(4) 了解物联网精致农业的应用案例。

10.1 精致农业与物联网

10.1.1 精准农业

"精准农业"(Precision Agriculture)是将传统作物学、农艺学、土壤学、植保学、资源测量学和优化控制技术等集成在农机装备上,与田间信息采集技术、优化与决策支持技术等融为一体,在 3S(即 GPS 空间定位系统、GIS 地理信息系统、RS 遥感监测系统)技术的支持下,实现小范围农田定位,控制现代农业机械,实测作物生长情况和土壤条件等的差异,动态修改对定位单元范围内作物的分析,按土壤的需要变化进行施肥、病虫害管理、植物保护等方面的作业,形成所谓"处方式耕作"方式。

10.1.2 从"精准农业"到"精致农业"

物联网的出现,使以定位为主的"精准农业"扩展到能自动识别、作物生长跟踪、环境感测、耕作优化等领域。微观上,它通过分布在田间或大棚内的多种传感器,动态感测与跟踪控制作物的长势并进行最佳管理;在禽蛋畜牧业中,它能识别跟踪每头牲畜的成长防疫情况;农产品加工上,能实现从田间和饲养棚场到采摘、储藏、保鲜、加工、分级、运输,再跟踪到店铺零售甚至消费者餐桌上的全程数据,确保食品生产管理的可溯源化,极大地提高了公众卫生与食品安全水平。故从发展趋势来看,称"精致农业"或更能反映物联网时代农业信息化的特征。

10.1.3 物联网在精致农业中的基础作用

1）精致农业系统架构

精致农业的具体功能如下：

（1）农业智能生产系统

① 土地、农机实时精确定位、生产过程监控。

② 土壤墒情、作物生长状况等各类信息查询。

③ 模型评估与预测。

④ 耕作轨道、范围以及路线的合理规划。

⑤ 肥料、灌溉水用量以及播种位置的精确控制。

（2）农业灾害监测预警系统

① 信息采集、传输、分析和入库，满足农业灾害监测预警之需。

② 信息采集模块可按设定，实时对农业生产数据采集并上传到预警中心。

③ 土壤水分等传感器结合卫星定位，适应对终端设备的迁移或重新部署情况下的数据采集、定位和传输要求。

④ 利用 GIS 空间分析处理功能和直观信息显示，根据预测的结果和灾害分级标准，将预警结果转化成清晰的电子地图，直观显示出灾害的发生程度及分布情况。

⑤ 预警中心可分析并上传所采集到的信息，及时对可能发生的农业灾害作出分析预测，发布预警信息并进行应急响应。

（3）农产品安全溯源系统　详细内容参考第 9 章。

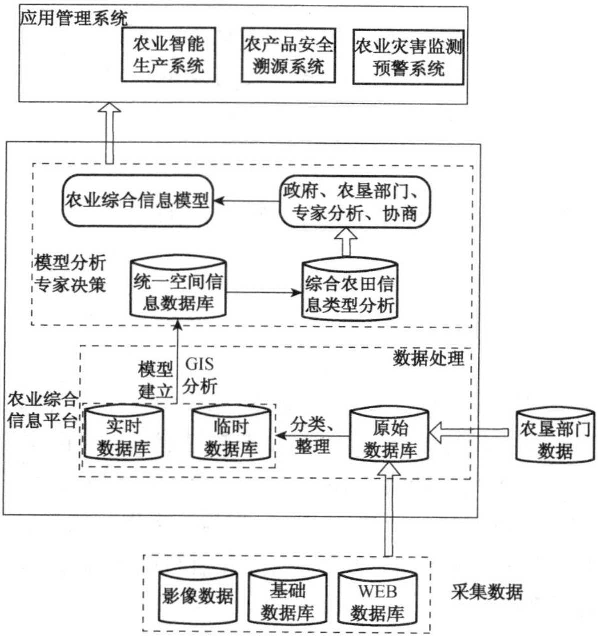

系统功能架构如图 10-1 所示。

图 10-1　精致农业系统架构

2）农业无线传感网架构

农业无线传感网位于系统底层，可选的构建技术方案主要有两种：Wi-Fi 和 ZigBee，节点多采用 Mote 微系统。Wi-Fi 包括不同 AP 间 IEEE 802.11f（用于漫游）以及不同频率和速率的 IEEE 802.11（a，b，g）。IEEE 802.11b 有两种运作模式：一是无线网卡和 AP 间建立网络，二是 Ad Hoc 的端对端的传输，其中，每组无线网卡的客户端均要在对方的信号范围内。ZigBee 遵循 IEEE 802.15.4 协议，可与手机或遥控器等互联，在一个空间内可迅速抓取各个配备同样接口的无线设施信号，故应用面非常广泛。

Mote 是无线传感节点，具有智能性与极小尺寸。支持 Mote 的有柏克利大学研发的 TinyOS 操作系统和 TinyDB 数据库系统。田间服务器（FS）与 Mote 已成工业标准，已被企业界广泛使用，且随着田间服务器的日益缩小和 Mote 功能的日趋强大，两者间的区别也在缩小。图 10-2 为一款用于植物生长环境监测的无线传感节点（Mote）示例。

图 10-2　无线传感节点示例

3）无线传感网在农业上的应用

无线传感网可与田间服务器、智能灰尘等结合，在农业大棚作业、气象预报与防灾上有广泛的应用，能对温度、湿度、二氧化碳、通光量、土壤含水率、土壤养分等进行动态监测，并能定时或根据感测信号作逻辑判断进而控制通风设备、加热系统、灯光与光照系统、加湿机、灌溉设备、警报器等运行，并发送监控短信、现场图像与视频给远程管理者等。

在农产品生长的时间管理上，无线传感网主要用于农产品生产履历跟踪记录、农业环境信息跟踪收集、温室与种苗花卉生产的远程监控、农作物虫害疫病分析预警、鱼塘养殖远程监控管理、粮仓远程监控管理、养鸡场远程监控管理、畜牧场远程监控管理、污染防治点远程监控、野生动物调查、农民生产实时咨询、农产品物流运输等领域。

4）无线传感网农业应用的意义与面临的问题

无线传感网的农业应用发展很快，不单改变了原有精准农业的观念，而且通过越来越多的高科技感测与识别技术的引进，为农业生产带来革命。但其在农业的大规模应用仍面临一些问题：一是农业生产多在室外，大雨或雷电等均易导致系统受损（包括硬件与通信质量），故环境耐候性将是首要问题；二是能源保证，虽然无线传感网感测节点或传输节点一般干电池可支持数月至一年，但有地点偏远及实施面积较大的问题，更换电池或重新启动休眠不起的节点均会造成困扰。

总体而言，无线传感网在农业领域的应用是大趋势，技术的完善也很快，上述问题均能较快克服，且这一领域的应用正处萌芽期，如能有效结合农、林、牧、渔等专业领域的需求，新的应用将层出不穷。

10.2 物联网在精致农业领域的应用案例

10.2.1 无线传感网用于作物生长与环境监测

1）农作物长势监测应用

荷兰政府近期支持一项农业研究,其中就有农作物生长监测。具体内容是在一块马铃薯实验田中安置 150 个温湿度感测器和 30 个信息发射器组成一个小型无线感测网,以监测马铃薯的长势、疫病霉变的发生,以期今后在农业中投入规模化应用。

2）局部环境监测

农作物与养殖业中,周边局部环境的监测也很重要。台湾海洋大学组成一个由养殖、食品科学与系统工程综合组成的团队,实验小型的无线感测器来动态测量养殖池的水温、pH 值、温度和环境湿度、照度等,并设计了由 ZigBee(紫蜂)与 GPRS 作近端与远距传输的网关器,可让监测数据通过互联网传输到数据服务器进行分析处理,并将结果动态发布给养殖场主、技师等,如图 10-3 所示。

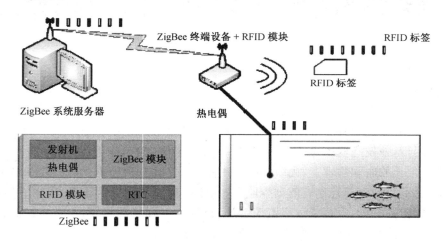

图 10-3 采用 ZigBee 和 RFID 技术的鱼塘养殖动态监测系统

图 10-3 中以温度探测为例,左下部分代表发射器、热电偶、RFID 单元、ZigBee 模块、实时时钟(RTC)等组成的系统;右则为部署在水中各处的热电偶,RFID 标签可打在鱼身上,鱼游动时可感测池塘各处的水温,温度值和 RFID 标签数据发送到 ZigBee 接收器,并通过网关汇集到监控服务器上。

3）智能水产养殖环境监测

挪威 AKVA 集团是水产养殖设备的全球领导厂商,为提升水产养殖质量与效益,企业将物联网技术用于水产养殖,研制出 Akvasmart 智能水产养殖系统,结构如图 10-4 所示。

智能水产养殖系统除了养殖网箱与工程设备外,还配置了水面及水底摄影机与各种类型感测装置,可对养殖环境与鱼群进行监测。由网箱摄像单元(CVU)与网箱感测单元(CSU)获取水温、溶氧量等信息,通过 SmartBox 无线发射器,将信息传至智能控制后台管理系统;通过管理系统分析水中环境各项采集的参数,即可选择设定投饵器进行喂食的动作,或启动循环水

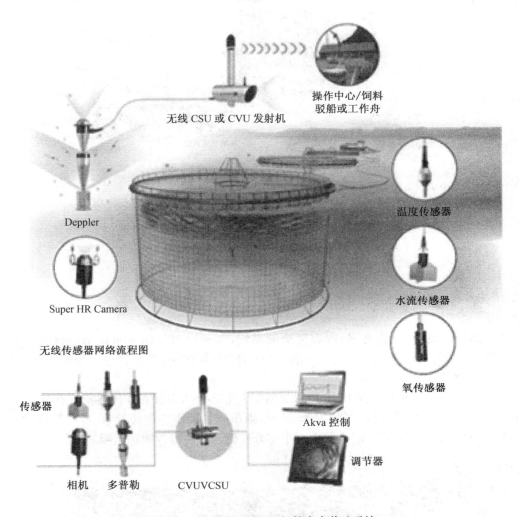

图 10-4 挪威 Akvasmart 智慧水产养殖系统

系统以确保养殖区域的水质。

4）农业生产微气候监测

现代农业需要环境控制系统，即微气候监测与控制领域，它由感测系统、环境控制设备与控制模型三要素组成。原始数据来自感测系统收集的环境参数，根据微气候侦测系统提供作物生长及环境参数就可拟定控制模型，通过环境控制设备执行。

微环境监测仍通过多种传感空间布局进行，被控制的对象有温度范围、湿度范围、光照度及土壤成分（包含水量、土壤温度及电导率等）等；无线通信规则多采用 IEEE 802.15.4、Auto‐routing、Muli‐Hop，远程通信可用 GPRS、互联网等；记录系统为微气候变化数据库、作物生长履历数据库；应用软件为监测数据电子表格、微气候变化与作物生长时间曲线等，用户通信为短信、电子邮件或异常警报等，并可整合环境控制系统、微气候自动化调控等，用于如温室栽培、森林监测、产销履历等。

微环境监测系统架构如图 10-5 所示。

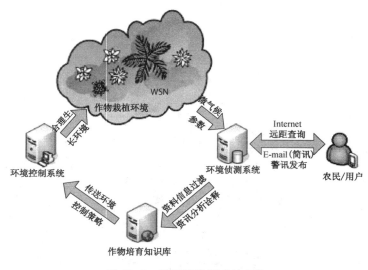

图 10-5　微环境监测系统架构

10.2.2　ēko 农作物远程监测系统架构

对于适用性更广、功能更强、内容更全的系统,可通过对美国克尔斯博科技公司研发的 ēko 系列田间农作物监测的专业无线网状(Mesh)网络系统的分析获得进一步的理解。

1) 系统概况

系统结构与功能界面如图 10-6 所示。图中上半部分为一批 ēko 传感器节点 MEP600(图 左上角)组成的无线网状传感网络,用于动态监测田间各种作物生长参数,所有数据均发送到 一台 Web 服务器中(图右下角)。图中下半部分左侧为各种参数跟踪监测趋势分析界面,右侧

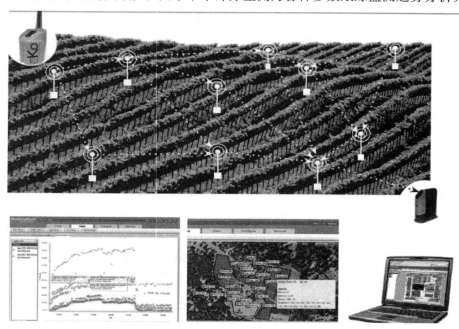

图 10-6　远程感测与监管田间作物的系统与界面

为用户自定义的地图界面。

2）系统功能

（1）监测　支持多种外部传感器，可以监测如下参数：如土壤湿度与温度、环境温度与湿度、叶面水分、太阳辐射、气象变化（降雨量、风速与风向）、水量与压力、水流量等。

（2）用户设置：如用户可自定义网络节点地图、可为节点和传感器命名、可查看每个节点详细数据、可设置报警级别，并可以短信和邮件形式通知用户、可监测网络性能以及每个节点的运行状态、用户可选择时间跨度绘制多个监测节点中的数据趋势图、可管理用户自定义图表。

10.2.3　RFID在蝴蝶兰温室盘床管理上的应用

1）需求背景

台湾兰花全球知名，出口价值最高的是蝴蝶兰。由于花盆都放在花床上，出货先后不一，对其清点统计（"盘床"）作业耗时费工，且各株的定位及库存管理等难以人工记录与管控。为此，养殖者将RFID技术用于自动盘床、单株花盆定位、库存清点、进出货等管理。

2）技术系统

系统利用RFID感测识别与数据传输功能，可定位每盆兰花在花床上的位置与相关信息，在信息系统支持下，自动操作各种机械设置，可以设定、查询、建立盘床数据，如图10-7所示。图中右侧金属格架为花床，其上放置蝴蝶兰花盆，左侧为机械花床架，架上侧边的金属盒为RFID感测识别器。系统可用触摸屏进行查询。

触摸屏界面上的功能键有设定、查询、建立以及测试等下拉菜单选项，画面上的小方格代表一个花床床位，格子上会显示其所代表的床号及所属颜色，相关数据可通过触摸点选格子显示花床当前的内容。可通过画面上的盆苗尺寸、品种与日期条件等查询信息；也可用显示按钮将其所选位置显示在主界面上，选中花床位置就闪烁显示。

图10-7　花床轨道读取器及盘床RFID装置

10.2.4　物联网技术用于高尔夫球场草皮养护

为高尔夫球场提供优质的环境，其大片草皮通常要投入相当的人力与物力进行保养。

Crossbow 技术公司将物联网技术应用于球场的土壤环境监控,通过对草皮根部土壤环境数据的搜集,自动控制养护系统的供水、通风或肥料供给,除省去线路部署过程与成本外,能更科学有效地协助管理者维护草皮的生长环境。系统架构如图 10-8 所示。

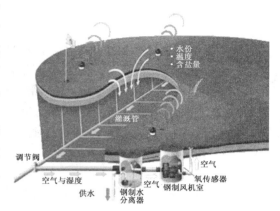

图 10-8　高尔夫球场草皮感测与自动养护系统

系统通过埋在草皮下深 10～20 cm 的传感器元件,监测土壤湿度、温度与盐分数据,再通过埋在接近草皮的无线传输节点设备(智慧尘埃 Mote)进行数据传输,当数据传到后台数据库后,管理者可通过电脑或手机进入系统平台监控后续草皮养护作业。

各传感器与无线通信节点由电池供电,可持续数年;电池电量数据也可被监测并发送至管理平台。整个球场约需布置 1 000 个节点,各节点间离 100～400 m,每 30 min 巡检并传输一次数据。当节点因故障或电耗尽而无法运作时,其余节点将会自动重新规划无线传输网,确保数据稳定传输。各节点间可双向数据通信,故管理者可通过无线网对节点软件升级。

10.2.5　植物感测器及养护系统

瑞士 Koubachi 公司提供植物照料感测器,兼有土壤湿度、温度、日光照度监控等多重功能,通过 Wi-Fi 将所量测数据送到后台,用户可通过手机 APP 或网页远端监控植物生长状态,其外观及使用平台如图 10-11 所示。监测资料都保存在云平台,可结合各领域的植物栽培专家与电信运营商共同开发用户所需服务。Koubachi 根据用户的植物设定与监测资料,提供不同植物的护理建议。

通常,远程护理型智慧农业系统功能分三层:一是感测器的研发、农业护理数据采集平台及各种应用服务;二是制订专用传感器与数据采集与处理平台的接口标准;三是云平台服务所需的 API,让各种开发者再研制出多种服务项目。

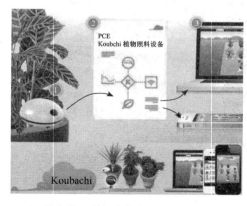

(a) 植物护理系统,有传感器、数据采集平台、用户端应用服务

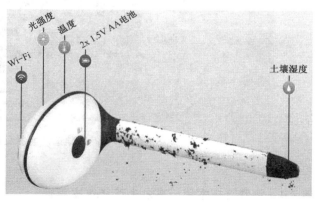

(b) 土壤传感器

图 10-9　植物护理系统和土壤传感器

10.2.6 物联网打造虚拟农场

数年前,一款名为"开心农场"的游戏风靡全球,倾倒无数白领。据此,美国 Grow the Planet 公司采用物联网技术推出一种虚实结合的社区型农场,使玩家体验务农乐趣,能与众人一同设计菜园、选择作物、交流栽培经验、交换农作物成果。其具体特色如下:

(1)知识平台　提供各类蔬菜水果的生长特性,栽培者可依据当地天气,挑选适合种植的品种,提供互动工具教用户设计菜园。

(2)指引平台　如用户无栽培经验,不知何时播种、催花、采收等,平台就提供各种农产品生命周期栽种指引,在不同时间指点用户各阶段的作业事项。

(3)交换平台　通过网站,用户可知附近加入社区的朋友在栽培何种作物,可在网站上约定成果交换,促进本地化产销。

通过这一平台,市民可与农业从业者及其他兴趣爱好者,通过对蔬菜瓜果等的种植采用视频、照相、远程通信及 LBS 等技术建立联系。特别是儿童们可远程观察自己预订栽培作物的整个生长及采收过程,既增长知识又增长乐趣,还能吃到放心的农产品,农民们也能预售产品,达到多方共赢之效,如图 10-10 所示。

 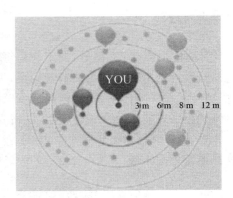

图 10-10　虚拟农场的监测与 LBS 平台

思考题

(1)阐述精致农业的基本含义及其实现的技术基础。

(2)试述精致农业的基本技术架构。

(3)试述物联网在精致农业领域应用的共性与特性。

11 物联网在食品管理领域的应用

［学习目标］

（1）了解食品安全体系在全球食品监管中的作用。

（2）了解"食品产销履历"的内容与技术架构。

（3）了解物联网技术在食品防伪、质量溯源管理中的作用。

（4）了解物联网在个人饮食健康咨询领域的应用。

11.1 食品监管体系架构

11.1.1 食品监管概述

食品是特殊商品，其生产、储运、加工与销售都有严格的管理要求。各国实践表明，为防止各类有害食品、假冒伪劣食品进入消费者餐桌，采用物联网技术进行监管，建立完善的信息生成、采集、识别与跟踪保障体系，覆盖原料、生产、存储、销售等各环节，让主管机构和消费者随时查验到食品信息，才能让公众买得放心，吃得安心。

11.1.2 食品监管信息系统

食品监管信息系统架构如图 11-1 所示，工商主管部门对农贸市场的肉菜流通追溯体系如图 11-2。

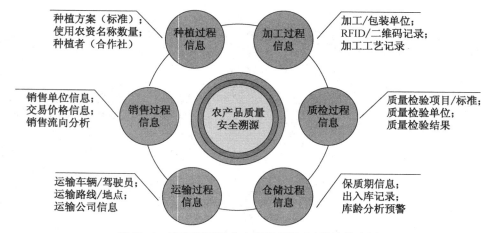

图 11-1　农产品质量安全溯源系统（以种植业为例）

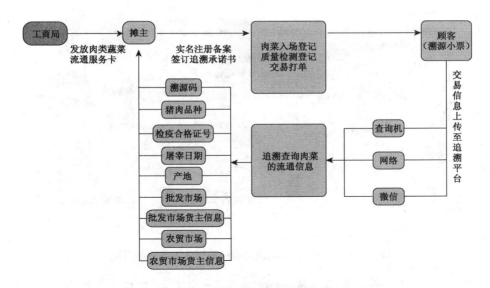

图 11-2　农贸市场肉菜流通追溯体系

1) 农产品质量安全溯源系统

图 11-1 所示的农产品质量安全溯源信息由"种植过程信息→加工过程信息→质检过程信息→仓储过程信息→运输过程信息→销售过程信息"等组成闭环,环覆盖了农产品从种植到销售全过程中的所有数据项。

2) 农贸市场产品流通追溯体系

图 11-1 中的关键控制环节是销售过程,因其是实现从农场到餐桌的最终一环,是质量控制的关键环节。图 11-2 为工商局在农贸市场中对各位摊主、小刀手等售卖的菜肉类产品进行管理,通过对顾客留存的信息,就可查询到农产品从种植到销售的各环节的存证数据。

11.2　食品安全追溯管理

1) 食品安全追溯

食品安全追溯是指为确保食品质量安全,由生产者、加工者以及流通者分别将食品生产销售过程中可能影响食品质量安全的信息进行详细记录、保存并向消费者公开的制度,广泛采用了二维码、生物 RFID 芯片、标签识读 APP、远程数据查证等物联网技术。

2) 食品安全追溯体系与信息

我国的农产品质量安全追溯管理信息平台 http://www.qsst.moa.gov.cn 是由农业农村部农产品质量安全中心开发建设,包括食品追溯、监管、监测、执法四大系统,连接指挥调度中心和国家农产品质量安全监管追溯信息网,为各级农产品质量安全监管机构、检测机构、执法机构以及农产品生产经营者、消费者等提供食品安全、出产身份等信息追溯查证。

农产品的追溯业务流程包括采集录入、身份验证、填写交易信息、进入流通、确认交易、进入市场等步骤。具体流程如图 11-3 所示,主要步骤如下:

(1) 注册账号　生产经营者进入追溯平台注册页面,创建账号,开通使用权限。

(2) 配置基础信息　生产经营者将农产品信息、生产基地信息、车间管理等主要信息逐批登录产品信息。

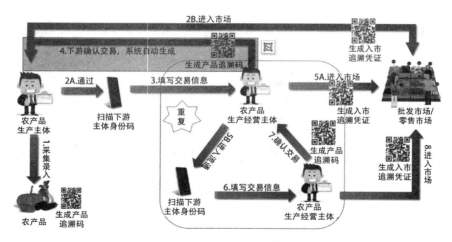

图 11-3　国家农产品追溯系统的数据生成与追溯流程

（3）填报过程信息　生产经营者从追溯平台的"我要生产"栏目进入省级追溯平台，填报其产品生产过程信息并上传至国家追溯平台，或直接在国家追溯平台中输入生产数据。

（4）建立批次　对于和国家追溯平台对接的，凡在省级追溯平台填报的生产过程数据，均自动进入国家追溯平台，生成批次数据；未完成对接的，生产经营者需在追溯系统建立产品批次，填报产品、基地、时间、数量、质检等信息。对同一种产品，还要对其多个批次进行组合，在追溯系统中输入。

（5）打印标签　对于新建批次的产品，可在系统中打印追溯标识，有些产品要在包装上粘贴条码；不具备赋码条件的，可打印追溯凭证；进入市场的销售产品，需打印入市追溯凭证，示例参见图 11-4。

图 11-4　国家农产品质量安全追溯标识、追溯凭证、入市追溯凭证示例

（6）销售产品　产品交易需先将农产品销售给批发市场、零售市场或生产加工企业，再进行流通或入市销售。生产经营主体用电脑进行操作时，可直接填写企业名称、地址等信息。

（7）追溯查询　完成上述操作后，就可进行产品追溯查询。可通过追溯系统 APP 查询，或进入国家追溯平台输入追溯码，或用手机扫描追溯标签上的二维码进行查询。

消费者通过追溯查询,可获得产品的生产企业信息、产品信息、产品数量、质检情况、产品追溯码等信息;已完成与国家追溯平台对接的企业,可查询产品内部生产过程信息,包括基地信息、播种、施肥、病虫草害防治、施药、质检等信息,以提高生产过程透明度,满足消费者知情权。

11.3　物联网在食品安全与营养卫生领域应用案例

11.3.1　手机食品信息系统

1) 食品信息服务的内容

农产品信息服务的特点是:内容以记录性数据为主,形式以标签或标贴为主,对象为各类生鲜活物,使用环境粗放甚至恶劣,要求价格低廉,使用简单、普及且不能增加消费者的额外支出等。

在食品上加印二维码标签,用手机识读模式最为方便快捷。由于 RFID 需要专用识读器,存储容量影响其价格;而二维码有容量大、价格低、抗污染与抗损坏性能强、可手机识读等优点,故目前得以迅速普及。

2) IBM 基于 iPhone 的解决方案

IBM 推出了一套以手机为平台的物联网基础应用系统——Breadcrumbs。这一子系统诸功能是专为个人购买食品提供多种信息服务的,它显示的信息均可通过互联网联机获取,故除商品所附的条码信息外,系统还可查出后台数据库中更多的信息,涵盖如其屏幕上显示的"从农场到餐桌"(follow your food from farm to fork)之相关内容,如图 11-5 所示。

图 11-5　IBM 推出的 Breadcrumbs 食品查询系统

(1) 条码扫描(Scan Barcode)　使用者通过 iPhone 的拍摄功能扫描食品包装上的条形码,就可访问查询到食品的成分、生产加工方式与制造日期等信息。

(2) 产品选购历史(Purchase History)　此功能可查到客户以往选购的食品。

(3) 偏好(Preferences)　系统可查询购买者选购食品的偏好。

(4) 食品杂货目录(Grocery List)　该目录既用于商店向用户发送新食品货物目录,也用于让购买者提醒自己要购买的食物。

(5) 近期召回(Recent Recall)　提供产品召回事件等信息。如果一件产品在过去曾被召回,则 Breadcrumbs 会告知客户所有相关的细节,让消费者购买时更加审慎。

从 Breadcrumbs 系统功能来看,这种随身携带系统的应用代表购物信息服务的一种趋势,它可扩大到所有物品消费,任何消费者都可通过它实时得知产品的最新信息。进一步的发展,类似 Breadcrumbs 的应用除与商品数据互联外,还可进一步与客户数据系统相连,这样,系统既可告知购买者有哪些人也曾购买过相同产品,并在购买价值较高商品时快速进入相关社区,听取其他消费者的意见,甚至能快速结成团购群体等。

11.3.2　个人营养咨询系统

当今,人们不仅要求远离有害食品,还要求饮食更加营养与卫生。但营养卫生食品的标准往往因人而异,如一定脂肪含量的食品对同样身高而体重相差20 kg的人来说是否为健康食品的意义不同,故这种因人而异的服务需要专家一对一的指导才行。

为此,加拿大 Nats 公司推出了利用手机提供用户营养管理服务的"MyFoodPhone"系统。用户利用手机拍摄每天的食物的照片发送到 MyFoodPhone 系统,专业营养管理系统就会对接收到的食品进行营养平衡评估,然后以语音短信和图形界面告诉该用户,他将食用的食物含有的热量、脂肪、蛋白质等结构含量。操作非常简单,且每周 MyFoodPhone 服务商都会为客户拟订一份本周食谱;对需要减肥者,还会制定专门的减肥计划供其参考。

系统界面如图 11-6 所示。图中显示根据用户个人身体诸参数,针对"Milk, Yogurt & Cheese"的食用量,模拟仪表盘形式,以红、黄、绿三色区形象显示"严重欠缺、欠缺、适度、超过及严重超过"之等级,并做出相应的食用建议。比如,用户会收到类似"乳制品摄取不足"和"肉类摄取过多"的评价,还能收到营养师的视频信息,向平时业务繁忙、经常出现营养不平衡的白领提供专项服务。

图 11-6　MyFoodPhone 营养咨询系统手机界面示例

使用结果,营养师们对该系统评价良好,系统改变了他们与客户的交流方式,再也不需要手写式的饮食日记记录,只要看看客户发送的图片就一目了然,根据图片信息来分析客户的食物种类和摄入量,显示在彩色刻度盘上,既形象又简洁,可为更多的客户开展服务。客户对该系统也深表欢迎,如果专门聘请私人营养师,价格是很高的,但通过短信服务,既享受到私人营养师的服务,且一般服务仅需每月 10 美元的费用,价格低廉。

11.3.3　智能销售机帮助学生建立健康饮食习惯

1）智能销售机的功能

发达国家中小学生普遍存在着肥胖现象,如美国估计有约 1 200 万名中小学生体重超标。我国自改革开放以来,人们收入普遍增加,食品更加丰富,饮食结构也产生了较大变化,同时,肥胖儿的数量也开始增加,并有日益严重的趋势。其原因多为不健康的饮食结构,特别是过多食用快餐食品所导致。而在美国,这类"垃圾快餐"有相当一部分是通过遍布校园与街头的各种自动食品点销售机(POS)出售给学生的,这些 POS 高效、便捷,多年来一直受到中小学生的欢迎,但其营养结构却并不合理,长期食用就会导致儿童过于肥胖。为此,如何让中小学生饮食变得卫生、科学、合理就逐步变成一个社会性的问题。这需要食品生产厂家、食品供应厂商、学校、社会、家长和学生等综合努力。同时,由于中小学生的自制力差,知识有限,不适于接受如 MyFoodPhone 提供的营养咨询师的服务,而基于物联网技术的智能销售机,加上后台营养师的帮助,就为解决这一问题提供了一种独具创造力的有效解决方案。

2）智能食品销售机作业模型

Horizon 国际软件公司是一家信息技术企业，长年为食品领域提供服务。针对美国中小学生普遍食用快餐食品导致肥胖者大量增加的问题，他们以先进的 IT 技术为基础，开发出具有健康概念的智能食品销售机，主要功能如下：

（1）提供卫生饮食教育　该公司认识到，要让儿童减肥，首先要教育他们正确地认识食品的营养成分、自己身体的需求，选用正确的分量并积极参与锻炼。因此，当学生购买食物时，销售机会通过学生用的智能卡确认其身份，并通过一个"学生营养指导"的动画片来教育学生食物的营养价值，让其了解所售食品的营养成分等。

（2）提供健康食品选择　系统再根据健康儿童的各项指标特点，指导学生根据自己的身体条件作出合适的食品品种与数量的选择。

（3）提供家长监督　尽管有上述的反复教育和营养成分及健康饮食等提示，但儿童毕竟是儿童，许多孩子主要凭自己的口味和喜好购买食品，并不能管住自己的嘴。所以，对肥胖儿的饮食习惯调整还需要家长积极配合、长期监督与努力。考虑到这一点，当学生选择了食品后，智能销售机就通过网络访问 Horizon 公司的"父母信息中心"，将学生所选食品目录连同其营养成分分析表和推荐数量等发送给学生父母手机，让其知道其子女所购买的食品项目，支付则由其父母通过远程移动方式进行。当然，如家长认为所选食品的品种及数量不妥的话，就会主动与其子女进行磋商，对其进行教育和开导，从而起到家长对学生饮食的监督作用。当然，由于是家长远程支付，所以最终决定权在家长手中，他们可直接删除某种食品或调整其数量。

图 11-7 中，右后侧是一排自动食品销售机，提供各类快餐食品。右侧前方是自选作业终端，学生刷卡确认身份，屏幕出现其相片。当学生选择相应食品后，系统会从后台将这些食品的营养成分及数量通过无线网络与数据中心内该学生的身体参数及以往选购历史等进行对比，然后从屏幕上以蓝色、绿色、黄色与红色来分别表示其所选食品营养量偏少、正常、偏多、大幅超标等来提示买主。同时还将信息及修正后的健康食品目录建议等发送给学生家长，如左侧上部屏幕显示，左下部则代表家长支付结账。

图 11-7　Horizon 公司智能食品销售机及界面

3）系统规模与架构

据报道，目前美国已有 1.5 万所中小学校导入了这种机器，每所学校部署多台，主要分布在学校公交车站、学校活动中心、主校边的卫星校园、学校食堂内外等。

如图 11-8 所示，总共 10 余万台智能 POS 机均通过网络与公司中央办公室的数据中心相连，通过每件食品的 RFID 标签、前端的无线感测识别器，系统就能动态掌握每种食品的销售节奏。智能 POS 机的"健康顾问型"销售的目标在于能根据各学生身体情况之需，针对性地提供更符合其卫生需求的饮食。系统中，"饮食卫生"不是一个统一模式，而要具体转化为因人而异的个性化套餐组合。但要做到这一点，需要不断跟踪收集学生购买食品数据，掌握其饮食偏好，还要与一批营养师建立联系，不断向食品供应商提出新的要求等。

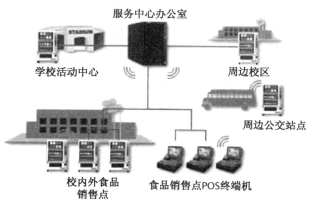

图 11-8　学校部署智能食品销售机示意

显然，这样的销售模式是一种基于大规模的个性化定制服务，是营销学家长期追求而难于达到的一种境地。但在物联网时代，这一模式在高性能计算机、大型数据库和有线与无线通信信息服务环境中就能实现，特别是基于学生个体营养咨询的销售服务是一个创新。

使用时，POS 机将学生身份资料及选购食品信息发到后台，系统检索到该生的身体状况和以往饮食记录及所在学校资料，计算对比后将修正的食品清单传送给前端 POS 机和家长等。那么，谁来裁定学生食谱是否合适呢？远端"食品服务中心"的各类专家、营养师、分析师等负责。在接收到学生信息系统中每位学生的身体数据后，根据营养学和医学等方面的知识，因人而异地建立起健康食品数据档案，以及一系列的"身体—食物—营养—热量"等模型，系统就能针对每一件从 POS 机发来的订购食物单提出修改建议或直接认可合适的学生订单。

Horizon 公司开创了一种全新的顾问式销售模式，代表着今后将更加贴近消费者个体实际需求的销售方式，其销售的不仅仅是商品，同时还有高附加值的服务，这是在物联网时代兴起的一种大趋势。

思考题

(1) 试述"食品安全追溯管理"体系的运行流程及监管体系架构。

(2) 物联网技术在全球食品安全保障体系中的作用有哪些？

(3) 简述物联网技术是如何实现个性化食品消费指导的。

(4) 请思考本章介绍的个性化消费指导技术在其他领域的推广应用。

12 智能家居

[学习目标]

(1) 了解智能家居的基本内涵与功能。

(2) 掌握智能家居系统的技术架构。

(3) 了解智能家居中央控制与终端系统。

(4) 了解智能家居的基本案例。

12.1 智能家居概述

12.1.1 智能家居系统架构

智能家居(Smart Home)是以住宅为平台,利用计算机技术、网络通信技术、综合布线技术、安全防范技术、自动控制技术、音视频技术等将家居生活有关的设施集成,构建高效的住宅设施与家庭日程事务的管理系统,提升家居安全性、便利性、舒适性、艺术性,并实现环保节能的居住环境。其架构如图 12-1 所示。

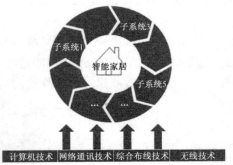

图 12-1 智能家居系统架构

从图 12-1 可看出,智能家居通过物联网技术将家中的各种设备(如音视频设备、照明系统、窗帘控制、空调控制、安防系统、数字影院系统、影音服务器、影柜系统、网络家电等)连接到一起,提供家电控制、照明控制、电话远程控制、室内外遥控、防盗报警、环境监测、暖通控制、无线转发以及可编程定时控制等多种功能和手段,如表 12-1 所示。与普通家居相比,智能家居不仅具有传统的居住功能,并在智能化、信息化、人性化、节能化等方面具有独特的优势。

表 12-1 智能家居的部分功能

功　能	说　明
家庭安全防范	防盗、防火、防天然气泄漏以及紧急求助等
照明系统控制	控制电灯的开关、明暗
环境控制	控制窗帘、门窗、空调等
家电控制	控制家庭影院、电饭煲、微波炉、电风扇等
智能化控制	火灾时自动断电,燃气泄漏时自动关闭气阀并打开窗户和换气扇,下雨时自动关闭窗户等
多种途径控制	可通过遥控器、触摸屏、电话、网络等不同方式控制家庭设备

12.1.2 智能家居系统的特点

智能家居系统有如下特点:

(1) 系统构成灵活　智能家居控制系统由各个子系统通过网络组合而成,用户可按需增减子系统。

(2) 操作管理便捷　智能家居控制的所有设备可通过手机、平板电脑等进行操控,方便快捷。

(3) 场景控制功能丰富　可设置各种控制模式,如离家模式、回家模式、下雨模式、生日模式、宴会模式、节能模式等,以满足不同场景的生活需求。

(4) 信息资源共享　可将家中的温度、湿度、光照度等传到网上,形成整个区域性的环境监测点,为环境的监测提供有效有价值的信息。

(5) 安装调试方便　即插即用,无线方式可以快速部署。

12.1.3 智能家居系统组成

智能家居系统由中央控制系统、智能窗帘系统、智能照明系统、智能家电系统、背景音乐系统、安防系统、门禁系统、远程控制系统等组成,如图 12-2 所示。目前,中央控制、智能照明、智能安防等系统为智能家居最常规性的配置。

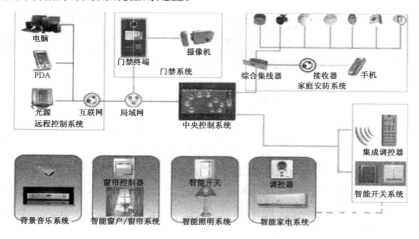

图 12-2 智能家居系统组成示意图

1）中央控制系统

中央控制系统集中控制智能家居各子系统（包括室内和远程控制），一般包括主机和总控制触摸屏。通过触摸屏，可对全宅灯光、窗帘、地暖、可视对讲、门禁等的集成设备进行综合控制，如图 12-3 所示。

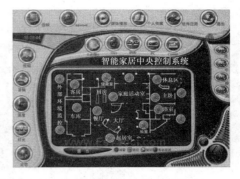

2）智能开关系统

智能开关系统是指除总控制触摸屏外，其他用于控制系统的外部控制设备，包括智能电器、智能窗帘、智能照明等的开关控制，有遥控器、声控开关、光感开关、温感开关、触摸屏、触摸板、普通复位开关等多种形式，如图 12-4 所示。

图 12-3　智能家居中央控制系统

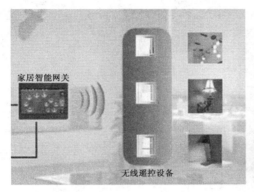

图 12-4　智能（照明）开关系统

3）背景音乐系统

背景音乐系统可在任一房间开启系统、切换音源、选择歌曲、调节音量，架构如图 12-5 所示。

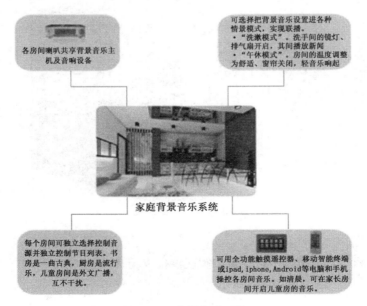

图 12-5　背景音乐系统

4）家庭安防系统

提供无线布防,外接各种安防探测器与警示灯,对不同的安防探测器具有识别功能。可通过手机和网络进行远程撤布防,具有联动控制功能:触发警情后可通过小区局域网向保安中心报警,同时拨打用户设定的电话报警;可实现各个防区与其他家电自动化设备的联动控制,系统架构如图 12-6 所示。

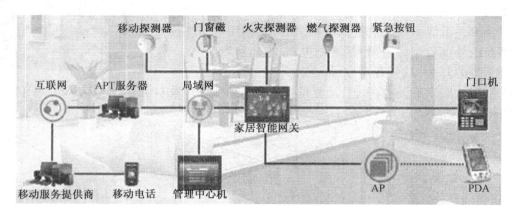

图 12-6　家庭安防系统

5）门禁系统

智能门禁系统取代传统钥匙开锁方式,智能化体现在识别率、准确率、安防性和人性化等方面,如图 12-7 所示。

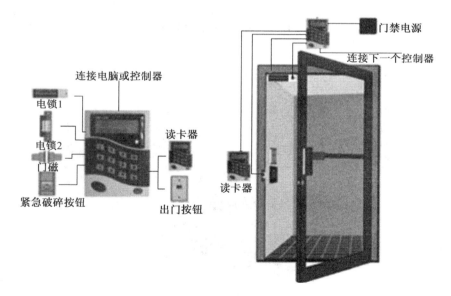

图 12-7　门禁系统

6）远程控制系统

用户可用手机、电话、电脑等设定家中智能设备或场景,通过用户界面,业主可按需设计功能菜单,以实现远程控制,如图 12-8 所示。

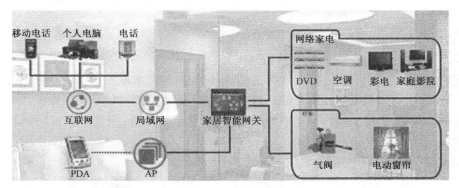

图 12-8　远程控制系统

12.2　智能家居应用案例

12.2.1　家庭智慧照明系统

Hue 照明系统是飞利浦公司发明的一款能通过物联网来控制亮度和光色的智能灯光系统。从外观上看，Hue 灯泡和普通灯泡并无区别，即插即用。但它可以和家里的无线网络连接，人们通过手机对家里的灯光随心所欲地设置和操控，用灯光效果创造出符合个人风格的家居照明环境，如图 12-9 所示。

图 12-9　与手机互连可调的 Hue 照明系统

Hue 系统将 LED 照明技术和物联网技术融合，主要由各形态的 LED 光源以及网络桥接器组成，一个桥接器可管理 50 个灯泡，LED 比其他光源更节能。系统可通过手机的光色选择 APP 设置多达 1 600 万种的备选颜色，改变灯泡的色彩，营造不同的照明环境与氛围。通过手机定位，Hue 还可以在人们回家或外出时，自动感知并改变灯光颜色与明暗。

Hue 还具备预测天气状况、闹钟、定时和显示股票信息等功能。例如，可以设置灯光颜色变化来表示将要下雨，设置灯光慢慢变亮表示太阳正在升起，还可在喜欢的球队赢得比分时让灯光闪烁球队的标志颜色。这些都可以通过智能光源 APP 及后端平台开发出相应的功能，新型家用智慧照明方案也会不断诞生。

12.2.2 智能家居安防系统

智能家居安防系统是将传感器、无线通信、模糊控制等技术融为一体的综合应用。从安防角度讲,智能家居可实现安防报警点的等级布防,结合逻辑判断避免系统误报警。可用遥控器或键盘对系统布防、撤防、报警,自动确认报警信息、状态及位置,报警时能自动强制占线。系统主要设备及架构如图 12-10 所示。

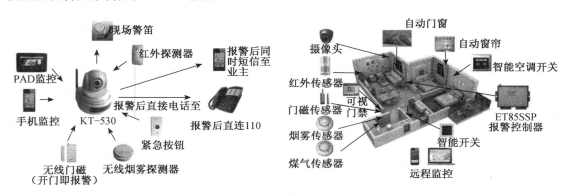

图 12-10 智能家居安防系统主要设备(左侧)及系统(右侧)

1) 报警及联动功能

安装门磁、窗磁,防止非法入侵,系统可通过安装在住户室内的报警控制器得到信号从而快速接警处理。报警联动控制可在室内发生报警时,系统向外发出报警信息的同时,自动打开室内的照明灯光、启动警号等。

2) 报警管理显示功能

离家模式即防盗报警状态,防止非法入侵。管理系统可实时接收报警信号,自动显示报警住户号和报警类型,并自动进行系统信息存档。室内报警控制器具有紧急呼叫功能,管理系统可对住户的紧急求助信号做出回应和救助。

12.2.3 智能语音控制系统

智能家居给人们带来便捷生活的同时,人们的控制习惯也逐渐发生改变。专家表示:"语音控制是最自然、最便捷的控制方式,也是近年技术发展的热点,像苹果手机的 Siri 语音控制功能就被认为是"开启了新一轮的人工智能科技革命"。语音技术的发展也为控制入口做了一个补充,在抛去了遥控器和手机 APP 之后,口令控制可让生活更便捷智能,成为智能家居领域下一个阶段的普遍应用。

语音识别技术是让机器通过识别和理解过程把语音信号转变为相应的文本或命令的技术。远场语音识别、云端语义辨识、人工智能应用等技术的突破,为智能家居提供了新的控制入口选择。

图 12-11 语音控制

12.2.4　家庭环境监测及气象系统

法国 Netatmo 公司推出的智能室内外环境监测系统,可实时量测与记录温度、湿度、噪音、气压和二氧化碳浓度等数据,标准产品为两个铝合金制圆柱形无线测量器,分别放在室内及室外,一个量测器为室内主站,通过 Wi-Fi 将数据送到 Netatmo 的后端数据库。Netatmo 提供 iOS、Android 的 APP 和 Web 应用,可实时监控装置所在地的气候信息、空气质量、气温预测及数据异常提醒。如室内二氧化碳浓度过高时,APP 还会发出提醒打开窗户。使用者无论何时何地都可监视所在位置的各项数据,提高用户在安装过程中的便利性。Netatmo的关键成功因素如下:

1)界面

Web 界面提供了个性化设计,用户可选择自己想要看到信息的图表,APP 设计美观,流畅度佳、图标明确,功能也不至于过度复杂,并提供警示的讯息框在数据异常时提出警告。

2)设施

基本包装含一个室内主站和一个户外侦测点,室内主站可监控温度、湿度、二氧化碳浓度、音量、气压,并且可分析室内空气质量。室外则主要侦测温度、湿度。另外可再采购最多 3 个室内附加模块,侦测室内个点的空气质量、舒适度。Netatmo 的 weather station 在装置材质上采用如同 macbook 的 CNC 加工铝合金材质,质感、外观都相当出色。装置主要联机方式是通过主站以 Wi-Fi 连接区域网再通过外网将数据送到 Netatmo 的数据库储存。

3)环境

建立账号后就可以把装置登录到数据平台上,Web 应用及 APP 都是直接向后台数据库索取数据,整合 Google map 定位装置位置,并提供当地气候信息,同时可预测本周气候。

4)分析

实时反馈用户装置所在地的室内外气候信息以及变化曲线,全球联机的装置也可以提供精确的地域气候,形成庞大的气候数据中心。

5)服务

提供各项数据异常指针提醒,特别像室内二氧化碳浓度过高时 APP 会有讯息跳出来。开放 SDK,允许装置用户开发第三方软件读取其拥有装置的数据并进行衍生应用。

12.2.5　智能水管探测器

智能家居不仅指传统的整体设备,如空调、冰箱等,也可以是采用物联网技术对家中的某项需求的智能化应用。如许多国家都有一些中古时期的房屋,这些房屋的维修、改建与装潢过程中,隐藏在墙壁与地板中的陈旧水管是个棘手的问题。在无法敲除墙面、地板来确认水管线的情况下,台湾大学 Ubicamp 实验室采用结合(水)压力与陀螺仪感测技术,设计了名为 PipeProbe 的水管探测装置,将传感器所得数据经运算处理后便可绘制隐藏在墙后的水管布线情况,供屋主整修房屋时参考,如图 12-12 所示。

将球状的 PipeProbe 放入水管开口后,打开水龙头让装置随着水流进入水管之中。当装置在水管中流动时,PipeProbe 内部感测组件将搜集水压与角速度读数并暂存在装置中的内存内;流出后取出与计算机联机后再进一步通过空间拓扑算法计算感测数据,用以推估并定位

图 12-12 PipeProbe 水管探测装置

水管所在与可能的转弯处;最后则通过 3D 方式绘制隐藏的水管空间示意图,作为房屋整修的参考,如图 12-13 所示。研究测试结果显示,在可容许的误差范围内,PipeProbe 对于水管长度与转弯点位置推估的准确性可达 90%。

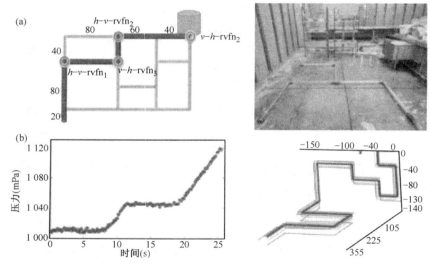

图 12-13 水管布线示意图

思考题

(1) 试述智能家居体系的组成。

(2) 物联网技术在智能家居中的应用有哪些?

(3) 试述物联网技术是如何实现智能语音控制、智能环境检测与智能水管探测的。

(4) 请思考本章介绍的智能家居案例在其他领域推广应用的可能性。

13 物联网在社会治安管理中的应用

［学习目标］

（1）了解物联网技术在社会治安领域中的应用。

（2）了解定位、跟踪与电子标签技术在不同安全防护对象与场合中的应用。

（3）了解智能传感视频监控系统的工作原理。

（4）理解物联网技术在社会治安领域应用中的特殊技术要求。

13.1 监护对象定位寻找应用

物联网技术的普及，将为整合社会治安防范与管理资源，促进相关部门协调联动，建立多方位安全感知体系，更智能化、主动化地保护人民生命与财产安全提供了一系列的新手段与新模式。

儿童和老人是社会弱势群体。国内拐卖妇女、诱骗与绑架儿童的案件时有发生，极大地破坏了社会的安定与和谐。据美国老龄国家研究所权威人士称，美国目前有 500 万老年人患有阿尔茨海默病（老年痴呆及轻度认知障碍症），而到 2050 年美国该病患者将达到 2 000 万，全球将达 1.06 亿人，其中 70％是 70 岁以上的老人，其中 60％的人会走失至少一次；70％的人会走失超过一次。一旦走失后，如果不被发现的话，46％的人就可能在 24 h 后因各种原因导致死亡。利用物联网相关技术，就可解决这一问题。目前，已有几家公司从不同的角度进行了探索并取得实质性的应用，且各具特色、各有长处。

13.1.1 定位跟踪鞋

美国广为普及一种可跟踪儿童和老人行踪的鞋，其结构如图 13-1 所示。

鞋的底部和脚跟部一只放置电源盒、GPS 定位器，另一只放置电源和无线发射模块。图的左侧代表 GPS 卫星，以及电子地图上显示的跟踪对象（即穿此类鞋的人员）位置。将跟踪器放在运动鞋中，通过软件设定一定的安全距离，当鞋子超出此范围后系统就会发出信号；跟踪者可在手机、PDA、计算机等上安装相应软件，通过移动网络实时接收到短信或电子邮件警示，再通过电子地图查询到这双鞋所在位置及其行走路径，如图 13-1 所示。

系统还支持 A - GPS，可结合移动通信基站使用，使定位更加精准，同时可一键启动，随时远程打开或关闭这项服务。

目前较普及的全球定位鞋称为 Xplorer，由 Enfora 和全球迷航 Xploration 公司（GTXC）合作研发，已被广泛用于跟踪远足者、登山运动者、儿童、老年痴呆症患者以及从事执行任务中的士兵或警员等。

在技术上，这种定位鞋采用四频（850/900/1800/1900）无线模块通信优化机对机（M2M）

图 13-1　可跟踪行踪的鞋

通信,其信号转发系统可连接卫星,将此信息传送给监控中心,可实时跟踪穿鞋者的位置数据,并通过互联网或移动网将信息通知家属、监护人员、合作伙伴或指挥中心等。

进一步的发展方向,一是利用人行走产生的生物动力给鞋中GPS模块提供电能,使之使用时间更长、更环保;二是将其与多种生理信号和穿戴者的情绪状态传感器相连,这样,即使被监测者身处安全区域,但当其生理信号失常,或情绪明显失控时,监护人也可在第一时间得到信息。

13.1.2　学生行踪管理系统

1) RFID型学生行踪管理系统

(1) RFID型家校通　对于群体性、高密度与大流量的对象的安全管理,可采用RFID识别与感测技术。如中小学生在上学与放学回家的路途中,就是家长、学校和警方关注的重点。相关各方对学生何时到校与离校时间的掌握以及学生在上学与放学途中正常时间的掌握等,均有日趋明确的要求,且一旦发生事故时,也有明确数据提供。

基于 RFID 感测技术的"家校通"系统,就可发挥防范学童失踪或涉足不宜场所的警示功能。其原理是学生随身戴有传感器的物件,当学生进入校门时,校门前的识读器就能感测到 RFID 标识,记录下该学号的学生入校时间;同样,其出校门时间也会被感测记录下来,出入学校的信息就以实时短信方式发给家长。这样做的目的是在学生、家长和学校之间建立不间断的无线沟通渠道。一旦发现学生离校超时未归,家长就可通过手机与学生或校方联系。

RFID 标识还可与公交一卡通互联,当学生上公交车刷卡时,RFID 还可将其上哪一路车、何时上的车等信息以短信方式发至家长手机。同样,如将 RFID 识读器放在小区门口,学生进入小区时就能记录下进入的时间。

(2) 系统功能

① 安全记录库:自动完整记录学生进出校园时间;保留作业数据,如发送短信的时间与接收手机号、成功与否;可与学校其他管理数据库相连。

② 短信服务:学生到校或离校之短信实时自动发送;在设定时间后针对仍未到校上课的学生,系统自动发短信通知家长;针对特定学生或某班、某年级,甚至全校学生,直接发送短信通信。

③ 校园门禁管理:传感器自动读取时,系统可同时显示对应学生照片,门卫可进行学生身份识别;非许可人员、身份不符者进入时会发出警示并通知门卫。

④ 考勤管理:可随时对学生、班级、年级进行考勤,并出具报表;校领导可通过远程视频在外地察看学生到校与离校情形。

⑤ 特殊功能:接学生的家长私家车,到校门附近时系统即通知该学生至校门口,以免形成堵车;验证车辆,将接学生车辆与学生家长留存的车辆信息自动比对,如发现车辆记录不符,当立即通知门卫前去核实车主身份。

⑥ 其他功能:如出入报表功能,统计功能,学生缴费管理,警务联系功能,等等。

2) Wi-Fi 型学生行踪管理系统

由于 RFID 抗干扰性略差,且有效距离一般小于 10 m,对成群学生在早晚进出学校高峰时间的识别与跟踪有一定的困难和限制。将 WSN 同 RFID 结合起来,利用前者高达100 m的有效半径,加上其可连接更多传感器,可较好解决上述问题,甚至还可能对校门外家长车辆的有序调动起到一定作用。

类似系统在国外发展较快。如日本大阪某小学,在校外 1 km 范围的道路上部署无线 Wi-Fi AP 与摄影机,通过学生随身佩带的无线徽章,记录其行踪信息及影像,向家长通报其到校与离校信息,以达到安全保障的目的。

用 Wi-Fi AP 无线信号感测时,学生不需再带 IC 卡,仅需佩带无线徽章即可,且设备与服务费价格较低,仅为 GPS 手机的 1/10。由于相对经济,其规模引用便成为可能,可在各类幼儿园、中小学校园及周边道路投放,还能用于对妇女、老人的人身安全监控。无线徽章每秒发射一次信号,系统可支持 3 万个 ID 同时运行。

由于公交车、地铁等是学生上学与放学的主要交通工具,且各公交与地铁站点都已装有月票刷卡装置,能识别每位使用者,并具有通信与结算功能,因此,将这些公用设施与无线徽章结合用于安全信息管理,是一种节省投资、有效复用的途径。孩子们在上学或放学回家的路上,在经过地铁站、公交站及学校设置的 IC 卡读取设备旁,系统就能感应其所携带的智能标签,就会将"您的孩子已经到校""您的孩子现已经抵达××地铁站"或是"您的孩子现已经乘坐××

路公交车"等信息传送到监护人手机,让无法亲自接送孩子上下学的父母能及时掌握孩子所在位置。

3) GPS 定位型学生行踪管理系统

韩国 SK Telecom 为儿童量身定做推出了"i-Kids"手机,是一种儿童专用小手机,只能拨通 4 个家长设定的号码,可接收短信、紧急电话、GPS 定位。当儿童碰到紧急情况时,可拨通紧急电话求救,与预先设定的 4 个人同时通话,同时手机将儿童所在地点显示在家长手机上。该手机即使在关机状态也能进行位置跟踪,因为当孩子在受胁迫或进入网吧等场所时,往往不能或不愿开机告知实情。

另一个特色服务,是家长可设定孩子经常活动的三个区域,每个区域会以 2 km 的半径范围为安全地带,一旦孩子离开这个区域范围后,父母就会立即收到报警,采取相应措施。

13.1.3 擦鞋雷达导航

车载 GPS 可为驾驶者导航,但有卫星与智能手机无法使用的地方,如建筑物内或地下屏蔽了卫星通信信号,就无法导航。美国北卡罗莱纳州立大学教授使用惯性测量单元来测量力产生的加速度,以确定使用者的移动速度与距离。将此技术与全球定位信息系统结合,当进入 GPS 失效区时,惯性测量单元就记录用户移动的相对距离,当返回到与 GPS 相连区域时,将此前移动的距离反馈给 GPS,就能定位到目前的位置。

擦鞋雷达,是将便携式雷达传感器嵌入鞋后跟,传感器连接小型导航计算器,能计算鞋在地面的移动距离与速度。这套嵌入装置计算的惯性移动精度,可达每秒 10 cm,按此检测与计算,如 3 min 后,移动 18 m 的相对距离。而当人站立不动,速度为零时,将重置该嵌入式雷达的系统,让惯性测量装置的误差降到最低。进一步的研发朝降低惯性测量装置误差,与 GPS 结合为旅行者提供更精准便利的定位。

13.2 交通与环境安全应用

13.2.1 交通安全保障应用

工业社会中,现代化、市场化与城市化是并行发展的。而城市化率越高,交通越繁忙,事故率也相应增高。交通安全就是大城市中日显突出的问题,其中学生与老年人的交通安全尤为重要。

1) 校区感知网保护学生安全

学校区域,泛指幼儿园与学校等机构外围的道路及横道线等范围。校区是学生最容易受交通威胁的环境,且交通事故多为机动车车速高、司机未能及时反应所致。

为此,韩国警察厅及教育部试验采用物联网技术建立校区感知网,警示驾驶者注意行人安全。该网由遍布校区附近道路、横道线及拐角处传感器网络组成,当其侦测到靠近校区的机动车辆后,就会向其发出警示信号以提醒驾驶者减速慢行。该项试验成功后,韩国信息通信部就与警察厅及相关机构在各校区推广使用。

2) 虚拟围墙保护行人安全

上述感知网通常只能通过车载语音或小型显示器等提醒司机,形象并不直观,更重要的是无法同时提示行人。且许多交通故事都是在司机酒后驾驶、无视警示时发生的,而部分行人不守交通规则也占相当的比例,因此,在警示司机的同时提醒行人,避让违规车辆更显必要。

韩国设计师推出"虚拟围墙"的交通安全系统。在路口安装激光影像设备,当交通信号为红灯时,路口两旁的激光投影设备就会打出二维行人动感影像。以虚拟场景的直观方式警示司机,防止其闯红灯。如当车辆强行穿越道路时,光束被阻断,系统就发出警报声响提醒行人,而车身不会因接触光束有所损伤。激光还可打出各类交通安全语,同时对市民和驾驶者进行宣传教育。

13.2.2 物联网在预测自然灾害的应用

日本是个自然灾害频发的国家,全国地质灾害危险区域多达 50 万个。所以,日本人在采用物联网技术预测自然灾害方面做了有效探索,如在应用尘埃网络(Dust Networks)时,最先进入的就是灾害预测领域。

为了检测降雨量引发的地基关联变化,大阪应用地质株式会社研发了 i-SENSOR2 系列传感器。

地质灾害感测传感器必须安装在灾害危险源区域,许多是在深山、河流源头等人迹稀少的地方。这决定了传感器电池不能被频繁更换,所以电池驱动的持久性是技术关键。

为采集多组数据进行综合分析,必须每隔几十米安装一个传感器。一组i-SENSOR2传感器通常有十几个分传感器组成集群。集

图 13-2 感测地质变化的 i-SENSOR2 系列传感器

群通过"组长机"接入网络,采集并上传各"组员机"的感测数据。当采集的数据超过设定标准时,系统会自动报警。为了节能,传感器的检测频率在地基未变化或天晴的时候可以调低,在暴雨、泥石流频发的地带,则提高监测频率。传感器集群的工作模式可设为常规模式和紧急模式,从而延长电池寿命。

i-SENSOR2 系列传感器的无线通信采用 Dust Networks 多跳网络技术,不仅能保证采集数据的有效回收,还能保证"组长机"发出的指令全天候有效,从而对于水灾、暴风雪、地震等灾害引发的地基变化能按相关模式预测预报。

13.2.3 智能传感视频监控系统

1) 需求背景

计算机系统与各类摄像系统、传感系统、自动控制系统等结合,提供越来越先进的安全监管与防范手段,已成为保障社会稳定的一种趋势。这一结合带来两端的发展,一是前端的监控与感知手段日益完善;二是后台对采集的数据进行分析处理日趋智能化、多功能化,既能减少监控者繁重的工作量,又能提高对故事与不安全因素提前预报的准确率。这种智能传感视频

分析系统已在许多场合下获得成功的应用。

传统的视频监控系统在当今安全监管中正扮演着越来越重要的角色,但专家估计大多数视频监控系统只发挥了不到 30％ 的效率。重要的原因之一,就是监控端工作人员的视觉负担越来越重,极易产生疲劳,而不安全因素往往就在这种情况下产生。一个交通指挥中心、地铁监控中心,甚至一个小区的保安中心,各监控点传来的图像往往占据半面墙壁,管理员全天候面对如此多的画面,很快就会视觉疲劳,并会忽略屏幕上 85％ 的信息。

先进的视频监控系统,可对各种异常行为事先建立各种预警行为模型,也可供用户自己配置各种存档和报警触发模型,系统根据这些模型自动进行记录并与报警触发条件比对,对一切符合条件的画面行为开启报警,提示执行人员关注。

2)智能视频监控系统功能

目前,一些领先的视频信息处理公司已开发出一些实用系统,如 Virage 公司开发了智能场景分析系统。该系统包括了对象识别以及行为识别的概念编码技术,可用于各种场合下的高品质图像分析,包括细节提取、现场分析以及对象跟踪等功能,能方便地集成到主管机构的各类系统中,用于现场监控及视频档案内容的回溯分析。

系统可用于各种场合,如机场、地铁、车站、小区、银行、体育场、公路等。用户还可以根据各种场所特有的要求,通过自动和手动的训练过程来加强系统的准确性,结合智能化的分析功能,使系统漏报和误报率明显降低。

(1)安全监控系统运行等级　安全监控系统可针对不同的要求提供多种运行等级以适应不同的监控与分析需求。

这一监控机制的核心改进,是使系统能对图像内容具备分析与处理功能,其关键是建立各种违规场景模型,并将所有这些模型的特征画面输入系统报警样本库。在实际监测时,系统就能从摄像机抓取的现场图像帧不断地抽样,与样本库中的各种违规模型进行相似度比对,一旦相似度超过规定阈值时,系统自动指示观察人员注意,如再无反应,系统就可自动报警。

(2)地铁与公路安全监控模式　最简单的实例如地铁安全管理,在每个候车站里都一条安全黄线,当乘客跨越这道线并达一定时间时,系统可触发监控提示并报警;银行网点前,当两个或几个人之间的距离超越正常范围时,可触发监控提示并报警;小区中,当有人在不适当的时间靠近房屋后窗、攀爬或墙壁上有移动物时等,可触发监控提示并报警,等等。执行人员对于有明显提示的画面赋予的关注,显然会比无意识状况下的关注多,就不容易放过一些安全隐患。

图 13-3 和图 13-4 是 Virage 的"智能现场分析系统"两个训练界面。图 13-3 是地铁安全监控系统,屏幕分为两个画面,左侧主画面正对一位老人较长时间在黄线外的行为进行判断,右侧小画面已对命中报警模型的行为发出提示。系统对几种在地铁站中需要重点监控的行为模型定义为:物品袋、孤独者、靠近边界等。图 13-4 则对一批车辆近距离行驶的违章模型、公路违章停车模型以及右侧翻车的事故模型等对系统进行训练。

这些模型库供系统自动比对,及时发出预警和事故报警信号,提示执行人员及早关注并采取相应措施。

(3)不安全行为视频模型系统　从以上案例可看出,能让视频监控仪器自动识别各种不安全行为是采取及时防范措施的关键,而识别过程必须以大量的不安全行为模型库为系统训练的基础。为此,一些机构和院校在不安全行为视频模型上进行了开发。如美国德州大学奥斯汀校区(University of Texas in Austin)的 Sangho Park 与 Jake Aggarwal 合作开发出一套智能监控行为分析系统,能辨别人的友善与攻击行为。与一般智能行为分析系统不同,该技术

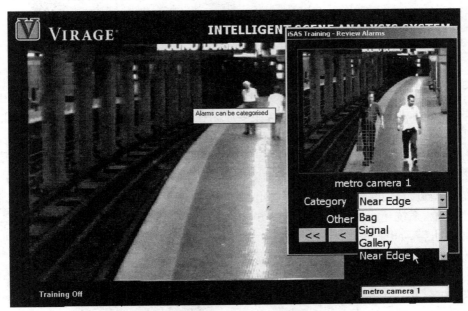

图 13-3　地铁站内不安全行为场景报警模型示例

图 13-4　公路不安全行为及翻车事故模型示例

先建立人的行为模型,依据画面的像素(Pixel)与聚集(Cluster),对所建立的人类行为模型做比对,除可辨别异常行为外,亦可分析出为何种行为类型。

研究人员称此技术为互动式语意分析(Semantic Analysis)模型。以握手为例,该动作除双方双手要相连外,手部的摆动也要同步化,才能视为握手。该项研究已可分辨 54 种人群间的互相动作,包含拥抱、掌掴、脚踢等,平均辨识正确率约为 80%,还可再由多镜头多角度的拍摄方式来提升正确率。这样,系统就能自动识别许多犯罪或人身攻击的模型,及时报警以减少伤害和损失。

13.2.4 智能听声辨位系统

美国是个安全防务形势严峻的国家,全国枪击案件频发。根据波士顿警方统计,在610起涉枪刑事案件中,只有23%的案件告破。主要原因在于当发生枪击时,由于建筑物回声、公众报案时间等的影响,造成警方对现场情况识别的困难。

ShotSpotter technology 公司采用声音传感定位器技术开发了枪声定位系统。其原理是利用在各高楼建筑上的传感器组成声音监测网,当发生枪击时,可利用三个接收到枪声的传感器之间的时差进行三角定位,计算枪声发出的位置、枪声数量、发射角度、移动方向等;如嫌疑犯在车上开枪,系统还能计算出车辆行驶方向和速度,然后将结果显示在电子地图上,同时通知防暴中心出警,如图13-5所示。

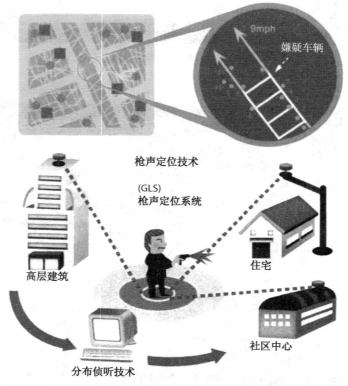

图 13-5 枪声定位传感系统原理示意

美国许多城市都安装了 ShotSpotter 监测系统,一些城市同时还安装了摄像仪,以进一步跟踪现场、降低误判率。由于出现枪声时,通常都意味发生了重案,声音与视频传感系统可在第一时间过滤背景杂音,自动将清晰的信息连同位置、次数、角度、方位与速度等重要参数发送警方,争取破案的黄金时间。

与前述系统相似,这套系统的关键仍在训练,可进一步增加其中呼救、尖叫、击碎玻璃、斗殴、金属敲击等各类可能发生犯罪的音响,就能更广泛地增长其辨别报警能力。

13.3 防盗、防诈骗应用

13.3.1 RFID 防盗、提醒与报警应用

防盗也是安全领域的重要课题之一,且当物品失窃后,除非有特殊标记或装置,一般很难找回。近年来,婴幼儿、贵重物品、汽车等都是入室抢劫、偷窃防范的重点对象。许多公司就利用 RFID 的特殊标识与可跟踪功能,开发出一系列的防盗应用。

1) 技术原理

这类应用均采用主动式 RFID 标签和接收器,可先设定报警距离,如近程为十几米、远程为几十米,一旦两者间距离超出设定范围时系统就会警报。这样,只需将 RFID 标签放在需要失窃防范的对象上,就能起作用。目前,已能将 RFID 制成隐形标签,挂上后不易被人发觉,这样,就能有效防止盗窃者事先破坏系统。

2) 典型应用

这类系统的部分典型应用如下:

(1) 婴幼儿防盗 国外推出一种婴幼儿睡衣,这些衣服包含了隐形 RFID 标签,家中父母亲可将 RFID 设备放在门口和窗户上,一旦穿着内置 RFID 标签衣服的孩子离开 10 m 以上距离时,系统就立即发出警报,还能与公安机关、警铃及强光灯等联动,既能提醒家人,还能震慑作案者。

(2) 儿童防走失 家长在节假日携儿童去繁华场所如游乐场、超市、公园、火车站等地时,用于防止儿童在人群中走失。

(3) 要件提醒 人们常常会忘记携带手机、钥匙、提包等每天出行的必备品,采用本系统就能起到及时提醒的作用。

(4) 商场防盗 近年来,各类商场、超市、书店、图书馆、音像店、电子市场、资料馆等,以及各种货柜式和敞开式自选商场中各类商品均有不同数量的失窃,有些地方的情况还颇为严重,而监控录像往往适用于事后追溯,且许多商品案值较小,商家也不会频频向警方求助,给商家造成了较大损失。采用 RFID 技术防盗,可对几乎每件商品进行防护,且仅需在客户通关结账后采用专用设备取消 RFID 标签的报警功能,还能与电子结算平台结合。

3) 典型案例

据报道,2010 年元旦凌晨,美国芝加哥郊区一家银行遭到武装匪徒抢劫,金库内 2 亿美元失窃。然而不到 2 h,抢劫银行的 3 名嫌犯就落网了。芝加哥警方迅速破案的原因是芝加哥各大银行与重大资产设施中均安装了新型的资产跟踪定位保安技术,具体说就是在银行金库中的现钞内均藏有薄如包装纸条的、以 RFID 技术为基础的全球定位芯片,一旦成捆现钞无缘无故移动位置,芯片就会立即发出信号,通知负责银行安全的警察署,并同时动态精确地报出成捆现钞所在位置。芝加哥警方就是根据伪装成钞票包装纸条的定位仪芯片发出的方位信息,迅速而精确无误地抓住武装抢劫银行的嫌犯。

13.3.2　手机 RFID 安全门

传统广泛使用的机械式户门钥匙,都不如电子或生物钥匙安全。为了强化住家安全,日本 NTT DoCoMo 公司开发出以 RFID 为主的居家安全系统。它可在家庭入户门前设置 RFID 终端,使用者需持注册过的 RFID 手机才能开门入宅。该系统还可控制住宅内的各种家电开关等。

假如家人外出时忘记是否已锁房门,可通过手机对门锁进行检查,或直接发送指令将户门锁起来;同样,当记不清离家时家用电器是否关闭时,也可用手机查证并发指令将其关闭。

除锁门外,手机还可实现家用视频对讲机功能。如当门户 RFID 系统感测到有客来访时,会将其影像拍摄下来发送到户主或家庭人员的手机上,供家人观察辨识来访问者。

13.3.3　基于 LBS 的防盗刷系统

与电信欺诈同样危害社会安全的是信用卡盗刷案件。持卡人往往在收到资金转移的短信通知时才发现信用卡被盗刷,有的甚至到用卡时才能发现,且相关信息较少,给警方破案带来困难。美国Finsphere公司推出了一款名为"Pinpoint 防盗刷"的系统服务,它基于 LBS 服务,通过对持卡人每日的手机位置、消费地址、消费习惯以及消费金额等数据的分析,来判断其信用卡是否遭到盗刷,如果发生疑似行为,系统会发警示短信到持卡人手机,如图 13-6 所示,让持卡人核查。

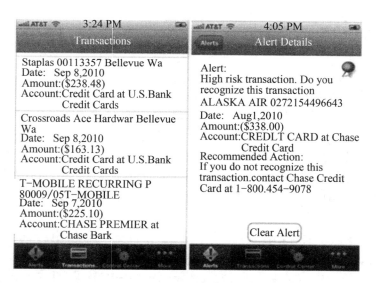

图 13-6　基于 LBS 的防盗刷警示信息

该服务要求持卡人提供自己的个人数据、手机号码、银行账户给 Pinpoint 系统,就可接收防盗刷警示服务。系统除用 LBS 服务分析持卡人的转款记录与当时的手机地址是否相差太远之外,还分析其购买记录、购买习性、家庭地址等,用于辅助判别是否为高风险交易行为。这项服务需要将个人数据、位置信息与银行账户等提供给第三方公司,也存在个人信息安全的风险,需使用者权衡。

思考题

（1）试述对象跟踪定位技术在防止监护对象走失或被绑架方面的应用。

（2）试述 RFID 技术在财产安全领域的应用。

（3）试述传感视频监控系统在城市交通安全管理上的应用。

（4）试述 LBS 技术在安防领域应用的基本特点。

14 物联网在节能环保领域的应用

[学习目标]
(1) 了解物联网技术在节能领域应用的基本思路。
(2) 了解物联网技术在环保领域应用的基本思路。
(3) 掌握物联网家庭能源管理的系统架构。
(4) 掌握物联网环保系统的内容与系统架构。

14.1 节能环保概述

节能减排(Energy Saving and Emission Reduction)是指节约物质资源和能量资源,减少废弃物和环境有害物(包括三废和噪声等)排放。其目标是加强用能管理,采取技术上可行、经济上合理以及环境和社会可以承受的措施,从能源生产到消费的各个环节,降低消耗、减少损失和污染物排放、制止浪费,有效、合理地利用能源。

采用物联网技术,可对各种能源进行精确化与动态化感测与计量,实现智能化管理。因此物联网技术在这一领域有极大的应用空间。

14.2 物联网在节能减排领域的应用

14.2.1 家庭能源管理

1) GE 基于 Zigbee 技术的家电监测装置

家用电器向来是现代社会中的能耗重点,面对绿色消费与公众节能的需求,许多国际企业纷纷推出整体化的"家庭能源管理"(Home Energy Management,HEM)解决方案,如美国通用电器公司(General Electric, GE)推出一款名为 Nucleus 的家电监测系统,采用物联网技术,使家庭能源管理系统化与智能化。

Nucleus 通过所配备的 Zigbee 芯片与家中智能电表及智能型家电以无线方式连接,感测特定或全部家电的用电状态,同时采集并储存实时用电量与电价信息,最多可储存用户 3 年的用电数据信息,如图 14-1 所示。

系统提供用电监管软件"Energy Star"与 Nucleus 配合使用,如图 14-2 所示。软件安装在个人电脑后就可通过接口观察家庭电流量、耗电量等用电信息;在动态电价下,指导家庭按其作息时间与生活模式来制定最适当的用电计划与各类电器的使用排程,以降低耗电与减少电费。为提高系统的便利性,通用电器公司也同时推出相应的手机 APP 软件。

通用电器在设计与制造各类家电产品的过程中引入相关的节能器件与技术,通过 Zigbee 芯

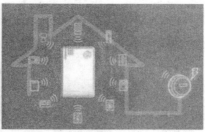

图 14-1　GE 的 Nucleus 家庭用电监测装置(左)与系统部署示意(右)

片联网。通用电器已推出如热水器、洗衣机、冰箱与微波炉等多项智能型家电,搭配 Nucleus 装置与电量监控软件后,将可实现家庭能源管理系统,发挥最大的节能效益。

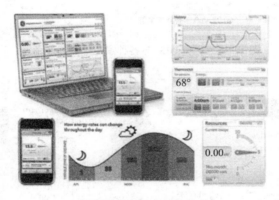

图 14-2　Nucleus 所用的家庭用电管理软件 Energy Star 界面

2) Cisco 家庭能源管理系统

Cisco 推出了家庭能源控制器(Home Energy Controller,HEC)与家庭能源管理解决方案(Home Energy Management Solution,HEMS),如图14-3所示,作为家庭物联网节能应用。

HEC 是家庭监控中心,除了可在屏幕上实时显示家中用电实况信息外,用户通过触控面板的 HEC 还可对联机的家电产品进行操控,决定是否关闭或调整特定家电来节省电能。

图 14-3　Cisco 家庭能源控制器与界面

Cisco HEC 仍以 ZigBee 无线网络协议直接与户内兼容的各个家电连接,如图 14-4 所示,各种未联机家电可通过与内建 ZigBee 系统的可编程通信型温控器(Programmable Communicating Thermostat,PCT)或负载控制模块(Load Control Module,LCM)来与 HEC 连接。外部,HEC 则通过 Wi-Fi 无线网络协议与宽带连接,进一步与 Cisco 能源管理服务平台接连。服务平台则依据使用状态、尖谷峰动态电价等多项因素来提供最合适的电力使用配置。随着智能家电的推出,HEC 更可接收家电使用状态信息,通知业主进行保养与维修。Cisco 家庭能源管理系统网络架构如图 14-5所示。

HEC 监测用电数据通过 ZigBee 与智能电表联机后,通过智慧电网基础设施(AMI)发送

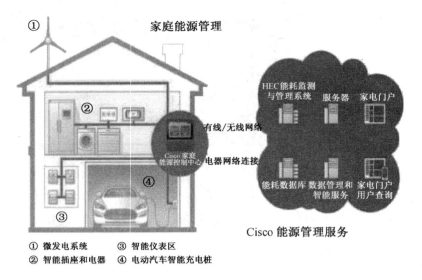

① 微发电系统　　③ 智能仪表区
② 智能插座和电器　④ 电动汽车智能充电桩

图 14-4　Cisco HEC 与各种家用电器互连示意

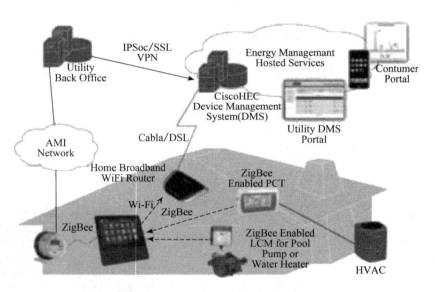

图 14-5　Cisco 家庭能源管理系统网络架构

给电力公司；将用电需求响应(Demand Response)及价格信息回传至 HEC。此外,电力公司
与 Cisco 能源管理平台间也可传递信息。同时,业主也可使用手机 APP 与服务平台互连,通
过云计算方式获得用电监控的相关功能与服务。

14.2.2　办公室节能减排工具

现代社会,办公室中各类用电装备的品种与数量日益增加,如空调、电脑、打印机、热水器、
碎纸机、灯具等。而对于多数公司,办公室减排效果往往难于衡量实效,造成能源成本居高不
下,使城市中办公大楼成为都市丛林中的主要碳排放源。因此,英国 Carbon Trust 公司推出

一款名为 Carbon Trust Empower 的系统软件，协助进行科学的减排管理。

此系统工具提供线上平台，用户登录后进入虚拟办公室空间，软件会自动计算在现行使用习惯下的办公室能耗及碳排放等数据，并给出建议员工改善其办公室的能源使用行为后的减碳效果。例如：关掉某机房的照明将可节省 4 kg 的碳排放；关闭未使用中的计算机屏幕及电脑将可省 250 kg 的碳排放，等等。通过虚拟办公室的数字化模拟，系统提供互动界面，使员工们意识到各项节能细节能累积成的减碳成效，从而厉行节约，节能减排。

Carbon Trust Empower 的软件功能如下：

（1）节能小帮手（Tutorial）　以互动式教学，提供节能减碳的建议。

（2）节能迷思测验（Take the quiz）　通过测验题目破除不正确的节能误区。

（3）节能行动规划（Personal Action Plan）　协助员工力行节能减碳。

（4）探索身处办公室（Explore your office）　针对所处环境改善能源使用效率。

其对办公室能源节约的模拟界面如图 14-6 所示。Carbon Trust 公司指出，该系统平均可为各机构节省 15% 的能源成本，预估小公司每年可节省 6 000 英镑的能源开支，大公司每年可节省 15 万英镑的能源开支及 500 t 的碳排放量。

图 14-6　办公室节能减排系统虚拟界面

14.2.3　人工智能物联网（AIoT）在建筑群节能的应用

AIoT 是人工智能（AI）与物联网（IoT）的集成，可在许多领域产生智慧感知与控制应用。在建筑节能领域，它将人工智能、物联网与绿色技术相结合，融合到众多建筑群的各机电与能源感测单元中，通过设置 AI 云平台，采集各楼宇建筑群的本地 IoT 能源与机电控制系统数据，通过 AI 算法使其更智慧、更节能、更安全，无人值守，并实现设备、能源、环境的一体化安全智能管控。如图 14-7 所示，图（a）是覆盖众多楼宇的 AI 云，图（b）是各楼宇具有通信与控制功能的机电控制柜。

AIoT 建筑节能系统由物联网智能传感器、中央控制器、人工智能云平台和运行管理终端（PC 端/手机端）四部分组成。物联网智能传感器采集与能耗相关的各种数据，其功能架构如图 14-8 所示。

图 14-8 中人工智能（AI）的算法框架是：采集各楼宇用能单元的计量数据，AIoT 控制器采集各设备与环境参数，物联网采集环境、气象、各楼宇客流与设备运行数据，以及其他如电价、业务参数等，通过机器学习、专家经验、数据挖掘、用能模型等，在特定算法支持下实现能源 AI 优化控制，如机房安全、设施群控、优化运行、需量控制、云平台服务故障自动诊断等。

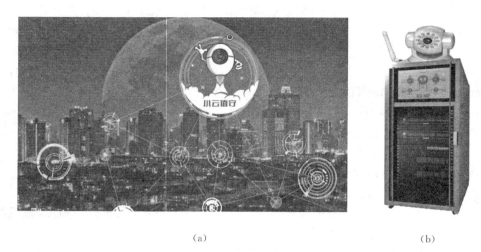

(a)   (b)

图 14-7   智慧建筑节能分布与高效机电控制柜

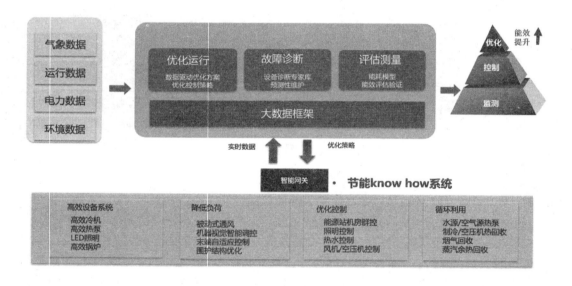

图 14-8   建筑群的人工智能物联网 AIoT 云平台架构

同时,AIOT 系统能自动持续地升级和优化,语音交互和智能报警,大大降低了人工管理各类能源与设备的成本。此外,用户还可以通过手机提前开启空调、定时关闭空调和设定温度,为运营决策提供了帮助。

据第三方权威评测公司美国 EMSI 评测,AIoT 系统能减少电费支出、节能 10%~30% 左右。例如,建筑面积达 14 万平方米的浦东香格里拉酒店采用 AIoT 后,减少碳排放量 7 253 吨,一年累计节能效益可达 800 万元;上海鑫达大厦采用 AIoT 智慧建筑节能系统,获得全国蓝天杯高效机房奖。

14.3 环境自动监测系统

14.3.1 环境监测系统功能

环境自动监控系统是运用物联网技术组成的一个综合的在线自动监测体系,根据获取到的环境数据进行污染预测、实时监控、分析决策以及采取环保行动构成了环境监控的完整过程,该系统是融技术性、智能性和决策性为一体的灵活、高效的处理系统。

环保自动监测系统主要分为 6 大部分:环境空气质量监测系统、污染源自动监测系统、水质自动监测系统、噪声监测系统、GPS 定位系统和环境地理信息系统。

1) 空气质量监测系统

空气质量判定,主要是对空气中的污染物成分与浓度进行鉴定,再通过计算分析来判断空气质量。对空气质量监测系统得到的数据进行分析,得到空气中二氧化硫、二氧化氮和可吸入颗粒物浓度的级别预报并及时发布。通过在监测区域广布监测子站,对二氧化硫、二氧化氮、可吸入颗粒等进行自动动态监测。这些监测子站配备先进的空气监测设备,能定期自动采集空气样本,然后送到专用分析仪器进行分类监测,再将分析数据送到控制中心,对传回的数据进行分析,得出当天空气质量监测结果。

2) 污染源自动监测系统

污染源在线监控是环境监控系统中不可缺少的一部分,通过污染源监控管理平台,全面管理辖区内主要污染源(水源、烟尘等)的排放总量控制。为提高监察效率,系统采用自动化、信息化、科学化手段,建立监管的系统平台,为节能减排、环境统计、排污申报、排污收费等提供可靠的依据。污染源自动监测系统通过对前端监测设备的集中管理和配置,实现环境监测的集成与联动,对城市重点污染源排放的视频监测,同时对包括图像在内的各类数据进行存储,以便日后查证。

3) 水质自动监测系统

建立重点流域地表水环境自动监测系统,实现对主要河流交界断面、集中式饮用水源地、重点流域、敏感水域水质变化的实时监控具有重要意义。水质自动监测,可以对水质进行自动、连续监测,数据远程自动传输,随时查询所设站点的水质数据,并实现水质信息的在线查询、分析、计算、图表显示、打印等,实现各单位之间水质信息的互访共享,实现全流域水环境综合评价。使用该系统可及早发现水质的异常变化,为防止下游水质污染迅速做出预警预报,及时追踪污染源,从而为管理决策服务。

水质自动监测在国外起步较早。我国在水质自动监测、移动快速分析等预警预报体系建设方面处在探索阶段。1998 年以来,我国已先后在 7 大水系的 10 个重点流域建成了 42 个地表水水质自动监测系统,黑龙江、广东、江苏和山东等省也相继建成了 10 个地表水水质自动监测系统。2005 年,全国在主要流域重点断面水质自动监测站达到 100 个,实现水质自动监测周报。从 2010 年开始,中国将中俄、中越等 41 条国界河流(湖泊)的 78 个断面,纳入国控地表水环境监测网。自 2010 年 1 月起,每月定期开展国界河流水质监测,并及时报送信息,为边界水体污染防治与生态保护、环境外交等提供了技术支持。

4) 噪声自动监测系统

随着现代工业生产、交通运输和城市建设的发展,噪声已经成为继水污染、空气污染、固体废料污染之后的第四大环境公害。噪声会干扰人们的正常生活,诱发各种疾病、降低工作效率,高强度的噪声还会损坏设备和建筑物。对环境噪声进行准确的分析测量受到人们的重视。

传统噪声监测办法通常是在关键点安装噪声传感器,传感器通过电缆将收集到的数据发送至监控中心进行分析,这样的方法灵活度不够。发达国家生产的噪声监测系统,可以进行噪声的实时监控,测量结果包括昼间、夜间或任意时段的统计声级、等效连续声级等。

5) GPS/北斗定位系统

GPS/北斗定位系统用于对移动的人、物体、车辆及设备进行远程实时监控。在所有流动监测车上安装卫星定位装置,通过 GPS 在电子地图上动态显示车辆的具体位置,可以通过车载系统与环境监控中心保持联系,当出现超标报警和一些突发情况时,在电子地图的导航下迅速开赴环境污染事故现场进行环境质量的监测,并把数据迅速反馈到监控中心,实现 GPS 的动态监控以及人员的合理调配。

6) 环境地理信息系统

环境地理信息系统(EGIS)是利用 GIS、遥感(RS)和其他信息技术对环境数据进行处理、分析的一种空间信息系统。使用环境地理信息系统主要用于空间数据的访问、地图管理、综合查询、实时报警以及 GIS 平台的通用功能。同时,使用 GIS 技术可以动态获取、显示、管理各个监测子站的环境信息,实现对环境的有效的监测、模拟、分析和评估。

14.3.2 环境监测系统架构

环境监测系统架构如图 14-9 所示。

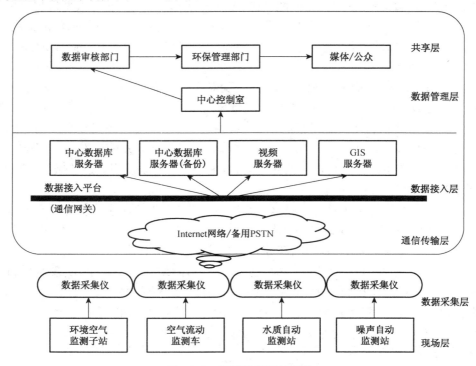

图 14-9　环境监测系统架构

1）数据采集层

数据采集部分主要通过在相应区域设立监测子站、流动监测车,动态或定时采集空气、噪声、地表水、污染源等原始的数据。监测子站中配置各类数据采集器(如传感器)和通信仪器,并设立专用的模拟接口、网络接口、视频采集卡。流动监测车还需要配置 GPS 系统。监测子站具有良好的数据加密技术,支持休眠以及远程唤醒功能。

各点的数据采集仪将现场采集到的监测数据、设备工作状态信息、子站停电复电以及报警信息存储到数据库中,按时或按需将数据打包压缩并以统一的数据格式上传到监控中心。

2）网络传输层

网络传输层支持多种通信方式,如 TD-CDMA、GPRS、ADSL、光缆等多种有线和无线传输模式。在数据网络传输过程中必须确保数据的实时性、准确性、安全性,所以该层要配置专用的安全防护设备。

3）数据接入层

数据接入层实现现场数据和监控中心之间的双向交换。数据接入层采用多线程技术和通信网关技术负责对数据的校验、解码。在数据接入层需要配置接入服务器、交换机、路由器以及运行于该层的服务软件系统。

4）数据管理层

数据管理层是系统中枢,是整个系统的数据仓库、数据管理中心以及信息服务中心。该层必须建立环境原始数据库和应用数据库。原始数据库包括空气质量、地表水质、噪音、污染源等的符合环境编码规范的原始数据、故障信息以及报警信息;应用数据库主要记录审核数据、报表数据、统计数据以及相关的决策数据。在数据库的设计过程中应考虑到各个监测子站传送来的海量数据以及日后增添新的监测子站。

同时,该层还需考虑 GIS 层面,方便监控中心存储数字化地图,开发 GIS 图层管理,有效地对空间地形数据进行管理。

5）数据发布共享层

监控中心实现对各个监测子站的工作状态、采集数据的管理和控制。环境质量自动监测软件能够实现数据采集、图层管理、报警、视频显示、远程控制、数据查询和统计、报表生成、数据传输、数据发布等功能。

同时,监控中心支持环保部门、其他相关部门、媒体、公众对监测数据的浏览和查询,为政府决策、公众监督和参与环保建设,提供准确、及时、充分的数据。

14.3.3 环境监测系统应用的技术

1）视频监控技术

视频监控技术是对目标对象进行自动监测、跟踪与行为识别,包括运动监测、目标分类、目标跟踪、行为识别等 4 个方面内容,还包括智能视频检索技术、异常行为检测等辅助功能。目前对于以目标的整体运动轨迹作为研究目标,提取运动目标的运动特性或者其本身具有的特性的视频智能分析已经取得了一定的成果。这使研究目标突破了界限,除了人以外,还可以是车辆、动物等。

环境视频监控技术可以解决两个主要问题:一是将相关人员从枯燥、繁杂的"盯"屏幕中解脱出来,这部分工作改由机器来完成,遇到异常情况可以进行报警处理。二是可以在海量数据中迅速搜索到想要的图像。

2）远程控制技术

远程控制技术是指在异地通过计算机或移动通信网络、异地拨号或者双方接入互联网等手段来连接各监控对象及设备,并通过本地计算机对远程计算机进行管理、控制和维护。操作人员在监控中心就可以使用远程控制技术对监控子站中各个设备的运行进行远程操作。

3）GIS 技术

Web GIS 提供了空间地理信息技术与 Web 浏览集成的新体验。用户仅仅通过浏览器就可以进行地理图形的一般操作(漫游、无级缩放、图层控制、查看图例和基本属性)和复杂的空间分析、综合查询、报表统计、制图打印等操作。

4）数据库技术

数据管理技术是对数据分类、组织、编码、输入、存储、检索、维护和输出的技术。目前,数据库技术已成为理论成熟、应用极广的数据管理技术,各组织不仅借助数据库技术开发了信息系统,而且在其中存储并积累了大量的业务数据,为管理决策提供丰富的数据基础。

5）GPS/北斗测量技术

GPS/北斗测量技术能够快速、高效、准确地提供点、线、面要素的精确三维坐标以及其他相关信息,具有全天候、高精度、自动化、高效益等显著特点,广泛应用于交通导航、大地测量、摄影测量、野外考察探险、土地利用调查、精致农业以及日常生活等领域。该技术同样在环境监测领域也有许多不可或缺的应用。

6）遥感技术

遥感(Remote Sensing，RS)技术是 20 世纪 60 年代发展起来的综合性探测技术。它主要是应用电磁波传感器从远处空间利用可见光、红外线、微波等介质,通过摄影、电磁波扫描等方法获取所监测区域信息。其工作的基本原理是利用所监控目标物本身具有发射电磁波的特性,同时具有吸收、反射、散射来自太阳光等自然光源的电磁波特性,甚至某些目标物体还具有投射外来电磁波的特性。

遥感技术利用飞机、气球、火箭、卫星等空间技术,以卫星、飞船、空间站、航天飞机等飞行器作为遥感平台,从一个新的高度来观测地球,然后通过光学、电子光学、红外线、微波、计算机等技术来处理所得到的信息,从而探知和鉴定研究对象的各种特质。

7）SCADA 技术

SCADA(Supervisory Control And Data Acquisition)系统,即数据采集与监视控制系统。SCADA 系统的应用领域很广,它可以应用于电力系统、给水系统、石油、化工等领域的数据采集与监视控制以及过程控制与调度等诸多领域。在电力系统以及电气化铁道上又称远动系统,它可以对现场的运行设备进行实时监视和控制,以实现数据采集、设备控制、测量、参数调节以及各类信号报警等各项功能。

GIS 技术与 SCADA 技术相结合,使 GIS 系统能够直接显示 SCADA 系统中的实时数据,丰富和完善了 GIS 系统中的信息,使信息的可视化查询上升到实时信息的可视化查询,为今后在 GIS 上开发高级分析和基础应用奠定了基础。

14.4 物联网在环保领域的应用

14.4.1 南京秦淮河水系监控系统

1) 系统简介

秦淮河是南京第一大河,是南京古老文明的摇篮。在秦淮河上,为了防洪和调控秦淮河的水位和流量,一共修筑了 6 个控制水工程建筑物,分别为三汊河口闸、秦淮新河水利枢纽、莲花闸、武定门闸、南河闸和天生桥套闸,如图 14-10 所示。

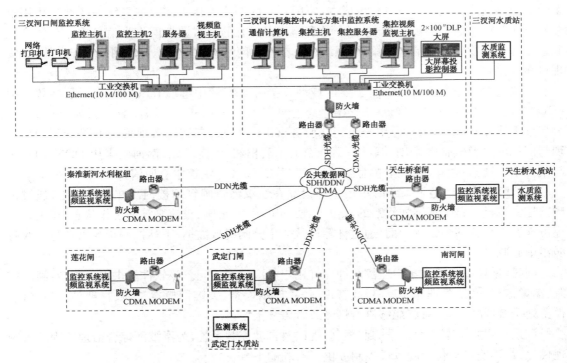

图 14-10　秦淮河水质监控系统

为了确保秦淮河水域水位合理、水质良好、管理便捷,在秦淮河水域设立了"秦淮河水系远程集中控制系统"。这套系统采用最先进的计算机监控技术、网络通信技术、视频传输技术等,将分散在各处的 6 个控制水工程建筑物连接起来,形成了一个有机的整体。这套系统的开发,可以提高秦淮河水系的管理水平,降低运行成本,最大限度地保证水系的质量,同时可以对整个水资源进行统一的调度和管理。

2) 系统功能

秦淮河水系远程监控系统主要是由 4 大部分组成:现地控制单元、水质监测单元、网络单元、集控单元。

(1) 现地控制单元　现地控制单元由秦淮河的 6 个控制水工程建筑物的控制系统组成。通过在各个控制系统点配备超声波水位计,安置监控主机、服务器、视频监控系统、广播系统以及网络设备等,完成对现场水位的统计,并可通过网络直接和远程集中监控系统进行通信。

（2）水质监测单元　水质检测系统把多个指标的自动监测仪器组合起来,进行采样、分析、记录、数据统计以及远程数据传输。水质监测单元主要由采样单元、预处理单元、过程逻辑控制单元、分析单元、数据采集单元以及传输单元组成,如图 14-11 所示。辅助系统由压缩空气单元、冷却水及纯水单元、配电单元、UPS 单元以及清洗单元等几个子单元组成。各个单元的协调工作由水质采样及控制系统完成。

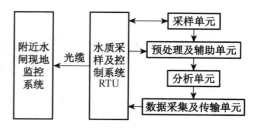

图 14-11　水质监测单元

（3）网络单元　目前使用比较普遍的网络连接方式有以下几种:铺设专网、租用电信网络、无线通信、微波通信、卫星通信。这几种网络连接方式各有利弊。本系统根据 6 个控制水工程建筑物周边水域情况以及建设成本,使用不同的网络连接方式。本系统主要通过租用电信网络作为信息的主要传输通道;各个子系统利用现有的公共数据网作为信息中心和各个控制水工程建筑物之间通信的桥梁,子系统通过在公共网络中建立虚拟专用网络(VPN 技术)实现可靠连接。

目前电信服务提供商提供的主要广域网连接方式有帧中继(Frame Relay)、数字数据网(DDN)、非对称数字用户线(xDSL)、窄带综合业务数字网(ISDN)、同步数字系列(SDH)、码分多址无线业务(CDMA)、通用分组无线服务(GPRS)等。三汊河口闸采用 DDN/CDMA 实现与广域网以及其他 5 个闸的联网;秦淮新河水利枢纽、武定门闸、南河闸采用 DDN/CDMA 与集控中心通信;莲花闸、天生桥套闸采用 SDH/CDMA 与集控中心通信。

（4）集控单元　整个系统的集控中心设立在三汊河口闸管理楼内。在集控中心,通过视频监控主机显示整个秦淮河水系的水位、水质和节制闸、套闸、贯流泵等的工作状态,相关人员还可查看 6 个分站的视频画面,通过计算机从各个分闸提取数据、下达控制指令以及与上级省防汛中心联系。

同时,集控中心通过集中监控软件允许用户经广域网访问。该软件提供以下功能:闸门控制、图像监视、文档管理和共享、行政管理、信息地图检索、关键词检索、权限管理等。当水位、设备处于警戒状态时,系统能够进行灯光或者语音报警。

该系统建立了秦淮河水系的监测、监视以及自动控制系统,为秦淮河综合治理工程的管理现代化、水环境自动化调度以及控制提供了有利的平台。

14.4.2　苏州环境噪声监控系统

1）系统概述

环境噪声监控系统,就是在相关功能区域设立监测点,采用连续噪声监测仪器,对环境噪声的质量进行连续的采集、传输、分析、处理。为了及时获取苏州城市区域环境噪声和城市交通干线的噪声状况、成因和变化趋势,为环境执法、污染纠纷的处理提供科学依据,苏州市建立了噪声环境监控系统。

苏州环境噪声监控系统在苏州环境功能区域和城市主要交通干线各安置了 8 个监测点,同时设立 1 个移动噪声监测点,1 个系统监控中心。监控中心通过网络和各个监测点取得联系,进行实时控制、数据采集、数据传输和信息的发布等工作。

2）系统功能

通过苏州环境噪声监控系统的建立，能够实现对苏州市环境噪声区域的定期监测以及连续监测，并对监测到的数据自动进行采集、存储、传输，同时能够对监测数据进行汇总、统计、评价，反馈到相关部门。该系统由噪声监测点、通信网络和监控中心三大部分组成。

（1）噪声监测点　在本系统中，噪声监测点主要用于原始数据的采集，分为 A 和 B 两类，其中 A 类 13 个，B 类 2 个。A 类监测点配备噪声监测终端设备、数据采集仪、电子显示屏、视频车流量检测仪、气象仪等，并采用了噪声自动测试系统 B K 3639E；B 类监测点配备噪声监测终端设备、数据采集仪，同样采用了 B K 3639E 系统。各个监测点根据事先定义的触发条件和触发时间进行噪声事件的录音，形成声音文件；并在主要交通干线设置视频监视系统统计当前噪声情况。

（2）通信网络　在本系统中主要采用了两种网络连接方式，其中 A 类采用 ADSL 数据传输方式；B 类采用 GPRS 数据传输方式。

（3）监控中心　监控中心配备了专用的网络服务器和图形工作站，包含相应的 B&K 管理软件（丹麦 Brüel & Kjær 公司是全世界最大的声学、振动测量分析仪器的研究及制造公司）和预测软件，以及噪声自动监测地理信息系统软件和显示发布软件等。可以提供对各个监测点进行远程控制、监测数据和系统状态的查询、数据的分析和下载等操作。

我国与发达国家相比，对环境噪声的监测起步较晚。例如，欧盟要求成员国每 5 年建立一次城市地区的噪声地图。大部分城市没有采用在全市部署传感器的方案，而是采用创建计算机模型的方法来预测不同的噪声源如何影像周围地区。当然，采用这样的方法获取的数据准确性欠佳。

索尼计算机科学实验室研发了 NoiseTube——一种手机 APP，可监测整个城市的噪音污染。NoiseTube 的麦克风采集到的任何声音，并通过手机的 GPS 为每个录音打上标签。用户还可以为录音文件添加其他声音标签，如噪声源的描述。录音文件被转换成一种可以在 Google Earth 上使用的格式。该软件还会对天气信息进行检查，以剔除那些可能被恶劣天气歪曲的数据。

思考题

（1）试述物联网技术在节能领域应用的基本思路。

（2）试述物联网技术在环保领域应用的基本思路。

（3）简述物联网家庭能源管理的系统架构。

（4）简述物联网环保监测系统的内容与系统架构。

15 物联网在旅游业的应用

[学习目标]

(1) 了解物联网技术在旅游领域的主要应用。

(2) 了解物联网技术在改善消费者体验方面的应用。

(3) 了解物联网技术与各地旅游景点结合生成的特色应用。

(4) 掌握 VR 技术在旅游领域的应用特点。

15.1 物联网与旅游服务

1) 概述

物联网技术可从动态感知、人景交互、个性化行程规划与导游等方面推动旅游产业的变革,实施手段为信息服务、体验改善、虚实场景结合、创新业务与智能管理等方面。

旅游观光中,导游和展品起重要作用。传统导游的缺点是信息量不足,不能为游客个性化定制;也无法解答各国游客提出的不同角度、不同文化背景的问题。许多大型博物馆、美术馆的藏品极其丰富,却因展馆空间有限,或出于文物保护之需,展品不能同时展出。如台湾故宫博物院保存了文物珍品 65 万件,常规只能展出极小部分,且导游也只能作规程化讲解,不能满足各类游客的兴趣。物联网技术则能较好地解决上述问题,如宽带高清多媒体技术能将展品数字图像清晰地展示出来,观赏者能用鼠标操控虚拟展品图像做 360°旋转、细部缩放,从任意角度观看,比隔玻璃橱窗看实物效果更好。

物联网技术还改善了自助导游方式。RFID、蓝牙、NFC 与红外感应技术等都可提供实物或情景感应信息服务。当游客到达某一区域时,可能不知道一件器物或场景后蕴含的历史事件及文化背景,而当系统感应到游客时,就能自动开启导览系统进行讲解。进一步,物联网基于对象场景感应与驱动技术,将旅游提升到数字内容创意与虚拟体验层面上。使得观测场景与对象的影像、文字、语音等经数字化加工渲染后,以虚拟实现(VR)呈现,使旅客能穿越历史,身临其境。更进一步的发展,将使游客与场景和对象产生互动,带来全新体验。同时,系统可通过客户识别和定位,使旅游规划更合理、高效与安全。

2) 物联网旅游服务应用领域

从目前各国的实践进展来看,物联网在旅游领域的应用涉及以下一些方面:

(1) **实时信息服务** 基于无线宽带网、RFID 与红外感应技术、二维条码等,为旅客提供场景与物件定位感应介绍。解说形式可以是录音方式,也可以是手机页面形式,通过不同景点的传感器触发检索。进一步的发展,就是虚拟现实(VR)等技术带来的全新体验。

(2) **移动商务** 旅游者购买一些纪念品、工艺品时,可通过进入官方网站点选商品,以保障所购商品的真实性、可靠性与后续服务。

（3）个性化内容服务　如旅客在游玩时，遇到不知道的景点或物件，而解说词中又无相应介绍时，可用手机将其拍摄下来并附上问题发送给系统，就能获得专业人士的解答。同样，当其迷路时，也可以此方式获得导航服务。

（4）其他服务　如游客可在不同路线、不同团队间自发联系，组织团队，开展团购或其他娱乐活动等。

15.2　物联网在旅游业应用案例

15.2.1　艺术藏品与观赏者的互动

如果说，台北故宫博物院的"数字典藏"能让访问者通过高分辨率多媒体影像观赏玩味各件价值连城的中国文物珍品的话，那么，美国克里夫兰美术馆的 Gallery ONE 就通过在展馆中设置各式各样的物联网装置，如巨型互动墙、姿势追踪与脸部辨识系统等，让参观者与展品互动，打破参观者只作静态观光的传统，吸引年轻人成为美术馆的访客。

在物联网技术上，这家独特的美术馆已不只是用手机 APP 来感测与了解展品的存在与内容介绍，还通过多种虚实互动装置，让参观者与艺术品相融合，如图 15-1 所示。

图 15-1　参观者模仿展品表情（左），模仿雕塑造型（右）

图 15-1 显示参观者模仿画中人物的表情，摄像头对其进行比对分析，指导做出最接近的表情；参观者如要在镜头前摆出和屏幕中雕塑相同的姿势，系统会感测其姿势的偏差并提示其进行纠正。这些都能随时拍摄下来让参观者发到朋友圈中。

除了与展品互动找乐外，馆内也提供一个独特的"采集墙"，是一个全美国最大的触控屏，可让 10 多人同时浏览操作。观赏者除了可点选观看馆内作品之外，还可按喜好或学习之需，将所选作品下载到手机或平板电脑上，编辑成个人的美术馆观赏路线，也可与他人分享。

另一技术项目，是名为 ArtLens 的手机 APP。通过 ArtLens 扫描艺术品可得到更多信息，用户也能将喜欢的作品上传网络共享。也可按推荐作品逛展，或交叉搜寻不同作品，如按年代、艺术家或作品名称等。APP 可在美术馆里使用也可在家中查询使用。

目前，Gallery ONE 的互动模式很多，搭配不同装置提供各式观展体验。它多元地应用物联网技术，让观展变得活泼生动饶有趣味，有别于传统的千篇一律传统参观模式，且每项互动体验都可对应用于不同展品与不同主题，即使操作设备的方式相同，用户也会因展览主题与内容多变而参与互动，提高其与设备和展品互动的频率。

15.2.2　NFC 解说系统

相比美国,英国的历史更悠久,博物馆展品更丰富。英国有许许多多的博物馆,著名的伦敦博物馆(Museum of London)于 1976 年开馆,珍藏了世界各地琳琅满目的稀世珍宝。

由于藏品极其丰富,博物馆就在各展品的特定区域内设立了近域无线通信 NFC 信标,参观者在标示处,将有 NFC 通信功能的手机贴近信标,就可获得解说信息。同时,当手机贴近某些标签时,参观者将自动联到博物馆的社区网站,随即留下评论或储存图片,如图 15-2 所示。

图 15-2　伦敦博物馆将 NFC 技术用于感测解说系统

当然,NFC 装置除接收博物馆信息、展品信息外,还可刷取馆内纪念品销售点及咖啡馆等的优惠券。此外,也能预订门票、加入博物馆各社区网站、下载博物馆乐曲等多项创新应用,这些都大大改进了博物馆的参观环境与条件。

15.2.3　将历史足迹编入电子地图

Google Maps 以免费电子地图向全世界提供空间地理位置信息,并通过开放 API 孵化出一大批关联应用。一种名为"WhatWasThere"的新型服务,就是在 Google Maps 加上时间轴,将三维空间信息变成四维信息。这就不仅使电子地图用户能神游世界各地,更能穿梭古今。

WhatWasThere 是在 Google Maps 的地图中加上许多橘色小标签,用户点选后就会出现各地点的历史照片;进一步点选照片,就能在 Google 街景与历史照片结合的结合处,看到这个地点的变化,如图 15-3 所示。

图 15-3 中,人们可看见某处街景的演变历史。WhatWasThere 中的历史照片都是由公众自己上传后逐步汇集而成的。许多用户将当下的街道和建筑物照片,与存放在祖父母阁楼中的旧照片摆放在一起,形成鲜明对比,让访问者通过图片认识到,地理历史是如何随着时间的推移而发生改变的——怀旧情感是该网站大获成功的重要因素。

虽然这一案例已超出人们对"旅游"的常规理解,但它却产生于一种理念:人们可以利用技术和人际关系,结合怀旧之情来产生不同时空的四维体验,形成时光隧道机,允许用户将现时熟悉的街景导航于过去的岁月中,随时间轴重现各个业已消失的旧景。这种"时光旅游"体验,会给人以无限的感怀。

图 15-3　将历史照片(图中黑白处)叠加在 Google 街景(Street View)上

15.2.4　数字典藏与在线博物馆

如果说,WhatWasThere 是借助 Google 街景(Street View)让公众居住的街头巷尾变成时光隧道博物馆的话,那么,Google Art Project 则借助物联网技术,将 Google 街景与真正的专业博物馆结合,将数以万计的馆藏文物数字化,打造一个世界性的文物展馆地图,让人们足不出户,鉴赏全球典藏珍品。

Google Art Project 的实现,是应用制作 Google 街景的扫描仪器车来全方位扫描博物馆内景,将名画文物等进行高分辨率录像,将其链接与定位到 Google 地图,如图 15-4 所示。在2012 年,全球已有 154 座展览馆参与此计划,累计超过 3 万件以上的藏品上线,其中部分珍品采用高达 70 亿像素的超高分辨率相机拍摄,足以让观赏者对艺术品探幽察微。参观者不必亲临就可观赏全球各博物馆的传世典藏珍品,感受文物之博、技术之精、艺术之美。

图 15-4　数字化扫描仪(左)制作展馆内景(右)并与街道电子地图合成(中)示意图

图 15-4 显示了通过数字化扫描仪采集博物馆内展品与场景,将其融合于电子地图的过程。处理完成后,当访问者在 Google 地图上搜索到相关博物馆时,就可通过街景视图功能进入,再详细观察展品文物。由此,将形成一套全球博物馆及展品的专用电子地图。

15.2.5　名城旅游景点行程规划 APP

　　除了各类传感、检测、定位与通信技术不断融入旅游业的前端外,旅游服务业后台的大数据计算与分析功能的增强,促使在智能手机全球普及、自由旅行背包客越来越多、人们在各类朋友圈内寻求曝光率日益增强的环境下,一些新型旅游 APP 不断产生。

　　mTrip 是一家荣获 2015 年洛杉矶旅游业移动创新应用大奖的公司,它推出的一种 APP 拥有四大功能:旅游规划、景点导航与虚拟现实、旅途信息、社区朋友圈分享等,提供在线实时查询、离线下载实时地图、路线规划、虚拟现实信息等服务。mTrip 利用著名旅游出版商搜集的各城市信息,通过服务平台让旅客交流旅游经验、在线评论与打分等,丰富城市旅游信息,达到每日免费更新最专业的内容,吸引更多用户使用平台。通过大量游客旅行经验的积累与数据分析,提炼出最优的行程规划方案,投放网站并向其他旅游者提供服务。这些经优化的行程方案,通过其 APP 向使用者提供,如图 15-5 所示。

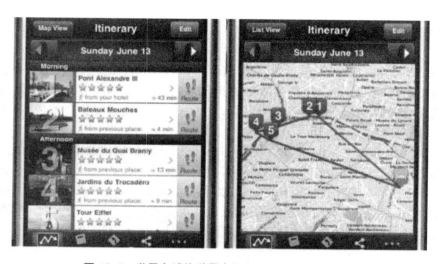

图 15-5　世界名城旅游景点行程规划 APP 部分界面

　　mTrip 的名城旅游景点行程规划 APP 由"时间规划＋景点推荐＋电子地图＋虚拟场景＋朋友圈共享"等综合功能组成,体现了大数据、社交圈与物联网技术结合后产生的新型信息服务形态在旅游业中的应用实例。其中,虚拟现实技术对景点实体的多面呈现,电子地图对行程工具的推荐,时间点的推算,客户自己选择及系统重新优化等,都特别适于事先做"功课"的游客。

思考题

　　(1) 试述物联网在旅游业应用的特点。

　　(2) 物联网是如何提升旅游服务水平的?

　　(3) 什么是数字典藏技术?

　　(4) 简述虚拟现实在旅游业中的应用。

16 物联网在生产监控中的应用

[学习目标]

(1) 了解物联网在生产监控中的功能。

(2) 掌握智能维护系统 IMS 的基本功能。

(3) 了解物联网在井下作业安全监测中的应用。

(4) 掌握 AR 技术在产业实践中的应用。

16.1 生产监控概述

生产监控是指对工业生产中的加工设备、重要装置、生产环境、空间结构、作业区域、相关人员等进行监测与控制,目的是保证生产的安全与稳定运行,一旦发现问题便及时报警或自动采取相应措施。

1) 物联网生产监控涉及的技术

生产领域的物联网应用涉及一系列相关技术,如 RFID 标识类数据,对象识别与描述,对象、程序与系统的描述类数据,方位与周边数据,传感器数据及多维时间序列数据,历史数据,物理模型/实体模型组,执行元件状态与控制指令等。

2) 物联网生产监控的功能

物联网在该领域的应用,将实现对人、事、物的统一监控,建立起工程、生产的安全应用价值链,自动分析与综合评估。具体说,物联网生产监控主要体现在对象跟踪、环境感知、设备维护、传感驱动决策、自动控制等功能的应用上。

(1) 生产对象跟踪　对象跟踪在产、存、销各阶段上都有广泛的应用。如生产线上,在加工装备、零部件和总成中嵌入传感器后,就可跟踪物件运动,对加工进程进行控制、记录与调整。在仓库中,利用传感器跟踪产品上的 RFID 标签,可改进库存管理,降低运营资金和物流成本,动态跟踪产品运行是否正常等。

(2) 流程优化　在对象跟踪的同时还可改进并优化许多工艺流程。一些行业(如化工)正在安装大批传感器,以实现更大范围监测。传感器将数据送入电脑,对传热、传质与动量传输等跟踪分析,然后向执行装置发送信号,对工艺流程进行调整,例如,改变混合物成分、温度或压力。当实物工件沿装配线运动时,可利用传感器和制动器来调节和改变其位置,以确保其到达最佳工位。在生产流程中,这种动态调整可降低损耗,降低能源成本,减少人工干预。

(3) 生产环境感知　在煤矿井下、化工厂、天然气站、危险品仓库、电焊作业场所等地,实时感知并监测环境中的有毒、有害、可燃与易爆气体等的空气含量,相关温度、湿度、气压等指标,地下巷道支撑物及建筑结构的受力变形与位移等情况,对于安全生产,确保工人、矿山与设备安全等是至关重要的。利用物联网可将各种传感器组成无所不在的监控网络,特别是在条件允许情况下,将各类传感器与先进监测技术结合,一旦任何指标异常,就能立刻感测到并自动报警,同时采取相应措施。

(4)生产设备维护　工业生产中,设备维护具有特殊的重要性,具体表现为以下几点:

① 设备故障不仅会增加企业的维护成本,而且会影响企业生产效率。

② 进口设备维护往往更为复杂和困难,而许多企业目前采用的远距离跨国维修(Fly And Fix, FAF)的方式既费时又昂贵,在大大增加企业运作成本的同时,也严重影响了企业的生产效率。

③ 由于产品出现问题的不可预知性,企业无法预先制定服务和维护计划。为了提高企业的服务效率和服务质量,制造企业必须维持一支规模更为庞大的服务队伍,其日常支出是非常巨大的。

物联网的导入可建成智能维护系统,能动态对设备和产品性能状态进行监测、预测和评估,并按需制定维护计划,防止它们因故障而失效。比如在航空业中,导入物联网后催生出一些新型业务,如飞机制造商在建造带有网络传感器的机身,这些传感器可感测喷气发动机和机体等各重要部位的工作状态,向电脑动态发送这些机件的磨损、位移和开裂数据,主动提示维护保养,减少非计划检修时间。

16.2　生产监控应用系统

1)生产监控系统构成

安全生产监控系统由对象指标体系、监测工具和监测处理三大要素组成。

(1)监控对象指标体系　判定任何被监测对象是否处于正常与安全状态,必须依照相关标准的定量与定性指标。监测内容、监测仪器名称和监测仪器类型等如表 16-1 实例所示。

表 16-1　山体滑坡安全监测系统组成

监测内容	监测仪器名称	监测仪器类型
斜坡滑动	地面倾斜计	应变计型、气泡式
山坡面滑动驱动力	水位计	应变计型、半导体型
	雨量计	触发型(+计数器)
	加速度计	应变计型、半导体型、线性差动
泥石流监测	拦截索(+荷重计)	应变计型、振弦式
	振动计	独立输出
	地声检测器	独立输出
	简便型倾斜仪	半导体型
沉降测量	地表连续沉降计	应变计型、线性差、电阻尺
	土地沉降计	应变计型、线性差、电阻尺、磁环式
地表大范围滑动	地滑计	应变计型、译码器、电阻尺
地表位移	地表变位计(全站仪、GPS定位)	独立输出

(2)监测工具　监测工具主要由各类理化探测分析仪组成,动态检测时,通常有几类监测对象就需用几种对应的检测仪。各种检测仪通常将检出的非电量信号转变为电信号,再经放大器、信号转换器处理后进入资料采集器,发到前端工作站,经信号传输设备发送到网络,如图 16-1 中左侧部分所示。

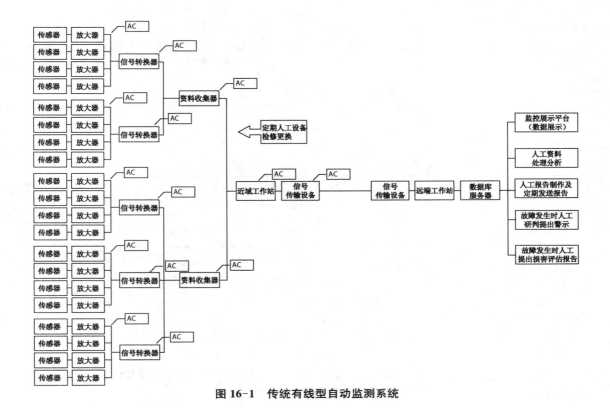

图 16-1　传统有线型自动监测系统

（3）监测处理　监测处理是指将上述监测对象的信号经接收、数据处理后变为可视信号在监测平台上显示，同时进行人工或自动资料分析、报告制作、研判警示、损害评估等，如图 16-1 中右侧部分所示。

2）传统监测方式的缺点

传统有线式自动监测方式存在诸多缺点。如系统费用高，线路多且庞杂，人工需求大，无法大量安装，可能遗漏灾害点位置，也会因多种原因而丧失信号，耗电量大，维护特别是线路维修较难等。

3）采用物联网技术的监测系统架构

采用物联网技术的生产与安全监测系统架构如图 16-2 所示，从左至右共分为 7 个主要功能模块。

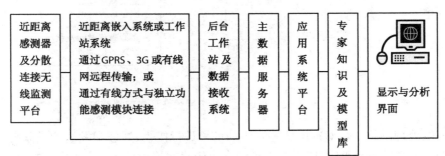

图 16-2　基于物联网的生产与安全监测系统架构

（1）近距离感测器及分散连接无线监测平台　重点场地、重点装置、重点构件、重点工位与重点受力面等均可成为传感监测对象。为保证精准性，监测对象或监测点的选择均分组或分群，并按一定的数量规模分散部署传感器，组成一个近端无线传感网络。而组成近端无线网络的模块选择方式可根据表 16-2。

表 16-2　近距离无线网络模块选择

指　标	Wi-Fi	Bluetooth	UWS	ZigBee
传输标准	802.11b	802.15.1	802.15.3a	802.15.4
使用频率	2.4 GHz、5 GHz	2.4 GHz	3.1～10.6 GHz(US)	868 MHz、915 MHz、2.4 GHz
主要运用	Web，邮件，视频	取代电缆线	多媒体流	监视与控制
消耗电源	高	中	低	极低
可连接网络规模	32	7	点对点	255 或 6 500
带宽(KB/s)	≥11 000	720	至 480MB/s	20～250
传输距离(m)	1～100	1～10+	1～10+	1～100+
产品优势	速率高，柔性好	成本低，方便	速率高	可靠性高，能耗低，成本低

表中列举了 4 种无线组网技术及其对应的通信标准、传输频率、运用特点、能耗、组网规模、带宽、传输距离和产品优势等，供实际使用时综合考虑权衡。

图 16-3 表示采用 ZigBee 模块将分散各点的传感器在近距空间内按网状结构组成一个前端无线传感网的示意图。

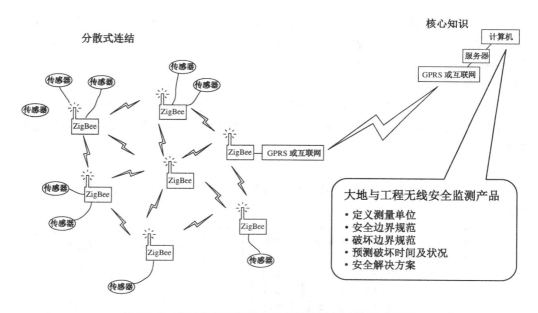

图 16-3　传感器集群通过无线组网模块形成前端感测网

（2）前端处理系统　是对前端感测网中的信号进行接收、处理和发送的子系统，它可通过GPRS 或 3G 网进行远程通信，还可汇集各种有线传感网检出的信号，将其一并发送到后台数据采集设备中。

（3）后台工作站及数据接收系统 与前端对应的后台信号接收系统,在接收发来的各种感测信号后,可及时制作报告并与各监测点以装置间的通信(M2M)自动通信联系。

（4）主数据服务器 对象监控的精准度和可靠度与传感器的部署位置、数量、信号采集周期及 M2M 量等直接相关,同时,对异常情况的分析研判与决策的正确性以及对事故过程回溯的准确性等,也与之直接关联。在大范围传感器分布和高密度采集与通信情况下,监控总数据将急速增长,故需要后台服务器的支持。

（5）应用系统平台 监控的主要环节是发现异常的位置,锁定目标域,分析异常状况的规模和性质,结合其他分布监测点的数据,采用模型比对与专家分析软件进行研判,预测其发展趋势、实时报警,为防止问题恶化提出解决方案、其他辅助服务等,集成这些功能的系统就是应用平台。

（6）专家知识及模型库 对异常的分析和决策研判,需要多种模型的支持。模型依据专家的知识和经验来建立和积累。将这些模型集成到平台中,系统根据采集的各种异常信号的特征与各种故障与失效模型进行比对和趋势分析,就能正确报警并提出有效建议等。

（7）显示与分析界面 绝大多数情况下,生产与安全监测仍需直观数据显示与身临其境的观察支持,故将异常数据和标准值的对照以可视化形式显示在屏幕上,就可明确直观地进行警示,如基本判断可用简单的红、黄、绿色提示或报警;出现异常时对相关传感点位数据进行锁定跟踪,再结合现场视频进行研判等,这样的监控界面就能在关键时发挥重要作用。

16.3　物联网在生产监控中的应用案例

16.3.1　煤矿安全生产监控系统

1）传统煤矿安全生产监控系统

在我国煤炭行业,瓦斯爆炸、地下水渗漏、塌方等是煤矿生产的主要灾害,多数煤矿企业都已经或正在建设安全生产监测监控系统,但由于技术、规模和网络系统的局限,无法使安全生产监督管理部门都能及时动态地掌握地下各巷道内的情况,企业领导、安全责任人及作业工人许多情况下无法第一时间获得如瓦斯浓度、井下水量、井下环境等详细数据。煤矿安全监控系统的功能是随时显示在地下数百米甚至数千米的瓦斯、毒气、渗水量等是否超标,是否有明火、自燃等安全隐患,巷道内应力分布及变化等。图 16-4 是一个煤矿安全监控系统示意。

图 16-4 中由水泵自动控制系统、电力监测系统、井下环境监测系统、人员监控系统等独立功能系统及各类机械集成后,形成典型的煤矿安全质量预警与控制系统,对井下复杂巷道内的各项参数进行动态监测,如图 16-5 所示。

但这套方案要让矿井监控室的人员及时通过检出的各项指标了解总体安全生产情况,特别是让远离一线的上级领导对此能实时了如指掌,就颇有难度,关键问题是各种信号监测与传输问题。比如将瓦斯浓度监测探头检测到的数据从井下传到井上,再从井上传到监控站进行监控和分析,最后将应对指令传回井下。

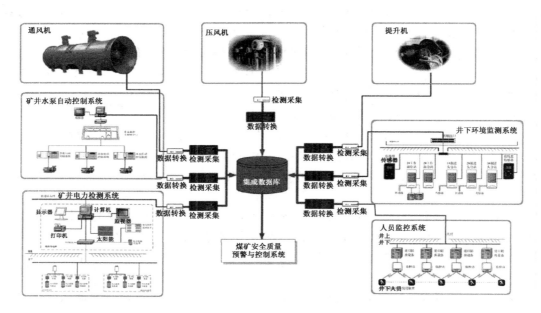

图 16-4　煤矿安全监控系统

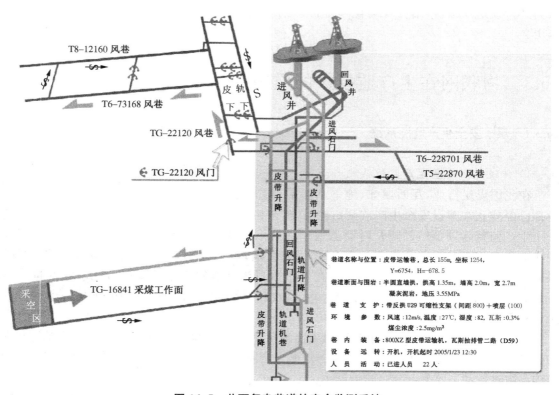

图 16-5　井下复杂巷道的安全监测系统

2）物联网解决方案的优势

以上问题通过物联网可较好地解决,如图 16-6 所示。

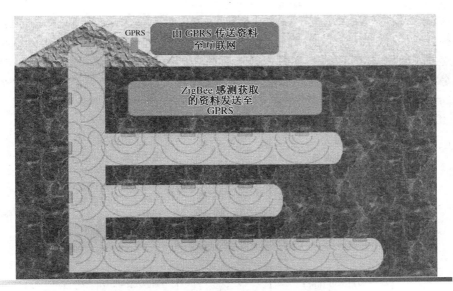

图16-6　井下矿道安全监测及人员位置管控解决方案架构

图16-6中表示,在地下巷道中各监测点位上布置了各类探测传感装置,通过近距离无线通信模块如ZigBee组成监测网络,解决了井下几百里没有通信信号的问题;远程则通过移动通信的GPRS或CDMA网络与手机、计算机系统等相连,形成泛在监测计算网络,覆盖井下各点。当监控装置检测到瓦斯浓度、风速超过限定值或主风扇开、停或运行负荷变化较大时,数据通信模块将信息传递到监控站,同时将报警信息发送到相关人员的手机上。各级领导就能及时掌握瓦斯超限情况,及时指挥协调安全生产工作。

基于上述无线传感网络平台,可为不具备有线传输条件的企业,特别是地域跨度大的煤炭企业,提供成本低、见效快、效率高的数据传输平台,为企业安全生产提供有效监测手段。

16.3.2　智能维护系统

1) 智能维护系统概述

智能维护系统(Intelligent Maintenance System,IMS)又称E-maintenance,是采用性能衰退分析和预测分析方法,结合物联网技术(具体为融合有线或无线网、非接触式传感技术、嵌入式智能电子技术等),使产品或设备达到近乎零故障(Near Zero Breakdown)性能的一种新型维护系统。

据统计,即使在美国,其工业运转能力也只是最大能力的一半。据保守估计,基于物联网的智能维护技术每年可提升2.5%~5%的运转能力增长,这意味着:在价值2亿元的设备上应用智能维护技术,每年就可多创造500万元的价值。有关资料也表明:运用智能维护技术可减少故障率75%,降低设备维护费用25%~50%。假设国有企业固定资产总额为1万亿,每年用于大修、小修与处理故障的费用一般占3%~5%,采用智能维护系统后,每年取得的直接经济效益可达数百亿元。正是智能维护系统对世界经济的巨大推动作用,它被美国《财富》杂志列为当今制造业最热门的三项技术之一。

2) 故障监测与诊断

智能维护与故障诊断密不可分,许多技术源于故障诊断,但其间又有很多区别。在传统诊断维修领域,技术开发与应用主要集中在信号及数据处理、智能算法(人工神经网络、遗传算法等)及远程监控技术(以数据传送为主)研究上。这些技术基于被动维修模式(Fail And Fix,FAF),即维修目的是要及时修复。而智能维护技术是基于主动维护模式(Predict And Prevent,PAP),重点在于信息分析、性能衰退过程预测、维护优化、应需式监测(以信息传送为主)的技术开发与应用,体现了预防性要求,以达到近乎于零故障及自我维护为目标,如图 16-7 所示。

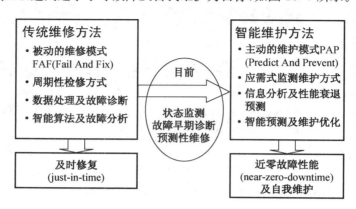

图 16-7 维护技术的演变

随着目前工业界对预防性维护技术的需求,故障诊断领域的研究重点已逐步转向状态监测、预测性维修和故障早期诊断领域,其为智能维护技术的实现打下了扎实的基础。已有许多国际知名企业把智能维护技术作为企业的主要发展战略,并积极促进维护策略从平均故障间隔(Mean Time Between Failure,MTBF)向平均衰退间隔(Mean Time Between Degradation,MTBD)的转变,实现企业设备和产品在其生命周期中的近乎零的故障发生率,从而提高国际市场的竞争力。

3) 系统基本架构

智能维护是一种全新理念,由美国威斯康星大学李杰(Jay Lee)教授最先提出,其基本架构如图 16-8 所示。

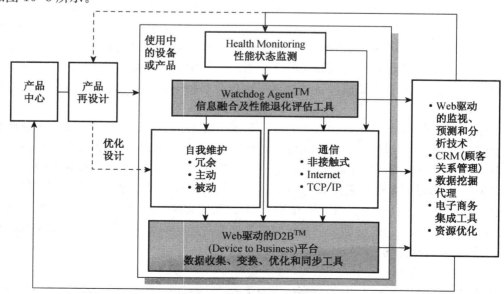

图 16-8 智能维护技术架构

系统可通过 Web 驱动平台对设备和产品进行不间断的监测诊断和性能退化评估,并作出维护决策。同时,系统还能通过 Web 驱动的智能代理与电子商务工具(如客户关系管理(CRM)、供应链管理(SCM)、企业资源管理(ERP)等)进行整合。另外,系统所得的信息知识还可用于产品的再设计和优化设计,使未来的设备和产品达到自我维护的境界。

智能维护的应用基础研究主要包括以下几个领域:

(1) 设备性能衰退过程的预测评估算法、方法研究　智能维护侧重于对设备或产品未来性能衰退状态的全过程走向的预测,而不在于某个时间点的性能状态诊断,在进行预测和决策、分析历史数据的同时,系统引入了与同类设备进行比较的策略,以提高预测和决策的准确度。另外,在采集设备信息时,系统强调相关信息(包括人的反馈信息)的采集和有效融合(包括低层次和高层次的融合),并根据人脑的信息处理方式综合提取性能预测所需的信息。

(2) 按需式远程监测维护领域　按需式远程维护是指利用现代信息电子(Infotronics)技术实现异地间设备和产品性能衰退的监测、预测,并提出维护方案等的一系列行为,强调根据实际需要传输所需"信息",即根据设备和产品在不同环境下的各种性能衰退过程的实际快慢程度,及时调整相应信息的传输频度和数量,而不是传统意义上的简单的"数据"(采样信号等)传输。

(3) 决策的支持、数据的转换和信息的优化同步技术领域　为实现电子商务、电子制造和电子服务,本系统必须与企业其他应用系统(CRM、SCM、ERP、MES 等)进行信息交互。因此,系统强调信息一次处理(Only Handle Information Once,OHIO)。为此,李杰教授提出 D2B(Device to Business)平台理念,以实现设备层到商务层的直接对话,并为设备的再优化设计提供了原始数据。在目前的远程监测诊断系统中,对数据的分析处理一般都在远程诊断中心完成。但因设备和产品动态监测的数据量极其庞大,无法利用网络实时传输,因此,应对原始数据在本地处理后,再根据实际需要传输诊断所需信息。为此,必须加强对数据到信息的转换、嵌入式智能代理和非接触式(如无线通信)等技术的应用研究工作。

美国普惠(Pratt & Whitney)飞机发动机公司在最近生产的发动机中加入了许多新型监测技术,集成了自我诊断系统,能产生详尽的信息配合地面分析系统使用,从而提前几个月就可预测发动机是否需要进行维护。这为各航班安排发动机的维护计划提供了方便,从而降低了检查和维护成本。而以往发生故障时,仅确定故障原因就要很长的时间。发动机的自我监测诊断系统与地面分析系统相结合,大大降低了意外事故的发生,如航班误点、航班取消和飞行中的发动机故障停机事故等。

在运输行业,汽车制造厂商也在寻找一种利用远程通信技术为汽车提供导向和故障停靠帮助的方法。通用汽车(GM)公司 2005 年已经制定了一个利用卫星通信服务的 OnStar(安吉星)计划,给所有该公司生产的汽车装上经过改良的卫星通信设施。在电梯制造业,OTIS 作为世界上最大的电梯制造公司之一,以其所采用的 REM(Remote Elevator Maintenance)技术,每年能节省 5 亿美金的维护费用。日本东芝电梯公司也与东京大学合作,在开发类似的维护系统等,都为智能维护技术的发展提供了良好的研究和应用平台。

4) 关键技术与装置

整个系统的核心技术,依然是利用各种高精度传感器和无线网络传输模块结合,对所监测的设备进行动态监测。目前该领域正推动传感器向精细化,无线感测设备向单元化、标准化、通用化、多功能化发展。如台湾识方科技开发的 BAT mote,就是一款采用超低用电 IEEE 802.15.4、TinyOS 支持相关无线传输协议的无线传输模块,针对无线感测网络及各式监测应

用而开发,并可与开放原始码的软件相结合使用。其部分应用领域为:
① 设施设备之实时监测:温度、振动、噪音、辐射等监测。
② 安全:振动、声音、移动、翻转等监测。
③ 工业控制:机械、空调、暖气等监测。
④ 居家或办公自动化:空调、灯光、电梯、门控等监测。
⑤ 建筑智能监测:大厦、桥梁、电塔等监测。
⑥ 货柜货运的安全监测:冷冻冷藏、易燃易爆物、有毒气体等监测。
⑦ 环境监测:空气、水质、泥石流等监测。
⑧ 防窃:货柜、邮件等监测。
⑨ 物流监测:仓库、供应链、生产线等监测。

16.3.3 企业动力系统监测与智能厂房维修系统

1) 动力系统监测

发动机监测仍通过设计一批感测节点、安装动态传感模块为中心。以台湾识方科技的产品为例,其监测发动机运行的系统由无线网络感测模块、三维加速仪、电流计三者结合而成,通过测量转轴 XYZ 方向的加速度变化,了解发动机的振动情况,判断其轴承耗损变形程度,再通过电流流量,预测发动机的异常趋势。
① 系统无线通信标准:IEEE 802.15.4、Sampling rate 128 Hz、broadcast。
② 监控软件重点功能:实时接收并记录节点发回的振动、电流及时间。
③ 对每次侦测记录进行傅立叶分析比较以提供历史数据表,供系统分析与建立模型。
④ 警报设定与实时短信发送,使监测到异常情况时第一时间通知相关维护人员。
这类监控系统能进行大型空调系统、自动化设备等由发动机驱动设备的异常监测并提供重点维护参考。系统能识别感测输出信号中的正常振动与缺陷振动模式,如图 16-9 所示。

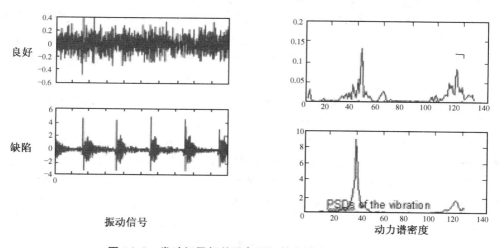

图 16-9 发动机及相关设备运行的自动感测输出信号

2) 智能厂房系统

如将企业中监测对象扩展到包括发动机在内的各种装备,就是智能厂房和主动维修系统的发展趋势。系统运用物联网技术,实时自动监控发动机、压缩机、各种旋转设备的震动、不正常高温及异常电流的情况,提供给使用厂家、维修保养单位及设备制造商,通过无线感测网和中央控制计算机的人工智能、类神经网络分析,主动调节设备最佳运行效率并降低维修成本。

以台湾识方科技公司的"Smart Motor System"系统为例,它有如下监测功能:

① 监测厂房内的发动机、压缩机、各类旋转设备的震动、不正常高温及异常电流等,实时传输到中央控制计算机系统。

② 中央控制计算机执行远程监测,分析调节并同时全程记录运行数据,将其发送给设备生产厂、维修部门等。

③ 无线感测网安装容易,不用配线,省时且不影响其他仪器的正常工作。

④ 监测系统部署时,不需改动有线管路,无灰尘困扰,也不影响生产线的正常作业。

⑤ 系统低功率,无传输线,无电源线,可直接安置在量测点上。

⑥ 适合于移动设备,如行车等的测量,可按不同需要重新部署。

⑦ 能按管理需要以邮件、短信群发、报警信号等多种形式将异常情况报知有关人员等。

"Smart Motor System"系统架构如图 16-10 所示。

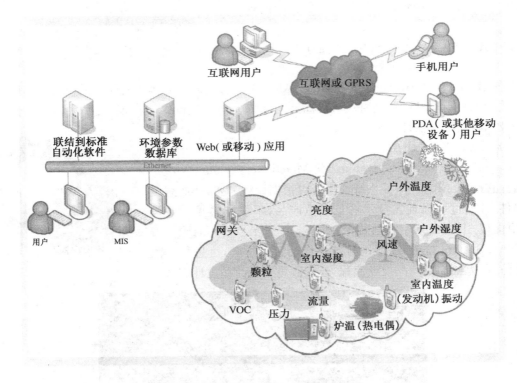

图 16-10　智能厂房设备监测系统架构

图 16-10 中右下方为一个无线传感网(WSN)覆盖并监测的各类设备的参数,如发动机温度、发动机振动、室内温度、室内湿度、机械噪声、异常气体、照明系统、风机系统、室外温度、室外湿度等,通过无线网关将数据传输到中央计算机系统,实现对各类设备设定的正常状况参数、室内正常环境参数等的自动比较,并可通过 Web 或移动界面,供远程互联网用户、手机用户、PDA 用户等实时查看,或发生异常时向他们报警。

本系统架构可推广到无尘室、无人机房、自动生产线、实验室、特殊工厂、医院监护病房等领域中的应用中。

16.3.4 视觉传感操控技术的应用

视觉操控是物联网的前沿技术,它采用视觉跟踪(Eye-tracking)技术,通过外挂在 PC 或平板电脑上的感测装置与辨识软件,可让使用者通过眨眼、眼球移动/视线移动、凝视等眼部动作来控制系统。其关键技术是嵌入式视觉跟踪芯片(Eye Tracking on a Chip),以及相关的视觉控制软件,通过移动装置连接的外挂装置捕捉眼睛动作,实现眼控与现有的触摸与键盘输入等控制方式结合。

这种在军事上应用的尖端技术,在民用和工业领域也将有无尽的应用空间。目前已有可用眼睛玩水果忍者或飞机操控等计算机游戏、浏览网页、操作系统等不用手操控的文字输入方式。

这一技术的进展,将在作业操控、自动管理、自动驾驶等许多领域带来突破性应用,它已向人们清晰地展现了视觉传感操控技术的无限前景。

16.3.5 AR 技术在工业设计领域的应用

增强现实技术(Augmented Reality,AR),是一种实时计算摄影机影像的位置及角度并加上相关图像、视频、3D 模型的技术,目标是在屏幕上把虚拟世界套在现实世界中并进行互动。这一技术将给工业设计带来巨大变革。

1) Canon 的 MREAL System

Canon 发布 MREAL System for Mixed Reality 如图 16-11 所示。它运用 AR 技术,使系统使用者可根据设计需要,摆放想要的组件,并通过增强现实技术看见虚拟产品,不仅能看见外观设计,更能以 3D 方式观察其内装,如图 16-12 所示。使用时除佩戴 MREAL System 之外,还要用特殊设计的定位指套,可进行产品设计仿真,大幅加快产品设计流程,或让客户感受商品设计实效。

图 16-11　AR 设备

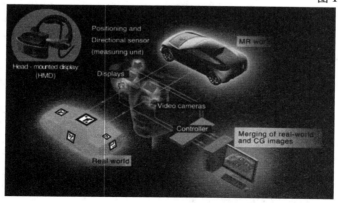

图 16-12　通过 AR 展现产品内外设计示意

以往头戴式装置多用于影像呈现,无法与对象互动,故不能用于产品设计,而 MREAL System 能将对象的影像通过 AR 场景与环境和其他物件叠加,当使用者移动时,所见角度亦随之改变,让眼见感觉更为真实。这就为设计带来了变革:以汽车为例,从设计到成品须经过大量建模以及多项空气动力学测试等,而应用 AR 技术可大幅降低设计成本、缩短时间。

MREAL System 用于汽车设计的实景如图 16-13 所示,这开创了 AR 技术用于产品设计之先河。除专业设计人员采用 AR 设备外,部分用户也可采用 AR 设备参与其产品设计,如图 16-14 所示,这对产品的个性化设计也是一项变革。因为以往用户参与设计,个性化定制等仅适于产品外观与表象性特征,而采用 AR 技术后,用户也可探查汽车内部,提出具体需求。随着 AR 技术的进一步完善及设备价格下降,AR 技术将用于更多的工业与民用设计领域,既可省去设计师大量时间,又可让使用者提前感受设计完成后的成品,为其带来全新的设计与消费体验。

图 16-13　AR 设备用于汽车设计

图 16-14　用户采用 AR 设备参与汽车个性化设计

2) Citroen 邀请消费者一起设计汽车

随着虚拟社区的蓬勃兴起,许多商家都在考虑将一些看似与社区无关的产业与如 Facebook 之类的社区结合营销,汽车产业也不例外。如 Nissan 利用 Facebook 的 APP 为消费者找到最适合他们的车型,法国汽车商 Citroën 在全球 80 多国家有约 10 000 个经销商,也采用虚拟社区,提供特殊 APP 让用户参与汽车设计。

当用户打开 Citroën 的 APP 界面后,出现个性化和非个性化选项,个性化选项可让用户在自己所购买的汽车设计过程中参考相关的照片、查看自己名字的式样等。设计流程中,界面就如汽车生产线一样,用户可按顺序选取车门数、车身颜色、车门把手与后视镜颜色、内装颜色、装备与内置设备(如蓝牙、卫星导航等),随时可看到虚拟效果。过程结束后,用户就可看到自己参与设计的汽车的效果图像,并在社区中与亲友共享。图 16-15 为 Citroën 用户共享汽车设计 APP 界面示意。

Citroën 利用消费者参与设计并将信息分享出去,把营销和品牌扩散到其朋友圈内,达到病毒式营销的效果。当然,这需要一定的用户数才能造成宣传规模与效果。为此,Citroën 选出 24 000 人,如在此数量的粉丝中有相当部分自发参与某款车型的设计,就表示其具有一定的市场潜力,对其未来销售的业绩就值得期待。像 C1 这种小型车的目标客户是单身或是刚入社会、预算有限的年轻人,而这类消费者平常花费最多时间的就是网络和社区,因此运用社区就是一个好的营销策略。而消费者自己参与设计产品的成就感提高了消费者品牌黏性和喜爱度。

图 16-15　Citroën 用户共享汽车设计 APP 界面

16.3.6　工厂人员定位解决方案

1）需求背景

大型企业人员众多,管理存在难度,易生疏漏。传统的人员定位多采用 GPS 技术,但企业生产多在厂房、封闭空间甚至地下矿道中,定位精度很难达到精准管理的要求。而采用视频监控系统则存在引发个人隐私纠纷的风险。如何做到企业员工在室内环境下动态精确定位是企业管理亟待解决的问题。

2）RFID 解决方案思路

工厂人员定位可运用多种物联网技术,采用多种解决方案。本例采用有源 RFID 标签解决方案,将其封装在智能手环中,也可为生产设备制作电子标签。两者结合,能使管理者动态掌握厂区员工与设备的分布状况,以及每个对象的动态轨迹,以便进行合理调度、规划与管理。当有突发事件时,管理者也可根据该系统的数据,迅速了解人员位置,及时采取措施,提高安全和应急效率。

3）系统技术思路

(1) RFID 智能手环　为每位员工提供一个 RFID 手环,内置 RFID 标签,其上存储唯一的员工 ID 号及其基本数据,如姓名、工程、车间/班组号、岗位号等;手环还能实时监测员工的现场健康状况,如心跳监测等。

(2) 智能终端与天线　RFID 室内定位的关键是识读器与天线系统。它们应按需部署在工厂大门、行政楼和车间门口,甚至具体工位处,这些位置分别安装一批有源固定读写器,能在每位人员通过时自动读取 RFID 标签数据,并将其发送到后台系统处理,从而达到区域内人员定位。

系统具体功能与技术要求如表 16-3 所示。

表 16-3　系统功能与技术要求

系统功能	性　　能
核心模块	基于 ARM,可二次开发,支持远程升级,智能算法可支持两个及以上的识读器和多路径联合判断等

系统功能	性　　能
数据安全	PSAM 主副卡支持发卡与授权加密;具有断电、断网数据缓存功能
识读密度与性能	密集识别可高达每秒 200 个对象,50 km/h 的对象运动速度
调试方式	能用上位机对终端机进行后台 IP 地址、设备 ID、连接端口号、信号强度阈值、读卡设备编号等设置
通信模式	支持 GSM、CDMA 及以太网络多种通信模式,可向上升级与向下兼容
架构	以智能信息处理终端和读写天线合一设计

(3) 系统管理功能

① 部门权限:手环标签存储职工 ID 号及相关数据。由于标签有源,动态发送信号,每位员工在进入其工作区时,智能终端读取标签。再将数据通过接口发到上位机,与所存信息比对,如匹配成功则可进入工区;否则系统提示其离开,如果对方不接收,则进入报警流程,管理员可采取相应措施。

② 车间工序权限:在车间区,各流水线多分为不同工序,如工序 A、工序 B……

③ 考勤记录:员工进入厂区,通过手环识读可记录其到厂时间、进入车间时间与岗位作业时间等。

④ 作业管理:此功能为系统进一步发展接口,它通过与作业管理相结合,如通过与产品上的条码或 RFID 标签等联合扫描,就可实现作业计数管理、计时管理、计件管理等;如与产品质量检测系统关联,还可实现作业质量管理等功能。

4) 系统特点

该方案主要的特点如下:

(1) RFID 系统简单便捷　将 RFID 芯片封装在手环或电子标签中,实施简单方便,投入较少;系统使用寿命长,能在恶劣环境下工作,读取距离远。

(2) 实现数据化管理　现代管理的基础是数据化管理。标签可写入及存取数据,读写入时间快,内容可动态改变;后台可实时将前端感测数据传入后台系统存储,能同时处理多个标签;智能手环的数据存取有密码保护,安全性高。

(3) 功能可拓展　系统除生产管理外,还能通过 RFID 标签加上少量功能性传感器扩展其功能。如可动态监测员工健康状况,具体为增加脉搏、血压监测,可将数据及时传至后台。

(4) 接口与系统的兼容和可扩展性　采用开放的体系结构,具有良好的可扩展性,能满足后续开发新功能之需;系统通过 GPRS 或者串口数据,能和其他应用系统无缝连接。

(5) 系统成熟　系统具有低成本、低功耗、稳定性好和保密性好等特点,可独立运行,不依赖于其他系统。充分考虑到网络、主机、操作系统、数据库等的可靠性和安全性设计。

思考题

(1) 简述基于物联网的生产与安全监测系统框架。

(2) 请说明基于物联网技术的生产监控与传统生产监控方式的差异。

(3) 请比较生产设备智能维护方式与传统维护方式的区别。

(4) 试述 AR 技术在工业设计领域中的应用及特点。

(5) 什么是工厂员工定位? 如何利用物联网技术实现员工定位?

17　感知城市

——物联网在城市综合管理中的应用

[学习目标]

(1) 掌握"感知城市"的主要内容。

(2) 了解"感知城市"的相关技术应用。

(3) 了解城市信息化与"感知城市"之间的关系。

17.1　感知城市概述

"感知城市"是城市信息化中各种应用的高级发展阶段,它要求在推进生产、生活与服务应用的同时,推动城市产业融合和产业结构优化升级,完善公共服务体系,提升城市综合服务功能,即实现智能城市。具体落实在电子政务、电子商务、食品安全、公众保健、能源及水资源管理、智能交通、公共卫生医疗、城市安保等各领域的信息化发展上。"感知城市"将使城市管理者以创新手段为居民提供便捷、安全、高效的服务,城市居民也能从衣、食、住、行、教育、文体娱乐等方面充分享受物联网的各项成果。

17.2　感知城市的基本内容

1) 感知城市的技术内容

"感知城市"的技术内容是充分利用新一代传感、标识、网络计算、有线与无线网络等技术,以整合化、系统化的方式管理城市的运行,让城市的各个功能彼此协调运作,为城市中的企业提供优质服务和创新空间,为市民提供品质更高、功能更强、更具备多样化、个性化与敏捷化的服务。

2) 城市信息化

"感知城市"的基础,仍然是当前许多城市大力推行的城市信息化,其内容主要包括网络与信息资源建设、城市管理与运行、社会和社区综合服务以及产业发展和经济运行4个方面。

(1) 网络与信息资源建设　城市网络建设和信息资源库建设,是信息化建设的基础和根本。其主要内容是以3S(GIS、GPS、RS)为基础的城市位置、空间、地形、居民小区、工业园区、公路桥梁、河流湖泊等交通信息,以及教育、卫生、金融、公安、商场、娱乐场所等基本信息资源。

(2) 城市管理与运行　包括电子政务、行政审批中心、城市应急指挥系统、城市街道与各类管网、环境监测与污染监控系统、公用设施及其他城市管理系统等,是城市运行的中枢。

(3) 社会和社区综合服务　包括社会综合服务平台、公民电子医疗、就业、失业保障、出行与居家安防和社区信息化服务体系等,是构建和谐城市的信息化支撑体系。

(4) 产业发展和经济运行　包括企业信息化和电子商务、农业信息系统、物流信息系统、电子信息产业与服务业系统和经济运行信息系统,等等。

3）智能城市与城市信息化的目标

从技术基础上看,智能城市要求从更透彻的感知、更全面的互联互通、更深入的智能化三方面总体提升城市功能,具体如下：

（1）更透彻的感知　是指通过城市中遍布各处的智能设备将感测数据收集,使所有涉及城市运行和城市生活的各个重要方面都能够被有效地感知和监测起来。

（2）更全面的互联互通　是指通过网络及城市内各种先进的通信工具的连接,整合成一个大系统,使所收集的数据能够充分整合起来成为更加有意义的信息,进而形成关于城市运行的全面影像,使城市管理者更好地运行,市民更好地生活。

（3）更深入的智能化　在数据和信息获取的基础上,通过使用传感器、先进的移动终端、高速分析工具等,实时收集并分析城市中的所有信息,以便政府及相关机构及时做出决策并采取适时与适当的措施。

"感知城市"的前端是大量传感器、GPS、视频监控信息等装置,后台通过云计算技术,对海量数据进行实时分析,在数据运行过程中实时捕捉并分析关键信息。各类信息资源的交流与共享是关键与难点所在,对城市管理与系统功能提升、社区服务水平提高等都提出了新的要求,必须通过新的视角、新的思路、新的技术手段和更加全面系统的方法来加以解决和实现。

17.3　感知城市的实现

"感知城市"每一项应用都涉及大量的数据收集、整合与专业化处理。比如城市的水资源管理就是一个非常复杂的系统,其中包括自然降水、水库蓄水、河流湖泊的流域水源、工业用水、农业用水、居民用水、市政用水、自来水系统、环保监控和污水处理;涉及包括水务、水利、环保、城建、农业和市政等多个部门及相关企业。而这一应用需将所有相关领域、部门和企业的数据整合在一起,形成前端有各种传感设备收集不同数据,中间有基于各种数学模型的系统对其识别、加工和处理,后端通过强大的计算机分析将得出各项结论与控制指令并传给相关部门,才能在水资源管理方面具备智能化特征。如在水管老化之前就能及时发现并处理,而不会等到其爆裂而水漫街道;在枯水期来临之前能够预测所需调水和用水的量级;对于水资源污染能够早发现、早防治,等等。

17.3.1　移动城市——"感知城市"的基础

1）移动城市的建设背景

"感知城市"必须以一个覆盖全城的移动化、泛在化和个性化的强大的通信与计算网络为支撑,这就是当前"移动城市"或"无线城市"的建设重点。世界上有很多城市已经宣布进行移动城市（Mobile City）的建设,典型的如瑞典的斯德哥尔摩、德国的不莱梅、美国的费城和西雅图以及日本与韩国的一批城市等。

2）移动城市体系架构

移动城市是在无线网络为核心的泛在感知与泛在计算网的大范围建设和部署基础上,以应用为导向,构建移动化、个性化、智能化、可定制的信息服务系统,增强业务互动,提供可运营的良性发展的城市信息化模式。为了达到这样的需求,移动城市在系统模型架构上,可分为用户终端、接入网、综合业务平台、服务和应用 4 个层面,如图 17-1 所示。

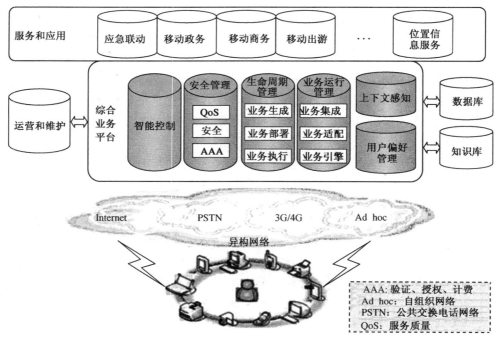

图 17-1　移动城市系统模型架构

图 17-1 中底部代表个人电脑、手机、固定电话、PDA、车载信息系统、各种带传感器的装置以及智能家电等;上部代表这些不同的智能终端与装备通过接入网进入移动城市综合业务平台;平台由各大型数据库、知识库、工具库和模型库以及各种管理、认证、运行、控制子系统组成;在业务平台之上代表为政府、企业、市民等提供各类丰富快捷的业务应用。

综合业务平台是移动城市建设的核心,具体作用如下:

(1)信息基础设施　能广泛整合、深度加工、优化配置、合理使用众多信息资源;向上提供各种不同类型的服务和应用。

(2)功能实现　是一个灵活的集成、管理、提供各种业务以及资源的框架,具有支持业务的开发、部署、执行、运营以及管控的能力。

(3)技术支持　通过开放分布式计算架构来提升网络能力、扩展服务资源以得到基本业务,然后通过各种组合与监管将基本业务组成满足用户需求的业务流,并为各项应用技术开放接口,使各类面向用户的服务能得以便捷开发,最终由权鉴、维护等运营级功能的支撑来保障其安全稳定运行。

3)移动城市的典型特征

(1)应用的联动整合　移动城市将是一个具有高度联动属性的管理型城市。一方面,政府部门将提供更多联动服务,包括联动监管、联动行政、联动服务等;另一方面,城市中各行业如交通、公安、医疗、城管等将具有更智能、更敏捷的联动,各部门、各系统间的相互触发机制、调度机制和协同机制随着技术不断成熟,将从原来的人为触发逐步升级为机器间(M2M)的相互触发和调度与协同。

(2)信息资源的广泛整合和深度加工　基于大量传感与监测数据之上的移动城市将拥有

完善的信息资源开发利用体系。信息基础设施的统筹建设将进一步整合和建设城市各方的信息资源,优化对信息资源的管理、配置和使用。与此同时,移动城市将利用数据挖掘等技术深度加工信息资源,挖掘信息间、信息与用户间的关联关系,实现对应用联动逻辑判断的底层支撑以及对信息资源的及时处理、安全保存、快速流动和有效利用,进而满足经济社会发展优先领域的信息需求。

(3)泛在业务覆盖　移动城市的业务覆盖是无所不在的。网络环境趋于异构化,但业务环境将趋于统一化。用户由于生活习惯(如城市居民的日常出行)、行为习惯(如外来流动人口、旅游、劳务)以及工作性质特殊性(如城管、警务等执法办公部门、物流业等行业)会频繁地在不同的网络中迁移,未来的网络基础环境将会屏蔽网络异构性和底层的细节,确保为用户自始至终提供无缝的、一致的服务。

17.3.2　韩国泛在城市(U-City)计划简介

物联网在智能城市中的应用各国尚处于探索试点阶段。由于信息化对象的特殊性,城市不是一个商店、一座学校或医院,而是数以万计的行业性、区域性的有形与无形对象与过程的集合体,属于大型甚至巨型信息系统建设。对于这类系统的建设,前期规划极其重要,以亚洲为例,日本、韩国、新加坡、台湾等国家与地区都开展了相应的规划研究与编制,虽然各自对此的称呼不同,如日本有"泛在网络社会推动"计划,韩国为泛在城市(U-City),为其国家"U-Korea 计划"中的一部分,新加坡为"智慧国家"计划,台湾有建立"优质网路社会(Ubiquitous Network Society,UNS)"计划等。

这些规划基于各国的产业与国家或地区竞争力培育方针,框定了城市信息化的具体发展目标和路线图与时间进程,对于我国各级城市制定自己的"感知城市"实施方案有较高的参考价值。

1)韩国 U-City 内容与国家发展目标

韩国的 U-Korea 计划旨在建立泛在社会(Ubiquitous Society),即在国民的生活环境中建立和部署智慧型网络(如 IPv6、宽带网、USN 等)、最新技术应用(如 DMB、车联网、RFID)等先进信息基础建设,让公众能随时随地享有科技成果服务,最终目的,除运用 IT 科技为民众创造衣、食、住、行、育、乐等各方面无所不在的便利生活服务外,也希望扶植 IT 产业,发展新兴应用技术,强化产业优势与国家竞争力。

韩国在 2011—2015 年间主要技术发展是在相关电子电器物体中嵌入智能芯片,如 RFID、微存储器、微处理器,生物科技、纳米科技与 IT 技术的融合与活用,建立泛在化社会文化等。

2)U-City 计划的实施

(1)计划内容　韩国的下一代都市发展计划(即官方命名的 U-City 计划),是指建立高科技产业与现代服务业、制造业之间跨产业的合作关系,整合多种先进的信息科技以支持都市发展。特色是以产业为拉动、以竞争力培育为导向,各城市间开展差异化实验的大型城市信息化建设项目。通过泛在计算网在任何时间任何位置提供信息服务,图17-2为韩国电信描绘的 U-City 计划示意图。

U-City 计划涉及的技术包括宽带聚汇网(Broadband Convergence Network)、泛在传感计算网(Ubiquitous sensor-based computing Network)、各种 RFID 应用、家庭组网技术(Home Networking)、无线宽带技术(WiBro)、数字多媒体广播(Digital Multimedia Broadcasting)、车

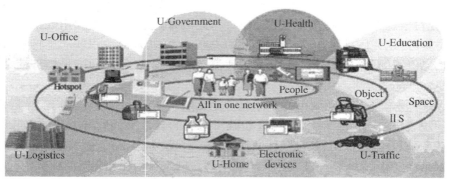

图 17-2 韩国 U-City 计划

载信息系统(Telematics)、GIS、GPS、LBS、智能卡系统、视频会议技术等。

(2) 实施主体 韩国在新技术研发与产业培育上均采用官、产、学、研结合的体制,以市场和经济效益为驱动,政府强势组织、行政支持是其最显著的特点,如政府机构有信息通信部(Ministry of Information and Communication,MIC)、主管土木工程设计规范与标准的工程与运输部(Ministry of Construction and Transportation,MOCT);产业界有韩国电信(KT)、三星(Samsung)、国企 Korea Land Corp 和 SDS 等重量级厂商,以及韩国各试点城市的大学和相关研究机构。

3) 实验城市

从 U-City 计划可看出其内容的广泛、技术的复杂、研究投入的巨大,加之新技术从研究开发到产业孵化有一个相对漫长的周期等,均存在着相当的风险,因此,韩国政府出面,协调各主要城市在建设先进信息科技的都市计划中走差异化发展,各市间不搞重复投入、重复研发、重复实验,力争以最小投入获得最大收效。

具体规划如下:

(1) 首尔提出"U-首尔政策" 其目标是将首尔打造成"一个让民众拥有高质量生活、一个干净及具有吸引力的都市",提供包括"U-新市镇、U-明洞数字媒体街、U-导游服务、U-公交车信息服务、U-清洁车管理、移动入口网站服务、U-清溪川"等 U 化服务。

具体提出 4 项推进目标:

① 及时服务(Real-time):即市民在需要的时间、需要的地点就能享受到所需的服务。现阶段规划主要是提供实时交通信息、市民移动信息服务、孩童定位、跟踪迷失老年人等服务。

② 量身定做服务(Customization):即能按市民个性化需求提供量身定制的服务。现阶段规划主要是根据旅客或市民的个人需求提供如首尔市的观光与文化、远距医疗、教育服务等信息。

③ 智能型服务(Intelligent):即让市民通过一次选择就可接受多样化、系列化的服务。现阶段规划主要是提供新一代的智能交通管理系统、污染自动监测、先进的街灯服务等。

④ 整合性服务(Integrated):即将各相关机构的服务进行整合。现阶段规划主要提供整合城市的观测系统、公共设施管理系统等。

整体划分成 6 大服务领域(社会福利、文化、环境、交通、产业、公共行政)及 4 大领导产业(U-新市镇、U-清溪川、U-图书馆、U-主题)及两大项目。以下针对相关物联网服务进行说明:

① U-恩平地区新市镇:恩平地区是首尔的落后地区,市政府启动一项名为恩平 U-Ctiy 新

市镇计划,改造内容包括家庭网络、电灯、煤气、暖气等的供应控制,公交信息通知、远程监控等信息基础建设,建设闭路电视监控系统(CCTV),以进行犯罪预防及违法停车治理。

②U-明洞数字媒体街:主推四项工作:一是建立数字媒体广场(Digital Media Plaza)以推动人行道的街灯展示、数字媒体墙;二是以数字媒体广场为基础建立数字媒体街(Digital Media Street),以呈现各式各样的数字广告牌;三是建立数字媒体馆(Digital Media Gallery);四是建立明洞地区 U-City 基础建设,包括建设无线网络、U 化传感器、电子商务服务等。

该街区目前最具特色的是数字媒体街上每隔 35 m 耸立的共 22 座大型(高 11 m、宽 1 m、厚 0.55 m)整合多媒体多功能信息柱(Media Pole)。

Media Pole 整合了都市内的路灯、公共电话、电子地图及周边信息查询、新闻浏览、交通信息、闭路电视(Closed Circuit Television,CCTV)监控、无线上网及大型电子广告牌等功能,其信息操作画面及大型广告牌皆用 40 寸以上的大型户外用高亮度 TFT-LCD 液晶面板组合而成。Media Pole 本身除了提供上网(包含无线上网)、各种信息查询等便民服务,整合了路灯、CCTV 监控、道路指标与指示等都市公共设施功能,如图 17-3 所示。

图 17-3　韩国首尔市智能街道上的多媒体信息牌

③U-导游服务:在推动 U-导游服务方面,主要向观光客提供自助式查询台或终端连接到服务网站,实时获得观光信息、交通信息、支付服务、紧急情况处理等服务。

④U-公交车信息服务(Bus Information System,BIS):是指在首尔市的公交车上安装 GPS 全球定位系统,动态提供公交服务信息,使市民在各公交站台上能看到公交车的到达时间、目前公交车位置等信息,如图 17-4 所示。主要应用技术包括 GPS、无线网络与传感监测器等。

图 17-4　U-公交车信息服务示意

⑤U-清洁车管理服务:保持城市清洁是一项颇具特色的公共应用,称为街道清洁车管理系统(Street-cleaning Vehicle Management System),主要是在市内 210 辆清洁车中安装全球

定位系统,能让信息中心及市民掌握清洁车的实时动向,公众可通知信息中心何处有垃圾,请派清洁车前去清理。主要应用技术包括全球定位系统、电子地图系统、无线网络、道路感应器等。

⑥ 移动入口网站服务:手机已是全社会普及的通信与电子工具,建立移动通信门户,让民众通过手机享受电子政务服务,可将市民中最常使用到的服务通过移动通信网络来提供,包括在线投诉、交通信息、空气质量指数公告、观光文化信息、公用设施预定、都市最新消息等。

⑦ U-清溪川:内容是在沿清溪川四周铺建无线网络、可接触式传感器,并采用 IPv6、CCTV、USN、ZigBee 等技术,推动泛在环境监控,向公众提供实时的河川湿地及水中生物的生态影像,监控清溪川河水质量等;同时开展 U-观光,与智能街灯、自由导览广告牌、清溪川历史简介等。

(2) 仁川高科技松岛新都(U-Songdo) 仁川自由经济区由松岛、永宗及青罗三个区组成,定位于不同的发展形态,松岛主要发展 U-IT、知识经济等尖端高科技;永宗主要发展交通、空运等物流中心;青罗主要发展高尔夫球场、复合式运动公园等休闲度假中心。

韩国发展松岛新都的 U-City,期望将其打造成为全球泛在汇流中枢的领导者(Global Leading Ubiquitous Convergence Hub),提出四项具体推进策略:推进城市发展与信息技术融合;制定 U-City 支持法;发展 U-City 产业集群;政策性推动示范性实验。针对这四项策略提出 U-City 的四项核心工作:基础设施建设层(Infrastructure Layer);信息层(Information Layer);服务层(Service Layer);产业层(Industry Layer)。以下则针对这四项工作项目进行说明:

① 基础建设层:该层面主要进行无线、宽带网络基础设施建设,又分为两项重点工作,一是建设泛在网 U-Network 及建立泛在城市控制中心。未来在松岛新都将铺建许多无线基站(AP),通过 Wi-Fi、ZigBee 等进行无线数据传输;铺建 IT 路灯,将 RFID/USN 技术应用于交通、安防与家庭保健等领域;最后通过宽带汇流网(BcN)将声音、影像等传送到民众手中。U-City 的宽带速率最低将达到 100 Mb/s。

在 U-City 城市控制中心方面,主要通过遍布各地的传感器搜集城市中的公用设施、环境、交通等重要信息,将信息处理后传送到市政、医院、警署等公共服务机构。例如城市中发生漏水,感知器将主动将信息报给控制中心,市政府则派员修理,等等。

② 信息层:在信息层上构建一批信息平台,包括建立展览馆及起示范作用的微型 U-City。展览馆中提供 U-Home、U-Office、U-Shop、U-Cafe 等无所不在的物联网应用示范,让民众体验未来生活方式;在微型 U-City 内则强化 U-City 宣传,提供 U-Street、U-Square、U-Traffic U-Transfer 等展览内容,让民众感受 U 化的好处,作为宣传平台与窗口。

③ 服务层:提供当地民众所有的物联网服务,分别是地面设施、地下设施、智能交通系统、环境监控、犯罪预防、灾害预防等 6 个领域,内容包括 U-Government、U-Urban Management、U-Transport、U-Home、U-Work、U-Education、U-Shopping、U-Healthcare、U-Security 等诸多应用。

④ 产业层:主要培育相关物联网产业,目前由韩国通信部(MIC)通过 RFID/USN 等示范计划培育相关产业,内容包括城市供水管网管理与水量控制、道路交通管理、交通事故监控等示范性应用。

(3) 济州岛 济州岛是韩国著名的旅游观光胜地。针对这一特点,韩国重点发展智能交通服务系统,提供包括 Telematics、U-Ticket、U-Museum、U-Fishfarm 等一系列物联网应用,以更多的 U 化服务与应用来提升其旅游观光的知名度。

① Telematics 服务：建设包括汽车导航服务、紧急救援服务、济州岛旅游服务、休闲服务、购物服务、文化服务等6项服务为中心，整合其他项目为一体的综合服务系统。对象还包括如消防车、警车、邮政车、公交车等公用车辆，并建立车载信息服务系统中心。该系统功能如图17-5所示，主要服务如下：

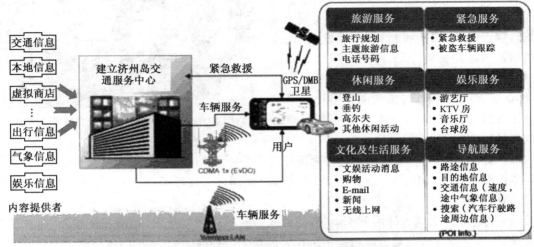

图 17-5　济州岛以车载信息服务为主体的综合服务系统

a. 汽车导航服务：主要提供4项功能：包括地点搜寻，提供目的地数据目录；道路指引，提供起始点位置间路径信息；交通信息，提供动态交通信息，并根据塞车及交通事故情况，让驾驶员实时接收交通路况信息；快速道路指引，指引客户到注册饭店及济州岛机场信息等。

b. 紧急救援服务：游客可享受租车服务，紧急时按下救援求助键"＋"，系统就会发出紧急通知，通过济州岛数据中心，将消息发给租车店家，驾驶员就能依据游客登记的姓名、手机等掌握游客信息，并通过GPS快速找到问题车辆的位置。该系统除提供紧急救援服务与汽车追踪服务外，还提供车辆遗失追踪服务，能够很快通过GPS定位遗失车辆的位置。

c. 旅游服务：游客可通过导览系统规划自己的旅程，查询自己想去的景点信息，包括电影、戏剧、生态、自然环境以及天气、景点、旅馆、餐厅等信息。主要有4项功能：包括旅游行程服务，自行安排与管理旅程；目的地建议行程；住宿或交通服务，确认或预定住宿、了解交通状况；济州岛各地的天气信息服务等。

② U-Ticket 服务：济州岛 U-City 计划更提供智能票务（U-Ticket）服务，实际是一个门禁系统，将旅客事先购买的带 RFID 的门票靠近读取器，RFID 读取器通过前台票务管理系统，读取旅客持有的 RFID 门票相关信息，包括旅客数量、价格等信息，传送到后台的数据库系统，以便日后统计入园人数等信息，让票务销售者能了解哪些景点是吸引旅客的地方。

③ U-Museum 服务：为让旅客体验当地文化，特别是其特有的石头文化，济州岛建立了石头文化公园，按不同主题将济州岛传统的草房、石头、民俗品等文物摆放展出。U-Museum 主要用于多媒体导游，通过该系统介绍每件展品，旅客不需跟随导游，可按自己的观赏速度操作查看自己所要的文物信息。

U-Museum 的操作，需要租用如图 17-6 所示的带有 RFID 的读取器及便携式媒体播放器，当旅客接近具有 RFID 读取器的景点时，将手中播放器靠近 RFID 读取器 10～50 cm，再按下读取键，屏幕就显示该景点的导览说明，通过蓝牙耳机播放；或输入4位数号码，也同样会显示对应景点说明。

④ U-Fishfarm 应用：济州岛渔业发达，尤其当地盛产比目鱼，因此，济州岛也将 U 化用于渔业管理。目前济州岛有三个 U-Fishfarm 示范渔场。被选作示范点的渔场，必须具备优良的养殖与管理能力。U-Fishfarm 主要用于渔场饲料管理上，以避免投错饲料，因此，在每个饲料筒及鱼池边都有 RFID 标签，当要倒入鱼池时，通过 PDA 读取器感应饲料箱的 RFID 标签，确认投入的鱼饲料与鱼池的正确性。系统还可让管理者管理每月、每年的鱼饲料量，进行鱼饲料量精确统计。

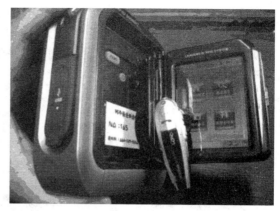

图 17-6　U-Museum 的感应式电子导游器

U-Fishfarm 的另一项应用是进行渔场环境监控，通过在每个渔场内设置传感器，自动管理与监控渔场中的水温、二氧化碳含量、水位及日照温度等 4 项重要信息，并将信息传送到后台的计算机管理系统。

（4）其他城市　成为韩国 U-City 推动示范点的城市还有釜山、大田及东滩面等，在这些城市里，均由产业龙头与地方政府携手合作开展规划。如韩国电信（KT）就与釜山市政府签署 U-City 合作协议，KT 的重点建设项目包括：随时随地可对货物进行追踪管理的港埠（U-Port）、智能型交通管理系统（U-Traffic）以及能让公众体验的无所不在环境展示中心（U-Convention）等。

17.3.3　日本的智能城市试验计划

日本在建设智能城市时将各类应用的规模化试验作为重点，物联网相关理论虽已成熟，技术在单项应用条件下也都通过，但城市应用是在复杂环境中的整合应用，需要进行规模化的试验，取得实际数据。

1）福冈市的共通 ID 实证

日本经济产业省（METI）开展了"数字小区示范试验"（Digital Community Demonstration Experiment）计划，选择福冈市进行共通 ID 实证，由 NTT 西日本公司、NTT DoCoMo、福冈市地铁、JR、松下、东芝等 30 多家企业参与，试验地点选择福冈市，并以九州岛大学学生、教职员、福冈市 2 市 2 町（包括福冈市、前原市、志摩町、二丈町）地方业者以及欲参与的居民为对象，进行大范围的共通 ID 实证试验。

实证载体为九州岛大学的校园 IC 卡，通过该卡，可搭乘交通工具、商店购物付款、进出体育馆等公共场所；并通过装有 RFID 芯片的手机及可供辨别身份的 IC 卡装置，进行信息家电的启动监控，如开关门锁，控制空调、冰箱、电视等家电。再将适用范围扩展至小区的商店、体育馆、图书馆等，带给民众更便利的生活方式。

2）日本福冈市的电子消费实证计划

电子消费（E-Consumption）实证计划是福冈市共通 ID 实证试验计划的一部分，利用跨平台的共通数字身份认证，让加入实证计划的会员能用同一个 ID 在 12 个结盟商店的实体店铺以及虚拟平台上进行消费，各路商家也可通过平台进行会员管理。

通过共通平台管理身份认证机制,使会员能以一卡或一机畅行无阻。店铺数据虽然都储存在同一张卡或手机卡上,但由于店铺 ID 是分开的,店家只会有会员在该店消费的资料。而店家亦能够管理会员在虚实店面的消费数据,发送许可制的个性化广告给会员。

17.3.4 美国的感知城市研究

美国的智能城市多由一些大学、企业研发出相应模型,然后通过市场化方式导入。此处仅选择两则研发应用作为案例。

1) MIT 的城市资讯共通平台计划

著名的麻省理工学院感知城市实验室(MIT Senseable City Lab)针对城市资源与传感网络进行了结合研究。该项计划主要收集部署在城市各地的传感网络上装置所采集的数据,如 GPS 装置、智能电话、Wi-Fi 装置、RFID 设施等中的数据,然后加以综合处理、分析后,向使用者提供共享智能服务。例如,用户在 A 餐厅就餐后可能会接着去 B 卡拉 OK 厅唱歌,于是系统就能将 AB 撮合进来推出联合消费方案,向消费者优惠打折或提供 VIP 服务等。

通过这种信息共享方式,管理者就可了解一个城市的活力。虽然这一设计的最初用意在于对车流量的控制以及行车路线规划,但因创新型协同服务正是讨论的热点,系统在对消费者长期的资料收集后,经过应用智能软件处理,就得到群聚分析,找出城市中各类消费或服务项目间的内在关联,就能改善服务,并吸引更多的消费者加入共享平台,获得更多资料后,商家间便可结成异业联盟来创造更多商机,提高消费者的消费意愿及忠诚度。

在这一应用中,从各路传感器采集的消费者及其车辆、消费地点、消费时间、消费频率等数据是极其重要的商业资料,而这些信息的共享是分析系统中众多要素中最主要的。

系统还提供多种可视化程序,让人们对各种活动及交通状况一目了然,可用于叫车服务、交通流量控管、企业资源分配或厂家商务协同活动与促销等领域,只要确实做好用户隐私保护及数据安全,避免资料被恶意应用,这一共通平台就能产生实在的商机。

2) 旧金山消费热点导航

与美国东部的麻省理工学院的上述实验相似,西部旧金山的一家名为 Sense Networks 的公司也推出一套名为"城市感知"(CitySense)的服务,可通过 GPS、Wi-Fi 定位技术与数据挖掘技术、实时 MVE 运算(The Minimum Volume Embedding Algorithm)分析技术等结合,提供消费者实时的夜生活热点地图。不仅能面向一般消费者,对企业而言,也可深入、量化地了解城市中人潮聚集的热点地图,作为店铺区位选择、户外广告设置与效益分析之工具。

从 GPS、Wi-Fi 定位系统发出的信号,可了解使用者所处位置,很容易地从统计角度分析出城市里人潮聚集之地,具体就能筛选出实时的热门夜生活区域分析、热点核心商家定位、实时特殊热点显示等。进一步还能提供"个性化热点推荐"功能,即通过分析多数消费者的消费偏好、历史数据,提供相关的个性化地点推荐,此种应用是实际数据挖掘(Reality Data Mining)概念的应用。

由于从城市公众消费者的消费习惯中获得数据开展研究具有极高的价值,故麻省理工学院(MIT)的媒体实验室(Media Lab)从 2004 年开始推动实际数据挖掘项目。通过记录 100 位实验对象的手机使用习惯,以此分析出每个人的社交活动、工作时数长短、睡觉时间等生活形态。共记录 35 万小时的数据。通过各种使用行为的数据累积,将可借鉴的行为模式、社交发展等分析来预测这些使用者的"下一步"。

对企业而言,此应用可作为人群分布统计、区位选择,与特定区域市场需求调查、广告效益分析等工具;但这一应用的关键,仍然是对消费者隐私权的保护。

17.3.5　伦敦的智能垃圾桶

大城市中充斥着数以万计的垃圾桶,多位于街头转角,处处可见。伦敦迎接 2012 年奥运会时,英国政府开始对许多公共设施进行建设或改造,希望让来伦敦的旅客与各国选手能够体验伦敦新面貌,其中有一个项目就是改造街头的垃圾桶。

伦敦要将垃圾桶改造成能让人阅读新闻、提供各种信息的显示体。具体步骤如下:

1)改造垃圾桶的高度及外观

将垃圾桶增高到 170 cm 的高度,并在两侧安装液晶屏,尺寸高约 100 cm,形成长方形的电子广告牌,能让行人在行走中看到智能垃圾桶上电子广告牌的内容。

2)增加通信功能

为保障信息传输与更新,每个垃圾桶配有 Wi-Fi 联网。因此,具有无线传输和大屏幕 LED 广告牌的智能垃圾桶,就形成随处可见的信息交换站,由于 Wi-Fi 联网,动态新闻、公交车时刻表、奥运赛程和金融汇率等都能通过智能型垃圾桶传播。

3)后台管理系统

这一项目改造完成后,将遍布全伦敦的传统垃圾桶一下子变成数以万计的互相连接的信息发布站。这就需要建立一个后台信息管理系统,负责信息的发布、更新与维护等。

从技术角度看,电子广告牌与 Wi-Fi 并非新技术,但传统的电子广告牌都是专用广告牌。伦敦将现有科技配合都市规划与创意设计应用结合一体,将街头的垃圾桶改造为既能回收垃圾,又可发布信息的智能平台,形成一种多功能的城市公用设施,且这一公用设施改造的思路,将对其他基础设施的智能化改造提供一种全新的范例。伦敦智能垃圾桶如图 17-7 所示。

图 17-7　伦敦智能垃圾桶

由于城市无线宽带网是建立智慧城市、感知城市的基础,其建设、运行与管理当由政府牵头与组织规划,建立完整有序的商务规则与秩序,各界才能积极参与、投资建设,才能使系统架构中各层级建设、各类应用的研发快速展开,尽快投入运行,实现经济效益与社会效益。

思考题

(1)试述"移动城市"和"感知城市"的关系。

(2)请结合韩国 U-City 计划说明"感知城市"的技术内容。

(3)试述"感知城市"在现代城市管理领域中的作用。

(4)请思考"感知城市"与"智慧城市"之间的关系。

18 物联网在智能交通领域的应用

[**学习目标**]
(1) 了解智能交通系统的基本内容。
(2) 掌握智能交通系统的总体架构。
(3) 了解车载信息服务系统的功能。

18.1 智能交通概述

智能交通系统(Intelligent Transportation System,ITS)是将信息技术、通信技术、传感技术及微处理技术等有效集成运用于交通运输领域的综合管理系统,目标是将道路、驾乘人员和交通工具等有机结合在一起,建立三者间的动态联系,使驾驶员能实时了解道路交通以及车辆状况,减少交通事故,降低环境污染,优化行车路线,以安全和经济的方式到达目的地,如图 18-1 所示。同时管理人员通过对车辆、驾驶员和道路信息的实时采集来提高管理效率,更好地发挥交通基础设施效能,提高交通运输系统的运行效率和服务水平,为公众提供高效、安全、便捷、舒适的出行服务。

图 18-1 以车联网为中心的智能交通系统示意图

18.2 智能交通系统总体架构

1) 智能交通系统功能架构

由于各国的人口数量、国土面积、人口密度、分布状况、汽车保有量、人均道路拥有量、生活与工作出行习惯等均不尽相同,故各国对智能交通的诉求各异,加之该领域仍在迅速发展中,对物联网技术在该领域应用的理解见仁见智。

本章对智能交通系统的功能架构描述采用日本政府的《21 世纪新一代通用交通管理系统 UTMS 21》(Next Generation Universal Traffic Management System)规划,该规划将智能交通系统分解为以下 8 个支撑系统:

(1) 先进车辆信息系统(Advanced Mobile Information System,AMIS) 为用户提供道路拥堵、紧急交通事故、行驶时间等交通信息,功能是实现交通的优化和堵塞疏导。

(2) 公交优先系统(Public Transportation Priority System,PTPS) 通过优先交通信号控制和公交专用道设置,保证公交车辆优先通行,功能是提高城市运输与出行的效率。

（3）车辆运行管理系统（Mobile Operation Control System，MOCS）　利用 GPS/GIS 技术，跟踪运行车辆位置，功能是通过信息服务提高运输效率。

（4）动态路线引导系统（Dynamic Route Guidance System，DRGS）　实时采集路况和车流信息，为用户提供最快路径，缩短行驶时间，缓解交通拥挤，功能是行车路径动态规划。

（5）紧急救援与公众安全系统（Help System for Emergency Life Saving and Public Safety，HELP）　当交通事故或车内紧急事件发生时，第一时间向交通救援中心发送紧急救援信息，功能是建立应急通信渠道，快速响应救援，降低事故损失，减轻因事故导致的交通拥挤。

（6）环境保护管理系统（Environment Protection Management System，EPMS）　综合大气污染和气象状况开展交通信号控制，功能是降低汽车废气、交通噪音等公害，保护环境。

（7）安全驾驶支持系统（Driving Safety Support System，DSSS）　功能是利用交通管制设施和 IC 卡等，控制车辆安全行驶，保护行人，减少交通事故的发生。

（8）智能图像处理系统（Intelligent Integrated ITV System，IIIS）　利用信息采集装置的道路与场地图像，抑制违章停车和信号控制，功能是通过红外车辆检测器和网络为用户传输有关图像信息，疏导交通。

在技术实现上，这 8 个子系统将采用红外感应器、RFID 标识、检测传感器（各类机械、电子、化学物质等）、移动双向通信、动态识别、高速图像处理、数据瞬间采集、传输处理、分类控制与泛在计算等技术，是多种物联网技术的综合应用集成。

2）智能交通系统的主要功能

上述 8 项子系统规划具体涉及以下 9 组 19 类技术系统。

（1）先进导航系统

① 路线导航信息提供系统：为驾驶员选择最佳行驶路线，提供最少化出行时间信息。这些信息包括各条路线的拥堵状态、交通管制、可利用的停车设施等。驾驶员出行前就可在家中或办公室得到这些信息，以制定最佳的出行计划。

② 目的地信息提供系统：提供目的地相关信息，驾驶员可选择合适的旅行目的地。为使驾乘人员充分享受旅行，系统还通过车载装置等提供区域内的服务信息。

（2）ETC 系统（电子自动收费）　驾驶员在通过收费站时不停车自动非现金付费，可以提高驾驶的舒适性，减少收费站人员及管理费用，节能减排，自动采集车辆相关数据等。

（3）安全驾驶支援系统

① 道路和驾驶信息提供：向驾驶员提供驾驶和道路条件信息，特别是在夜间、雾中及恶劣天气中行驶时，能有效地降低事故发生率，提高驾驶安全性。相关信息通过埋置在道路上的众多传感器采集。

② 危险警告：防止碰撞和突发交通事故的发生。当传感器探测到车辆进入或处于危险位置时能主动发出警告，提醒驾驶员注意。

③ 辅助驾驶：危险警告系统和自动刹车系统联动，以防止车辆因偏离而引起碰撞或突发交通事故的发生。

④ 自动驾驶：该系统可有效减少驾驶员的驾驶负荷，防止交通事故的发生。

（4）交通管理最优化系统

① 交通流优化：通过全路网的信号控制系统，对交通流进行优化，以提高交通安全性和驾驶舒适性。

② 交通管制信息提供：在发生交通事故时，对事故地点实行有效的交通管制并将信息发

送全网,防止该事故再度引发次生交通事故。

（5）道路高效管理系统

① 新设施管理系统：道路管理水平提高,建立安全、通畅和舒适的出行环境。

② 特种车辆管理：对重载等特别许可车辆实行管理,保护路面结构,防止危险发生。

③ 道路危险信息提供：结合不同区域的自然与气候变化,提供道路危险警告信息（如雨天、大雾、冰雪、大风以及沿海道路的海浪警告信息等）。

（6）公交支援系统

① 公共交通服务信息提供：为乘客提供有关公交乘车线路、发车时间等信息,以及与公交有关的实时拥堵、车票费、其他费用等;为驾车人提供可利用的停车空间等信息。

② 公共交通运行管理：为提高公共交通的舒适性、安全性和通畅性,有效地采集并管理公共交通数据并进行优化调度管理。

（7）车辆运营管理系统

① 商用车辆运营管理：提高商用车辆运营管理水平,优化商用交通,提高运输安全性。

② 商用车辆自动跟车行驶：通过商用车辆自动跟车行驶,降低其交通量,提高运输效率。

（8）行人引导系统

① 人行道线路引导：为行人和骑自行车者提供安全的道路环境。

② 行人危险预防：有效防止人车事故的发生。当行人在机动车道上穿越时,系统及时向驾驶员发出警告信息并自动刹车;当车辆进入学校附近区域时,自动减速并进入警示状态。

（9）紧急车辆救援系统

① 紧急事件自动警报：当车辆发生突发事件或遭遇地震、洪水等灾害时,系统自动向救援中心发出紧急事件警报,从而缩短救援时间。

② 紧急车辆引导及救援支援：紧急车辆引导及救援支援系统通过实时采集突发事故地点和受损路况信息,及时通告救援机构进行救援指导,向交通事故或自然灾害突发地派送救援车辆。

3）智能交通系统建设实效

上述目标显然具有很高的技术、资金、基础设施、车载装置、通信水平、传感监测应用要求。各国都有不同的实施规划,日本的计划与实施效果为世界领先,故以其为代表略作介绍。

（1）日本 ITS 规划　日本计划分 4 个阶段实现 ITS,届时,由于 ITS 各子系统需要的大量的光纤和无线通信网络均已建成,各类传感器和监测探头广为部署,形成无所不在的道路感知与计算网络。在此基础上,ITS 将大量采用物联网技术,通过路—车、车—车、车—人、人—人间的动态联网通信,提供多项交通服务。其中,安全是 ITS 的重要组成部分,在汽车行驶进入危险区间的时候,感测系统先行侦测到警示标志或异常场景,自动采取提示、降速等预防措施,能在驾驶员无法预见事故可能发生时发出警告,使交通事故发生的可能性降低了 80%。

（2）建设两大系统　日本交通信息系统（AMIS）是 ITS 的基础,主要有两部分:

① 交通控制中心:东京都警视厅交通控制中心是日本代表性的交通控制中心之一,职能是收集、处理、发布道路交通信息,交通信号控制、交通信息交流等。控制中心根据道路交通流量状态,对全市 14 447 个交通信号中的 7 247 个可进行预定方案控制,并将交通流量、车辆行驶速度、路段的堵塞程度、道路行驶时间、交通事故、道路施工等信息显示在控制中心中央显示板上,以不同方式向社会发布。

② VICS 中心:VICS（Vehicle Information and Communication System）中心将警署和高

速公路管理部门提供的交通堵塞、驾驶所需时间、交通事故、道路施工、车速及路线限制以及停车场空位等信息编辑处理后及时传输给驾驶与出行者,而且能在车载信息系统及导航仪上以文字、图形显示交通信息。

(3) 实际效果　日本 ITS 系统全面建成并投入使用以来,全国交通大为改观。以人口密度最大的东京为例,驾车行驶在东京街头,即使是一个新手,也能很快熟悉道路情况。通过路口上方红红绿绿的信息显示板,能随时了解从甲地到乙地间的运行时间、运行速度、堵塞长度等。通过车内广播和路侧广播,驾驶员可了解各个路口信息。如果安装了车载信息终端,这些信息还会自动转换为文字。人们还可通过手机了解主要道路的堵车、交通事故、车辆通行限制、交通管制时间等。这些准确及时的信息服务都由交通控制中心(路面信息发布)、道路交通信息通信系统(VICS)中心以及车载信息(车内信息)提供。

18.3　车载信息服务系统

1) Telematics 的含义

Telematics 由远程通信(Telecommunications)与信息科学(Informatics)合成,是指应用无线通信技术的车载电脑,亦称车载信息服务系统,是由无线通信技术、卫星导航系统、网络通信技术和车载电脑等综合一体的装置。传统的车对车通信是用按喇叭、闪车灯等简单方式进行的,且必须通过驾驶员,而车载信息服务系统的出现,将实现车与车之间(V2V)、车与路侧单元(Vehicle to Roadside,V2R)、车与公共基础设施(Vehicle to Infrastructure,V2I)之间的直接通信,以强化行车安全保障、动态实时辅助驾驶、节能减排等综合服务。Telematics 可内置在汽车、飞机、船舶、火车上,为交通工具内部系统的灵敏感知、精确反应以及驾乘、使用和维修者提供一系列的全新服务。因此,Telematics 被广泛认为是"4C"(通信、计算机、信息内容与汽车)的深度融合,成为物联网技术的发展前沿领域之一。

2) Telematics 的功能

Telematics 的应用领域基本上可分为前座系统、后座系统与车况诊断系统 3 个子系统。

(1) 前座系统　主要功能包括通信、导航、行车安全、车辆保全、路况侦测、天气感知等,与驾驶简易性与舒适性相关。如查看交通地图、收听路况介绍、安全与治安服务等,为避免驾驶员分心,输入系统主要采用语音输入或触控面板;输出系统则为中等尺寸面板(LCD 或 OLED)、语音输出或挡风玻璃的抬头显示等。

(2) 后座系统　以多媒体娱乐为主,包括互动游戏、高保真音响、随选视频、数字广播与电视等(包括金融、新闻、E-mail 收发等)以及临近目的地的停车场的车位状况,还可以与家中的网络服务器连接,及时了解家中的电器运转情况、安全情况以及客人来访情况等。

(3) 车况诊断系统　主要根据车载电脑收集的车况信息,进行行车效率优化、故障预警、保养提示及远程引擎调整或零件预订等。远程车辆诊断是通过内置在发动机上的微处理器记录汽车关键部件的运行状态,随时为维修人员提供准确的故障位置和原因。

3) Telematics 的运行模式

Telematics 系统运行模式较复杂,基本可分为汽车定位系统(GPS)与信息服务两部分。GPS 以地形图(3D)或平面地图(2D)方式为驾驶员提供导航。信息服务方面,主要通过移动通信网(GSM、GPRS 或 3G 等)与后台客户服务中心或信息提供商进行信息(车辆管理、调度、交通、旅馆、娱乐、气象、订票等信息)的双向接收与传送。

Telematics 的大部分应用通过网络实现,如近域无线网、移动通信网、卫星与广播网等。驾驶员可连接网络接收信息与服务,下载应用系统或更新软件等,成本较低,主要功能仍以行车安全与车辆保全为主,主导功能如下:

(1) 卫星定位　提供路线信息,同时提供路况报道与导航。

(2) 道路救援　行车过程中,如发生车祸或车辆故障,通过按键,自动联系救援。

(3) 汽车防盗　通过卫星定位提供失窃车辆的搜寻与追踪,必要时给车辆电子控制单元(ECU)发送锁车熄火或解锁等远程控制命令。

(4) 车辆监控　厂家可获得车辆的实时数据,获取的数据可用于研发改进;车主可设定行驶路线,超界报警等实用功能。

(5) 自动防撞　通过传感器或雷达,感应车与车间安全行驶距离,超界报警以防碰撞。

(6) 车况掌握　包括车辆性能与车况的自动侦测、维修诊断等。

(7) 个人信息服务　包括收发电子邮件与个性化信息定制等。

(8) 多媒体娱乐信息接收　提供高画质与高音质的视听设备、游戏机、上网机、个人移动信息中心、随选视频节目等。

Telematics 从第一代的导航系统,演进到第二代通过手机向驾驶员传递应用服务以及通过 GPS 提供驾驶行车安全及与车辆支持中心(Vehicle Centric Support)动态连接的各类应用服务;目前的第三代运用无线宽带通信技术提高行车安全及提供残障辅助与多样性应用服务,使之成为涵盖信息、通信、汽车电子与数字内容等技术的一个有价值的智能平台。

18.4　车辆信息化新技术

实现车辆之间、车辆与道路设施之间的通信只是 Telematics 的基础功能。Telematics 更深入的发展则需要车辆内部信息化的支持,车体内部的各种机械与电气性能、结构与材料等都要进行革新,广泛采用各种新技术,将应用扩展到节能减排、智能防盗、健康舒适等领域。目前,车辆内部信息化研发主要集中在发动机系统节能、行人安全防护、辅助驾驶、车用影像系统、智能防盗、底盘电子化等领域,大量应用了物联网技术。

1) 发动机节能系统

目前多数汽车都采用内燃式发动机,不仅燃烧时产生废气、废热、噪声排放,且其能效低。主要损耗是来自热损失和怠速空转。热损失由燃烧室产生的高温燃气排放所致,节能的主要措施就是针对这部分废热的再利用。目前的方案是采用 N-P 半导体温差发电技术,从废气中转换回收 200 W 的电力,经蓄电池存储后供电动机,与汽油或柴油机一道形成混合动力系统。针对怠速空转,则可通过传感器监测到车辆处于停车等待状态,使发动机熄火并控制其再启动,从而降低油耗与排放。

2) 智能轮胎

智能轮胎(Smart Tire)的核心是自动胎压监测,通过镶嵌在 4 个轮胎内的无线传输器及压力与温度感应器来记录轮胎行驶中的状态,通过侦测胎压的变化来提醒驾驶人轮胎可能出现破裂的情形,或者根据路况来自动调整胎型,并在可能发生意外时对驾驶人发出警报。由于高速公路上爆胎是许多人身伤亡事故的直接原因,控制爆胎就能极大地减少此类事故的发生。

3) 人员安全防护系统

(1) 系统需求　自从车内坐椅安全带、正侧方安全气囊、GPS 自动超速语音提示等普及,车内驾乘人员的安全性得以提高,受伤率虽高但死亡率降低。目前交通安全防护仍向被动式与主动式结合方向发展。被动式安全是指车祸发生时对车内驾乘人员的保护,内容为安全带、安全气囊和自动呼叫等;主动式安全则着眼于预防与减少车祸的发生,如各种语音提醒、感测控制与行人行为识别软件等。

(2) eCall 系统提高被动防护水平　无论被动与主动式防护,均出现了一些新技术应用。如欧洲政府为减少公路车祸事故,在 E-MERGE 计划中开发出一套 eCall 系统,综合采用压力传感器、移动网络、GPS 等技术,使 Telematics 系统能降低伤后不治的数字。当发生车祸时,eCall 系统通过遍布车身的传感器测量到车子受冲击与变形的程度,并根据冲击力的大小来决定是否发出求救信息。当系统感测到较大冲击力时,会立刻自动通知最近的紧急救援中心,并向其发送车祸发生位置,减少了车祸相关方拨打电话、陈述事实等过程的时间,为伤者争取更多的急救时机,特别是当情况严重、当事人已无法拨打电话的情况下更能发挥作用。

据评估,此措施实施后每年可拯救约 2 500 个伤者生命,并获得较好的社会与经济效益,因此,欧盟要求未来每一台境内生产的新车,都必须安装车载通信与 eCall 服务系统。

(3) 主动防护水平提升方案　主动防护是针对提高行人安全而在汽车上引进的一系列技术。目前,汽车主动防护主要有三方面:一是改善保险杠性能,尽量减少对人体腿部的伤害,并防止其在受撞后被卷入车底。二是可提升式发动机舱盖和防护气囊,提供对行人头部的撞击防护。当汽车前端与行人相撞时,舱盖立刻被弹起,使变形空间增加 8~10 cm,减少人头部与舱盖下坚硬的发动机的碰撞;在舱盖弹起的同时,挡风玻璃和雨刮器间的防护气囊打开,防止人头部撞击到挡风玻璃而降低伤亡。三是开发行人感测系统,以启动防护系统。显然,这部分控制系统是主动防护装置的关键。

行人感测系统由光电耦合元件(Charge Coupled Device,CCD)、24 GHz 毫米雷达等来获取前端感测数据,具体分为三部分:一是对各种感测器获取的信号经模型识别软件来标定 30 m 危险区范围内的行人行进轨迹,计算其方位与相对速度等;二是通过模型与行进轨迹比对判断其与本车发生碰撞的概率并对驾驶员提出警告;三是根据需要在碰撞发生前(20 ms)启动主动式发动机舱盖或前端安全防护气囊。

4) 车用影像系统

交通故事频发地段往往存在道路环境复杂、行人随意穿越道路、驾驶员任意变道等因素。而采用车用影像系统则有助于识别各种外部物体,及时发出警告,提醒驾驶员采取应对措施以提高行车安全。

车用影像系统有多种类型与不同的功能,主要有影像辨识与警示技术和夜视与影像显示技术等,具体分类如下:

① 前方行人监测警示(Pedestrian Detection,PD)系统。

② 前方车距监测警示(Forward Collision Warning,FCW)系统。

③ 侧方盲点警示(Blind Spot Detection,BSD)系统。

④ 近红外 LED 前照灯组。

⑤ 适应性高亮度抬头显示器(Adaptive Head up Display with High Luminance)。

⑥ 环景停车辅助(Paranomic Parking Assistant System,PPAS)系统。

⑦ 防追尾警示(Rear Collision Warning,RCW)系统。

⑧ 乘客状态监控与警示系统。

⑨ 影像防盗系统。

⑩ 路况辨识(Road Trajectory Identification,RTI)系统。

⑪ 事故影像记录系统。

这些技术都是光、机、电与感测技术结合的产物,是车联网(Internet of Cars)即物联网在车辆交通领域应用的前端,也是当前各国与地区致力研究的前沿之一。同时,随着美国汽车安全法规(FMVSS)中最新系列如 FMVSS 208《乘员碰撞保护》、FMVSS 214《侧碰撞保护》、FMVSS《后碰撞保护》等的修订或出台,也从法规上催生了新型感测-警示-操控系统的诞生。如防追尾警示系统就是侧方盲点警示系统的延伸,功能是针对后方未保持安全车距或疾驰而至的车辆进行威胁性分析并提出警示;路况辨识系统则针对道路上行进的人、车辆与物体的轨迹进行运算分析,能对车辆偏移提供警示,更适用于没有道路边线、没有车道线标示或标线混乱的城乡公路、山区道路等情况;影像防盗系统是通过影像判断驾驶员身份是否经过授权,否则就拒绝启动并报警等达到防盗之目的。

另一方面,即使有各类管理规章制度、先进技术手段、日益改善的道路设施等,交通事故依然是不可根除的。而一旦发生事故后,车载事故影像记录系统就能记录下车内车外的过程影像与声音,为减少后续的人身与车辆伤害、查证责任、保险理赔等留下依据。该系统通常在车辆紧急刹车、突然倾斜、急速转向、碰撞等非正常状态下启动,记录数十秒至更长时间的影像,通过车联网发送出去,同时存储在闪存(Flash RAM)中。

5)智能车辆防盗与财产保全系统

(1)智能车辆防盗系统　近年来,生物辨识技术、芯片锁与物联网融合是最佳的车辆盗窃防范措施,其特点是高科技、智能化与主动化。生物辨识不仅能提供唯一的数字化识别信息,而且消除了传统钥匙被复制、盗用、遗失等风险;通过车辆与车主的实时通信,还能及时制止盗窃的发生并能在一旦发生时立刻通知公安机关等。

具体方法为指纹识别与芯片锁技术结合、个人专用系统设计、权限控制与钥匙发行管理等。相关技术有:指纹识别芯片与无线近距离通信技术(NFC)资料对应、无线射频率(Radio Frequency,RF)天线设计、车辆电子控制单元(Electronic Control Unit,ECU)钥匙保护及远端修改设置技术等。这些技术都可结合起来在多种层面上应用,如结合于车辆门禁、点火启动系统、车辆通信服务、车辆管理、远程车辆跟踪、强制熄火等。

(2)车辆财产保全　尽管有日益完善的防盗系统保护,但仍不可能彻底消除各种驾驶事故、攻击性驾驶行为、针对车辆或驾驶员的暴力事件等。由于车辆属贵重财产,特别是各款高档汽车,而人身安全更为重要,因此,在感受威胁的第一时间内报警,或将交通事故、案件过程完整地记录并保存下来,对于获取援助、分清事故各方责任、警方侦破车辆盗抢案件、保险理赔等都具有重要意义。所以,广义的 V2V(车辆间通信)或 V2I(汽车与道路基础设施间通信)还包括了车辆与车主或干系人与机构之间的通信与现场记录等,这类功能对于车辆财产与人身安全保护具有特殊的重要性。

主流的车用报警与事件数据记录仪,多由一键式报警装置、无线通信系统、视频摄像头及相关软件与数据存储器等部件组成。通常在车辆前方和后方安置双广角摄像头,前方一般安装在挡风玻璃上,后方安装在后视镜上,记录各类事件的过程,并与传感器与导航仪的相关数据,如冲击力值、GPS 坐标、日期、时间等一道采集并存储在系统中,通过无线网向管理中心计算机或各干系人的手机或警方发送。

此类系统通常对 GPS 的定位精度和测速要求较高。系统软件中存储有各种异常事件的特征值模型,如外部物体的移动速度、方位与距离等,一旦超过设定值,系统立即激活开始跟踪记录。除无线通信传输信息外,系统通常还有 USB 适配器等,用于在无线通信失败时将数据下载到车载电脑存储器中。

车辆与驾乘者人身与财产保全系统从管理模式上分为被动式与主动式两种,以上均属被动式保全管理范畴。主动式保全管理则可由车主或相关机构以远程方式与车辆通信,主动观察了解其行驶与停泊情况。此时,车主可通过手机或电脑打开车载视频系统进行观察。许多车辆装上车载监控系统后,其安全性明显提高。因为许多图谋不轨者发现车辆已装有此系统后,往往会打消行窃的念头。交通主管方也可利用本系统监测司机的驾驶情况。

6)底盘电子化

汽车底盘系统是车身、驾驶员和道路之间的界面,是全车承载体,也是与车辆安全性、舒适性和操控性密切相关的部分。由于车联网不仅要解决车辆间的通信问题,更要全面提升对车辆的控制性与智能化水平,所以,大量的信息化手段与高技术应用最终都融合在底盘上,形成智能化底盘。具体技术如电子控制液压刹车系统(Electric Hydraulic Braking,EHB)、电控停车系统(Electric Parking Brake,EPB)、适应性阻尼悬架系统(Adaptive Damping System,ADS)及电子助力转向系统(Electric Power Steering,EPS)等,都通过大量采用传感器与汽车微电脑优化技术等,将刹车、悬架、转向等系统整合成一个完整的电子底盘系统,以综合控制全车的稳定性、舒适性、操控性和安全性等。

18.5 智能交通案例

18.5.1 V2V 汽车防碰撞预警系统

1)应用需求

汽车间的碰擦、追尾、相撞事故多与驾驶员对速度与车距的观察判断不当有关。对此,美国通用汽车近期研发出"V2V"(Vehicle to Vehicle,车辆间通信)防追尾与防碰撞预警系统,其原理是在两车距离处于危险范围时发出警报,提醒双方驾驶员注意并立即采取相应措施,避免追尾或碰撞事故发生。其工作原理如图 18-2 示意。

图 18-2 V2V 防追尾碰撞系统

2)技术原理

预警系统名为"V2V",即"车对车"间的互联通信。它利用卫星导航系统定位车辆的位置与行驶方向,通过无线网将信息传送到距离 300~400 m 以内的其他车辆上,双方动态测距,当 V2V 计算发现两车相会时各自的前行速度与方向将有超出安全范围的趋势时就立即警示双方司机。

V2V 技术通过配备的天线、计算机芯片和全球定位系统的车载通信设备,就可感知方圆 400 m 内的其他车辆位置,同时也通知对方车辆自己的位移方向,通过功能强大的计算机行车途径模型分析,动态预测接下来可能出现的情况并且实时反应,预警形式可为铃声、警示图和座位震动等方式,如果驾驶员仍未对提醒做出反应,计算机还可控制车辆自动刹车,以确保驾驶员与车辆安全。V2V 系统也同时有防止后方追尾的警告系统,除了加强尾灯的警示功能之外,也同样通过警铃或是坐椅震动方式提醒双方驾驶员注意。

V2V 系统涉及的车辆越多,性能要求就越高。如在 4 辆车之间将正确感测数据在正确的时间传送到各汽车上并预测各种危险的复杂度相对容易一些,但如果同时处理数 10 辆车之间的运动模型就极其困难。当然,系统可综合距离、速度与方向等因素进行模型筛选,判断出最具危险的对象来进行监测与预警。

3) V2V 专用短程通信信道与通信方式

V2V(亦称"车联网")是物联网中技术难度较高的领域,特点是物体间的识别、感测、处理与反应均须在高速间进行并实时响应。关键之一是必须确保网络安全,预警系统必须能够有效防止黑客入侵,以免发生混乱引发事故;关键之二是采用专用通信信道供近域无线通信使用。如美国联邦通信委员会清理了 5.9 GHz 波段以专用于 V2V、V2I 间无线短程通信(Dedicated Short Range Communication,DSRC)。

DSRC 是一种基于长距离 RFID 射频识别的高效无线通信技术,它可实现小范围内图像、语音和数据实时、准确和可靠地双向传输,是将车辆和道路有机连接,开展 V2V、V2I 的重点通信平台。

(1) DSRC 结构体系　DSRC 系统主要由三部分组成:车载单元(On-Board Unit,OBU)、路侧单元(Road-side Unit,RSU)以及专用短程通信协议。

① 车载单元:目前国际上使用的 OBU 种类很多,主要差异集中在通信方式和通信频段上,可应用于电子自动收费系统、V2V 系统等。OBU 从最初单片式电子标签,发展到了目前双片式 IC 卡加 CPU 单元。IC 卡存储账号、余额、交易记录和出入口编号等信息,CPU 单元存储车主、车型等有关车辆物理参数并为 OBU 和 RSU 之间高速数据交换提供保障。

② 路侧单元:是指安装于车道旁边或车道上方的通信及计算机设备,功能是与 OBU 完成实时高速通信,实施车辆自动识别、特定目标检测及图像抓拍及 V2V 等,它通常由感测系统、设备控制器、天线、V2V 单元、抓拍系统、处理系统及其他辅助设备等组成。

③ 专用通信链路

a. 下行链路:从 RSU 到 OBU,采用 ASK 调制,NRZI 编码方式,数据通信速率 500 Kb/s。

b. 上行链路:从 OBU 到 RSU,RSU 天线不断向 OBU 发射 5.8 GHz 连续波,其中一部分作为 OBU 载波,将数据进行 BPSK 调制后反射回 RSU。上行数据本身也是 BPSK 调制,载频为 2～10 MHz。

(2) DSRC 通信标准　该领域的通信标准至关重要,目前由 ISO(国际标准化组织)下属的"智能运输系统技术委员会"(TC 204)负责 DSRC 国际标准的制定工作。DSRC 的区域标准主要有美、欧、日三大系列标准。我国也在加紧这一领域的标准化工作,把发展 DSRC 列为重大攻关项目,已有"交通专用短程通信基于 5.8 GHz 频段微波物理层"、"交通专用短程通信应用"、"交通专用短程通信数据链路层"三项 DSRC 国家标准进入制定和审查阶段。

(3) 通信方式　DSRC 有两种信息传输形式:主动式和被动式,可以在车辆与道路设施间通信,也可在车辆之间进行。车辆与道路设施间的通信方式如下:

① 主动式:这种系统中的 RSU 和 OBU 均有振荡器,都可发射信号。当 RSU 向 OBU 发射询问信号后,OBU 也发射数据给 RSU。

② 被动式:RSU 发射信号,OBU 被激活后进入通信状态,并以一种切换频率反向发送给 RSU。

18.5.2　辅助驾驶安全系统

1）辅助驾驶的内容

车联网实现 V2V 与 V2I，可使车辆驾驶方式产生变革，使驾驶变得更为简单、便捷与安全。其中，辅助驾驶系统是智能交通中最受瞩目的技术发展领域之一。

辅助驾驶系统可实现以下 3 种关键性操作：

（1）行车防碰撞　如 18.5.1 节介绍，它能在事故发生前及时提醒驾驶员，增加其反应时间，并在紧急时自动刹车或转向避让以确保安全。

（2）辅助泊车　许多新手在车位较满或进入繁忙的停车场中往往难于将车子停泊到位，此时可启动辅助泊车系统，系统就能根据泊位、本车位置及周边车辆距离等，自动、精确、流畅地将车停泊到位。这一领域对应的技术是停车辅助（Parking Assistant System，PAS）系统。

（3）道路自动驾驶　其对应技术是适应性巡航控制（Adaptive Cruise Control，ACC）系统。

2）SARTRE 计划

智能交通系统的目标之一，就是要在确保安全前提下，提高驾驶人的舒适性或减少其操作量。长途旅行时，自己开车有较高的自主性，但是开车辛苦又浪费时间；而通过车联网技术，Telematics 可进一步实现汽车自动驾驶功能，在高速公路上，驾驶人可以随时加入一列车队，放心地由前导车来带领，也可以随时离开车队自行驾驶。

SARTRE（Safe Road Trains for the Environment）是欧洲近期开展的一项改进高速公路交通的新计划。其含义是通过 V2V 将高速公路上的车辆组成车队，由前导车控制跟随车的行车速度、方向与途径，不但跟随车的驾驶员可休息、娱乐或从事其他活动以减少长途驾驶的疲劳，还可达到节省燃料，缩短交通时间，减少车道堵塞，增进环境友好等一举多得之目标。

前导车由专业或可信任的驾驶员来控制（如公交车或出租车司机），附属车辆则由 Telematics 与前导车连接后自动跟踪控制，车内的驾驶人就可放开方向盘，放心地休息或活动。目前最多可以同时有 8 辆车组成一列车队（Train），不论汽车、公交车或卡车都可以。当驾驶员欲加入车队时，只要在 Telematics 中输入目的地，导航系统便会指引其行驶到当时最接近的车队，从车队后方加入自动驾驶的行列。在车队行进中，车间的相对距离较短，可更有效率地利用车道。当车队接近目的地时，跟随车可发出信号，使其前后车之间空出较大的距离方便其离开车队，车辆离开车队后马上获得自主驾驶权。

SARTRE 的设计理念是除了让驾驶员获得休息、缓解长途开车的疲劳，还能通过优化行驶帮助汽车减少约 20％ 的耗油量，并改进道路交通。

3）辅助驾驶的技术支持

SARTRE 的技术架构是运用 GPS 及无线传输方式来串联车队，其优点是系统相对廉价、简便；缺点是其控制性和反应灵敏度仍有待提高，适用于高速公路等路况简单、应变性小的场合。而在更复杂情况下的应用，则需适应性巡航控制（ACC）系统。适应性巡航控制系统综合采用车辆感测技术和车速控制技术。

（1）车辆感测技术　应用调频连续波探测前方 1～150 m 范围内的物体并估测其与本车的相对速度与距离等。同时，将雷达信号结合影像识别结果，提高对前方物体识别的效能与可靠度,并将探测的结果提供给车辆加速减速控制模型进行安全距离控制。车速与相对距离控制模型按标准 ISO 15622—2010《交通信息与控制系统—适应性巡航控制系统,实施需求及测试规程》进行设计与模拟,并以40 km/h 以上作为高速域,40 km/h 以下为低速域区分控制模型。适应性巡航控制系统的关键技术在于防撞雷达的开发及其控制策略的设计,尤其是防撞雷达是高技术门槛与高附加价值的产品,因而成为车联网中最关键的前端感测器件,其性能优劣直接关系到 V2V 的控制性、灵敏度与安全性等。

(2)泊车辅助系统　主要解决一连串复杂空间位置、距离感知及方向盘操作等问题,其支撑技术是应用影像感测器、测距雷达及方向盘转角感测器等。这些传感器获取的数据经高性能信号微处理器处理后,获得停车空间、车距与轨迹动态预测等数据,以二维图像或影像来控制转向、平行停车与倒车等操作。所涉及技术有动态影像获取、停车环境重建、障碍物测量与识别、多种感测器数据融合、车辆与环境障碍物间相对空间关系定位、图像式实时辅助与停车导引等。这些技术集成后成为 Telematics 的一部分。

18.5.3　辅助驾驶培训系统

车联网辅助驾驶不仅可提升安全性,还能通过与车主互动的方式培训驾驶员养成良好的驾驶习惯,取得更多的经济效益与节能减排。

1）培养车主良好驾驶习惯以减少油耗

新西兰 PLX DEVICES 公司开发出一套驾驶辅助节能装置,会显示车辆每加仑汽油行驶多长路程以及发动机的相关信息,主要用于辅助节能。该设备安装在方向盘附近,1 min 就能取得感测信息,如车速、发动机转速、发动机负载、含氧量,并进一步分析车辆的最佳驾驶效益。据实验数据统计,该装置的节能效益若以 MPG(每加仑/英里数)计算,针对不同车种与车况条件,节能效益为 0～33％不等。

该设备名为 Kiwi,它会根据车主的每次驾驶行为,给予一个 Kiwi Score,此分数是根据车的平滑性、风阻拉力、加速、减速等进行评定,分数越高代表 MPG 越大。在每次驾驶后便提供一系列的数据,告诉驾驶员与上次相比较,可节省多少钱,以此来培养驾驶员良好的节能驾驶习惯。

2）精确预测导航服务

行车导航目前已是普及型服务,其进一步的发展是交通预测,让众多驾驶员积累的历史性资料发挥服务作用,利用如法定节假日、天气预测、汽车款式和驾驶员行为等资料来建立交通预测模型,提升预测结果的可信度。

运用交通预测模型,可将行经途中可能遇到的各种交通状况考虑进去,提供与客户时间和进程相关的路径分析;也可以依据地点调查,提供正确性高且可信赖的行程规划。而预测的交通警告信息可帮助客户调整其出行计划,提高预计到达时间的正确性。通过即时路径增减,增加行程规划、资源运用的效率,因而减少支出以及改善客户服务。系统同样可将驾驶员行为、习惯等资料上传并将记录的即时信息与导航设备连接,获得更加个性化的信息服务。

18.5.4　汽车与交通标志的对话

车辆行驶时,若驾驶者不知道前方信号即将转为红灯,踩下油门后才因红灯被迫急停,不仅消耗驾驶人的耐心,也浪费能源。对此,奥迪提出 Travolution 方案,在每个交通标志上建立具有自我学习算法的控制单元,通过 WLAN、UMTS 在车辆与交通标志间建立联系。

Travolution 系统将从出租车与汽车协会收集到的实时路况反馈给驾驶员,让车辆能自动调整行车速度,使其能在接近下一个路口时信号标志恰好转为绿灯;若接近的交通标志即将变为黄灯或红灯,系统也就降低引擎动力,或提供视觉或听觉警示;加上红灯等待时间、区域性交通壅塞等讯息,提供最优异的驾驶环境、最完整的交通路况报告等,其中控警示界面如图 18-3 所示。

如图 18-3 所示,车辆接收自交通标志发出的信息后,将其转化成图像,显示于中控台屏幕上,并提供驾驶者车速参考,如何避掉红灯或赶上下一个绿灯。

Audi 认为,此方案能降低行车等候时间,并且减少停等及启动加速的油耗。每个交通标志若能节省汽油 0.02 L(等于 5 g 的 CO_2 排放量),以德国境内 6 万个标志信号估计,每年可以减排 200 万 t CO_2,占交通排放 CO_2 的 15% 之多,节能减碳效益十分显著。

图 18-3　汽车与交通标志的对话界面

18.5.5　停车位搜寻 APP

现代都市中停车位难于寻求,故出现了一些车位查询 APP,如 SpotScout 和 Google 的 Open Spot,皆由驾驶者自行上传车位信息,供其他用户查询群内各处共享的停车位动态数据,但这类数据因人力与范围之限,往往不准确。对此,SmartGrains 推出一种名为 ParkSense 的车位搜索 APP,借助装在车库地面上的传感器来监测车辆进出数据,再通过无线传输网将数据连接到应用程序上,用户就可通过手机查询所在地附近的停车位信息。

1) ParkSense 的使用流程

(1) 由车库业主在停车位/停车区装设 ParkSense 的专用传感器。

(2) 当车辆在车库进出时,传感器会将感应数据通过无线网发送到系统。

(3) 各地驾驶者可通过 APP 从 ParkSense 系统查到附近是否有停车位,以及具体数据。其系统界面、APP 呈现如图 18-4 所示,ParkSense 系统运行流程如图 18-5 所示。

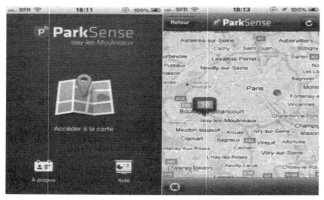

图 18-4　用于城市停车位管理的 APP——ParkSense

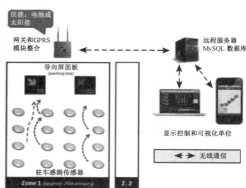

图 18-5　ParkSense 系统运行流程

2）系统特色

本系统使用专用传感器，它能防水、防滑、防脏污、防破坏，室内外皆适用，各地街巷道的车库、停车场、机场与大卖场等的停车位，都可装置，通过更换电池，至少可维持 3 年。ParkSense 车位自动感测系统可实时、准确地将车位信息送至用户 APP，不仅为车主带来便利，也能减少交通阻塞与尾气排放。

18.5.6　都市智能停车管理系统

洛杉矶的街道旁设有一些停车场，各停车位嵌入了 Streetline 公司的圆盘形地磁传感器，如图 18-6 所示。以往由于停车难，该市每年有近 15 万车次违停，于是就引用了这种传感器，其作用是检测车辆是否进入泊位，将信息传递给市政府。这种传感器用电池驱动、安装方便、无线数据传输、动态传输数据，实现主要功能如下：

图 18-6　地磁传感器

1）避免违法停车

地磁传感系统可监测与处理停车违法行为，监测停车时间、车辆位置、停车区域等。例如，车辆在一地停留不得超过 72 小时；车轮与街道右侧的路缘应平行并距离在 18 英寸之内；街道白色区域内停车的时间仅限于旅客上下及其行李装取时间，红色区域内不允许停车。所有停车数据均通过地磁传感器传递给市政府进行合规性研判。

2）支持其他停车计划

（1）社区援助停车计划　洛杉矶市的社区援助停车计划（CAPP）的创建是通过允许无家可归的人以社区服务的形式进行付款，以开放或未付费的停车证来协助无家可归的人。这些通过传感器识别后分类处理。

（2）COVID-19 停车计划　由于新型冠状病毒（COVID-19）对经济与社会的影响，纽约市扩大了救助计划范围，以适合任何收入水平的合格驾驶者。该计划允许对符合条件的驾驶者减免或延迟部分规章罚款。从 2020 年 11 月 2 日开始，纽约市还将为特定违规行为提供 20 美元的折扣，以及通知后的 48 小时内支付等。

3）收费系统

用户手机安装了 Streetline 公司的停车 APP，开启后电子地图会显示相应的停车场位及收费标准。用户将信用卡/借记卡插入卡槽，根据系统提示，调整时间进行付款。

若车辆存在违停罚单，对于低收入家庭的公民而言可采用分期付款计划，即一旦获得批准，它允许在 3 个月内分期付款。

4）系统价值

从目前洛杉矶安装的 2 万个地磁传感器的效果来看，至少有三种价值：

（1）节约时间　为人们寻找停车位减少了 30% 的时间，缓解了交通拥堵，减少了尾气排放。

（2）提高工作效率　市政府的信息中心将收费信息与车牌信息进行比对，可迅速找到违法车辆，交警凭此处罚。

（3）增加收益　自从采用此系统后，同样数量的停车位能够收取更多的停车费。尤其在大型商业设施、写字楼附近的停车场收效显著。

18.5.7　安吉星的 Telematics 服务系统

Telematics 是一套具有强大计算与通信功能的车辆管理系统,服务必须由专业公司提供。美国通用汽车和安吉星(OnStar)是最早合作在全球推广 Telematics 服务的,具体如下。

1)碰撞自动求助

当车辆发生意外时,驾驶员如受伤无法呼叫求助,即使安全气囊没有爆开,车辆也会感测到受到撞击而自动发出求救信号,安吉星客户服务系统会立即做出响应,并在必要时将以下感测到的信息提供给相应的救援机构,通知其立刻前往救援:

① 事故发生地点。

② 车辆被撞的方向和碰撞力度。

③ 是否发生了多次碰撞。

④ 是否发生了翻车事故。

⑤ 是否有安全气囊爆开以及爆开的数量及位置。

⑥ 紧急救援协助。

2)紧急救援

在紧急情况下,车内人员按下红色紧急按钮,就会听到相关语音提示,而安吉星呼叫中心会优先接听这样的电话,并确认呼叫车辆位置。其服务顾问可对各种紧急情况做出响应,并联系当地的紧急救援机构,如警方、医疗、消防部门等,使其能迅速抵达求助地点。

3)车辆防盗

当车主发现车辆被盗时,可通知安吉星客户服务中心,经确认车主身份后,即启动车辆跟踪与锁定系统,动态掌握失窃车辆的实时位置,同时通知有关执法机构,以帮助车主尽快找回车辆。

4)导航系统

车主需要导航时,只需按下按钮,接通安吉星客户服务中心,说出目的地后,动态听取系统语音导航提示,行驶过程中,系统会自动感知判断车辆需要驶过的每个路口,并在接近下一个路口时给出语音提示;如果车辆偏离了导航路线,系统会发出提示,帮助返回正确路径。

5)车况检测

系统会通过车内传感器对车辆关键部件进行远程监测。如驾驶途中,遇到发动机故障警示灯忽然亮起时,驾驶者可按一键与服务中心取得联系,服务顾问就能通过远程检测方式进行实时检测,并向驾驶者提出最佳建议。用户输入车辆信息后,每月都会收到车况检测报告,告知多项车辆核心部件监测结果,具体如下:

① 发动机和变速箱。

② 安全气囊系统。

③ 防抱死制动系统:监控防抱死刹车系统,减少在光滑路面上的制动距离。此系统还同时监控动力操控和稳定系统,使车辆在恶劣环境下依旧保持受控制状态。

④ 里程表读数和机油寿命。

⑤ 轮胎压力。

⑥ 废气排放控制系统:监测车辆的废气排放,包括在排气管内存留的燃油和蒸汽,通过提高发动机运转效率来限制排气管的废气排放。

⑦ 车身稳定系统：是一个汽车电脑控制系统，能在复杂驾驶情况下帮助司机稳定地控制方向，它主要运用车辆的动能传感器和方向定位系统的输入数据来有选择地应用车辆刹车系统并在必要时减少发动机能量。当车身发生倾斜、抖动等不稳定的情况时，提示灯或提示信息会开启；当系统感测到任何问题时，该系统也会启动，提示信息也将发出警示，提醒驾驶员采取相应措施。

⑧ 车辆保养提醒：系统监测到车辆需要保养时，会主动提醒车主。

18.5.8 行车事故自动记录系统

发生交通事故，尤其是较严重事故导致相关车辆损坏后，往往在认定责任、回顾过程、保险理赔等过程中都会产生一定的争议。于是，人们就想到在车中安装类似飞机黑匣子的装置以记录事件过程。

1）记录设备

iDrive 系统是一种专业事件数据记录仪，它可拍摄高清晰度视频，系统用双摄像头对车前和车后事件发生的过程，包括事故、攻击性驾驶行为、碰撞、强行开门、报警或紧急事件等进行记录。视频存储在 SD 卡中，与其他传感器感测到的信息，如冲击力实测值、GPS 坐标、日期、时间等存储在一起。存储器在车载信息系统中，并能通过无线网或 USB 发送到交通网络中心。

2）记录内容

iDrive 记录仪在车辆紧急刹车、车身突然歪斜、车体碰撞时自行启动，并记录数十秒的前后影像，数据与其他传感器和 GPS 定位模块等的数据一同保存下来。信息自动下载到车载信息系统或上传到网络服务器，内部标准 Wi-Fi，支持任何兼容 IEEE 802.11b / g 的网络。在夜晚，iDrive 系统自动切换到红外夜视记录影片模式。所记录内容，均可用于分析本车及相关车辆的驾驶行为，如发生事故，则作为警方研判、责任界定的依据。

3）其他功能

该系统还有 7 个无线报警按钮，分别安装在仪表板、座位下、钥匙圈、车窗与车门以及使用者口袋里。供车主处于受威胁的环境下，可以最不易被察觉的方式报警，或当发生事故，车主被卡，行动受限时，可用最近的按钮一键式报警。

4）实施效益

自动摄像系统实际带有监视驾驶行为的功能，故其使用后带来多项好处。

(1) 改进驾驶行为和安全性　实践已经证明，视频监控设备的使用减少了 40% 以上的交通事故。司机更注重规则，减少了事故，大大增加了驾驶员和车辆的安全。

(2) 降低成本　当司机更注重规则、行车速度和安全性时，相关效益就得以体现。启动较慢的速度转化为燃油经济性提高 20%，逐步减慢速度和柔性制动有助于延长轮胎寿命，减少车辆部件损耗，减少了事故，自然降低了保险费用，减少车辆和司机的待工时间。

(3) 保险费用降低　很多保险公司都意识到车辆监控设备的巨大益处，开始以降低 10%～20% 保险金的优惠奖励车主安装行车事故自动记录系统。

18.5.9 韩国 U-Station 服务

智能交通系统将采用多种新技术为各类出行者提供方便与安全。Mobile RFID

（mRFID）是一种手持式读取器（如手机、PDA等），可识读RFID标签，并通过无线网传输数据，由此可创造出许多种新型服务。韩国SKT就提出了一种利用移动电话来安全搭乘出租车的服务。

由于韩国近年将"无所不在的计算"即泛在计算定为信息化发展的国策（即U-Korea），故安全出租车就沿袭这一理念，称为"U-Station"服务。叫车者通过内嵌在手机中的RFID识读器，可访问出租车数据中心，获得出租车的基本信息，如驾驶员基本数据、车辆号码、车型等，并将获取的数据传送到家人或朋友手机中，以保障搭乘者的安全。

同时，这一服务模式更扩展到对公交车辆与地铁交通的u-Station信息查询，同样用移动电话读取公交车站牌及地铁电子标签，就能获得公共交通工具的相关信息，包括公交车地铁到站时间、目的地到达时间估计。目前SKT已在京畿道地区的公交线路及地铁提供服务。随着移动通信网络、高速无线上网和RFID标签的普及，类似的便民应用项目将越来越多，发展空间不可限量。

18.5.10　互动式公交车站——EyeShop系统

美国麻省理工学院"感知城市试验室"（MIT Senseable City Lab）与某公共交通系统营运商正在合作研究新型的公交站，一是改变人们等待公交车时的无聊枯燥感；二是美化市容环境。计划将现有的公交车站改成人与物可互动的车站，提供互动式地图、路线规划、个性分类广告、公告栏、电子涂鸦等服务，让候车亭成为市民休闲娱乐的站点。

新型公交站通过整合多点触控技术、eink（电子墨水）、多种感测器、太阳能光伏技术等，打造兼具节能、空气质量监测，又能创造旅客良好体验的候车环境。为确保每个EyeShop都符合当地城镇或街头的特色，再配合发展"最佳EyeShop规划设计"，系统地进行空间规划、服务配适选择、最佳能源供给方式规划等，打造一个最舒适的候车空间。

该设计的原始构想是：人与数字环境的互动应达到自然且无所不在，在开放空间中提供开放式服务，让公众等车不再无聊，不但能精确了解公交车的到达时间，还能同时进行多种信息查询、旅游路线规划、阅读、绘画、娱乐等。

18.5.11　车辆自动驾驶辅助系统

随着特斯拉的普及，自动驾驶车辆的发展已成趋势。目前，Hochautomatisertem FASCar II运用传感器技术，研发出具有思考能力的概念车，这一概念也已被欧盟HAVEit计划采用，此计划主要是为了降低交通事故以及车辆对环境所造成的影响。

车辆上配载了环境传感器以及精确的追踪系统，行驶时，如侦测到路上的任何障碍物，将会自动警示驾驶员甚或建议驾驶员转换路线。这项技术不是采用传统的机械排挡杆，而是运用电传导方式操控。这项技术提供不同等级的自动操控方式。

1）辅助驾驶

当系统检测到路面障碍物时，可主动警示驾驶人或建议转换路线，但实际动作的操控权仍掌握在驾驶人手上。

2）半自动驾驶

类似自动化适应性导航控制，但驾驶人可随时取回操控权。此自动化适应性导航控制可控制车辆行驶速度,或是维持一定的行车距离。

　　3）高度自动化驾驶

　　该模式适合长距离驾驶。此系统可自动调整速度、距离、追踪等功能。驾驶人不必将手放在方向盘上也可以开车,驾驶人可自行定义想要自动化的项目,并且可以随时取回操控权。这项服务提供给驾驶人更多的舒适感,但却不失其主控权。

图 18-7　车辆自动驾驶辅助系统界面

　　此自动化技术亦会依据前方车辆的速度或变换车道而自动调整自身车速。再者,如果驾驶人分心了或疲累了,则 Highly Automatic 模式将可协助驾驶人操控车子。大众 Passat 即具有这种服务,其控制界面如图 18-7 所示。

18.5.12　不需卫星定位的自动驾驶智能车

　　BAE Systems 公司花了数年时间,将 Bowler Wildcat 野猫越野车改造成自动驾驶汽车,其主要的改进是在车的四周增添传感器,除可有效降低碰撞概率,更能让它精准地找到方向而无需借助卫星定位。不仅如此,传感器还可监控路面状况(如果有路的话)、交通状况及行人和其他障碍物等并做出最恰当反应。

　　参与自动汽车研发的科学家表示,自动驾驶车辆将在 15 年内成为公路上的主流。故此系统采用远超常规卫星导航的先进系统,精确度更高,误差不到 2.6 cm。它主要有两组"眼睛"和传感器,车顶上的 3D 激光扫描仪不停旋转,频率为每秒数万次,对周围环境进行侦测绘制,在移动中创建周围环境的 3D 图像。保险杠上的激光扫描仪左右各一个,负责监视路面和周围环境。

　　一份英国议会报告指出,未来 15 年,英国交通拥堵造成的损失每年将增加 240 亿英镑。专家们认为,由于人们不愿意放弃私家车,自治汽车将成为更理想之选,它们能提高交通的安全性和效率,在保证交通通畅的过程中发挥关键作用,自治机器人汽车将在车联网技术支持下实现无人驾驶。

思考题

　　(1) 试述智能交通系统的基本功能。

　　(2) 请说明车载信息服务系统的主要功能。

　　(3) 请考虑智能交通与"感知城市"之间的关系。

　　(4) 请阐述"V2V"的内涵与作用。

19 物联网商务应用

［学习目标］
（1）了解物联网在商业领域的应用。
（2）掌握移动商务的技术架构。
（3）了解物联网技术对实体店中诸多设施的智能化改造应用。
（4）了解物联网技术在商品自动识别与自动结算中的应用。
（5）了解虚拟现实技术对商业应用的创新作用。

19.1 物联网商务应用概述

美国新型通信与自助销售机公司 Rivet Digital 用"4I"（即"Impact、Impression、Interaction 和 Insight"）来描述新型商业的特征，要求给消费者带来更多的影响力（Impact），依靠多媒体手段给消费者带来更深的感官印象（Impression），通过与商家的互动（Interaction）给消费者带来更多价值，商家能在大量采集消费者使用喜好与购买行为等的分析中洞察（Insight）消费者潜在需求，并可迅速做出调整与改进等为目标，这些都将成为物联网在此领域应用的主要需求点。

19.2 物联网商务应用领域

物联网在商务领域的应用，是一种将技术转化为交易与管理模式的过程。技术角度主要从移动销售、物品感知、过程数据采集、信息分析、自动控制和客户体验等应用上考虑，系统上则需建立成套的数据感知、接收和分析链，覆盖生产过程溯源、安全与合格证据、同类商品选择、购物提醒、虚拟效果模拟、电子钱包、自动结算、会员打折、缩短结算时间等方面上。具体如图 19-1 所示，图中以消费者为中心，通过智能终端（图中为手机，也可以是掌上电脑、平板电脑，如 iPad 甚至能联网的智能手推车等）消费。

（1）扩展商品包装　传统包装具有保护、装饰和宣传商品，提供其基本消费特征数据等功能，而带有智能标签或二维条形码的包装，还能与手机等移动通信装置配合，将商品数据读入用户端，为其今后远程选货、移动购物提供方便。

（2）智能会员卡　现代人早已为各种银行卡、会员卡、贵宾卡、单位卡、社区卡及其他功能卡等拖累，因此，商店会员卡的最终发展方向是通过向手机内置程序来取代实体卡。这不仅可减少卡片数量，而且还能提供其他多种服务。

（3）广告促销　商品广告可直接发送到客户手机上，客户也可通过移动电子目录主动搜索商品信息。

（4）自动扫描与结算　消费者在超市购物时，用手机扫描商品后，就无需经过通关区人工

图 19-1 物联网在零售业的应用

结算了,结算通过手机电子钱包自动进行。

(5)货品目录 用户可直接在手机上建购物目录、预存商品信息,购物时就不会遗漏,且选货时会很方便。

(6)商场定位 各类商铺越开越多,客户购物时往往难于找到合适的购物之地。手机导航就能帮客户解决这一难题。

(7)店内导航 大型商场不仅面积庞大,场内各区货架林立,数以万计商品摆设后更如同迷宫,因此更需开展店内商品导航。一些商场结合电子标签识读功能开发相关软件,使许多手机具备了商品货架导航服务功能。

(8)移动商务 消费者能通过手机直接在任何时间、任何地点浏览、查询、订货和支付货款。

(9)支付 电信运营商已开通了电子钱包业务,用户可手机支付。

(10)兑奖 智能手机可以实现电子兑奖、自动打折和促销等。

以上诸应用仅是目前初见端倪的几种,还有无尽想象的服务形式将出现。

19.3 物联网与移动商务

19.3.1 移动商务概述

当前零售业中的物联网应用主要是 RFID 标签、二维码和移动商务等。智能手机提供强大的运算、存储、上网功能,且拥有多种 APP 应用程序,成为最普及的移动商务工具,它将解决商品识别、消费者识别和客户交流等问题。

1) 商品数据识别

消费者对商品的识别用于建立采购目录、商品比较、直接选购交易等。图 19-2 为一个简单的商品数据识别示意图,图中涉及如下 4 种应用:

图 19-2　商品数据识别

(1) 建立购物目录　消费者用手机扫描商品的 RFID 或条码标识,就可建立采购目录,购物时不至遗忘所需物品。

(2) 无线网采购　图中显示的牛奶、麦片等均是家中不可缺少的食品,又因食品保质期有限,不宜一次采购量过大。此时,用户可将产品包装上的二维条形码拍摄在手机中,需要时将其发给商家就能在线订购。商家将用户请购的商品品种、数量和价格及送货时间等信息回复订户,订户确认后就成交,是最便捷的购物过程。

(3) 查询比货　商家在了解到消费者的消费品种、数量与周期后,可在商业智能(BI)平台支持下,计算出用户何时将消费完产品,主动发送询订短信,提醒其采购。

(4) 广告导购　商家在对消费者采购商品类别、数量与频率等的分析基础上,可将同类新产品广告及优惠打折消息等发到其手机中。

2) 消费者识别

传统零售店是将消费者当做无差异化群体来看待的,而电子商务却越来越重视客户之间的差异,并能由此产生一系列更能激励消费者购买的不同价格、优惠与折扣策略。所以,识别消费者是开展体验消费的基础,也是商业智能的中心。

消费者识别如图 19-3 所示。图中示意,当客户经过商场电子门禁系统时,可用手机刷会员卡,将消费者信息传到店内系统,同时,店方也可向客户发送相关广告、优惠商品等信息,涉及以下应用:

图 19-3　手机识别消费者

（1）电子会员卡　许多超市都发行客户会员卡，登记客户姓名、性别、年龄、家庭住址、联系电话等信息。客户通关结算时刷会员卡，可统计客户来店次数、购买物品、货值等数据，是商店改善服务、开展商业智能服务的基础。

（2）客流与门禁　客流量与销售额直接相关，通过店门的手机感应识读器，可统计出客流。还可看出一段时期内、一天内客流的波动情况。一些便利店由于营业时间长，可在夜晚关闭一些照明设备。当客户刷手机时，这些门禁、照明与店内各种智能装置就可开启，实现低碳环保式经营。

（3）场内导购　现代商场面积庞大，场内货架林立、商品排放密集，因此，将用户手机与场内各种传感装置和近程无线网结合，可实现消费者购物导航，大幅节省客户时间，改善其购物体验。

消费者可先在手机内建好购物目录，进入商场时与智能门禁交换数据后，商场信息系统就能将其目录中待购商品所在的位置数据，如何种商品在商场的第几层楼面、第几排货柜、货柜第几层上的信息配以场内分区图发到用户手机上，这样，用户就可直接、方便地找到所需商品（如图 19-3 中左侧手机示意）。

（4）促销宣传　当客户用手机与商场门口感应交换购物目录后，系统可将店内与客户采购目录相关商品信息、促销券、优惠打折品目录等发给客户（如图 19-3 中右侧手机示意）；同时，当客户接收了某件优惠商品信息后，销售时就会自动优惠结算。

（5）商家管理　对商场而言，入场客户的信息与商品目录、货物销售数据及后台分析系统对接才是最重要的应用，具体为以下几个方面：

① 通关时自动扫描与结算用户所购商品。

② 对客户类型与其所购商品品种与数量、消费者购物周期等进行统计分析。

③ 在线观测商品打折与优惠宣传的实效。

④ 当库存商品达到预设警戒线时,发出缺货提示,提醒商场进行订货。

⑤ 统计并排序各类商品的销售节奏,分析客户的购货目录,进行销售关联性分析等。

⑥ 通过店内外的互动式数字标牌与客户进行互动。

（6）其他应用　在店内传感网和计算中心的支持下,商家可从售前与售后上延伸其服务链,进一步改善客户购物体验。如商场可将传感网的覆盖范围扩展到停车场,将车位管理纳入购物服务中。驾车用户到达停车场区域时,商场可将可用车位信息发送至用户手机,甚至可开展车位自动预约服务,以解决城市中停车难的问题。

服务后延领域,许多商家均在商业智能系统支持下开展客户购物提醒服务,即商场通过对消费者的购物数量、品种、频率统计的基础上,可分析出消费者家庭的大致消费结构与节奏。

3）客户信息交流

客户购物时最需要的是消除商品信息不对称。由于包装受到商品自身体积、外观设计、印刷面积等的限制,不可能将更详细信息印在包装上,加之许多新型科技产品的功能日趋复杂,各种技术参量、规格型号难于理解。为此,客户可通过扫描物品上的条形码或 RFID 标签后联网阅读该产品生产、质保、防伪及相关信息,必要时可访问厂家网站直接与其客户服务部互动交流。

4）通关结算

在通关处,消费者可用手机来自动支付通关、利用手机实现优惠券抵扣、参与定额消费奖励活动与积分兑奖活动等。其技术实现也很简单,消费者所购物品都有电子标签,客户进店时已将手机号扫读到店内系统中,当其出店时,感应结算装置将每件商品的标签与客户手机号及其扫读的标签信息相关联,再调出各种优惠、折扣、用户积分奖励等的计算模式,计算后将结果显示在用户手机及通关屏幕上,客户确认后即可。

19.3.2　零售店的智能购物车、电子货架和智能收银

物联网技术导入零售商场带来了消费者购物的变革。店内的许多商用设备也更换成新的硬软件系统。一些公司为此进行了研发,推出了一些新型的商用智能设备。

1）能对使用期限进行把关的智能收银机

信息技术的普及不仅带来销售的便利,更能提升其安全性保障。"纪ノ国屋"是日本第一家以超市形态提供服务的商店,它在东京各黄金商区皆设有分店,定位为高级精致超市。在发生了多起食品安全事件后,"纪ノ国屋"不仅在销售产品的第一线上开展最严密的把关,还导入新一代的 POS 系统,采用 NEC 的 DCMSTORE-POS 机,除了自动找零、纸钞兑换等功能外,还具备自动感知产品信息的把关功能,能在结账时辨认出已超过有效期限的商品并立即告知收银员中止结算,以保障消费者权益。

2）智能购物车

Mediacart 公司推出了一种智能购物车,其上有平板电脑,通过无线网络与店内系统联结。可向消费者提供价格、商品位置、商品信息、促销售信息等。再配合会员数据的输入,能查询会员消费状况、购物清单、规划店内的购物最佳路径,甚至能根据过去的消费记录建立优惠打折模式。

同时,这种智能购物车也与电子货架联结,在消费者经过货架时向其发送个性化的广告与

促销信息,还可对客户购买的货品进行自动通关结算。

3)电子货架

电子货架是在货架上安装 RFID 识读器,可感测货架上商品的 RFID 标签,使系统可动态了解货架上的商品品种、数量、保存期限等。商品被取下、放回的信息随时可知,也可感知在货架上的商品是不是被消费者错放了,提醒店员将其放回到正确的货位处。

电子货架能与智能购物车结合,能识别目前在货架前的每位消费者,分析其最常停留在哪些货架前,是否采购并购买了多少该货架上的商品,对每位消费者的购物行为进行分析,结合手机开展个性广告服务等。

4)智能结账台

智能结账台使用长距离 RFID 识读器,能读取所有商品中的 RFID 标签,快速完成交易结账。该方式有别于传统超市以产品条形码扫描读取通关的技术,传统通关要一件件地扫描条形码才能进行交易金额计算,常在这一环节形成拥堵。

智能结账台不设有形通道,消费者走过结账区时,RFID 识读器感测并读取每个购物车中商品上的 RFID,即将其购物清单显示在出口屏上,帮助消费者确认购买产品的数量和金额。客户只需确认、支付就可,此过程客户无需停留,大大改善了消费体验。

19.4 物联网商务应用案例

19.4.1 美国药店研发物联网装置,增强购物体验

美国德州奥斯汀的 Tarrytown 药店,在门市内设置了 20 组识读器(包括 NFC 读写器),采用主动式 RFID 标签,使读写距离可达到 1.83 m,顾客使用具有 NFC 或蓝牙功能的智能手机,安装 Shelfbucks APP,就可读取药品上的电子标签。

每种商品上都有对应的电子标签,消费者读取时,手机会显示其实时报价、优惠券和促销信息。同时,当消费者读取与感冒、维生素或相关药品标签时,手机还出现与该商品关联的其他商品(如卫生纸等)的优惠信息。同时,通过 Shelfbucks APP,后台会收集感应数据(如商品电子标签被识读的次数,何时被读取),这样 Tarrytown 药店就可依据采集的数据,了解购物者对品牌的偏好和销售实况,协助商品营销及定价策略。图 19-4 所示为采用 NFC 手机读取商品信息及优惠券。

图 19-4 采用 NFC 手机读取商品信息及优惠券

由于手机与识读设备间的距离为 0.9～1.8 m,故 Shelfbucks 的解决方案专为这类短距离读取范围而设计,其构想是让客户只接收他们想要的数据,并确保用户通过商店时,不会收到垃圾广告邮件。大部分 Android 手机都有 NFC 读写及蓝牙低功耗技术,而 Apple 手机有 iBeacon。Shelfbuck APP 支持上述两类手机。

而后台收集的数据,让店方可依据客户需求,快速采取行动,确保客户在适当的时间,获得合适的产品及价格。由于药品是具有隐私性的商品,因此系统以主动式 RFID 感应方式,让消费者自主取得商品优惠,且后台不记录个人信息,确保个人隐私。

19.4.2　Bloomingdale 的虚拟化试衣间

据统计,服装业约有 40％以上的服装被顾客退货,原因皆因"不合身"。服装店虽有试衣间,但受限于实体店数量、空间及使用时间等其他因素,仍有试穿衣服不便、试穿对象不足、试穿时间少、试穿易污损产品等种种问题,导致许多消费者都遇到所购衣服不合适的情形。

为此,美国 Bloomingdale 与英国 BodyMetrics 公司合作,采用物联网技术,提出体感试衣间系统的思路。系统由一套身体绘图系统组成,具体由 8 个 Kinect 传感器围绕各方,可绘出试穿者的身型,再从数据库中找出适合用户身型的服装与款式,供消费者选择。此系统可减少消费者排队去试衣间试穿衣服的不便与麻烦。

Kinect 是微软推出的一种 3D 体感摄影机,它同时导入了即时动态捕捉、影像辨识、麦克风输入、语音辨识、朋友圈互动等功能。体感试衣系统解决顾客试衣的麻烦,店家能减少试衣间个数,也能降低因试穿导致的污损或退货等情况。此外,此系统还可在家中使用,将用户体型数据上传至后台数据

图 19-5　Kinect 体感虚拟试衣系统

库,让新款服装通过数字化方式在家中试穿,提高私密享受选衣之乐趣,其使用如图 19-5 所示。

19.4.3　智能冰箱自动产生食品采买清单

德国 Innovative Retail Lab 与零售商 Globus 合作成立一个综合实验室,专业从事未来智能零售服务模式的前瞻性研究,以店内创新应用为主、供应链物流 RFID 应用为辅,目标是为已惯于使用移动智能设备的年轻消费者提供更便利、更为个人化的购物与信息服务。

以智能冰箱食物管理为例,存于智慧冰箱内的食品均为贴有 RFID 标签的包装,当使用者将食物放入或拿出冰箱时,都会有记录,可有效追踪食物消耗情况而适时提醒用户补货。RFID 标签可自动在冰箱面板窗口中显示食物营养成分及热量、产地、送货物流时间及沿途温度变化等信息,并可提醒食物到期日,如图 19-6 所示。

图 19-6　智能冰箱面板

智能购物流程是依据智能冰箱的内容物监管,也可在冰箱面板上输入家人对食物的喜好、采购习惯、每日食用习惯等信息,如图 19-7 所示。可依照个人消耗状况提醒过期时间、采购数据,列出采购清单,并与超市销售系统联机,通知交易系统欲采购的货品及数量;商家也可将市场促销信息传至冰箱面板屏幕,形成采购清单供户主购买时参考。

图 19-7　向智能冰箱输入数据

19.4.4　沃尔玛启动《复仇者联盟》虚拟现实的体验

当美国片商推出《复仇者联盟》前,沃尔玛就推出整合电影题材的增强现实 AR 的手机 APP,创造虚拟互动模式,以吸引消费者提升其互动式购物体验。

此 APP 提供游戏模式、AR 实境体验、社区共享等。销售者将游戏模式的电影标牌放置于卖场展示区。让用户通过 APP 扫描图像,以解开电影主角的超能力,同时收集密钥。AR 体验则提供电影主角与用户在一起的实时拍摄并同步分享到社区平台。卖场除销售最新商品,也可同步与热门电影相关商品搭载联合销售,创造交叉营销销售商品的可能性。例如:《绿巨人浩克》、《美国队长》等热门电影,在最新上映的《复仇者联盟》电影外围商品推出。图 19-8 所示为沃尔玛用增强现实 AR 技术将《复仇者联盟》角色用于营销。

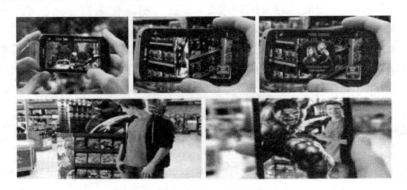

图 19-8　沃尔玛用增强现实 AR 技术将《复仇者联盟》角色用于营销

该模式主要利用粉丝营销方法,向客户提供丰富的 AR 实境体验、情景模拟,使其有身临其境的感觉,在产品营销或是品牌形象推广上结合高科技,利用好莱坞大片的粉丝,开展营销活动。这一模式还可用于旅游导览、博物馆应用、企业品牌宣传等。

19.4.5　东芝推出生鲜食品外观辨识扫描仪

东芝推出一种超市实物辨识器,无须条码扫描,只要将结账商品放在辨识器前,即可依照商品特征,进行外观辨识,并在屏幕上呈现商品候选品项供店员点选结账。此应用可成功用于各种未包装的生鲜食品上,大幅节省超市店员结账的程序。图 19-9 所示为生鲜食品外观辨识扫描仪用于超市结算。

图 19-9 生鲜食品外观辨识扫描仪用于超市结算

这种实物辨识扫描仪内含照相机,扫描时可过滤背景干扰影像,使扫描结果只剩下实物及黑色背景。内建软件具有辨识不同种类的水果、蔬菜、包装商品及折价券的功能。

此外,同一类别的生鲜食品可能有不同的品种及价格,如同一超市内可能同时贩卖 3 个产地的苹果,过去结账店员需依赖人工辨识产品差异,而今通过辨识扫描仪,依据不同产地苹果的色泽、大小、形状等外观特征,便可快速辨识商品种类,提升结账速度及管理效率。

19.4.6 京东智慧物流

零售物流是物联网应用最具意义的领域之一,物流信息化的目标是实现"6R":将顾客所需产品(Right Product),在合适的时间(Right Time),以正确的质量(Right Quality)、正确的数量(Right Quantity)、正确的状态(Right Status)送达指定地点(Right Place)。

京东电商拥有庞大的物流体系和地面配送群体,对应用人工智能物联网(AIoT)技术实现6R,提升效率,压缩成本有着强烈的追求,构建了以无人仓、kiva 机器人、无人机和无人车这四项技术支撑的线上线下物流运输、仓储配送、商品交易、金融服务、物流诚信等,以大量传感器感知、深度学习、大数据算法等技术融合的智慧物流体系。

在无人仓内有三种机器人:大型搬运机器人、小型穿梭车以及拣选机器人。搬运机器人接收指挥调度中心发来的货物的位置数据,根据指令将其从货架上取出,再由小型 kiva 机器人将周转箱搬起,送到货架尽头的暂存区。货架外侧的提升机及时把暂存区的周转箱带到下方的输送线上。拣选机器人通过 3D 视觉系统,从周转箱中识别出客户需要的货物,通过工作端的吸盘把货物转移到订单周转箱中,经输送线将其传输至打包区,打包员将商品打包后,一个个包裹就可以发往全国各地了。

大型机器人移动速度约 2.2 m/s,可承载 317 kg 的货物;小型机器人移动速度可达 6 m/s,实现每小时 1 600 箱的巨大吞吐量;拣选机器人拣选速度可达 3 600 次/h,相当于传统人工拣选的 5~6 倍。图 19-10、图 19-11 分别为无人仓、kiva 机器人。

货物被打包成包裹后,京东无人机可将货物送往目标用户家。目前仅在半径 8 km 左右的区域内小规模试运营,规划了 40 条左右的航线;无人机载重量为 10~15 kg,续航里程为15~20 km。图 19-12 为京东送货无人机。

同时,京东开始无人车送货实验,如图 19-13 所示。派送快递的无人车不大,可放置 5 件中小件货品。配送无人车具备自主学习能力,可根据配送行程实际的环境、路面、行人以及交通环境进行调整。在行驶过程中,无人车顶的激光感应系统会自动检测前方行人与车辆,靠近3m左右会自动停车。遇到障碍物会自动避障,可攀登25度的斜坡等。

图 19-10　京东无人仓

图 19-11　kiva 机器人

图 19-12　京东送货无人机

图 19-13　京东实验无人送货车

京东智慧物流代表了人工智能物联网(AIoT)技术在电商仓储物流领域应用的开端,具有引领与示范作用。从整个物流系统来看,AIoT 物流在高技术聚集区可实现铁路、港口、空港、保税区多式联运的数据共享和一站式服务,从物流订单管理到批量运输集散,物流与信息流合二为一,降低物流损耗与成本,减少流通费用,增加利润,提升了物流产业的现代化水平。

思考题

(1)试述物联网在商业应用的特点。

(2)简述物联网对零售方式带来的变革。

(3)简述移动商务的优越性。

(4)举例说明虚拟现实技术在改善用户体验方面的应用。

(5)试述物联网时代的电子商务与当前电子商务的异同。

20 物联网在医疗保健领域的应用

［学习目标］

(1) 了解物联网在智能健康护理领域的应用。

(2) 了解远程健康护理涉及的相关技术。

(3) 掌握物联网技术在健康设备中的应用特点。

(4) 了解智能穿戴设备在生命与运动体能监测等领域的应用。

20.1 物联网医疗护理概述

1) 智能护理

物联网技术在医疗领域的应用已涉及常规身体状况监测、健康饮食管控、特定体况监测、运动助理及其他医护辅助等,服务对象包括从中老年到婴幼儿及残障人士的所有群体。具体应用为对象远程、常态监控和多项生理参数动态采集、储存、分析与交换等,形成远程监测与远程医疗(Telemonitoring、Telemedicine)这一新兴医学学科。物联网技术将医护资源从医院和专业护理机构延伸扩展到社区、家庭及办公场所,整合成覆盖社会的护理保健网络,形成以个人护理为中心的泛在健康管理(U-Health Management)体系。新型业态链驱动物联网落户到家庭中的各种新型监测与传感设备、运营端的新型服务支撑模式、系统集成端、医护数据中心、通信平台以及远程健康教育等。

物联网技术推进了各种监测仪器向微型化、无线化、可穿戴化与智能化发展,多种传感器实时监测患者行为和症状,使医生能更好地全程观察与诊断疾病,制定更好的治疗方案。例如,各国当前进行的远程医疗试验中,多通过不同的传感器持续监测患者的日常身体状况,出现异常时可向医务人员和患者家属发出早期预警,否则,因未能及时发现病情变化而导致的住院治疗和急诊抢救,不仅费用昂贵,而且往往危及患者生命。在美国,仅仅通过对充血性心力衰竭患者进行监测管理,每年就能减少 10 亿美元的住院治疗和急诊费用。

2) 远程护理模式

物联网技术和医护人员的专业知识结合将生成各类应用,在远程护理、疑难杂症的诊断与保健康复中发挥重要作用,主导功能是各类生理状况实时监测、异常提示、风险报警、远程指导和康复教育,并能支持偏远区域和医护资源缺乏地区的医护服务,减小医护资源鸿沟,形成远程医疗(Telemedicine)的新模式。

在技术上,则以开发简单友好的人机界面,建立无所不在的监测环境,提供保健护理所需的专业信息资源,建立交互式电子病历,根据患者体质和心理情况等提供多种不同的监测与护理模式,使其获得连续、动态和高效的服务,逐步形成以集中机构服务型、"社区-居家型"和分散居家型的三种远程护理模式。

20.2　物联网在医疗保健领域应用案例

20.2.1　老年人看护与慢性病医护领域的应用

1）基本需求

在老年和慢性病患者群体中，医疗护理服务的特点是慢性病康复与护理为主，这一群体中常见的慢性病主要为糖尿病、心血管系统疾病、高血压病、高脂血症、呼吸系统疾病、精神性与心理性疾病等。这些多发病的控制最好是定时甚至动态地对病员进行监测，以便在发病初期能及时采取正确的对应措施，达到早期发现、及时治疗，降低发病风险。

2）健康伴侣服务系统

基于物联网技术的远程健康监护系统，以美国加州的"健康伴侣服务系统"（Health Buddy System）和荷兰菲利浦的"生命线服务"（Lifeline Service）个人紧急救援系统等为典型。此处以加州的 Health Buddy System 为例进行介绍。

（1）系统功能　健康伴侣服务系统是在广泛采用人体生物指标动态监测传感设备的基础上，以无线组网方式构成网络，实时与医院及护理中心相连，对患者病情进行实时监测。可监测项目及疾病超过 45 种，包括高血压病、心脏病、慢性阻塞性肺病、糖尿病、艾滋病、哮喘、慢性疼痛、睡眠呼吸暂停综合征、抑郁症、癌症、老年日常生活提醒、老年痴呆症活动监护、小儿哮喘、骨伤康复、术后监控、孕期看护、心理疾病、精神性疾病、情绪监测、行为监测、体重控制、防止滥用药物、综合健康管理、公共健康监控等。

健康伴侣目前能以标准护理内容为基础，提供交互式脚本编制监测规程和综合护理内容。通过传感监控技术，以医疗知识为内容，辅导患者，加强和改善其康复效果。系统在提高对病员护理水平的同时，又能从疾病管理、人体康复的角度为各类专科和综合医院、健康中心、政府卫生机构、疾病管理部门、制药公司和大学提供临床试验或研究资料。

（2）系统技术架构　远程健康监测技术主要由患者、传感监测仪、远程监测数据接口、后台数据中心和临床资料数据库以及医护决策支持系统等 5 部分组成。具体系统技术架构如图 20-1 所示。

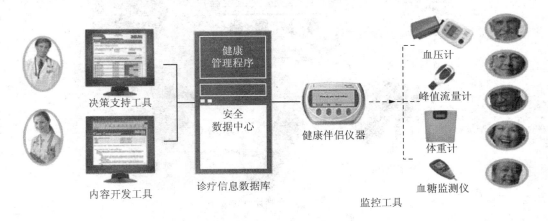

图 20-1　健康伴侣系统架构

图 20-1 表明,系统由决策支持工具、内容开发工具、健康管理程序、安全数据中心、诊疗信息数据库、监测工具等子系统组成,构成完整的患者家庭护理系统,对患者进行慢性病监测护理,同时开展相关的远程保健教育与咨询等服务。该系统组成一个泛在诊疗网络,将医护人员和各地患者动态联系起来。

① 诊疗信息数据库:是系统的核心,它在严格的数据安全和个人隐私保密前提下,管理内容庞大的电子病历及动态增长的监测数据,出具各类诊疗和相关研究报告,极大地方便了医疗护理工作。在更广泛的应用上,该数据库还能按疾病种类、分布地区、年龄状况、家族分支等进行疾病统计,观察用药依从性、膳食营养、起居习惯、运动和体重,进行护理满意度调查等。

② 决策支持工具:面向远端医护专业人员,借助物联网安全接收其护理区域中患者的生理监测数据,对患者进行实时健康分析和风险评估,产生护理群体的一系列监护数据,供专业人员参考。该系统可设定多种监测频率和巡护模式,在保证监测质量前提下进行无纸化数据收集和疾病管理。

③ 内容开发工具:从系统后台来看,医护数据的特点是多样性、交互性与增长性,且个体性和群体性数据总量庞大,加上病历病案等历史资料迅速累积,对数据管理有极高的要求,需用专业性很强的内容开发软件提供支持。同时,从患者前端来看,要能实现灵活性选择、个性化管理、简单化操作、及时化反应。前端仪器与后台数据库通过物联网通信,使临床医生能编辑现有的卫生管理程序,或针对患者需求提交新监测方案,以满足他们护理的患者个体和群体的特殊性与一般性需要。

监测信号和数据均存入后台电子病历中,常规的标准化处理工具也被输入程序中,以跟踪患者的生理状况和临床医疗护理效果。

(3) 前端传感器 图 20-1 中系统的关键是右侧的监测仪器群,它以"健康伴侣"为中心,由多种专用生理指标传感监测仪组网而成,如图 20-2 所示。

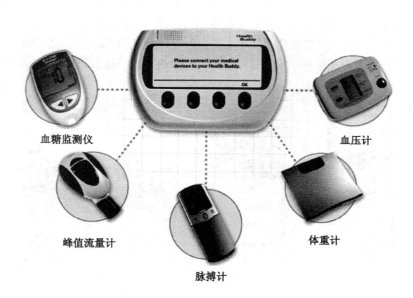

图 20-2 各种前端生理指标感测仪器组成的无线网

图 20-2 显示了各种部分前端生理测量传感仪,如血糖监测仪、峰值流量计、脉搏计、数字体重仪、血压计等。显然,对老年人及患者来说,各式监测仪器通过无线方式与图中央的"健康伴侣"相连,再由其发送到远端医疗中心,健康伴侣是连接患者与医护人员间的数据界面,医护人员可根据患者的具体慢性病情况,选择图中相应的仪器供患者使用,帮助监测和评估患者的病情动态,可按具体病情设定个性化的监测程序,采集到的患者数据随即送回服务器进行处理。病况的危急程度可通过颜色等级来反映,如高危级别为红色,中等为黄色,低危为绿色等。监护人员可根据颜色判断危险程度以及是否需要通知医生前往处理等。

系统根据监测数据可提供趋势图和监测报告,向患者和医护专业人员提供实时数据。后台管理员可以创建基于个性化的或常规监测报告、病况趋势和康复结果,也可针对某几种指标进行详细跟踪描述,出具相关报告等。

20.2.2 能观察健康状态的镜子

美国 MIT 媒体实验室开发出一组脉搏监测系统,将其与镜子结合为一种除了能观察人们衣装,还能进一步显示其实时脉搏、呼吸与血压等人体最基本生命参数的新物件。

这种健康观察镜的原理,是利用装在镜内的摄影机观察血液流过人脸血管时产生的细微亮度变化,将其转换为相应参数。发明者先用软件辨识镜中人脸的位置,将传回的图像数字信息分解成红、绿、蓝三基色,再设计出算法就能根据颜色变化推算出镜中人的脉搏数据。将测出的脉搏数据和血量脉搏传感器(Blood-volume Pulse Sensor)测出的数据进行比较,进行算法校正与最佳化。通过对系统训练提升镜子观察数据的准确性,同时还要消除因人体移动及周围光线影响这两个最易造成误判的因素影响,通过所开发的独特的信号处理技术,利用独立分量分析法,从复杂的现场变动环境中抽取出单一的脉搏信号。

传统的血量脉搏传感器要与人的指尖或耳朵接触,但异物在身总带来不便。而研发者看到,传统血氧传感器已能通过特定光源进行非接触式探测获得数据,就想出用非接触式观察结合数据分析训练的途径来研制健康观察镜,希望通过普通摄像仪也能进行生命参数实时监控,进一步则让镜子能感测呼吸与血压等更多信息。

这一案例代表了一种方向,即物联网技术的发展,不仅会使计算泛在化,也将以往昂贵的高精尖检测设备与普通物件融合,实现对人体健康参量的常态化监测。

20.2.3 专用护理感测系统

除上述较全面的生理指标传感监测系统外,还有一些针对中年人的专项传感监测系统,如睡眠、体重与智能提醒服药的系统等,正与可穿戴设备结合而迅速普及。

1) 睡眠传感监测系统

失眠是困扰许多中年人的疾病。美国 Fitbit 公司开发出一种微型监控系统,通过微型传感器来监控使用者每日的活动及睡眠质量,数据经无线网传至远端管理平台,处理后转换为一般人可读的数据,使用者可每日了解自己的情况,并与标准值比较。

由于传感器体积较小,可穿戴在任何衣物上,如放入口袋、女性文胸或睡觉时夹在袖口上等,所有量测数据均通过 Web 呈现,实现使用者的自我健康监控。

2）体重跟踪传感监控系统

饮食不节制、营养不均衡是众多"现代病"之一,造成许多人体重超标。美国 BodyTrace 公司推出"个人体重追踪服务",主要包含 BodyTrace eScale 以及 BodyTrace WebSite 两部分。前者是一台无线数字体重秤,可将量测的体重自动上传至 BodyTrace 网站。而"个人体重追踪服务"网站(www.BodyTrace.com)设计为专用个人服务平台。用户可在专业指导下制定"减重计划""运动规划""食谱"等;同时该网站建立了独特的减肥社区,用户可将自己的计划公开给朋友、家人或同事,希望他们加入自己的计划并提供交流与督促。

该服务主要内容包括:BMI(体重指数)图表、饮食日志、热量吸收计算,并且提供脂肪、蛋白质、卡路里等饮食指南等,还可进一步视客户需求而进行相关功能的增减调整,提供针对性较强的个性化服务。

3）智能药罐、智能水瓶与智能手杖

工作和生活的繁忙,会使许多人忘记按时服药,一些老年人也往往因忘记吃药而令家人挂牵。美国的 VITALITY 公司和日本象印公司分别开发出智能药罐和智能水瓶,从不同角度解决这一问题。

（1）智能药罐 美国 VITALITY 公司开发出一款可提醒患者吃药的"智慧型药罐",其盖子会通过闪灯、播放音乐、拨打电话等方式来提醒患者该按时吃药,并每周发邮件给护理师、保姆或家庭成员,还能出据一份经医师确认的服药报告,然后生成可增减药物的处方签给药房。

药罐有一套"GlowCaps CONNECT"的无线通信系统,向相关个人、医药公司、零售药店、医院等提供简单报告。目的是对一些慢性疾病,如高血压、糖尿病或忧郁症等的药物进行控制管理,这套整合了在线护理功能的服药通知装置,既可帮助挽救生命、降低医疗成本,也能提升药品经营成效。

（2）智能热水瓶 日本象印公司出于感知独居老人活动是否正常的目的,考虑到他们饮食、服药等都要用水,通过对老年人一日用水情况的感测,就可大致知其起居活动是否正常。于是,象印公司开发出一种无线联网的传感热水瓶(i-Pot),其服务模式与内容如图 20-3 所示。

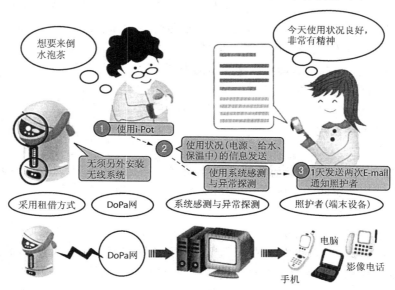

图 20-3　智能热水瓶使用服务模式

图 20-3 中,用户可租用这种 i-Pot 的感知热水瓶,以无线方式连接到一个虚拟的"DoPa"网上,后端服务器可对热水瓶的使用情况按正常模型进行感测与比对,并对感受到的使用热水瓶的数据进行统计分析后,将结果发送到老人子女家属、医护人员的手机、电脑或影像电话中。图的上部表示,i-Pot 热水瓶会自动将其通电、给水、保温等状态记录下来,并与正常的使用频率、使用量、时间分布等数据进行比对,然后根据统计分析后作出判断,并将结果一天两次发给其子女。而家人也可随时上 DoPa 网观察老人的状况。而当智能热水瓶感测到老人用水喝茶行为有异常时,就会立刻通知相关人员上线查看。

当然,有智能热水瓶也自然会有"智能餐盘"之类。如 Intel 公司考虑人人皆需每日进餐,就在餐盘底部添加 RFID 感测标签,可感测到每天被使用过的次数、时间,将这些数据通过无线网络发送给网上监测平台中进行分析记录,并视结果通知相关人员。

(3)智能手杖 德国弗朗和费研究所研发出一种智能手杖"i-Stick",其中有水平传感器、RFID 识别感测器、无线通信装置等。由于手杖是许多老年人的随身用品,如当其处于倾倒状态时,传感器会感测到手杖处于失衡状态。先发出声音通知老人将其捡起来,但如手杖超过一定时间仍处于不平衡状态时,则可判断使用此拐杖的老年人跌倒了,该拐杖就会自动通知救护车或指定的相关亲戚前来救助。

该手杖还可记录老年人的生活习惯,并通过学习了解其固定生活模式,能针对异常行为通知相关机构提供就近照顾。手杖还可与 GPS 结合,帮助老年人定位,减少其走失可能性。

进一步,该手杖还可与搭配有蓝牙的、能动态监测上述各项生理参数的智能衣(即有生理指标传感器的特殊衣服)相组合,在动态监测老年人各项生理参数是否正常的同时,判断其行为是否正常,提供定位以判定其路途是否正常等,以便在其碰到不适或走失时能被迅速找到。

4)居家老年人起居感测系统

当前各国家庭中,子女普遍与老人分居。高龄老人不仅饮食需要关注,且其生活起居也多需照顾,而物联网在这一领域大有用武之地。美国波特兰的 Oatfield Estates 公司研发的智能护理环境系统,运用红外线与无线射频传感技术,可全天感测老年人的作息,其家人和医护人员也能通过网页和手机等途径了解其居家活动状况。

在老人的枕边、起居室、衣服等处安装无线感应器,就在家中形成一个感测环境。当老人行动时,这些传感器就能感测到相关信号,系统就可得知老人的活动状态。通过这一智能护理环境的跟踪,可分析老人的社交行为、进出房间频率、独居时间、体重状态、是否处于不安状态等。一旦系统感知并分析比对到老人的生活起居有异常时,就能自动报警并通知其家属和医护人员。

20.2.4 眼压感测隐形眼镜

物联网的传感与测量技术,对一些感官疾病能起特殊的辅助医疗或监测作用。如青光眼是可能导致失明的常见眼科疾病,虽无法完全治愈,但患者能通过定期眼压监测并实时正确治疗控制病情恶化。但现行检验方法不能动态掌握与跟踪患者的眼压变化,往往当眼神经受损后才被诊断发现,耽误了治疗时机。

对此,瑞士一公司推出一种内嵌微压力传感器能准确检测眼球眼压的隐形眼镜,称为 SENSIMED Triggerfish®。隐形眼镜由镜片、内嵌压力传感器与天线、微电路与数据发射器等构成,小型接收器佩戴在患者颈部。镜片所需电流来自电磁场,无须电池。接收器通过蓝牙将数据传至计算机进行分析处理,如图 20-4 所示。这种眼压监测设备能记录一段时间(如 24 h)患者因角膜压力与眼球液压变化时的眼球曲率变化情况,并将镜片扭曲导致的电阻变化读数值以无线方式发送给主治医生及计算机系统。它取得的数据准确性及持续性是传统眼科检测仪无法达到的,故能及早诊断并依据患者状况确定最佳治疗方案。

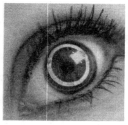

图 20-4　眼压感测隐形眼镜(左)及无线连接系统(右)

20.2.5　个人情绪感测系统

现代社会中,各阶层中青年都可能承受各种精神压力,一些人甚至产生心理疾病,在某些场合或受刺激时,导致情绪失控并由此做出有损于他人或自己的行为。因此,感知、观测并主动或被动地开展个人情绪与精神压力测控的社会需求日益增长。

Affectiva 开发出一套称为 Affdex 的人类情绪识别系统,与其名为 Q-Sensor 的腕表式前端传感器无线连接,如图 20-5 所示。通过感测穿戴者皮肤表面的微小电量变化,在一系列情感算法模型的支持下分析与判断使用者的情绪变化,并能以颜色、振动或声音提示等方式提示使用者及周围人员,能防止或阻止个人情绪的恶化。

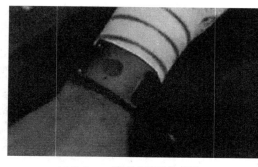

(a) Q-Sensor腕表式情绪传感器

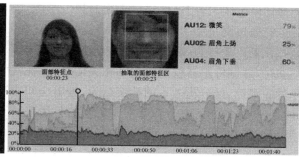

(b) 个人情绪分析系统界面

图 20-5　Affdex 情绪识别系统

Q-Sensor 通过前端的网络摄像头来捕捉并记录穿戴者的表情,观察其情绪是喜悦、厌恶、困惑还是愤怒等。其下两个电极发出微电流,通过感测与采集皮肤表面电位的微变化数值,利用皮肤导电率与情绪压力间生理反应相关的原理,判断穿戴者处于数值高的紧张、专注、焦虑等情绪状态,还是处于数值低的无聊、放松状态以及情绪变化引起的数值变化等。

由于皮肤导电率会随机械压力与温度的升高而变化,为了消除此类干扰,Q-Sensor 加装了一个温度传感器协助辨识分析变化;还有一个三轴加速度传感器,用来确认佩戴者的使用状态,如行走、骑车或慢跑等,以判断真实压力值。该装置可记录1~4个月的数据,供手机或其他远端智能装置动态监测。

Q-Sensor由MIT的几位专家发明,最初用于无法正常表达情绪者,如让自闭症儿童的父母或看护人员了解他们的情绪等。作为一款有无线通信功能的电量传感与记录器,Q-Sensor本身无法直接分析情绪,需建立大量的真实表情模型,通过抽取各种人类典型面部表情的代表性呈现,转化为可量化描述的代表性情绪,分出不同等级程度,再以各种可感知与观察的方式呈现出来,这需要功能强大的后台计算支持。为训练平台能辨识人们复杂的表情,系统最先利用4 000余笔的演员表情资料库,后续不断纳入新资料及分析技巧,建立妥善完备的"情感标准数据分析库"。

存储和运行该库的后台即Affdex系统,它将Q-Sensor上的网络摄像机采集的穿戴者表情与情感标准数据库进行比对,做情绪反应分析,追踪记录患者的情绪状态,提出临床建议或改进治疗方案。同时,系统也可帮助有心理问题或情绪自控能力薄弱者察觉其情绪爆发的前兆,以便周围人员提前预防及制止。

可见,系统的正确应用,取决于人类生理-环境-心理间相互作用及情绪间的数据关系研究。为此,Affdex正建立众多详细的面部模型,包括眼角皱纹和皱眉时的皱纹等,输入了70多个国家280万人的110亿个面部数据点。目前,研究者正计划用Q-Sensor-Affdex建立北美最大的人类表情库,用来分析消费者在不同情境下的反应与行为,将其扩展到商业广告效用监测领域。图20-6(b)为Affdex系统采集与分析微笑面部表情特征与数值化建模的界面。

20.2.6 个人运动与体能管理系统

当前,一些基于运动计量、运动程度与姿态提示和控制的智能穿戴设备,在导入各种物联网技术的基础上成型。几种侧重不同技术应用的穿戴式个人体能活动管理器介绍如下:

1) Fitbit one

Fitbit是一家个人运动记录器研发与生产的公司,推出多款无线联网的体育活动/睡眠状态记录器,体积小,附腕带与硅胶夹套,可戴在手腕或夹在衣服上,防雨水和汗水,适于在运动与睡眠时佩戴使用。记录器内置动作传感元件,可感测行走与跑步的步数、距离、爬过的阶梯数、睡眠时的动作等。

Fitbit one是其中的一款,它将感测到的活动数据,通过适配器和蓝牙直接同步到电脑与智能手机等装置上,在Web或Fitbit APP上,以数字或"仪表盘"形式读取。穿戴者在其上可看到各种数据记录产生的综合性分析,如运动密度、实质睡眠时间、燃烧卡路里数等,还可取得深度分析报告。通过后台大数据统计分析,可与其他人群的均数、最大值等比较分析,开展个性化训练规划服务,设定多元化的活动与睡眠质量目标等。

Fitbit one在运动监测市场获得很大成功,主要因素如下:

(1) 设计与界面功能

① 微型化设计:搭配腕带与夹套,在各种运动与睡眠时均可携带。

② 操控简单:控制界面、Web上模拟的"仪表盘"与APP,均将数据或指令以图形呈现,直观易懂。

(2) 资料采集、分析与对策

① 自动感测动作,并有饮食记录功能(与后台食品数据库连接),可综合分析生活品质。

② 按使用者的历史数据提供目标建议,达到目标前有提示,达成后有激励。

③ 动态刷新社区使用者各项数据排名,激励使用者积极运动。

(3) 增值服务

① 使用者可取得深度分析报告、与其他人的报告进行比较分析、个性化训练规划、更多元化的生活管控设定与追踪(如咖啡因摄取量、看电视时间分析等)。

② 通过开放 API,与其他知名运动网站的 APP 同步数据,可扩展数据的应用范围。

Fitbit one 在时下已成此类产品的代表,它们分成前端穿戴设备与后台服务系统两部分,如图 20-6 所示。

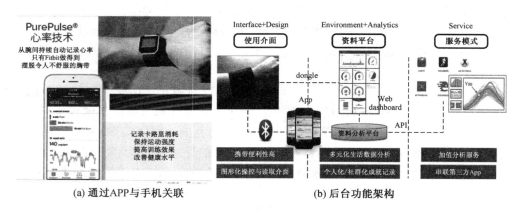

图 20-6　Fitbit one

后台主要支持用户界面,呈现各类感测数据与结果,同时提供多样化服务模式供选择并与 APP 相连,资料分析则与环境数据及穿戴者使用中产生的数据相关,系统提供后台比较与分析,产生对策建议等。

2) 联动智能运动手环 Amiigo

手环是最普及的穿戴式运动感测设备。Amiigo 推出的智能手环不仅用来记录走路和跑步等运动,还能识别如俯卧撑、下蹲、弯腰等 100 多种动作形态,能即时分析相关数据,让穿戴者掌握各项运动的细节和身体状况。通过手机 APP 接受教练的远程指导,将运动实况与数据分享朋友圈,在提升运动乐趣中强化使用者持续运动的意愿。

图 20-7　Amiigo 智能运动感测套件

Amiigo 手环不仅有环形传感器,还有可夹在鞋带上的小型传感器,两者结合监测运动者上下身的活动状态,通过对上下这两个感测器的数据进行运算,产生更丰富的运动记录和更多的分析结果。这对设备的外观如图 20-7 所示。

Amiigo 手环对可感测到的内容有:运动项目、操作组数与次数、运动强度与速度等;可测心律、血氧含量、皮肤温度、卡路里消耗量等;也可掌握各项运动姿态,了解各种动作对身体的影响。这些感测通过三轴加速度传感器进行,结果可依据使用者的历史记录、生理与年龄数据等,经统计分析提供未来运动项目、数量预测及建议,有助于制订后续运动计划。

人体有很多种运动方式,如俯卧撑就有几种,即便同一种俯卧撑,每人的姿势也会不同。

手环同时捕获的人体上下身运动数据,供后台进行分析。Amiigo 不对运动分类,而采用自动学习(即用户对系统"训练")的算法去识别穿戴者做的动作。如设定特定时间内,用户做出了一组代表性动作,系统就能标注它们,此后会自动识别,并计算每个动作的数量。

3) 智慧网球拍

物联网的众多技术中,一两项的巧妙结合就能产生出好的创意。如将蓝牙 4.0 及微机电系统(MEMS)技术结合,国际网球拍制造厂 Babolat 就研发出一种智慧型网球拍,能追踪选手的挥拍情形及比赛状态。

智慧型网球拍与一般球拍的外观一样,重量和大小无异,区别在球拍把手中隐藏有 MEMS 加速度传感器,它可测量挥拍力道、击球点、击球速度及挥拍次数,挥拍次数则包含了正拍、反拍及切球的次数。所有数据通过蓝牙传输至 APP,以可视化形式呈现分析结果。APP 也设计一个特殊计量单位——Pulse,类似 Nike 的 Fuel。Pulse 是综合各项数据所推算出的分数,球拍如图 20-8 所示。

Babolat 将微机电系统技术用于球拍,可采集与分析每场选手比赛数据及有效的击球数据。球拍融合了法国 Movea 数据整合技术,可分析特定球员的击球技巧,球员与教练可以设定每天每周每月的训练目标,通过数据分析达到技巧的改善及突破。而业余爱好者则可将自己的数据上传到朋友圈及职业好手,以改善其球技并获得建议,当然,也可以挑战好友。

图 20-8　Babolat 智慧网球拍

20.2.7　智能婴儿监护系统

1) Mimo 初生智能婴儿监护器

Mimo 智能婴儿穿戴设备由婴儿服、Turtle、LilyPad 组成,与父母的手机通过 APP 互联,可了解婴儿的实时活动或睡眠情况。具体可感知婴儿呼吸、体温、姿势、活动,探查其周围声音,看其睡眠记录及睡眠质量等。数据都以直观图形呈现在手机上,以动态判定婴儿的生理、活动及安全状况。实物如图 20-9 所示,功能如下:

(a) LilyPad(内建Wi-Fi)　　(b) Turtle(内建蓝牙)　　(c) 婴儿服

图 20-9　Mimo 智能婴儿服

(1) Mimo 婴儿服　婴儿服的质地为有机棉,衣服上的条纹是呼吸感测器,可感知婴儿呼吸是否均匀或急促,避免其窒息。

（2）Turtle　Turtle兼有体温和姿势传感器及蓝牙模块。体温传感器可供家长判断婴儿衣服或被服的增减；运动姿势传感器可知道婴儿是趴着、仰着或卧着等，还可知道其状态是睡眠还是醒着等。诸传感器通过内置蓝牙将数据传给LilyPad。

（3）LilyPad　LilyPad有麦克风和Wi-Fi单元，两者结合的功能是：采集婴儿及其身边的声音并发到家中网络平台，父母在远端按下手机监听键时可听见婴儿及环境动静，可保存婴儿醒来或睡眠的记录。

此平台与APP结合能实现多种功能。如它内置一些异常或特殊事件，父母也可自行设定事件，一旦其发生，各关联手机就会发出警示。后台数据能在记录基础上提供一些成长分析功能，如睡眠是婴儿成长的重要因素，后台可反映其一段时期的醒睡次数及各自平均持续时间等数据，并可与其他同龄婴儿的平均观察值进行比较。在信息安全上，合作的后台数据公司保证所上传的婴儿生理数据只供客户个人使用，公司不收集其资料。

2）Evoz婴儿监护服务

随着婴儿长大，活动量增加，需要观察与照料的事项更多更复杂。美国Evoz公司开发了一款名为Baby Monitor的婴儿监护器，也是一种智能装置＋手机APP，也用于帮助父母有效地观察婴儿。

该系统与Mimo功能相似，一个前端装置放到婴儿房间，通过Wi-Fi与手机APP相连。当婴儿哭闹时，Evoz Baby Monitor就会向父母手机发出提示，使他们无论何时何地都能马上了解婴儿的动静，具体功能如下：

（1）信息提示　将信息以即时通信或警铃等方式传递给父母手机。

（2）即时观看　通过前端装置上的镜头看到婴儿在房内的活动。

（3）动态记录　自动采集婴儿的哭闹、睡眠等声音等。

该系统后台可持续记录小孩的睡觉、哭闹频率等数据，对其进行分析，可与其他同龄小孩对比，如果发现任何异常状况，就请教婴儿护理专家。图20-10为其示意图，图中左上为前端无线视听感测器。

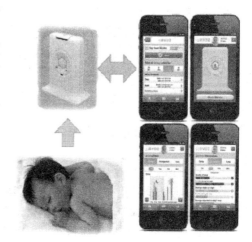

图20-10　Evoz婴儿监护系统

目前，此类设备朝智慧响应功能发展，如当婴幼儿哭泣时可自动播放音乐，睡眠时播放催眠曲等。前端镜头视角更广、像素更高，加上LED红外夜视功能，能在夜间观察婴儿；加装湿度与温度传感器，当温度超值、或湿度超值时提示父母检查婴儿状况，避免温度不适，更换尿片等。

20.2.8　微机电系统在身体检查中的应用

微机电系统（MEMS）的主要特点是体积小、重量轻、能耗少、响应快，可有多种应用。它在医疗器械及身体检查中的应用是国际研究的前沿之一。

1）微机电系统体检胶囊工作原理

最能综合体现这一技术在医学领域应用的成果之一，就是 MEMS 体检胶囊，专用于胃肠道疾病检查。其工作原理是：患者先穿上检查专用的背心，然后口服如感冒胶囊大小的智能胶囊，其尺寸仅为 $\phi 13.0$ mm $\times 27.9$ mm，吞服方便，借助消化道的蠕动使之运动，其中的微型摄像机透过胶囊对消化道壁进行摄像，并通过无线数字信号传输给图像记录仪存储，医生通过影像工作站来观察患者消化道情况，能在半个小时内做出诊断。智能胶囊最后自行排出体外，整个过程中，患者无创伤、无痛苦、无交叉感染、容易耐受、无需镇静剂，同时彩色图像清晰。

这种"胶囊内窥镜"填补了当今小肠检查的盲区，与传统的内窥镜比较，能将小肠疾病的检出率从 30% 提高到 70% 以上。它克服了传统推进式内窥镜体积大、患者痛苦等缺陷。

2）微机电系统的结构与特点

胶囊内窥镜结构由 7 部分组成：透明外壳、光源、成像元件、传感器、电池、发射模块和天线。电路系统又包含了传感器检测部件、信号处理部件和无线发射部件。图像、温度、pH 值等传感器检测部件检测消化道内信息，该信息经过信号处理部件的处理经无线发射部件发送至体外。体外接收机接收信号，经过体外处理单元的处理，在终端显示出来。另外，随着功能拓展的需要，胶囊内窥镜还可以包含释药部件、用于微型手术的机械部件等。

MEMS 胶囊虽小，但充分体现了智慧医疗为传统医疗模式带来的革命性意义。IBM 认为，智慧医疗应该具备 6 个特征，即互联互通、协作、预防、普及、可靠和创新。

3）案例：无线给药微晶片

美国麻省理工学院（MIT）研究将可遥控植入式微芯片用于精准给药，一是取代患者每日注射药剂的痛苦及麻烦；二是通过微芯片遥控，对治疗部位进行靶向药物释放，以提供更及时、精准和有效率的治疗。

具体做法，如将技术用于骨质疏松症患者（患者须每天注射骨质生成药），将一个如指尖大小的微芯片植入患者腰部，微芯片上有装填药物的 20 个小格，小格用纳米厚的黄金封住，当发出遥控指令时，个别小格的黄金化掉，使药物释出至血液中。

将药物植入人体，如微芯片被设定为植入 8 周后每天释出一剂药，针对治疗部位局部施药，不仅可减少药物剂量，更可精准控制药量、给药时间、药物释放参数等。图20-11所示为无线给药芯片盒。

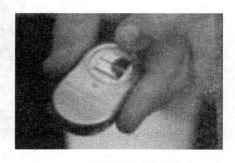

图 20-11　无线遥控给药芯片盒

20.2.9　个人在线健康管理工具

人们在身体不适时才去医院就诊，而医师往往只能针对具体症状，作较单一的诊断，无法就病人的整体情况提供完整的医疗保健建议。此外，一般人无法自动了解自己的身体情况及在日常生活中开展个人健康管理。

Mayo Clinic 是全球最大的私人医疗系统，提出个人健康管理的"观察、计划、行动、完善与交流"（SPARC，See、Plan、Act、Refine、Communicate）理念及方法，推出以顾客为导向的 EmbodyHealth 个人健康管理平台，向公众提供健康服务体验。其主要服务项内容如下：

（1）健康评估（Health Assessment）　通过综合型在线健康管理工具，从 11 个关键风险因素对个人身体健康状况进行评估。

（2）行为改良程序（Behavior Change Programs）　针对个人日常起居行为提供改良方案及跟踪记录与分析工具，以数周时间，实施风险因素的健康改善计划。

（3）行走健身运动（Walk to Wellness campaign）　针对任何群体提供其适用的健身方案，以4周时间为单位，协助操练者降低健康风险。

（4）健康管控（Health Monitor）　针对慢性病，提供容易使用的跟踪记录工具，整理成可输出的报告，供诊疗参考。

（5）报告系统（Report Suite）　通过独特跟踪记录工具，提供个性化的健康报告，针对重要统计数据进行比较参考。

（6）健康信息库（Health Information Library）　提供超过975种疾病及病理条件数据库，供查询、了解与分析。

显然，这虽然是个网站，但它能和许多个人穿戴式健康感测设备互联，形成前端与后台一体化的个人健康信息服务环境。

20.2.10　物联网管理健身器材

美国的 Naked Labs 公司开发了一款新型 3D 健身追踪器 Naked 3D Fitness Tracker，通过 3D 扫描技术准确测量身体各个指标，并显示健身过程中身体的变化，如图 20-12 所示。

图 20-12　Naked 3D 健身追踪器

Naked 扫描套装由三部分组成：一面用于扫描的智能全身镜（配备 3D 深度传感器）、一套 360°旋转人体秤和一款配套移动应用程序。镜子搭载英特尔处理器，处理其扫描出的原始数据，生成使用者的 3D 模型。通信上，镜子支持 Wi-Fi 或蓝牙同步连接 iOS 或安卓设备，传输综合健身数据到手机 APP 中。系统内部搭载英特尔 RealSense 3D 景深传感器以及酷睿四核处理器。当蓝牙连接体重秤旋转时，镜子会扫描用户身体，全过程约需 20 s。扫描追踪的身体指标包括肱二头肌、小腿、大腿、臀部和腰部的对称性和周长，以及身体的脂肪率、腰臀比和体重。扫描完成后，系统将相关数据发送到相应的 APP 中，让用户了解自己身体的变化。并且，它还能把变化明显的部位用不同的颜色显示出来，向用户展示身体哪些部位在长肌肉，哪些部位在长脂肪。如扫描结果超出了运动健康专家认为的健康范围，APP 还会向用户发送提醒。

Naked 系统针对的不仅是希望增肌或减肥的用户，还能跟踪和显示孕期用户每个月的身体变化,以这种方式,孕妇的体形被准确地记录并转化为三维模型。此外,它还能实现高精度的手势识别、面部识别,为用户带来更自然的交互体验。用户还可以放大、旋转自己的模型,查看更多细节。

思考题

（1）试述全球远程健康护理产业的发展趋势。

（2）试述物联网技术在远程健康护理领域的应用。

（3）简述运动体能管理系统的技术特点。

（4）请思考 M2M 在医疗保健领域的应用。

21 可穿戴设备及其应用

[学习目标]

（1）了解智能可穿戴设备的概念与内涵。

（2）掌握个域网的结构与特点。

（3）了解物联网技术在各种可穿戴设备中的应用。

（4）理解个域网与可穿戴设备间的关系。

21.1 可穿戴设备概述

自谷歌眼镜推出以来，内嵌物联网技术的各种穿着物品及配件就被称为"智能可穿戴设备"，简称可穿戴设备，成为智能终端产业的新热点。各大厂商纷纷进军这一领域，各种新款可穿戴产品层出不穷。

可穿戴设备以具备部分计算功能、可连接手机及各类终端的便携式附件形式存在。主流产品包括各种肢体穿戴类产品，如以手为支撑的手表、环带类产品；以脚为支撑的鞋、袜及其他腿上佩戴产品；以头部为支撑的眼镜、头盔、头带等；以躯干为支撑的智能背心、书包、拐杖、腰带及配饰等形态。

据 Intel 预测，未来人们身上将穿戴 3～8 种嵌入式传感器或微计算机的常规设备。为此 Intel 已开始研发专用于可穿戴设备等小型装置的微处理器，并投入一条新生产线。而一批来自知名企业如 Nike 和 Oakley 等的人才加入其设计团队，预示物联网＋传统产业将引发新一轮的产业变革。咨询公司 IHS Global Insights 表示，到 2018 年穿戴式科技设备的销售额将由 2012 年的 86 亿美元增长至 300 亿美元，而穿戴式设备包括了联网功能以及可由手机 APP 操控者。

21.2 个域网的概念与技术要求

1）个域网的概念与功能架构

（1）个域网的概念　可穿戴设备不仅有硬件、软件，还通过数据交互、近域通信与云计算等互联，多方感知人们的身体，作为人类器官的智能延伸。现实各类身体传感设备朝着柔软化、贴身化、一体化方向发展，而支持众多可穿戴设备发挥功能的通信环境，是"身体传感器网络"或称"无线身域网"（Wireless Body Area Network，WBAN）"无线体域网""体域网""身域网""个域网"等。

个域网是将一批各具功能的小型传感器连接起来，穿戴在人体上，持续将监测到的生理参数、运动数据和医护信息等发送出去的传感器网络。

（2）个域网系统架构　个域网系统架构如图 21-1 所示。

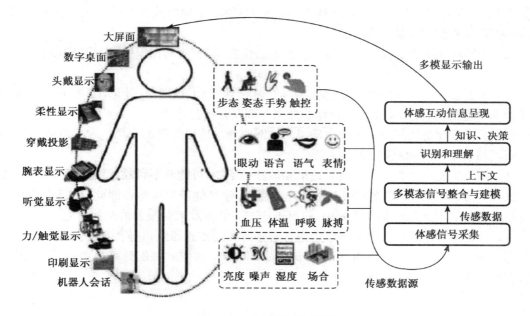

图 21-1　个域网系统架构

① 传感器类型：如头戴显示、柔性显示、穿戴投影、腕表显示、听觉显示、力/触觉显示、印刷显示、机器人会话等类型传感器。

② 实现功能：用于感知人的步态、姿态、手势与触控；人的眼动、语言、语气、表情；血压、体温、呼吸、脉搏；亮度、噪声、湿度、场合等。

③ 个域网输出：体感互动信息呈现、识别和理解、多模态信号整合与健康、体感信号采集等。

目前，个域网正在迅速发展中，上述功能架构给出其在关联与组织多个可穿戴设备形成互联的应用中起的基础性作用，同时也表明其比普通局域网有一系列不同的要求。

（3）个域网实例　图 21-2 所示为一则个域网实例，其中 E＋W 代表三维心电图仪、P 为胸导联心电图仪、B 为呼吸传感仪器、R 为参照传感点。呼吸通过压阻式传感器监测，心跳通过内外侧电极探测。这些设备，通过无线通信将数据从身体传送到家庭基站，再转发到医院、护理中心、诊所及亲属手机或其他地方。

个域网技术对糖尿病、哮喘、心脏病患者及老年、残疾和危重病人等的全天候监测起重要作用，并且该项技术还可应用于体育、军事、安全等许多领域。

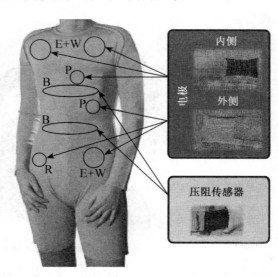

图 21-2　个域网示意图

2）个域网技术要求

个域网需要的相关技术要求如下：

（1）互操作性　个域网要求支持蓝牙、ZigBee、RFID 等标准间数据传输，实现设备间的信息交流与即插即用,还应保证其在外网中有效迁移、不间断连接以及系统可扩展性,能随时在网中增加新的可穿戴设备。

（2）支持移动通信协议　实现对感知对象的位置监测,使其在家中、工作场所或户外均能定位。

（3）系统设备　个域网中的传感器需具有复杂性低、无线通信、外形小、重量轻、功耗小、易使用和可重构的特点,支持远程存储和数据查询及分析与处理。

（4）系统和设备访问级安全　应确保身域网感测与传输数据的专用、安全、准确、可靠,使用上有严格有限的访问权限,能确保患者隐私权。

（5）传感器验证　普通传感器因通信和硬件的限制,可能有不可靠无线连接、抗干扰性和储存性有限等,导致数据错误并传至系统,这将给医疗保健带来风险。因此,传感器的数据感测、验证、清洗和模式识别是很重要的,将有助于减少假报警或漏报警情况的发生。

（6）数据一致性　由于可穿戴设备内各有多种专用传感器组,它们组成身域网时,使用中的数据可能支离破碎地分布在几个感知节点或不同监护领域的联网计算机中,系统应保证这些数据的一致性。

21.3　可穿戴设备案例

21.3.1　智能运动衣监测心率

美国 Textronic 是一家从事微电子和纺织技术跨界整合研发的企业,NuMtetrex 智慧运动衣是其开发的多款产品的一种,其特有技术是将传感纤维直接编织进弹力布中,故其心率检测仪可直接集成在背心中,检测穿戴者的心跳信号,将其经转换处理后通过背心上的一个微型发射器传输至手表及手机上,让穿戴者监控自己的心率。

这一应用的最大特点是运动者不需额外穿戴任何附加装置就能监测自己的心率,具体形式如图 21-3 所示。

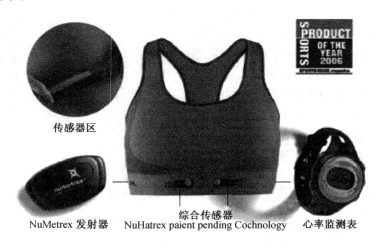

图 21-3　美国的 NuMetrex 心率传感式运动背心

图中自左向右分别是(背心中的)传感区、信号发射仪、集成传感器和心率监测手表。使用者可采用手表或手机为显示终端,设定运动目标,记录训练时的平均心率、最高心率和所消耗的热量。相关数据与计算机连接,并可上传到运动社区平台。此平台可为每个使用者提供其各类个性化训练方案模块,如跑步、户外运动、自行车和体能器械锻炼等,为每个会员建立运动档案与计划,并在其具体实施中,通过运动背心反馈的生理数据,提供各类图表分析及专家指导建议。

该产品面市,意味着电子纺织业的诞生,它将拓宽物联网在穿戴领域的许多应用,推动智能穿戴设备朝隐形化、普物化发展。该产品也将在保持衣物的保暖性和舒适性等特征基础上,延伸智慧型功能,实现多生理指标监测,在运动生理监测、常规保健和居家看护与意外防治领域发挥重要作用。

21.3.2 个人作息管理手环

手环是最普遍的智能穿戴设备之一,但各种手环间功能颇具差异。一种用于生理作息监测的 Jawbone Up 手环中内置了三轴传感器,可以记录个人的运动、睡眠及饮食作息状态,如图 21-4 所示。手环和 Android 及 iOS 手机 APP 同步显示监测数据,以图形界面呈现穿戴者的生理状态。初用者通过手机 APP 输入其身高、体重、年龄等数据,系统据此提供最佳生理数据,让使用者达到对应目标。Jawbone Up 提供以下 3 种监测服务:

1) 日常作息

手环可记录穿戴者一整天的活动情形,其走动时间及消耗卡路里数量。运动管理时,可通过 APP 设定起始时间,APP 会标示运动时所消耗的热量及设定的目标,并和一般活动时比较。而当手环监测到穿戴者已长时间没有活动,会发出震动提醒其该起身活动一下。

2) 睡眠

穿戴者可将手环调整到睡眠模式,以完整记录用户的睡眠情形。仍通过 APP 完整呈现其睡着到起床的所有数据,并可设定闹铃,手环按时提醒使用者。

3) 饮食记录

穿戴者拍摄食物或饮料的条码,即可获得食品营养信息,也可以根据手环提供的数据查询食品营养信息。此手环除自己开发的 APP,也支持其他 APP,使其功能扩展许多。

由于该手环非常轻巧也具有时尚感,戴在手腕中不会有突兀感,电池可续航 10 天。穿戴者通过它可知道个人生理状态,随时提醒自己保持最佳的健康状态。

图 21-4　个人作息手环

21.3.3　智慧服装反应人的情绪

人类情绪与心理难于直接检测,但人的情绪波动可通过生理指标反映出来。于是,科学家采用智能穿戴技术,研发出另一类型的智慧衣服,通过测量穿戴者的生理数据波动,再按特定算法与模型,将其解读成 16 种情绪状态,通过个域网技术显示出应对信息,以提示、宽慰或鼓励穿戴者。

　　智慧服装可让用户设定其想要的模式,然后测量穿着者的生理资料,分析其目前符合哪一种情绪模式,将信号连接到后台网络或是手机上进行 16 种情绪状态分析及处理,再显示一些能让穿衣者振奋的信息,这些激励信息可以是文字、一组照片或一段视频等,显现在衣袖上以提示穿戴者。

　　考虑到男性与女性的生理与心理差别,智慧服装也按不同性别设计。图 21-5 为女款示例。目前,最需要心理安慰的人群是都市空巢老人与独居者,当使用者穿上智慧服装后,可与家人、朋友、双亲等度过一天,系统将他们的多媒体信息留存在后台数据库内,其后衣服就会仿真出使用者所挂念的人陪伴时的情境等。因此,这种衣服的广阔前景是心理调节,同时也被用在时尚与医疗结合的领域。

图 21-5　带有生理感测、心理分析
与显示的智慧服装

　　医疗部分,它可以改善病人心境,无论在医院或居家中,都可以使他们感觉更好。未来,研究者与行为生物学家合作,持续改善解读的情绪处理模块。

21.3.4　具有听觉的衣物

　　可穿戴技术不仅能将智能物体整合,也直接导致了一些创新、有趣的发明与应用。美国麻省理工学院(MIT)就研发出一种具备听觉能力的衣服。衣服采用他们开发的一种新纤维材料,这种材料在一定的频率与振幅范围内不会改变其衣料性能,却能让纤维具备接收与其固有频率相同声音的能力,让它们制成的衣服等不仅能检测到声音,还能自行发声。

　　为此,他们研发出一套制造此种特殊纤维的新工艺,产生许多不同形状的特殊纤维,再用它们制成衣物。由于不同形状的纤维具有不同的共振频率,使这种特殊纤维能接收并发出不同频率的声音,如图 21-6 所示,从而使其拥有与麦克风、扩音器一样的功能。用它作为面料制成具有感知声音功能的衣物,可实时记录演讲或探测身体状况,通过衣物上的织物丝细线测量血液在毛细血管内的流动情形,也可以测量脑压等。

图 21-6　不同形状纤维产生不同的音频及 MIT 开发的"听力服装"

　　采用这种技术制成的穿戴物品,能感知周围环境的声音与穿戴者的身体形态,并能在后台数据支持下进一步了解其生理状态。将这三者结合,能在安全防卫、保健护理、医疗跟踪等许多领域派生出大量应用。

21.3.5 安卓穿戴平台（Android Wear）

Google 眼镜的推出，标志穿戴设备的诞生。随着相关产品的纷纷出台，对平台的需求日益明显，Google 便发布了名为 Android Wear 的可穿戴设备的专用系统平台，各种移动设备均可通过蓝牙与 Android Wear 平台联机。Android Wear 服务平台整合了 Google Now 服务，通过手表或卡式界面显示天气、地点、交通及个人信息，可用 Google 语音来操控，也可用触控方式。穿戴者只需通过手表或便携智能卡就可知道天气、附近餐馆、最新消息，手表内的健身跟踪模块可测算使用者的跑步速度及消耗的卡路里。

Android Wear 的功能是实现各种穿戴设备与 Android 装置间数据传输，通过平台整合各种硬件，以期解决穿戴设备间混乱的数据传输方式。在 Android Wear 平台上，各厂商均可开发产品与应用，Google 公开了 SDK，允许第三方 APP 采用。目前，LG 已开发出 Android Wear 智慧手表，其他品牌商也在开发穿带式装置，通过贴身装置控制其他产品，如电视、手机、音响等。

Google 运行这一平台，故它也可搜集穿戴者的个人喜好，利用这些数据做精准化个性广告与信息发布，如图 21-7 所示。

图 21-7 基于 Android Wear 平台的手表及智能卡

21.3.6 具有传感功能的袜子

自从 Google Glass 和苹果 iWatch 引发智能穿戴设备以来，有一种呼声是要求穿戴式技术不仅产生各类"外挂"装置，更要直接内嵌或隐匿至普通身体接触的产品中，做到外观普物化，达到"无象无形"的更高境界，不影响到平常的生活。如人们穿着的织物材料，加入特殊的感应元素，就成为名副其实又贴身实用的穿戴式产品。

Heapsylon 公司推出名为 Sensoria 的智能袜，其采用特殊纤维制成，舒适、导电，并带有一个脚踝传感器。通过传感器与袜子相连，可记录穿戴者的站姿、步伐、跑步时间与节奏以及脚的着地部位等数据，并可用手机 APP 监控自己的跑步习惯。若是跑步姿势不正确，使用者会收到 APP 的通知，当遇到脚部受伤需要康复时，也可用 Sensoria 进行分析，来改善自己的跑步姿势以及检验恢复情况，如图 21-8 所示。

图 21-8 智能传感袜通过手机 APP 显示

近年来，慢跑、马拉松已成为热门运动，但统计表明，每年有约 60% 的慢跑者会足部受伤，穿戴 Sensoria 后结合智能手机就可帮助他们自我检测，降低受伤概率。

21.3.7 时尚导航鞋与家用吸尘鞋

1）时尚导航鞋

第13章介绍了具有卫星定位功能的鞋子，主要用于儿童、残疾人与失智老人的被动定位与跟踪。而英国设计师 Dominic Wilcox 则运用穿戴式技术思维，加上来自于《绿野仙踪》(The Wizard of Oz)里桃乐丝的鞋子，小主人翁只要将双脚脚跟互碰，魔法红鞋即可带她到达想去之地之灵感，采用 GPS 导航芯片及 LED 模块，设计了一款颇具时尚感的卫星导航鞋。

导航鞋在底部嵌入卫星定位芯片，用户将目的地通过 USB 从计算机传至芯片，导航图标由 LED 灯以不引人注意的方式，以点状显示在双脚鞋面上。右脚鞋面的直线代表与目的地的距离，左脚鞋面则以圆形及中心点的圆心指引目的地方向。启动芯片的方式如同桃乐丝的魔法红鞋一样——双脚脚跟互碰，导航芯片即启动，用户脚上的鞋子也就进入导航模式，引导用户前往所去目的地。导航鞋外观如图 21-9 所示。

图 21-9　GPS 芯片＋LED 指示灯的导航鞋

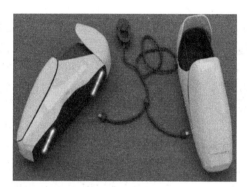

图 21-10　清洁器＋LED 显示器的吸尘鞋

2）吸尘鞋

印度尼西亚的产品设计师阿迪卡·蒂图特·特里尤格也设计出一款称为 Foki 的真空吸尘鞋，鞋底内装有旋转式清洁器，USB 口充电，顶部装有 LED 显示器，可显示电池剩余电量和清洁过程。穿此鞋的人，可在走路过程中将房间里的灰尘吸走，如图 21-10 所示。

这两款设计代表了眼下许多非 IT 专业人员已经走上了将物联网技术与常规物品相融合的设计思路，加上一些智能芯片、功能模块、显示模块与能源模块等，就能将传统物件改造成带有新功能的物品。

21.3.8 盲人触觉导航鞋

与前面介绍的两款鞋的使用目的不同，盲人触觉鞋的构想是为盲人提供具有触觉传感提示功能的鞋来为其引路导航。设计思路是通过盲人手机的 GPS 模块连接 Google Map，自动定位其所处的地理位置，再将此信息传输到触觉鞋内的嵌入式模块，该模块与手机的 Google Map 同步，如同鞋内也安装了一套卫星导航系统，通过两者比对产生振动触觉，为盲人引路。

为指示引路，触觉鞋内安装 4 个振动器，分别位于鞋的前部、后跟处、左右侧。当手机与鞋内的嵌入模块连接时,同时也与振动器连接。根据 GPS 导航,以振动方式提示盲人行进方向。例如:提示前进时,鞋尖振动器便产生震动;如 GPS 显示要左转时,左侧振动器会振动提示,等等。鞋内的嵌入系统还可感知前后 3 m 范围内的地理位置,并都通过手机 GPS 模块提早通知鞋内振动器,确保盲人在行走过程中离开危险。

嵌入模块的主板放置在后跟位置,4 个振动器约长 1 cm,半径 0.5 cm 的振动头安装在鞋垫内衬的前后左右位置,通过鞋垫的空间走线连接振动器与嵌入模块的通信系统。

21.3.9 移动装置与 LBS 结合为失语者提供表达方式

物联网技术还可为失语者提供表达方式。为此,多伦多大学推出一款结合 GPS 和语音合成的应用程序 MyVoice,协助语障人士随时找到适当的词汇来表达。

MyVoice 的原理是运用 GPS 定位使用者的地点,结合 Google 图库,显示在智能手机上适用于该地点的词汇和图片等,让使用者迅速找到合适的词汇。作为一款专用 APP,MyVoice 充分体现智能手机的性能和优势,包括触控屏幕、互动显示、感知地点、运算能力、无线网络等。除了许多沟通辅助及其他应用程序所具备的文字转语音功能外,其创新的优点主要有:

(1)感知使用者所在地(Location Awareness) 自动过滤出特定地点使用的特定词汇,帮助使用者更快找到适用的词汇。如在餐厅即提供点餐相关用语,电影院则会显示买票、选座位、点饮料等图文选单。

(2)远程更新内容 不论何时何地,亲友或语言治疗师均能通过网络为使用者增加、编辑语句及图库。

(3)云存储功能 确保个人化内容不遗失,且存取不需外接线路或记忆卡等。

(4)便利的个人化服务 该程序支持网站选取图文集,如使用者为足球迷,可直接拖曳加入足球图文集,经常使用公共交通工具者可加入地铁站的图文集等。

(5)账号管理服务 内容跟账号走,可跨载体使用该 APP 作为辅助沟通,无须购买特定的沟通辅助装置。

智能手机具有体积轻巧、操作简易的特性,配合专用 APP 可协助失语者沟通并融入社会。协助测试 MyVoice 的语言治疗师曾表示:这能帮助语障人士找到信心、参与生活。这显然是物联网技术应用的又一绝佳案例。图 21-11 为其功能图示。

图 21-11 MyVoice 通过智能手机与云平台为失语者提供即时图文交流服务

21.3.10 智能感测应急头盔

防撞安全气囊早已成为汽车的标配,其工作原理是当气囊传感器检测到的撞击达规定强度时,即向电子控制器发出信号;电子控制器将信号与存储信号进行比较,如果达到展开条件,则由驱动电路向气囊组件中的气体发生器发出启动信号;气体发生器接到信号后引燃气体发生剂,产生大量气体,经过滤并冷却后进入气囊,使气囊在极短的时间内突破衬垫迅速展开,在驾乘人员的前部形成弹性气垫,并及时泄漏、收缩、吸收冲击能量,从而有效地保护人体头部和胸部,使之免于或减轻伤害程度。

而一般摩托车则无防撞安全气囊,为保护头部,骑手们只能戴上厚重的头盔,不仅影响听力,且在夏天闷热无比。为此,瑞典设计师为骑车人设计了一款头盔 Hovding,可以像衣领一样戴在脖子上,只有在发生事故时才会迅速充气,变成头盔,如图 21-12 所示。Hovding 中也有加速度与姿态传感器、电子控制器、气囊组件和气体发生器等,只不过它释放气体形成头盔后不会泄漏与收缩。该头盔平时佩戴既不会像传统头盔那样将头发弄得一团糟,亦不会影响听力。

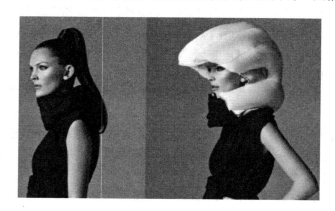

图 21-12　可穿戴式防撞头盔(右为气囊释放状态)

21.3.11 宠物的远程健康管理系统

现代都市中饲养宠物的家庭越来越多,需要跟踪管理及寻找丢失宠物的需求也越来越多。为此,日本富士通公司研发出一款云计算监控的宠物项圈,将其活动状态、体温等信息储存在项圈装置上,利用专用程序及非接触式智能卡技术将记录在项圈的信息转至移动通信装置上,再将信息传至云系统中。

富士通的这套宠物监管云计算解决方案有 3 个特色,具体功能如下:

(1)宠物项圈传感器　宠物项圈装置采用轻薄省电设计,外形如一般宠物外衣,即使长时间无法见到宠物的主人也可 24 h 记录宠物的行走步数、温度变化等日常活动数据,以便随时掌控其健康状况。

(2)智能手机类移动终端　用于动态跟踪宠物信息,数据上传云计算中心可长时间保存。信息暂存在项圈中,通过程序及非接触式智能卡通信技术,只要将智能手机或 PC 靠近就可读取数据。如需长期保存大量数据,可上传至云计算中心,以便日后查询。

（3）供主人管理的云计算服务　主人可用网络接口查询宠物活动数据，可随时观测宠物的变化，并适时响应。

整个系统架构与如图 21-13 所示。

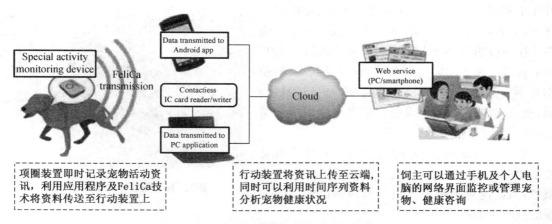

项圈装置即时记录宠物活动资讯，利用应用程序及FeliCa技术将资料传送至行动装置上

行动装置将资讯上传至云端，同时可以利用时间序列资料分析宠物健康状况

饲主可以通过手机及个人电脑的网络界面监控或管理宠物、健康咨询

图 21-13　基于云计算的宠物穿戴管理系统

21.3.12　纳米技术用于可穿戴设备

1）纳米发电技术

可穿戴设备的普及也将导致另一问题，即五花八门的电池和不断地充电作业将成为人们日益增加的负担。因此，体积小、重量轻的纳米发电机（nanogenerator）技术就可能在这一领域引起变革。美国佐治亚理工学院研发出自充电模块，具有能源转化和储存功能，可应用于纽扣锂电池。

其原理是：采用具有压电效应的材质隔膜，当外力作用于隔膜时产生压电场，可对电池充电。将此装置放到鞋底时，使用者走路时就可产生电量，如图 21-14 中所示。该实验室也研发了另一种技术，可让服装纤维在被人穿着时利用运动摩擦发电。这一技术将两种不同的纳米纤维编织在一起，在纤维收缩摩擦时产生静电效应，能将机械运动转化成电能，如图 21-14(c)所示。于是，使用者日常运动中就能对穿戴的各种智能设备和手机充电。第三种是纳米热放电技术，即通过温度变化发电，其原理是利用特制的钛锆酸铅（PZT）纳米材料，当温度变化时材料会产生电子流动进而产生电能。

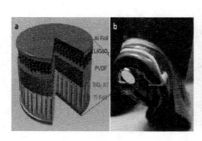

(a) 压电材料　　(b) 压电效应发电　　　　(c) 挥手运动发电

图 21-14　纳米发电示意图

2）纳米技术使普通衣物智能化

纳米技术进入可穿戴领域，不仅可解决电能问题，还有可能直接使普通衣物智能化。

日本多所大学通过协作研发，推出纳米纤维衣服。这些衣服外观与人们平常所穿的衣服并无不同，但它们不仅能在寒冷中发热、在酷热中降温，起到温度调节作用，而且还可以变成电子设备。这一技术是在衣服制作中，通过新技术在其中加入具有传导功能的一个纳米核心层。人们使用时不需额外动作，只要启动衣服中内建的核心层，就可让纳米纤维制成的衣服夹层变成电子装置，并可无线传输数据。

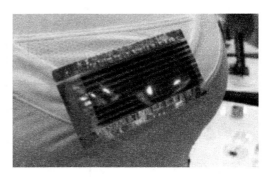

图 21-15　服装中的纳米核心层

进一步的发展，是通过这层纳米纤维实现智能手机功能，可结合 GPS 卫星定位，享受各种 LBS 服务，而无需再携带手机或其他设备。纳米纤维服的核心层如图 21-15 所示。

思考题

（1）试述个域网的基本架构与特点。

（2）试举几种智能穿戴设备并说明其技术特点。

（3）试述个域网与可穿戴设备间的关系。

（4）请考虑智能穿戴设备在健康护理领域的应用。

参 考 文 献

［1］魏旻，王平.物联网导论［M］.北京：人民邮电出版社，2015.

［2］刘云浩.物联网导论［M］.2 版.北京：科学出版社，2013.

［3］李联宁.物联网技术基础教程［M］.北京：清华大学出版社，2012.

［4］薛燕红.物联网组网技术及应用［M］.北京：清华大学出版社，2012.

［5］薛燕红.物联网组网技术及案例分析［M］.北京：清华大学出版社，2013.

［6］黄玉兰.物联网射频识别（RFID）核心技术教程［M］.北京：人民邮电出版社，2016.

［7］陈国嘉.移动物联网：商业模式＋案例分析＋应用实践［M］.北京：人民邮电出版社，2016.

［8］刘修文，等.物联网技术应用——智能家居［M］.北京：机械工业出版社，2016.

［9］李方圆.物联网应用基础［M］.北京：机械工业出版社，2016.

［10］温江涛，张煜.物联网智能家居平台 DIY［M］.北京：科学出版社，2014.

［11］塞缪尔·格林加德.物联网［M］.刘林德，译.北京：中信出版集团，2016.

［12］周洪波.物联网技术、应用、标准和商业模式［M］.2 版.北京：电子工业出版社，2012.

［13］IBM 商业价值研究院.物联网＋不容错过的商业与职业机遇［M］.北京：东方出版社，2009.

［14］邓中亮，余彦培，徐连明，等.室内外无线定位与导航［M］.北京：北京邮电大学出版社，2013.

［15］万群，郭贤生，陈章鑫.室内定位理论、方法和应用［M］.北京：电子工业出版社，2012.

［16］徐德，邹伟.室内移动式服务机器人的感知、定位与控制［M］.北京：科学出版社，2008.

［17］孙利民，李建中，陈渝，等.无线传感器网络［M］.北京：清华大学出版社，2008.

［18］杨惠雯，苏振升.Retail 2.0 窥探 2012 服务新视界［M］.台北：（台）财团法人资讯工业策进会，2009.

［19］洪毓祥，等.装置新蓝海［M］//服务新商机 Service-Oriented Device［M］.台北：（台）"经济部"技术处科技专案成果 财团法人资讯工业策进会，2007.

［20］郑贤骐.产销履历的下一个趋势——用行动手持装置查询产品资讯［J］.电子商务，2008.

［21］李国鼎.南韩首尔市通过 U-Street 提升都会科技化形象［J］.台北：（台）资策会创新应用服务研究所，2008.

［22］赖怡睿.自动把关有效期限的智能型收银系统［J］.（台）资策会 FIND 研究所，2009.

［23］杨曜荣.无线感测网路概述与应用案例分析.台北：识方科技，2007.

［24］中国物品编码中心 www.ancc.org.cn.

［25］GS1 www.epcglobal.org.cn.

［26］Auto-ID www.autoidlabs.org.

［27］郭理桥.中国智慧城市标准体系研究［M］.北京：中国建筑工业出版社，2013.

［28］IBM 智能城市白皮书——智慧城市在中国，2010，www.ibm.com.cn.

［29］张成海，张铎.物联网与产品电子代码（EPC）［M］.武汉：武汉大学出版社，2010.

［30］王喜富,陈肖然.智慧社区——物联网时代的未来家园［M］.北京:电子工业出版社,2015.

［31］［日］河村雅人,等.图解物联网［M］.丁灵,译.北京:人民邮电出版社,2020.

［32］宋航.万物互联:物联网核心技术与安全 Core Technology & Security of IoT［M］.北京:清华大学出版社,2019.

［33］［日］小林纯一.物联网的本质:IoT 的赢家策略［M］.金钟,译.广州:广东人民出版社,2018.